农用地土壤重金属污染防治技术研究与实践

朱有为　柳　丹　著

浙江大学出版社

前　言

　　土壤是构成生态系统的基本环境要素,是人类赖以生存和发展的物质基础。在全球化与粮食安全和生态文明建设的大背景下,土壤环境质量问题已成为世界性的重大环境议题。2013年12月第68届联合国大会通过决议将12月5日定为"世界土壤日",将2015年定为"国际土壤年(International Year of Soils,IYS)"。而在我国近几十年来工业化、城市化、农业现代化快速发展的过程中,土壤环境形势发生了较大变化,土壤环境问题呈现多样化、复杂化和区域性的发展态势,特别是农用地土壤重金属污染问题日渐突出,土壤环境质量总体状况不容乐观。据估测,我国受重金属污染影响的农田面积约占耕地总面积的1/5,每年因重金属污染造成粮食的直接经济损失超过200亿元,已对局部地区农产品质量安全和人体健康构成潜在威胁,对国民经济可持续发展带来了新威胁、新挑战。

　　党的十八大以来,以习近平同志为核心的党中央把加强生态文明建设摆在突出位置,高度重视土壤污染防治工作,指出"要把解决突出生态环境问题作为民生优先领域,坚决打好污染防治攻坚战,推动生态文明建设迈上新台阶"。2016年,国务院继出台大气、水体污染防治行动计划之后又出台《土壤污染防治行动计划》(简称"土十条"),我国首部土壤污染防治法也于2019年正式施行,全面推进了我国土壤污染防治工作,明确了今后一个时期农用地土壤污染防治的总体目标和重点任务,到2030年,要求受污染耕地安全利用率达到95%以上。"十三五"期间,在"土十条"总体布局的指导下,湖南、广东、广西、四川、贵州、云南、浙江、江西、湖北等有关省份,在污染耕地集中区域优先组织开展治理与修复试点示范工程,农用地土壤污染防治工作取得积极成效,耕地土壤环境风险得到一定管控。但由于农用地土壤污染防治历史欠账多、工作起步晚、技术基础弱,加之治理难度大、周期长,污染的总体形势依然严峻。

　　目前,浙江省在农用地土壤污染防治工作方面取得了一定突破和成效,位居全国前列。2012—2016年,根据农业部和财政部两部要求组织开展"浙江省农产品产地土壤重金属污染防治普查",其间实施《浙江省农业"两区"土壤污染防治三年行动计划(2015—2017年)》,并先后印发《农业"两区"土壤污染治理试点工作方案》《浙江省农田土壤污染监测预警体系建设实施方案》等系列文件,建立了省级农田土壤污染监测预警体系,基本掌握了农业"两区"土壤污染状况和治理措施,有效地遏制了农业"两区"污染加重的趋势。2017年以来,根据"土十条"的总体部署和要求,已全面完成浙江省农用地土壤污染状况详查工作,进一步掌握了受污染农用地(耕地)的分布、面积和污染程度,为深化农用地土壤污染防治奠定了良好基础,并先后研究出台《浙江省受污染耕地安全利用和管制方案(试行)》《浙江省受污染耕地治理修复规划(2018—2020年)》《浙江省受污染耕地安全利用推进年行动方案》《关于进一步规范和加强受污染耕地分类管控工作的意见》等,有序地推进了农用地土壤污染防治工作。同时,为强化下一阶段受污染耕地分类分区分级精准防控,研究制定了《浙江省耕地土壤环境质量类别划分实施方案》《浙江省中轻度污染耕地水稻安全利用技术指南》等相关技术规范,连年组织实施中轻度受污染耕地安全利用和重度污染耕地严格管控试点示范建设,在温岭市、桐庐县等地建立一批省级受污染耕地安全利用试点示范基地,采取以"原位阻隔治理、低累积品种替代、水肥优化调控"为主的农产品安全生产技术措施,逐步构建以"防、控、治"为核心的受污染耕地分级分类分区管控技术体系,取得了初步成效,积累了重要经验。

本书结合生态文明建设和农业绿色发展的实际需求,按照"分类管理、预防为主、农用优先、治用结合、综合施策"的治理思路,以改善耕地土壤环境质量为核心,以保障农产品质量安全为出发点,研究和思考了农用地土壤污染防治的理论和实践,探索了存在的主要问题和发展趋势。全书共分6章,系统介绍了农用地土壤重金属污染存在的问题,分析了农用地土壤重金属污染现状特点及土壤重金属对生态系统的危害;提出了农用地土壤重金属污染调查监测、类别划分、风险评价以及源解析的技术方法和手段;梳理了浙江省典型农用地土壤重金属污染安全利用和修复治理采用的主要技术模式和应用实例;总结探讨了今后一个时期农用地土壤重金属污染综合防控的技术路径和研究方向。同时,为了方便读者,本书以附录的形式收录了相关的国家法律、法规和标准等。

在本书的编写过程中,参考了大量公开发行的国内外论文、教材、专著,以及有关国家和地方性技术规范、标准与政策技术文件等,将参考文献列于每章后。限于编著者学识和水平有限,书中难免存在疏漏和不当之处,敬请广大读者批评指正。最后,对一直支持和指导此项工作的领导、专家以及为此付出辛勤工作的广大基层农业科技工作者和院校师生一并致以最衷心的感谢。

朱有为　　柳　丹

2021年8月

目　录

第 1 章　农用地土壤重金属污染概述

土壤是指地球表面的一层疏松的物质,由各种颗粒状矿物质、有机物质、水分、空气、微生物等组成,能生长植物。由于人口急剧增长,工业迅猛发展,固体废物不断向土壤表面倾倒,有害废水持续向土壤中渗透,大气中的有害气体及飘尘也不断随雨水降落在土壤中,所以土壤受到了污染。全国土壤污染状况调查表明,我国土壤环境状况总体不容乐观,部分地区土壤污染较重,耕地土壤环境质量堪忧,工矿业废弃地土壤环境问题突出;工矿业、农业等人为活动及土壤环境背景值高是造成土壤污染或污染超标的主要原因。

1.1　土壤重金属污染问题

1.1.1　土壤重金属污染

重金属通常是指密度大于 $4.5g/cm^3$ 的所有金属元素,按此定义元素周期表中属于重金属元素的有 40 多种。但从环境科学的角度来看,人们更多关注的是其中污染来源广泛、生物毒性较大的重金属元素,具体包括汞、镉、砷、铅、铬、镍、铜、锌、钒、锰、锑等,其中前 5 种元素因其毒性大被称为"五毒元素"。土壤遭受重金属污染的典型事例最早可追溯到 19 世纪发生在日本足尾铜矿山的公害事件,那里铜矿山废水持续排入农田,导致土壤中铜含量高达 200mg/kg,不仅造成水稻严重减产,而且最终使矿山周围农田变为不毛之地。进入 20 世纪五六十年代,相继发生了举世瞩目的"八大公害事件",其中发生在日本的"骨痛病"和"水俣病"公害事件就是土壤受到重金属镉和汞污染的两个典型。一系列的公害事件有力地推动了人们对土壤环境重金属污染问题的认识与关注,研究的视角从最初的重金属来源调查、含量分析、形态转化、对农作物生长发育的障碍等扩展到重金属在土壤-植物系统中的迁移转化、空间分布、长距离输送、食物链中累积和对人体的小剂量累积慢性毒害以及重金属污染土壤的治理与修复等方面(徐建明等,2020),目前这一领域已成为当代土壤科学和环境科学研究的前沿热点。

土壤环境重金属污染指由重金属或其化合物通过各种途径进入土壤造成的污染。土壤重金属污染研究实际上涉及工业、农业、人类的生产与生活的许多方面。虽然污染种类很多,但重金属是对土壤环境影响比较大的重要的污染物类型。一方面,重金属从矿石采掘开始,直到成为工业品或成品中的组分,各个阶段都可能在环境中扩散而进入土壤;另一方面,农业利用污水灌溉、施用化学肥料与农药、城市垃圾、污泥的农业利用等生产活动也增加了土壤环境中重金属的负荷(Zhang et al.,2013)。土壤重金属元素的污染分自然污染和人为污染两种类型,未受到人类活动影响的土壤中的本底值或地球化学背景值本来就比较高,甚至超过土壤环境质量标准限值的污染,属于自然污染;环境科学所指的土壤重金属污染主要由采矿、废气排放、污水灌溉、施肥施药和使用重金属制品等人为因素所致。

英国早期开采煤炭和铁矿等遗留下的土壤重金属污染经过 300 年依然存在。在 20 世纪末,英格兰和威尔士尝试挖出污染土壤并移至别处,但并未从根本上解决问题。从 20 世纪中叶开始,英国陆续制定相关的污染控制和管理的法律法规,并进行土壤改良和场地污染修复研究。日本的土壤重金属污染在 20 世纪六七十年代非常严重,其经济的快速增长导致全国各地出现许多严重的环境污染事件,被称为日本四大公害的"骨痛病""水俣病""第二水俣病""四日市病"中,就有三起和土壤重金属污染有关。荷兰在工业化初期也曾出现土壤污染问题。从 20 世纪 80 年代中期开始,荷兰就加强了土壤的环境管理,完善了土壤环境管理的法律及相关标准。工业化、城市化过程中的污染加剧,农用化学物质种类、数量的使用增加,使得土壤重金属污染日益严重。目前,世界各国土壤存在不同程度的重金属污染,全世界平均每年排放 Cd 约 1.0×10^6 t、Hg 约 1.5×10^4 t、Cu 约 3.4×10^6 t、Pb 约 5.0×10^6 t、Mn 约 1.5×10^7 t、Ni 约 1.0×10^6 t。非常不幸的是,土壤是这些重金属污染的最终归宿。

人们对重金属污染问题的理性认识是一个漫长的过程,一直到 20 世纪 70 年代初,人们还认为包括重金属污染在内的一系列环境问题在我国不会发生,污染问题与公害事件是发达的资本主义国家特有的。改革开放 40 多年,我国的经济建设取得了举世瞩目的成就,一跃成为全球第一的贸易大国和第二大经济体,但经济高速发展的背后是我国付出的巨大而沉重的资源环境代价。发达国家近 200 年才累积出现的环境污染问题在我国短短几十年内全部重现,如曾出现大范围、长时间的空气污染和雾霾天气,全国十大河流水质监测断面半数超标和 80% 以上湖泊富营养化,土壤环境污染的面积与程度也是全球最严重的国家之一。土壤状况调查结果表明,中重度污染耕地在 5000 万亩左右。但如果加上轻度污染的耕地土壤和污染程度不同的非耕地土壤,保守估计我国污染土壤总面积在 1 亿亩以上,其中重金属污染土壤占有较大的比重。中国环境监测总站的资料显示,我国土壤重金属污染最严重的是镉、铅和砷,其中,受镉污染和砷污染的比例最大,约分别占受污染耕地的 40%,并在湖南、江西、广西等省区的部分地方出现连片分布。湘江流域已成为湖南全省重金属污染的重灾区,主要污染物为镉、砷等,尤以镉的污染最为严重,土壤中镉的超标率高达 64%,产出的含镉大米给食品安全带来了巨大威胁。近十几年来,我国有关重金属污染的事件时有发生,据报道,2004 年 1 月至 2013 年 12 月期间,中国共发生 63 起铅、镉等的污染事件,其中,铅污染事件 43 起,镉污染事件 20 起。在 63 起铅、镉污染事件中,一般事件 24 起、较大事件 22 起、重大事件 8 起、特大事件 9 起,几乎每年均有重大或特大环境事件发生(见表 1.1)。

表 1.1　2004—2013 年度镉、铅污染事件分级统计表[修改自(徐玺等,2019)]

等　级	镉污染	铅污染	总　数	占　比/%
一般	10	14	24	38.1
较大	4	18	22	34.9
重大	2	6	8	12.7

续表

等　级	镉污染	铅污染	总　数	占　比/%
特大	4	5	9	14.3
总数	20	43	63	100.0

1.1.2　农用地土壤重金属污染现状

1.1.2.1　国外农用地土壤重金属污染情况及经验借鉴

2011 年 11 月,联合国粮食及农业组织报告称,全球 25％的耕地严重退化,其中来自污染方面的退化原因不可忽视。世界其他国家面对土壤重金属污染的环境保护过程有许多做法与经验可供参考。在土壤环境立法方面,美国有两部主要的法律来防治土壤污染,其中《资源保护与恢复法》(Resource Conservation and Recovery Act)通过有效治理避免废物进入环境,属于源头控制;而《综合环境反应补偿和责任法》(Comprehensive Environmental Response,Compensation and Liability Act,又称"超级基金法")则涉及在有害废物已经进入环境的情况下如何清除土壤环境中的废物,属于末端控制。为保障土壤污染防治体系的顺利运行,美国还制定了一些技术导则,专门指导和规范土壤环境调查和修复(任安芝等,2000;庞奖励等,2001)。日本非常重视土壤污染的预防与治理,制定了《农业用地土壤污染防治法》和《土壤污染对策法》等法律。《土壤污染对策法》规定了委派促进法律实体不仅提供与土壤污染有关的咨询、建议等服务,还通过建立基金的方式向实施特定土壤污染治理等措施的地方公共机构提供资金。此外,日本还对其《土壤污染环境标准》进行了三次修订,适时地追加多项新出现的污染物标准(郑喜珅等,2002)。欧盟有关土壤污染防治的立法是先由欧盟作出原则性规定,然后各成员国在该框架下再进一步细化。1972 年欧盟颁布了《欧洲土壤宪章》,1986 年发布了土壤保护指令,2004 年制定了土壤保护战略,包括在欧盟范围内建立土壤信息和监测系统以及未来应采取措施的详细建议。德国涉及土壤污染防治方面的法律法规主要有《联邦土壤保护法》《联邦土壤保护与污染地条例》和《建设条例》,并制定了土壤处理细则方面的基本指南。在土壤污染治理研究方面,土壤污染修复成为许多国家和地区关注的重要科技领域,并将其作为消除污染物和恢复土壤生态功能必不可少的技术手段。如:美国主要有三个联邦机构资助土壤污染修复方面的研究,分别是美国环保局、美国国家科学基金会和美国农业部农业研究局。这三个机构的资助方向主要集中在土壤污染修复机理和污染修复技术研发等方面。澳大利亚研究理事会(Australian Research Council,ARC)是澳大利亚土壤污染治理资助基础研究的重要机构,自 2001 年至 2010 年,ARC 共资助开展了 17 项有关土壤污染修复的研究项目。日本的土壤污染修复研究主要由日本文部科学省(Ministry of Education,Culture,Sports,Science and Technology,MEXT)和日本学术振兴会(The Japan Society for the Promotion of Science,JSPS)的科研基金(Grants-in-Aid for Scientific Research)资助。2008—2010 年,日本共资助了 62 项与土壤污染修复相关的研究项目,这些项目主要分布在土壤污染(重金属)的测定方法、土壤修复技术(化学修复、生物修复)、土壤修复机理和土壤污染的环境评估等方面。

上述提到的欧美、日本、澳大利亚等发达国家为了做好土壤污染治理工作,在强化立法、创新市场手段、利用投融资政策、土壤污染修复治理研究等方面都进行了比较深入的探索。国际上的有效经验对我国开展农用地土壤治理具有重要借鉴和参考意义。

1.1.2.2 我国农用地土壤重金属污染现状

农用地土壤重金属污染比较隐蔽,不易引起人们的关注,近几年随着食品安全和人体健康问题的持续报道才逐渐暴露出来。我国曾组织开展过若干次规模较大的全国性土壤环境质量调查工作,如:20世纪70年代的全国土壤背景值调查,编辑出版了《中国土壤元素背景值》;2006—2013年环保部和国土资源部联合开展的全国土壤污染状况专项调查,发布了《全国土壤污染状况调查公报》;2016年环保部、财政部、国土资源部、农业部、国家卫生计生委联合开展的全国土壤污染状况详查工作,目前已完成《全国农用地土壤污染状况详查技术报告》。

据历年调查结果,我国面临着相当严峻的土壤重金属污染问题。2002年,南京环境科学研究所主持开展了《典型区域土壤环境质量状况探查研究》,调查范围包括广东、江苏、浙江、河北和辽宁5省。调查显示,珠三角部分城市有近40%的农田菜地土壤重金属污染超标,其中10%严重超标。长三角有的城市连片农田受多种重金属污染,致使10%的土壤基本丧失生产力。其中,受镉和砷污染的比例最大,分别占受污染耕地的40%左右,超过$4.00 \times 10^7 \ hm^2$良田。农业环境质量定位监测结果表明,湘江流域农产品产地受重金属污染的面积已逾$7.87 \times 10^4 \ hm^2$,其中重度污染的约$1.27 \times 10^4 \ hm^2$,占16%;中度污染的约$2.60 \times 10^4 \ hm^2$,占33%;轻度污染的超过$4.00 \times 10^4 \ hm^2$,占50%多。农业部农产品污染防治重点实验室对全国$3.00 \times 10^5 \ hm^2$基本农田保护区的调查显示,重金属超标率12.1%,粮食重金属超标率10%以上。

2014年4月17日,环保部和国土资源部联合发布的《全国土壤污染状况调查公报》显示,我国耕地土壤环境质量堪忧,点位超标率为21.70%,其中轻微、轻度、中度和重度污染点位比例分别为16.65%、2.63%、1.44%和0.98%,重金属污染问题比较突出(见表1.2)。

表 1.2 无机污染物超标情况

污染物	点位超标率/%	不同程度污染点位比例/%			
		轻微	轻度	中度	重度
镉	7.00	5.20	0.80	0.50	0.50
汞	1.60	1.20	0.20	0.10	0.10
砷	2.70	2.00	0.40	0.20	0.10
铜	2.10	1.60	0.30	0.15	0.05
铅	1.50	1.10	0.20	0.10	0.10
铬	1.10	0.90	0.15	0.04	0.01
锌	0.90	0.75	0.08	0.05	0.02
镍	4.80	3.90	0.50	0.30	0.10

　　农业部环保监测系统对全国 320 个严重污染区土壤调查发现,大田类农产品超标面积占污染区农田面积的 20%,其中重金属超标占污染土壤和农作物的 80%。有关资料表明,我国重金属污染的农业土地面积为 2500 万 hm^2 左右,导致粮食减产逾 $1.0 \times 10^7 t$,并造成 $1.2 \times 10^7 t$ 以上的粮食被重金属污染。将各项经济损失进行合计,高于 200 亿元。在受污染的土地中,受 As、Cd、Cr、Pb 等重金属污染的耕地,约占总耕地面积的 1/5,其中,Cd 和 Hg 的污染面积最大,全国目前约有 $1.3 \times 10^4 hm^2$ 耕地受到 Cd 的污染,涉及 11 个省市的 25 个地区;约有 $3.2 \times 10^4 hm^2$ 的耕地受到 Hg 的污染,涉及 15 个省市的 21 个地区(崔德杰等,2004)。

　　土壤是农业生产过程中不可或缺的自然资源,掌握农田土壤重金属的空间分布特征及污染水平,对于农田生态系统安全及人类健康具有重要意义。陈文轩等(2020)通过"某市(县)重金属"关键词搜索,同一地区以最新年份文献为准,排除城镇工业用地、大气降尘以及海洋沉积物等非农田土壤重金属研究,共选出 2002 年以来公开发表的文章 603 篇,包括 614 个典型农田样点,详细分析了我国农田土壤中 Pb、Cd、Zn、Cr、Cu、As 和 Hg 等 7 种重金属的空间分布情况。剔除异常值后的中国农田土壤重金属描述性统计结果如表 1.3 所示,其中土壤环境质量标准采用《土壤环境质量农用地土壤污染风险管控标准(试行)》(GB 15618—2018)中农用地土壤污染风险筛选值的较严项(见表 1.4)。陈文轩等(2020)的研究显示,农田土壤 Cr、Cd、Pb、Cu、Zn、As 和 Hg 的样本平均值分别为 59.970、0.240、32.730、28.910、86.520、10.400 和 0.118mg/kg,其中全国土壤 Cr 和 As 的平均含量均未超出中国土壤背景值,而 Cd、Pb、Cu、Zn 以及 Hg 的平均含量分别为中国土壤背景值的 2.47、1.26、1.11、1.17 和 1.82 倍,此外各元素的平均含量均未超过土壤环境质量标准。变异系数可以反映区域重金属元素的分布差异,农田土壤中 7 种重金属元素的变异系数的大小顺序为:Hg、Cd、Pb、As、Cu、Zn、Cr,均属中等程度变异,其中 Cd 和 Hg 的变异系数均超过 0.75,表明 Cd 和 Hg 受外界干扰比较大,含量分布不均匀,变异性较强;其余 5 种重金属元素的变异系数较低,说明它们受外源影响相对较小。此外,土壤 Cd 和 Hg 的偏度和峰度值较高,表明土壤 Cd 和 Hg 呈现高累积状态。

表 1.3　我国农田土壤重金属描述性统计结果[修改自(陈文轩等,2020)]

元　素	样本数	平均值 /(mg·kg^{-1})	标准差	变异系数	偏　度	峰　度	中国土壤背景值 (Wang et al.,2010) /(mg·kg^{-1})	土壤环境质量标准 /(mg·kg^{-1})
Pb	593	32.730	18.570	0.570	1.380	2.050	26.000	70.000
Cd	535	0.240	0.190	0.780	1.760	3.360	0.097	0.300
Zn	389	86.520	32.210	0.370	1.080	1.340	74.200	200.000
Cr	532	59.970	21.860	0.360	0.210	0.010	61.000	150.000
Cu	493	28.910	11.770	0.410	1.010	0.900	22.600	50.000
As	481	10.400	5.770	0.560	0.420	0.260	11.200	25.000
Hg	449	0.118	0.100	0.830	1.870	5.020	0.065	0.500

表 1.4　农用地土壤污染风险筛选值(基本项目)(引自 GB 15618—2018)　　　单位:mg/kg

序　号	污染物项目[a,b]		风险筛选值			
			pH≤5.5	5.5<pH≤6.5	6.5<pH≤7.5	pH>7.5
1	镉	水田	0.3	0.4	0.6	0.8
		其他	0.3	0.3	0.3	0.6
2	汞	水田	0.5	0.5	0.6	1
		其他	1.3	1.8	2.4	3.4
3	砷	水田	30	30	25	20
		其他	40	40	30	25
4	铅	水田	80	100	140	240
		其他	70	90	120	170
5	铬	水田	250	250	300	350
		其他	150	150	200	250
6	铜	果园	150	150	200	200
		其他	50	50	100	100
7	镍		60	70	100	190
8	锌		200	200	250	300

注:a 重金属和类金属砷均按元素总量计;
　　b 对于水旱轮作地,采用其中较严格的风险筛选值。

陈文轩等(2020)利用 ArcGIS10.2 软件分别对经过预处理的全国各省、自治区和直辖市的土壤重金属含量数据进行了分析,得到中国农田土壤重金属含量的空间插值图。从他们的分析结果可以看出云南、四川、上海以及福建和江西交界有大范围的 Cr 高值区;Cd 在甘肃中部、新疆和江苏北部、云南、广西与贵州三省交界、河南与湖北交界、安徽与江西交界以及湖南出现高值,表明这些区域可能存在明显的 Cd 污染源,全国其他地区土壤的 Cd 含量较低且分布较为平均;总体上南方土壤的 Pb 含量明显高于北方,其中以新疆农田土壤的 Pb 含量最低,而辽宁西部、陕西中部、重庆、云南、湖南、安徽以及福建等地则有较大范围的高值区;土壤的 Cu 含量在空间上分布较为均匀,仅在新疆、内蒙古中部、陕西、河南、天津、云南以及湖南等地含量较高;土壤的 Zn 含量在全国多地出现连片高值区,包括四川、广西、贵州、湖南、福建、广东、浙江以及云南北部,东北三省、内蒙古、宁夏和陕西北部地区土壤的 Zn 含量较低;土壤的 As 含量的空间分布较为复杂,云南、四川和贵州三省交界处土壤的 As 含量最高,湖南、广西、广东中部、青海南部、新疆和黑龙江北部以及内蒙古东部存在次高值区,四川中部以及华北和华东地区土壤的 As 含量较低;Hg 的高值区主要分布在浙江东部、广东中部以及福建、湖南和贵州,其他省份土壤的 Hg 含量相对较低。从空间分布特征情况来看,土壤的 Cr、Pb、Cu、Zn 和 As 含量的空间分布特征明显,而土壤的 Cd 和 Hg 含量在空间分布上十分相似。

长江三角洲是中国第一大经济区,也是中国经济社会发展水平最高的区域之一,该区域的土壤污染与人类高强度扰动有密切关系(曹伟等,2010)。浙江省地处长江三角洲南翼,是中国高产综合性农业区,杭嘉湖平原、宁绍平原更是著名的粮仓和丝、茶产地。浙江省土壤中 Cd、As、Pb、Zn、Cu 的平均含量普遍高于浙江省的土壤背景值,Cd、Cu 含量超标情况已经较为严重,As、Zn、Pb 含量超标情况不容乐观(尹佳吉等,2015)。在浙江省嵊州市稻田土壤的研究中,测得土壤的 Pb、Cd 含量分别超出浙江省土壤背景值的 90.34%、86.17%(高智群等,2016)。早期的一些研究表明,长期的污水灌溉,导致稻米、小麦等粮食作物中积累了高浓度的 Cd 等重金属,个别地区的蔬菜重金属含量甚至超过国家食品污染物限量标准(朱桂珍,2001)。天津市的 3 条主要排污河分别为北(北塘)排污河、南(大沽)排污河和北京排污河。天津市某些污灌区的农田土壤重金属中多种元素的含量超过《土壤环境质量标准》(GB 15618—1995)(李雪梅等,2005)。此外,我国菜地土壤重金属污染也较为严重。南方某市蔬菜地 Pb 污染最为普遍,As 污染次之;西南某市近郊蔬菜基地土壤重金属 Hg 和 Cd 的含量出现超标,超标率分别为 6.7% 和 36.7%;珠三角地区近 40% 的菜地重金属污染超标,其中 10% 属严重超标(魏秀国等,2002;唐书源等,2003)。根据中科院南京土壤研究所 2006 年在南京郊区蔬菜基地的定点测试,南京城市土壤受到了不同程度的 Mn、Cr、Cu、Zn、Pb 污染(段雪梅等,2010)。

据国家环境保护部统计,仅 2009 年因土壤重金属污染引发了 32 起群体重金属中毒事件,土壤重金属污染所引发的粮食安全问题亟待解决。由此,我国各地陆续展开了不同区域范围内的土壤重金属污染调查监测工作。但此类调查多集中于易产生重金属超标环境的矿区周边、污灌农田等,对整体农田普查研究较少,且关于较大区域尺度,如市、省级的农田重金属污染现状尚未有系统性的报道(徐建明等,2018)。据统计,中国中南部、西南部大部分地区曾出现过较为严重的重金属污染事件,全国约 19.4% 的农用地土壤被重金属或类金属污染,其中镉污染在重金属污染中位居首位,污染面积高达 1300 万公顷,约占耕地污染的 7.0%(陈能场等,2014)。Liu 等(2016)对全国水稻土中镉分布的研究显示,中国稻田土壤中镉浓度范围为 0.01~5.50mg/kg,中位数为 0.23mg/kg,镉浓度较高省份为湖南、广西和四川,中西部地区水稻土中镉含量高于东部地区。

目前,我国因农田土壤镉污染导致农产品镉含量超标事件时有发生(宋伟等,2013)。以浙江为例,有研究显示浙北环太湖平原耕地土壤镉超标系数达到 2.74%(施加春等,2007)。而朱有为等(2013)以浙江省 40 个县的主要农产品产区为研究对象,发现土壤镉超标率达到 10.69%。其中浙南的土壤镉含量相对较低,浙北其次,浙中最高,超标率分别为 6.30%、16.33%、7.48%。浙江省农田土壤镉含量较高的区域主要集中在绍兴市南部、衢州市北部等地区,土壤镉污染呈现出较大的空间异质性。据统计,中国农田土壤中的镉含量每年以净输入为 1.01mg/m^2 的速率增长(Shi et al.,2018),由此,仅需 50 年即可将土壤镉浓度从背景浓度提高到环境评价标准中的最高限定浓度,远超英、法、瑞士等国家,这可能与某些地区不利的自然条件和人为因素有关(Belon et al.,2012)。最近,张云芸等(2019)选取了浙江作为长江三角洲典型区域开展典型农田土壤重金属污染研究,并结合《土壤环境质量农用地土壤污染风险管控标准(试行)》(GB 15618—2018)对浙江省典型农田土壤污染状况进行分析(见表 1.5)。他们的研究结果显示,浙江省农田土壤重金属元素单项污染指数(CF)均值表现为 CF_{Cd}(3.33)>CF_{Pb}(2.00)>CF_{Hg}(1.45)>CF_{Cu}(1.36)>CF_{Zn}(1.30)>CF_{Cr}(0.90)>CF_{Ni}(0.86)>CF_{As}(0.79)。Cr、Ni、As 的污染指数属于轻微污染水平,Pb、Hg、Cu、Zn 的污染指数属于轻度污染水平,Cd 的污染指数属于重度污染水平。重金属污染负荷指数法评估所得浙江省农田土壤重金属综合污染指数(PLI)变化范围在 0.41～2.35,平均值为 1.18,呈现轻度污染,PLI 最大值呈现中度污染。尽管目前大部分研究多集中于重金属污染严重的地区,对研究区不同镉污染程度与污染面积均有不同认识,但总体来看我国农田镉污染状况不容乐观。

表 1.5　浙江省典型农田土壤污染情况统计[修改自(张云芸等,2019)]　　　单位:%

污染等级	Cd	Pb	Hg	Cu	Zn	Cr	Ni	As	PLI
无污染	0	0	16.41	4.47	2.99	41.79	55.22	53.73	5.97
轻微污染	0	19.40	34.33	23.88	22.39	19.41	16.42	31.34	29.85
轻度污染	23.88	61.20	31.34	62.69	65.67	35.82	23.88	10.45	61.19
中度污染	34.33	13.43	8.96	5.97	7.46	1.49	2.99	2.99	2.99
重度污染	41.79	5.97	8.96	2.99	1.49	1.49	1.49	1.49	0

1.1.2.3　农用地土壤重金属污染的特点

土壤环境的多介质、多界面、多组分以及非均一性和复杂多变的特点,决定了土壤环境污染具有区别于大气环境污染和水环境污染的特点。

①污染来源复杂:重金属污染物主要有两个来源,即自然污染源和人为污染源。耕地重金属污染往往是自然污染与人为污染相互叠加,成因复杂。根据估算结果,目前各种人为来源中镉的输入导致我国农田耕层土壤(0～20cm)中镉的年平均增量为 $4\mu g/kg$,我国每年可能进入耕地的镉高达 1400t 以上,如不采取有效的管控措施,这种幅度的持续增加足以在今后几十年致使大部分无污染的土壤中镉含量达到超标水平。

②隐蔽性与滞后性:人体感官通常能发现水体和大气污染,而对于土壤污染,往往需要通过农作物包括粮食、蔬菜、水果或牧草以及人或动物的健康状况才能反映出来,有时必须通过仪器设备采样检测才可以感知,具有隐蔽性和滞后性。

③积累性和地域性:污染物在大气和水体中一般是随着气流和水流进行长距离迁移,而在土壤环境中很难扩散和稀释,重金属含量不断积累,因而使得土壤环境污染具有很强的地域性特点。

④不可逆转性:重金属污染物对土壤环境的污染基本是一个不可逆转的过程。这主要表现为两个方面:一是进入土壤环境后,很难通过自然过程从土壤环境中稀释和消失;二是对生物体的危害和对土壤生态系统结构与功能的影响不容易恢复。

⑤后果的严重性:土壤中的重金属通过食物链影响动物和人体的健康。重金属污染对人体和其他生物能够产生致癌、致畸甚至致死的效应,同时由于隐蔽性和不可逆性的特点,一旦等到人们发现,重金属污染危害已经十分严重了。

⑥治理难而周期长:过去一段时间,人们把土壤作为污染物的消纳场所,过高估计了土壤的自净能力。实际上,土壤是宝贵的农业生产资料,其环境容量和环境承载力是有限的,必须加以保护,防止重金属逐步累积。各种来源的重金属一旦进入土壤,除少部分可通过植物吸收和水循环(或挥发)移出外,大部分在土壤中的滞留时间极长。有研究表明,温带气候条件下,镉在土壤中的驻留时间为 75～380 年,汞为 500～1000 年,铅、镍和铜为 1000～3000

年。一些土壤遭重金属污染后,往往需要花费很大的代价才能将污染降到可接受的水平,仅仅依靠切断污染源的方法往往很难自我修复,必须采用各种有效的治理技术才能消除现实污染。但从现有的治理方法来看,仍然存在治理成本较高和周期长的矛盾。

1.2　土壤重金属的存在形态与分布特点

1.2.1　常见重金属元素的基本性质

汞(Hg):汞的化学元素符号为 Hg,俗称水银,原子序数为 80,相对原子质量为 200.59,是元素周期表中ⅡB族金属元素,密度为 13.59g/cm³,熔点为 −38.87℃,沸点为 356.6℃。汞是闪亮的银白色重质液体,也是在常温、常压下唯一以液态形式存在的金属。汞在空气中稳定,微溶于水,在有空气存在时溶解度增大,溶于硝酸和热浓硫酸,能和稀盐酸作用在其表面产生氯化亚汞膜,但与稀硫酸、浓盐酸、碱都不起作用。能溶解许多金属(包括金和银,但不包括铁),形成合金。汞具有强烈的亲硫性和亲铜性,即在常态下,很容易与硫和铜的单质化合并生成稳定的化合物。汞在地壳中自然生成,通过火山活动、岩石风化或作为人类活动的结果,释放到环境中。汞在自然界中分布量极小,被认为是稀有金属。汞极少以纯金属状态存在,多以化合物形式存在,常见的含汞矿物有朱砂、氯硫汞矿、硫锑汞矿和其他 些与朱砂相连的矿物,常用于制造科学测量仪器(如气压计、温度计等)、药物、催化剂、汞蒸气灯、电极、雷汞等,也用于牙科医学和化妆品行业。

镉(Cd):镉的化学元素符号为 Cd,原子序数为 48,相对原子质量为 112.41,是元素周期表中ⅡB族金属元素,密度为 8.65g/cm³,熔点为 320.9℃,沸点为 765~767℃。镉呈银白色,略带淡蓝色光泽,质软耐磨,有韧性和延展性,易燃且有刺激性。镉在潮湿空气中可缓慢氧化并失去光泽,加热时生成棕色的氧化层,镉蒸气燃烧产生棕色的烟雾。镉与硫酸、盐酸和硝酸作用产生镉盐。镉对盐水和碱液有良好的抗蚀性能。镉在自然界是比较稀有的元素,地壳中的镉含量约为 0.1~0.2mg/kg。镉赋存在锌矿中。镉可用于制作镍镉电池,制造塑胶和金属电镀,制作车胎、某些发光电子组件和核子反应炉原件等。镉的氧化物呈棕色,硫化物呈鲜艳的黄色,这是一种很难溶解的颜料,常用作生产颜料、油漆、染料、印刷油墨等中某些黄色颜料。

砷(As):砷的化学元素符号为 As,原子序数为 33,相对原子质量为 74.92,是元素周期表中ⅤA族非金属元素,熔点为 817℃,沸点为 614℃,密度为 5.727g/cm³。砷是一种非金属元素,单质有灰、黑和黄三种同素异形体,但只有灰砷在工业上具有重要的用途,并且灰砷也是最常见的单质形态,其性脆而硬,具有金属般的光泽,导热、导电性能良好,易被捣成粉末。砷很容易与氟、氧发生反应,在加热条件下能与大多数金属、非金属发生反应。砷不溶于水,但溶于硝酸、王水和强碱。砷在地壳中的含量约为 2~5mg/kg。现在,随着人们健康和环保意识的增强,砷及其化合物在颜料、杀虫剂、木材处理、除草剂等方面的应用已逐渐被环保无毒的产品所替代。砷的应用领域主要集中在合金、半导体材料、医药等领域。

铬(Cr)：铬的化学元素符号为 Cr，原子序数为 24，相对原子质量为 51.996，是元素周期表中ⅥB族金属元素，密度为 7.19g/cm³，熔点为 1857℃±20℃，沸点为 2672℃。铬是一种银白色金属，质极硬而脆，耐腐蚀。铬为不活泼金属，在常温下对氧和湿气都是稳定的，但和氟反应生成 CrF_3。金属铬在酸中一般以表面钝化为其特征。一旦去钝化后，极易溶解于几乎所有的无机酸中，但不溶于硝酸。在高温下，铬与氮起反应并被碱所侵蚀。铬可溶于强碱溶液。铬具有很高的耐腐蚀性，在空气中，即便是在赤热的状态下，氧化也很慢。铬不溶于水。将铬镀在金属上可起保护作用。自然界不存在游离状态的铬，主要含铬矿石是铬铁矿。铬被广泛应用于冶金、化工、铸铁、耐火及高端科技等领域。

铅(Pb)：铅的化学元素符号为 Pb，原子序数为 82，相对原子质量为 207.2，是元素周期表中ⅣA族金属，密度为 11.3437g/cm³，熔点为 327.502℃，沸点为 1740℃。铅是一种略带蓝色的银白色金属，但是在空气中很容易被空气中的氧气氧化，形成灰黑色的氧化铅。铅的延性弱，展性强，抗腐蚀性高，抗放射性穿透的性能好。铅和铅的化合物及其合金被广泛应用于蓄电池、电缆护套、机械制造、船舶制造、轻工、氧化铅等行业。

锌(Zn)：锌的化学元素符号为 Zn，原子序数为 30，相对原子质量为 65.38，是元素周期表中ⅡB族金属，密度为 7.14g/cm³，熔点为 419.5℃，沸点为 906℃。锌是一种浅灰色的过渡金属，在常温下，性较脆；100～150℃时，变软；超过 200℃，又变脆。锌在常温下表面会生成一层薄而致密的碱式碳酸锌膜，可阻止进一步被氧化。当温度达到 225℃后，锌会剧烈氧化。锌是一种常见的有色金属，能与多种有色金属制成合金，其中最主要的是与铜、锡、铅等组成合金，与铝、镁、铜等组成压铸合金等。锌及其合金主要用于钢铁、冶金、机械、电气、化工、轻工、军事和医药等领域。

锰(Mn)：锰的化学元素符号为 Mn，原子序数为 25，相对原子质量为 54.938，是元素周期表中ⅦB族金属。锰的密度为 7.44g/cm³，熔点为 1244℃，沸点为 1962℃。锰是一种银白色金属，质坚而脆，但是在空气中易氧化，生成褐色的氧化物覆盖层，在升温时也容易被氧化，形成层状氧化锈皮。锰是人类所必需的微量元素之一，对人体健康有着重要作用。锰资源广泛分布于陆地和海洋中，全球陆地锰资源储量约为 5.7 亿吨(美国地质调查局 2015 年发布数据)。作为重要的工业原料，锰被广泛应用于钢铁、有色冶金、化工、电子、电池、农业、医学等领域。

镍(Ni)：镍的化学元素符号为 Ni，原子序数为 28，相对原子质量为 58.69，是元素周期表中Ⅷ族金属，密度为 8.9g/cm³，熔点为 1455℃，沸点为 2730℃。镍是一种银白色金属，在空气中很容易被空气氧化，表面形成有些发乌的氧化膜。镍质坚硬，有很好的延展性、磁性和抗腐蚀性，且能高度磨光。镍在地壳中含量非常丰富。在自然界中以硅酸镍矿或硫、砷、镍化合物的形式存在。镍常被用于制造不锈钢、合金结构钢等，以及电镀、制造高镍基合金和电池等领域，广泛用于飞机、雷达等各种军工制造业、民用机械制造业和电镀工业等。

铜(Cu)：铜的化学元素符号为 Cu，原子序数为 29，相对原子质量为 63.546，是元素周期表中ⅠB族金属，密度 8.92g/cm³，熔点 1083.4℃±0.2℃，沸点 2567℃。铜是一种呈紫红色光泽的金属，稍硬，极坚韧，耐磨损，有很好的延展性，较好的导热性、导电性和耐腐蚀能力。铜及其合金在干燥的空气里很稳定，但在潮湿的空气里其表面会生成一层绿色的碱式碳酸铜 $Cu_2(OH)_2CO_3$，俗称铜绿。自然界中的铜分为自然铜、氧化铜矿和硫化铜矿，被广泛地应用于电气、机械制造、建筑工业、交通运输等领域。

银（Ag）：银的化学元素符号为 Ag，原子序数为 47，相对原子质量为 107.8682，是元素周期表中ⅠB族金属，密度为 10.5g/cm³，熔点为 961.78℃，沸点为 2162℃。银质软，有良好的柔韧性和延展性，延展性仅次于金，能压成薄片，拉成细丝，溶于硝酸、硫酸中。银对光的反射性达到 91%。常温下，卤素能与银缓慢地化合，生成卤化银。银不与稀盐酸、稀硫酸和碱发生反应，但能与氧化性较强的酸（如浓硝酸和浓盐酸）发生化学反应。银的特征氧化数为 +1，其化学性质比铜稳定，常温下，甚至加热时也不与水和空气中的氧作用，但当空气中含有硫化氢时，银的表面会失去银白色的光泽。银的主要用途为电子电器材料、感光材料、化学化工材料、工艺饰品。

钼（Mo）：钼的化学元素符号为 Mo，原子序数为 42，相对原子质量为 95.95，是元素周期表中ⅥB族金属，密度为 10.2g/cm³，熔点为 2610℃，沸点为 5560℃。钼是一种银白色的金属，硬而坚韧，熔点高，热传导率也比较高，常温下不与空气发生氧化反应。钼作为一种过渡元素，极易改变其氧化状态，钼离子的颜色也会随着氧化状态的改变而改变。钼是人体及动植物所必需的微量元素，对人以及动植物的生长、发育、遗传起着重要作用。钼具有高强度、高熔点、耐腐蚀、耐研磨等优点，被广泛应用于钢铁、石油、化工、电气和电子技术、医药和农业等领域。

1.2.2　重金属在土壤中的赋存形态

重金属的形态指的是重金属的价态、化合态、结合态和结构态四个方面，即某一种重金属元素在环境中以某种离子或者分子形式而赋存的实际方式。重金属污染物因其形态中的某一个或几个方面的不同会导致其毒性和环境行为大不相同。由于土壤和沉积层的理化性质非常复杂，可与重金属污染物发生多种类型的反应，因此，不同形态的重金属污染物在土壤和沉积层中的这种毒性差异具有更加重要的意义。对于重金属的形态，目前还没有非常统一的定义及分类方法，常见的分类方法主要有：Tessier 法的可交换态、碳酸盐结合态、铁-锰氧化物结合态、有机物结合态和残渣态 5 种形态；Cambrell 法的水溶态、易交换态、无机化合物沉淀态、大分子腐殖质结合态、氢氧化物沉淀吸收态或吸附态、硫化物沉淀态和残渣态 7 种形态（Gambrell,1994）；Shuman 法的交换态、水溶态、碳酸盐结合态、松结合有机态、氧化锰结合态、紧结合有机态、无定形氧化铁结合态和硅酸盐矿物态 8 种形态（Shuman，1985）；欧共体参比司（The Community Bureau of Reference）的 BCR 法的碳酸盐结合态、铁－锰氧化物结合态、有机物结合态和残渣态 4 种形态（Albores et al.,2000）。综上，土壤中的重金属污染物的主要存在形态如下。

①可交换态：吸附在黏土、腐殖质及其他成分上的重金属，对环境变化非常敏感，易于迁移转化，能被植物吸收（李宇庆等，2004）。

②碳酸盐结合态：在碳酸盐矿物上形成的共沉淀结合态，对 pH 条件特别敏感，当 pH 下降时易于释放出来进入环境（魏俊峰等，1999）。

③铁锰氧化物结合态：以细分散颗粒矿物形式存在，对 pH 和氧化还原电位特别敏感，在较高的 pH 和氧化还原电位条件下较易形成（杨宏伟等，2001）。

④有机物结合态：与动植物残体、腐殖质等有机物螯合而成，较难再次分解扩散进入环境（李宇庆等，2004）。

⑤残渣态：存在于硅酸盐和原生、次生矿物的晶格中，是长期自然风化的结果，在正常条件下长期稳定存在于土壤或沉积物中，难以释放进入环境（李宇庆等，2004）。

1.2.3 重金属在土壤中的空间分布

重金属的化学形态对环境敏感。我国幅员辽阔，地理环境条件在不同地区很不相同，再加上经济发展不平衡，这就导致不同地区的重金属存在的化学形态很不相同。我国重金属污染分布表现为东部比西部严重，南部又比北部严重，珠三角地区尤为显著。另外，像湖南等有色金属大省也是重金属污染的重点地区。湘江是中国重金属污染最严重的河流。一项由国家环保总局进行的土壤调查结果显示，广东省珠江三角洲近40%的农田菜地土壤遭重金属污染，且其中10%属严重超标。近几年随着产业转移，西北地区也呈现出重金属污染高发的态势。我国中西部省份经济相对比较落后，近年来为了发展经济，引进了一些东部地区的高能耗、高污染项目，包括化工企业、光伏企业和制药企业，同时又由于在优先发展经济的思路下，并没有相应地提高环境的监管水平和力度甚至主动放松，导致中西部地区的污染问题日益严重。

对于城市来说，土壤重金属含量根据城市区域功能的不同而变化幅度很大，分布不均匀。就不同功能区来看，土壤中 As 含量从高到低分布顺序为：工业区、生活区、公园绿地区、主干道路区、山区。土壤中 Cd 的含量从高到低分布顺序为：工业区、主干道路区、生活区、公园绿地区、山区；土壤中 Cr 的含量从高到低分布顺序为：生活区、主干道路区、工业区、公园绿地区、山区；土壤中 Cu 的含量从高到低分布顺序为：工业区、主干道路区、生活区、公园绿地区、山区；土壤中 Hg 的含量从高到低分布顺序为：工业区、主干道路区、公园绿地区、生活区、山区。城市中土壤 Pb 含量的空间分布主要受交通影响，交通比较繁忙的道路附近的土壤中具有较高的 Pb 含量；城市中土壤 Zn 含量的空间分布则主要决定于城市生活废水的排放，利用城市生活污水进行灌溉的农田或者雨水地表径流汇集点的土壤中，具有较高的 Zn 含量；土壤中 Cu 的含量则主要受到有机肥使用情况的影响，有机肥施用量大的土壤中 Cu 的含量较高；土壤 Cd 的含量的空间分布情况则受地形影响较大，低洼处土壤中 Cd 的含量相对高一些。由于近郊菜地的耕作时间相较于郊区和农区长，近郊菜地表层和次表层土壤中重金属含量均要显著高于郊区和农区。

土壤重金属含量在垂直方向同样具有一定的分布规律。受土壤中的无机及有机胶体对重金属的吸附、代换、配合和生物作用，大部分重金属被固定在耕作层中，很少迁移至 46cm 以下的土层。研究表明，重金属污染物（Cd、Cu、Pb、As 等）主要累积在土壤耕作层，可给态含量分别占全量的 60.1%、30%、38% 和 2.2%，Cd、Pb 的可给态含量较高。Cd 在污水中主要以溶解态和络合态形式存在，作为灌溉用水排入土壤后，95% 的 Cd 会被土壤表层中的胶体迅速吸附、固定，越往地层深入，Cd 含量越少。As 在土壤中的动态行为不同于 Cu、Pb、Cd 等元素，在含有大量 Fe、Al 成分的酸性（pH=5～6.8）红壤中，砷酸根可与之结合形成不易溶解的盐类，主要分布于 30～40cm 的耕作层中（丁中元，1989）。

土壤中的金属含量与可给态重金属在土壤中的垂直分布，主要取决于这些元素的化学性质与所处土壤的理化性质。对于进入土壤的重金属，经过土壤中胶体的吸附、代换、络合及生物富集等作用，降低重金属元素的迁移能力，使得重金属主要富集于土壤耕作层中，重金属在土壤中具有显著的垂直分布规律。北京地区土壤重金属垂直迁移分布的研究表明，在旱作农田中，重金属元素一般集中分布在耕作层，向下迁移的深度为 20～60cm。我国菜园土壤重金属元素的分布研究表明，在熟化程度较高的土壤中，重金属元素（Cu、Zn、Cd、Pb、Hg 等）集中在土壤表层，主要在 0～10cm 的土壤表层中，向下层呈递减趋势。在对福建的耕地土壤进行研究后发现，虽然重金属元素仍然主要集中在 0～20cm 的土壤表层中，但是在 40～60cm 的土层中出现了中间低两头高的分布情况，这主要受到了成土过程和土壤环境化学条件的影响。Hg、Cd 的淋溶深度为 40cm，Pb 为 20cm，其下移深度均未超过 40cm，呈现了重金属纵向迁移能力差的特点，并没有发现明显的淋溶积淀的环境化学特征，而主要以残渣态的形式存在于土壤表层（0～20cm）或亚表层（20～40cm）。采用田间深度间隔采样法，分析苏南 6 个处于不同环境影响下的水稻土剖面中 Cu、Pb、As 和 Hg 的含量深度分布，结果表明，这 4 种元素在土壤剖面中的移动能力均较差；在工业环境下田块土壤中的 Hg、Cu、Pb 的表层富集和垂直分异较为明显；而在非工业环境下，重金属纵向分异不明显；个别田块存在较严重的 As 污染，耕层 As 达 56.93mg/kg，超出国家土壤环境质量二级标准。

1.2.4　重金属在土壤中的迁移

重金属在自然环境中会发生一定的迁移过程，主要包括以下几个过程。

（1）物理迁移

重金属是相对较难在土体中迁移的污染物。重金属进入土壤后总是停留在表层或亚表层，很少迁入底层。金属离子溶于水后可以随着水的流动而迁移到地表水体，在我国东南部雨水较多的地区，这种重金属随水流的流动而迁移的现象更加普遍。在我国西部干旱地区，土壤中重金属元素还会随着风沙的迁移而迁移（见表 1.6）。

表 1.6　影响重金属迁移能力的因素比较［修改自（乔鹏炜等，2014）］

影响因素	迁移方式	对迁移能力的影响
重金属种类	垂向迁移	Cd 和 Zn 迁移深度可达到 2m，Pb 的迁移能力较弱
	水平迁移	Cd 迁移能力和污染区域强于 Zn 和 Pb
重金属形态	垂向迁移	溶解态易随水迁移，吸附态随土壤颗粒迁移
	水平迁移	
土壤 pH	垂向迁移	对于除 As 以外的大部分重金属，pH 越大越能促进重金属溶出，向活性态转化
	水平迁移	
土壤有机质	垂向迁移	有机质增加，溶解态含量增加，随水迁移的能力增强
	水平迁移	
土壤质地	垂向迁移	砂粒土壤的迁移能力强，空隙越大，重金属越容易随土壤颗粒向下迁移；颗粒越小，越容易随水向下移动
	水平迁移	
植物累积效应	垂向迁移	裸地比有植被覆盖的地方重金属迁移量多；对重金属累积效应较强的植被降低重金属的迁移能力
	水平迁移	

（2）物理化学迁移和化学迁移

土壤环境中的重金属污染物能以离子交换吸附、配合螯合等形式和土壤胶体相结合或发生沉淀与溶解等反应。

重金属与无机胶体的结合。重金属通常以两种方式与无机胶体进行结合：一种是非专性吸附，即离子交换吸附；另一种是专性吸附，即胶体与重金属离子以共价键或配位键的方式结合。离子交换吸附，与土壤胶体微粒所带电荷有关。土壤胶体表面常带有静负电荷，对金属阳离子的吸附顺序一般为 Cu^{2+}、Pb^{2+}、Ni^{2+}、Co^{2+}、Zn^{2+}、Ca^{2+}、Mg^{2+}、Na^+、Li^{2+}。不同黏土矿物对金属离子的吸附能力存在较大差异。其中蒙脱石的吸附顺序一般是 Pb^{2+}、Cu^{2+}、Hg^{2+}；高岭石的吸附顺序为 Hg^{2+}、Cu^{2+}、Pb^{2+}。一般而言，阳离子交换量较大的土壤具有较强吸附带正电荷重金属离子的能力，而对于带负电荷的重金属含氧基团，它们对土壤表面的吸附量则较小。上述过程受到离子浓度以及是否存在络合剂的影响。专性吸附，又称选择性吸附。水合氧化物表面对重金属离子具有较强的吸附力，通过—OH 和—OH_2 键与重金属离子紧密结合，使得重金属牢固地吸附于固体表面。这种吸附还可发生在中性体表面，甚至还会出现在胶体表面电荷与吸附离子电荷同号的情况下。专性吸附中被吸附的重金属离子通常不能被氢氧化钠或乙酸铵等中性盐置换，只能被亲和力更强的元素置换而解吸，在低 pH 条件下也可能会发生解吸过程。重金属的专性吸附受土壤中胶体性质和土壤溶液 pH 的影响极大，随着 pH 的上升，吸附能力逐渐增加。在所有重金属中，Pb、Cu 和 Zn 的专性吸附能力最强。这些离子在土壤溶液中的专性吸附迁移占主导地位，专性吸附使土壤对重金属离子有较大的富集能力，影响它们在土壤中的迁移和植物对其的富集。专性吸附对土壤溶液中重金属离子浓度的调节、控制甚至强于受溶度积原理的控制。

重金属与有机胶体的结合。重金属元素可以与土壤中有机胶体表面进行络合或螯合。从交换吸附容量来看，单位有机胶体要远大于单位无机胶体，但是通常土壤中有机胶体的含量要远小于无机胶体的含量。重金属与有机胶体结合时同时存在着吸附交换作用与络合或螯合作用。当金属离子浓度较高时，吸附交换作用占主导地位；反之，络合或螯合作用占主导地位。当形成的络合物或螯合物可溶于水时，重金属的迁移比较严重。

溶解和沉淀作用。重金属元素在土壤中化学迁移的一种重要形式是重金属化合物的溶解和沉淀作用。它反映了重金属化合物在土壤固相和液相之间的离子多相平衡的一般原理。掌握它的规律，可以控制重金属在土壤环境中的迁移转化。这主要受到土壤 pH、Eh 的影响。①土壤 pH 的影响。重金属化合物的沉淀与溶解作用受土壤 pH 的影响较为复杂。一般来说，随着土壤 pH 的升高，易生成 Ca、Mg、Al、Fe 等的不溶解沉淀，降低金属在土壤中的浓度。当 pH 小于 6 时，土壤中以阳离子形式存在的金属迁移能力较强；当 pH 大于 6 时，随着氢氧化物沉淀的生成，重金属阳离子溶解度大大降低，这时发生迁移的重金属主要以阴离子形式存在。②土壤 Eh 的影响。当土壤 Eh 小于 0 时，土壤中的含硫化合物会被还原生成 H_2S，并且 H_2S 的产额会随氧化还原电位的进一步降低而迅速增加，其中的硫离子容易与重金属元素生成难溶性的硫化物沉淀，从而大大地降低重金属的溶解度。土壤 Eh 会导致重金属元素价态的变化，从而影响金属化合物的溶解度。例如 Fe、Mn 等元素一般以难溶性化合物存在于土壤中，当土壤 Eh 降低而处于还原状态时，高价态的 Fe、Mn 被还原为低价态，从而增加其溶解度。重金属在土壤中的沉淀溶解平衡往往同时受 Eh 和 pH 两个因素的影响，使问题更加复杂。

重金属的配位(合)作用。土壤中的重金属常与土壤中的有机和无机配位体发生配位,从而增加重金属的溶解性。对 Hg^{2+} 及 Cd^{2+}、Pb^{2+}、Zn^{2+} 的配位作用的研究表明,这种配位作用对难溶重金属化合物的溶解度影响很大,同时还会降低土壤胶体对重金属的吸附能力,从而对重金属在土壤中的迁移转化产生影响。这种影响取决于所形成的配位化合物的可溶性。

(3)生物迁移

生物迁移主要是指植物对重金属的吸收、富集作用,富集重金属的植物以被收割搬运或者动物啃食的方式进行空间上的迁移。除通过植物的吸收、富集迁移外,土壤中微生物对重金属的吸收也是一种迁移途径。但是通常在自然环境下微生物的迁移范围较小,死亡后的残体会将重金属归还给土壤,对重金属的迁移影响较小。植物对重金属的吸收、累积作用受多种因素的影响,主要包括以下几个方面。

重金属浓度及存在形态。一般水溶态金属最容易被植物吸收,而难溶态暂时不被植物吸收。重金属各形态之间存在一定的动态平衡。总的来说,土壤中重金属含量越多,以水溶态、吸附交换态形式存在的含量越高,植物的吸收量越多。

土壤环境状况。土壤环境的酸碱度、氧化还原电位,土壤胶体的种类、数量,不同的土壤类型等土壤环境状况直接影响重金属在土壤中的形态及其相互之间量的比例关系,是影响重金属生物迁移的重要因素。

不同作物种类。不同的作物由于生物学特性不同,对重金属的吸收富集量有明显的种间差异,就大田作物对汞的吸收而言,水稻的吸收富集量大于高粱的,玉米的吸收富集量大于小麦的。从籽实含镉量看,小麦的大豆的>向日葵的>水稻的>玉米的;从植物吸收总量来看,向日葵的>玉米的>水稻的>大豆的。农作物生长发育期不同,其对重金属的富集量亦不同。

伴随离子的影响。不同离子之间对植物的吸收作用表现为协同或拮抗作用,协同作用表现为一种重金属元素含量的增加促进植物对另一种重金属离子的吸收;拮抗作用则正好相反,一种重金属元素的存在会抑制植物对另一种重金属的吸收。例如,在土壤处于氧化状态时,Zn^{2+} 的存在会促进植物对 Cd 的吸收;但当土壤处于还原状态时,Zn^{2+} 又会反过来抑制植物对 Cd 的吸收。

1.3　土壤重金属污染危害

1.3.1　重金属对土壤肥力的影响

土壤质量指土壤维持生态系统生产力,保障环境质量,促进动物和人类健康的能力。土壤中重金属的累积会影响植物所需元素的存在形态以及植物的吸收能力,将对土壤的肥力造成影响。植物生长所需的氮、磷、钾会由于土壤重金属的污染,导致有机氮的矿化、植物对磷的吸附、钾的存在形态等受到影响,最终将影响土壤中氮、磷、钾素的保持与供应。重金属污染对氮素的影响,主要表现在它会影响到土壤矿化势和矿化速率常数,当土壤被重金属污染后,土壤氮素的矿化势会明显降低,使土壤供氮能力相应下降。不同重金属元素对土壤矿化势的影响不同。对磷的影响,主要是外源重金属进入土壤后,可导致土壤对磷的吸持固定作用增强,使土壤磷的有效性下降。不同的重金属对土壤磷吸附量的影响不同,一般存在多个重金属元素的影响较单个重金属元素的影响要大。重金属对土壤钾素的影响表现在两个方面:一方面,会降低土壤胶体对钾元素的吸附、解吸和形态分配;另一方面,由于重金属对微生物和植物的毒害作用,导致其对钾的吸收能力减弱,这会导致水溶态钾的含量增加,交换态钾则明显下降,最终加剧了土壤中钾素的流失。

1.3.2　重金属对植物的危害

1.3.2.1　镉对植物的危害

据报道,镉的毒性降低了植物根的长度及其干重并增加了根的直径,这种根的生长抑制被证明是 Cd 毒性的独特症状之一,可能归因于在镉胁迫下分生组织细胞的有丝分裂活性降低(Seth et al.,2008)。薄壁组织大小和皮质组织的增加,在增加植物对水和溶质的抵抗力中发挥作用,可能解释了镉胁迫下根部直径增加(Maksimović et al.,2007)。此外,根长、表面积和根尖数的减少也与镉胁迫有关,表明镉胁迫下植物的资源获取能力(如水和养分)降低。因此,根系形态参数被认为是评价 Cd 毒性的指标(Lu et al.,2013)。据报道,在植物叶片中,Cd 胁迫会导致其发育迟缓、萎黄、干燥和坏死等几种症状,当植物组织中镉的浓度达到 30mg/kg 干重时,植物就会表现出这些毒性症状(Solis et al.,2007)。植物幼叶的镉毒性症状通常比老叶更为明显(Ge et al.,2012)。据报道 Cd 毒会导致植物总叶面积和干重大量减少(Neel et al.,2016)。Cd 胁迫下植物生长受阻可能是由于多种原因,如镉胁迫负面影响植物对水和养分的吸收、光合作用、碳和氮的同化、氧化损伤。Cd 胁迫会影响小麦种子的萌发,抑制其幼苗、根和芽的生长,并且导致小麦生物量明显减少,株高和分蘖数亦降低(王一喆等,2008)。研究表明,重金属胁迫不仅影响植物器官的生长和发育,还会使细胞及细胞器的形态结构发生变化。如 Cd 和 Cu 等重金属会导致细胞发生质壁分离,液泡体积增大、数量增加,叶绿体结构混乱,核膜、质膜和线粒体膜降解等(Daud et al.,2009),以及在细胞壁及液泡上出现电子密集体(Ni et al.,2005)。

Cd 对植物叶绿素及光合作用均有不利影响。梁泰帅等(2015)研究表明,在盆栽试验下进行 Cd 处理,造成小白菜叶片中叶绿素 a、叶绿素 b 及其总含量下降;镉胁迫也显著抑制水稻叶片的光合作用(见图 1.1)。据报道,Cd 对光合作用速率的抑制归因于镉对光合作用过程所包含的多种成分的影响。Cd 首先对光合作用装置造成损害,特别是对光捕获复合物 Ⅱ 和两个光系统(PS Ⅰ 和 PS Ⅱ)造成损害,这种损害可能导致叶绿素和类胡萝卜素含量下降(Hendrik et al.,2007)。Cd 还通过干扰参与卡尔文循环过程的各种酶的活性来阻碍卡尔文循环,从而降低光合作用速率(Ying et al.,2010)。许多研究表明,ROS 清除系统在保护植物免受镉胁迫方面起着重要作用。因此,植物对非生物胁迫的耐受性与 ROS 清除和解毒的能力密切相关,ROS 清除和解毒很大程度上是通过抗氧化剂酶(如 SOD、POD 和 CAT)的活性变化而发生的(Xiao et al.,2014)。植物细胞膜失稳态通常归因于 ROS 产生增加导致脂质过氧化(Vibha et al.,2014)。植物氧化应激的主要指标是丙二醛(MDA),它是生物膜中多不饱和脂肪酸的分解产物(Demiral et al.，2004)。MDA 能与膜上蛋白质结合引起膜上蛋白质结构的改变,质膜通透性增加使非透过性物质进入细胞内,因此 MDA 含量可以评估镉对细胞膜脂损伤程度。H_2O_2 和 MDA 是胁迫(如镉胁迫)下的过氧化产物,会严重损害细胞膜系统。SOD 和 CAT 协同将超氧自由基(O_2^-)和 H_2O_2 转化为 H_2O 和 O_2,通过平衡细胞质和液泡的渗透强度以及外部环境的渗透强度,同时产生更多的谷胱甘肽来保护植物细胞(Gadallah,1999)。目前的相关文献研究发现,Cd 胁迫不是一定会导致植物器官中抗氧化酶活性升高或降低,这与 Cd 的用量、Cd 胁迫的时间和植物品种的不同等因素均有关联。然而,不可否认的是,Cd 胁迫导致 ROS 的清除过程或抗氧化酶活性升高或降低与植物抵抗镉毒性存在必然的联系。

Cd 污染,不仅会毒害植物生长,而且会影响作物的营养品质。土壤中过量的 Cd 对大豆、水稻、玉米和小麦籽粒品质均会产生不利影响,其不仅会降低作物籽粒中的一些营养成分(包括氨基酸、蛋白质和脂肪等)的比例和含量,并且还会增多籽粒中的 Cd 含量,过多的 Cd 含量会威胁人体健康(王农等,2008)。镉会影响小白菜的抗氧化性能(总酚、类黄酮、抗坏血酸清除活性)和营养价值(可溶性糖和可溶性蛋白质),从而降低小白菜的营养水平(孙凯祥等,2018);Cd 处理后,草莓对氮素营养的吸收及代谢受到影响,影响草莓对养分的吸收积累,此外,草莓果实的矿质营养和维生素等品质也受到影响,使得草莓果实中某些矿质元素和维生素 C 的含量降低(张金彪等,2009)。

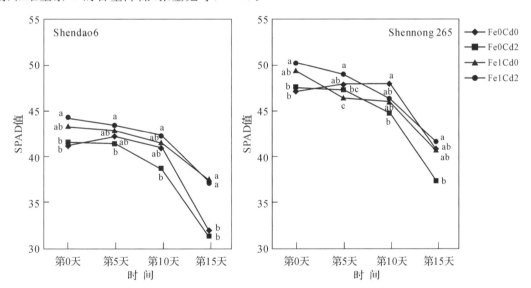

图 1.1　不同浓度 Cd(0,2mg/kg)和 Fe(0,1g/kg)处理对两个水稻品种叶片 SPAD 值的影响

［修改自(Liu et al.，2017)］

注:不同字母 a,b,c 表示结果存在显著差异性($P<0.05$)

1.3.2.2　铅对植物的危害

Pb 作为植物生长的非必需元素(Wu et al.，2016),当其在植株内部累积至一定浓度时,可对植物形态、生物量等生长指标产生负面影响。非生物胁迫对植株的伤害程度可通过其伸长高度和干重、鲜重等直观看出(周珩等,2014)。多数研究表明,铅胁迫处理可显著抑制

植物株高和根长的生长,还有研究发现铅胁迫对植物地下部分的伤害较地上部分更为严重(王锦文等,2009),推测这可能是因为根系是直接接触胁迫溶液的,且根系细胞可固定积累重金属离子。

叶绿体色素能够吸收、传递和转化光能,因此其含量对植物的光合作用有重要影响(衣艳君等,2008)。有研究发现,重金属污染可使植物的细胞膜和叶绿体的结构遭到破坏(Basile et al.,2012),同时也有学者发现重金属胁迫可使叶绿素酸酯还原酶活性下降,从而对叶绿素的合成产生负面影响(朱诗苗等,2018)。Kosobrukhov 等(2004)发现,土壤 Pb 污染明显降低了车前草的叶绿素含量(见表1.7)。刘涛等(2017)以附生西南树平藓为研究对象发现在中、重度 Pb 污染时可使绿素 a 和叶绿素 b 含量显著降低,猜测 Pb 胁迫下不同植物叶绿体色素的变化不同,可能是由于其对铅的耐受性和敏感性不同。刘涛等(2017)研究发现 Pb 污染下西南树平藓 ΦPSⅡ、光化学猝灭系数(qP)和 PSⅡ电子传递速率(ETR)均降低,这表明铅胁迫下植物 PSⅡ反应中心遭受损伤,降低了光合转换效率,加大了 PSⅡ反应中心的关闭程度;而非光化学猝灭系数(NPQ)在轻、中度重金属胁迫下呈先上升后下降或持续上升趋势,在重度胁迫下持续下降,表明在轻、中度重金属胁迫下植物可通过升高 NPQ,即增大热耗散能力,来保护其光合结构,但当重金属胁迫达到一定程度时植物热耗散系统遭受严重损伤而无法进行自我调节以防御外界胁迫。然而,不同植物在 Pb 污染下荧光特性的响应存在差异。在对小麦灌浆期叶片的研究中发现,适当质量分数的铅胁迫(200mg/kg Pb)反而会通过提高植物 PSⅡ反应中心的开放程度增强电子传递能力,同时可促进过剩激发能的耗散,减弱光合作用受外界的影响,进而使植物叶片保持较强的营养物质合成运转能力(张晶等,2016)。在对平邑甜茶(王利等,2010)和玉米(姚广等,2009)的研究中发现,Pb 毒害处理下 ψ_0 和 Φ_{E0} 较对照降低。这说明植物 PSⅡ受体侧在铅毒害下受到伤害,从而阻碍了其电子传递过程(张荣佳等,2012)。

表1.7　土壤不同铅浓度污染对车前草叶绿素含量的影响[修改自(Kosobrukhov et al.,2004)]

Pb/(mg·kg^{-1})	叶绿素 a	叶绿素 b	叶绿素 a+b
对照	1.78±0.10	0.80±0.04	2.57±0.14
500	1.32±0.06	0.58±0.03	1.90±0.09
2000	1.31±0.08	0.60±0.04	1.91±0.10

经过暗适应后的绿色植株或含有叶绿素的植株组织在可见光下忽然暴露后,植物绿色组织会发出一种暗红色、强度不停改变的荧光,因为这一现象最早是 Kautsky 发现的,因此后人将此现象命名为 Kautsky 效应,而荧光随时间的变化的曲线被称作快速叶绿素荧光诱导动力学曲线(李鹏民等,2005)。这一曲线包括 O、J、I、P 等相,且是由 O 相到 P 相荧光不断上升的,也可称为 O-J-I-P 曲线(Strasser et al.,1995)。有研究发现,经过1周的 Pb 胁迫处理后,水稻幼苗的荧光诱导曲线发生了变化,O、J、I、P 相与对照相比均有明显降低,且随着处理程度的增强,降幅增加,但达到最大荧光所需时间仍一致(Li et al.,2015)。姚广等(2009)以玉米幼苗为材料,发现在 Pb 毒害处理下其快速叶绿素荧光诱导动力学曲线中 K 点上升。由此表明,铅污染损害了玉米幼苗叶片的放氧复合物(OEC),且随着胁迫浓度的加大,OEC 的伤害程度加大(Jiang et al.,2006),进而阻碍了其电子传递过程。

铅胁迫处理除了会影响植物形态、光合生理特性等指标,还会使植物内源激素水平发生改变(Kupper et al.,2017)。有研究发现,相同 Pb 处理条件对黄瓜幼苗叶片和根系内源激素含量的影响不同,Pb 处理下黄瓜幼苗叶片和根系 ABA 和 GA₃ 含量与对照相比均升高,其中除根系 GA₃ 含量无显著变化外,其他处理组均显著变化;叶片和根系 IAA 含量均随处理程度加大表现出先升高后降低趋势;而两者中玉米素核苷(ZR)含量变化有差别,叶片中其值随处理程度加大呈先升高后降低趋势,根系中其值较对照持续降低(林伟等,2007)。研究显示,水稻幼苗经过 Pb 胁迫处理后,其叶片 GA₃ 和 IAA 含量变化大致相同,都随着处理程度的加强而降低,表明 Pb 胁迫抑制了水稻正常生长;而其 ABA 和 SA 含量则都随着处理程度的升高出现了先升高后降低的趋势,说明在低浓度 Pb 污染下水稻幼苗可通过快速合成 ABA 传递信号等方式开启防御防护机制以应对外界伤害,但这种保护机制是有限的,强度胁迫可使水稻幼苗严重受伤从而无法抵御外界胁迫(陈美静,2016)。植物各类内源激素之间可相互作用、共同参与调控植株的生长和发育进程,其中认为 IAA 和 GA₃ 属于促进植物生长类激素,ABA 为抑制植物生长类激素(王琦,2019)。童建华等(2009)对两种水稻幼苗的研究发现,低浓度 Pb 处理下可升高湘早籼 24 叶片赤霉素(GA₁)/ABA、细胞分裂素(CK)/ABA 和八两优 100 叶片 GA₁/ABA、IAA/ABA,同时两种水稻根系 GA₁/ABA 和 IAA/ABA 也均较对照升高;而高浓度 Pb 污染下,两个水稻品种的叶片和根系 GA₁/ABA、IAA/ABA 和 CK/ABA 都有所降低,据此可见,Pb 处理下水稻的生长发育与其内源激素间的比例改变有关。

1.3.2.3 铬对植物的危害

作为一种非必需金属元素,Cr 对植物具有毒害作用,几乎可以影响植物生长周期的每一阶段,但影响程度因物种和铬浓度而异。研究表明,铬对植物种子发芽的影响在不同植物之间存在着明显的差异。如 $200\mu M$ 的铬降低芒稷的出芽率达 75%(Rout et al.,2000);$192\mu M$ 的铬处理降低绿豆敏感品种发芽率,但对耐性品种无明显影响(Samantary,2002)。Cr 处理导致植物根系代谢紊乱,抑制水分和养分的吸收,同时也影响根细胞的分裂和伸长。其结果是根系活力降低,根系伸长受阻,侧根数目减少,但根直径与根毛数量增加,从而影响根系干物质的累积(沈奇等,2009)。另外,随着根系吸收活力的减弱,向上转运的水分和养分也相应减少,从而抑制茎秆伸长,即降低株高。除了抑制营养器官的生长和生物量累积,铬胁迫也会导致作物产量降低。早期研究显示,$0.05mmol/L$ 的 Cr 处理后小麦单株小花数比对照减少近 50%,结实率下降近 60%,粒重降低 50% 以上,且籽粒畸形,分蘖减少(Sharma et al.,1993)。$100\mu M$ Cr 处理 30 天后,黑麦草叶片含水量显著下降,$500\mu M$ 处理 45 天后,失水加剧(Vernay et al.,2007)。Cr 胁迫可能导致植物根系活力下降,吸收能力减弱,导管直径减小、气孔导度变化和脯氨酸含量增加(Shanker et al.,2005),最终影响植物水分吸收和利用。因此,Cr 胁迫可能引起植物水分和养分供应不足,光合和呼吸系统受损,同化物生产、运输和分配不均等,最终导致产量异常。

Cr 在植物体内的吸收及转运不存在特异性机制,但能通过与某些结构相似的必需元素竞争吸收位点和转运蛋白载体而进入植物体内,并在不同的组织中累积(Shanker et al.,2005)。同时,Cr 胁迫导致质膜 H-ATP 酶活性降低,根系活力和穿透力下降,从而影响植物对环境中矿质养分的吸收和转运。例如,Cr 胁迫的苋菜中,镁、铁、铜和锌含量在不同浓度铬处理中均有所下降(Liu et al.,2008)。随着 Cr 处理浓度的升高,番茄对氮、磷、钾、钠、钙和镁的吸收受到抑制(Moral et al.,1995)。在许多高等植物中,Cr 胁迫,影响光合体系的 CO_2 固定、电子传递、光合磷酸化和相关酶活性。有研究表明,随着 Cr 处理浓度的升高和处理时间的延长,黑麦草叶片叶绿素总含量、叶绿素 a 和 b 比例、净光合速率、气孔导度、PSⅡ光合速率(F_v/F_m)均有所下降,且处理浓度越高、时间越长,其下降幅度越大(Vernay et al.,2007)。小麦在 $0\sim0.25mmol/L$ 的 Cr^{6+} 胁迫 14 天,其叶片的蒸腾速率、净光合速率、气孔导度、电子传递速率和 CO_2 同化能力均受到不同程度的抑制,引起 ATP 和 NADPH 的利用效率降低(Subrahmanyam,2008)。Baker 等(2004)研究发现 Cr 胁迫可能阻碍植物叶片中光合电子传递,影响光合磷酸化反应和降低三羧酸循环酶活性,最终影响植物光合作用。另外,环境中高浓度 Cr 引起的水分和养分代谢紊乱,叶绿素酶降解以及叶绿体结构破坏等,也是影响植物正常光合反应的重要因素(Rocchetta et al.,2006)。

有报道指出,Cr 作为一种毒性元素,会提高植物体内的 ROS 水平,对植物造成氧化胁迫,进而影响相关酶类的活性(Pandey et al.,2009)。在水稻、小麦和芥菜等作物上的研究表明,一定浓度的 Cr 使植物体内产生大量过氧化氢(H_2O_2)、超氧自由基(O_2^-)等活性氧基团,且含量因处理浓度和时间而异(Panda et al.,2007)。随着 Cr 处理时间和处理浓度的增加,玉米、芥菜、水稻、绿豆、菜豆、豇豆和水浮莲等多种植物体内丙二醛含量和细胞膜电导率均升高,说明 Cr 对植物细胞膜有破坏作用(杨和连等,2009)。为了抵抗这些氧化胁迫,植物自身形成了一套复杂的抗氧化体系,包括各种抗氧化物酶如 SOD、POD、CAT、APX、GR 等和多种抗氧化物如 GSH、AsA 等,以清除各种活性氧成分,维持正常的生理代谢和生长发育(Hayat et al.,2012)。不同物种抗氧化酶活性对铬胁迫的响应存在着很大的差异,如 $20\mu mol/L$ 和 $50\mu mol/L$ 的 Cr 处理下,豌豆叶片的 SOD 和 MDHAR 活性上升,但 $100\mu mol/L$ 浓度下则下降:不同浓度铬处理 3 天时,GR 和 DHAR 的活性增强,但 5 天后则抑制这些酶的活性(Zou et al.,2009)。低于 0.1mmol/L 的 Cr 处理下,苋菜的 POD 和 SOD 活性上升(Liu et al.,2008)。另外,随着 Cr 处理时间的延长,总巯基含量和还原型谷胱甘肽(GSH)含量呈先升后降的趋势,而氧化型谷胱甘肽(GSSG)含量和 GSSG/GSH 之比则持续升高:半胱氨酸和抗坏血酸含量与 Cr 处理浓度呈反比,即 Cr 浓度越高两者的含量越低(Yadav et al.,2010)。综上所述,作为一种自身防御体系,植物抗氧化酶和各种抗氧化物在抵抗不良环境胁迫方面起到重要作用,但存在一定的剂量和时间效应,即极端胁迫可使该体系崩溃,表现为各种酶失活和抗氧化物含量下降。

1.3.2.4 汞对植物的危害

研究表明,低浓度的 Hg^{2+} 可在一定程度上促进种子的萌发和幼苗的生长(李伟强等,2005),而高浓度的 Hg^{2+} 会显著抑制种子的萌发,降低根长和苗高(郁达等,2004)。Hg^{2+} 对植物种子萌发的抑制作用可能是由于 Hg 能与巯基(SH)结合,影响了蛋白酶的催化作用,抑或是影响了淀粉的水解,从而限制了生长所需的营养物质,进而抑制了种子的发芽(陶玲等,2007)。叶绿素是植物光合作用的物质基础,其含量的高低会直接影响光合作用的强弱和物质的合成。Sahu 等(2012)测定叶绿色含量,结果表明经 Hg^{2+} 处理后,植物叶绿素 a 和 b 含量下降。Hg^{2+} 不仅对叶绿素含量有影响,而且对全电子传递链及 PSⅠ、PSⅡ 的活性也有抑制作用,但这种影响作用的强弱随植物种类和器官及汞浓度的不同而异(母波等,

2007a)。此外,Hg 能抑制植物细胞的分裂,使细胞分裂指数降低,在细胞中还能观察到染色体断裂、染色体桥或染色体粘连等畸变现象(高扬等,2003)。豌豆种子经 Hg^{2+} 处理后,能见到微核、畸形核及四倍体细胞出现,这可能是因为 Hg 能抑制纺锤体的形成,使染色体不能很好分离而出现数量变化(杜兰芳等,2004)。Hg 对细胞分裂的抑制效应还可能是因为 Hg^{2+} 可通过与氨基、羟基、磷酸基结合再与碱基等核酸组分络合或是直接与 DNA 分子的碱基结合,从而直接或间接影响细胞染色体和 DNA 的合成与复制,导致染色体畸变(母波等,2007b)。

细胞膜是植物细胞和外界环境进行物质交换和信息交流的界面和屏障,完整的膜结构是细胞维持正常生理功能的基础。Hg 胁迫能引起活性氧(ROS)的大量产生,使得膜脂过氧化而破坏膜的正常结构,致其渗透性发生改变。Zhou 等(2007)将紫花苜蓿植株用 0～40μmol/L HgCl$_2$ 处理 7 天,叶中产生的超氧阴离子(O$_2^-$)和过氧化氢(H$_2$O$_2$)与 Hg^{2+} 浓度成正比。Hg^{2+} 处理增加了 NADH 氧化酶和脂氧合酶的活性,从而破坏了生物膜。Sahu 等(2012)发现 10 和 25μmol/L HgCl$_2$ 处理下小麦根中丙二醛(MDA)含量增加,25μmol/L 以上 HgCl$_2$ 处理叶中 MDA 含量增加这些研究均表明汞胁迫可引起植物的氧化损伤。而究其原因,有报道认为重金属胁迫导致植物产生活性氧自由基,从而引起巯基氧化、二硫键交联等损伤。Zhou 等(2007)通过 Schiff 试剂组织化学染色和 Evans 染色显示 Hg 处理后根系细胞膜脂质过氧化和细胞膜完整性的损失发生在分生组织和伸长区。膜结构的改变,必然影响了水分和离子代谢。Hazama 等(2002)用膜片钳记录技术和定点诱变方法证实,Hg^{2+} 能与亲水膜孔蛋白中的 Cys 残基(Cys-155 和 Cys-190)结合,导致通道极性或通道蛋白构象改变,从而抑制细胞对水分和微量元素的吸收。Sahu 等(2012)发现,Hg 处理后小麦植株叶中的 K、Ca 和 Mg 水平下降。说明 Hg 不仅能抑制水分吸收,还会影响其他元素的吸收与转运。

葛才林等(2005)报道较高浓度的 Hg^{2+} 能显著抑制水稻叶片的呼吸速率并强制抑制根系的呼吸速率。同工酶电泳分析结果表明,Hg^{2+} 等重金属离子可通过影响水稻叶片和根系中的淀粉酶、苹果酸脱氢酶及细胞色素氧化酶的表达来影响呼吸作用,其中高浓度(≥0.5mmol/L)的 Hg^{2+} 抑制水稻呼吸作用的最主要原因与细胞色素氧化酶同工酶表达受抑制相关。进一步,从超微结构上观察汞对植物呼吸作用的影响,可以发现,以不同浓度的 Hg^{2+} 处理黑藻或芡实,线粒体结构逐渐变化,一开始是嵴出现膨大,然后排列紊乱并破坏,接着是线粒体被膜破损而渗漏到细胞中(解凯彬等,2000)。这种现象的出现可能是因为 Hg^{2+} 能抑制线粒体上 ATP 酶活性,影响线粒体内的氧化磷酸化过程和有关酶活性(Wheatley et al.,2000)。呼吸作用的抑制,影响了能量的产生与供应,进而影响了植物体内其他的代谢,影响植物的生长和发育。

1.3.2.5　砷对植物的危害

通常情况下,As 不是植物必需元素,且具有植物毒性。当植物从土壤中吸收的砷超过其毒性阈值时,就会对植物产生伤害,轻则抑制植物的生长发育,重则导致植物死亡。As 对植物的毒害症状主要表现为植物生长生殖受到抑制,导致植株生长缓慢、生物量下降、生殖异常甚至不开花结果;根系延伸受阻、叶片萎缩变黄甚至出现坏死病斑;作物产量减少、品质下降等。Geng 等(2006)研究发现,将两个品系的冬小麦种植在 50mg/kg As 土壤中,暴露

70 天后,其根部和茎叶生物量均下降了 50% 以上。此外,As 还会影响植物的生理生化反应,如阻碍植物水分的运输、影响植物蒸腾作用、干扰氮素代谢、抑制植物光合作用与呼吸作用等。而且,长时间的砷暴露会改变植物细胞膜的组成及选择性透性,致使胞内内溶物大量外渗、胞外有毒物质进入细胞,同时产生并积累大量活性氧自由基,导致细胞过氧化甚至超过抗氧化系统的防御能力,最终造成膜的损伤和破坏,干扰植物细胞的正常代谢。

然而,某些研究表明,低浓度水平的 As 反而会促进植物的生长。在 Chen 等(2010)的研究中,野生型拟南芥在 7.5mg/kg As 培养基中暴露 4 天,其根长比空白对照组增加了约 20%。Mahdieh 等(2013)的研究结果显示,低浓度的砷(0.25mg/kg)促进了冬小麦的种子萌发率、根叶延伸、生物量以及叶绿素含量。郝玉波等(2010)研究发现,低浓度的砷(0~2.0mg/kg)刺激了玉米幼苗的生长,株高、生物量均显著增加。这些结果表明,As 在低浓度水平下,并没有干扰植物的生理生化过程,而是很可能直接参与了植物的生理代谢或与植物的营养元素相互作。尽管低 As 刺激植物生长的机制还尚未研究清楚,但是已有一些研究提出低砷促生很可能与砷促进磷的吸收有关(Xu et al.,2014)。

1.3.3　重金属对土壤微生物和酶的活性的影响

土壤微生物是生态系统中最为活跃的组成部分,在 C 和 N 转化、养分循环和能量流动过程中起着核心作用,其正常的生理活动也是维持生态系统功能的重要保障(张妍等,2010)。土壤微生物及其参与的生化过程对污染物相当敏感,因此采用土壤微生物指标能够直接反映污染物的潜在影响和实际毒性(彭芳芳等,2013),及时准确地预测土壤养分及环境质量的变化,真实反映土壤污染对生物系统的危害程度,是最有潜力的评价土壤环境质量的指标(张妍等,2010)。重金属在土壤中不断累积,必然会降低土壤微生物数量,破坏土壤微生物群落结构,减弱土壤微生物的生态作用,最终导致土壤肥力和质量发生变化(韩桂琪等,2010)。目前,随着土壤污染的日益加剧,人们逐渐开展了关于重金属对土壤微生物生物量及相关生态过程影响的研究。

(1)重金属对土壤微生物生物量的影响

土壤微生物生物量是指土壤中体积小于 $5000\mu m^3$ 的生物总量,代表参与调控土壤中能量和养分循环以及有机质转化所对应生物量的数量,是土壤有机质中最活跃的和最易变化的部分(沈其荣等,1991)。土壤中的微生物量虽然只占土壤有机物质的 3% 左右,但由于其直接或间接地参与几乎所有的土壤生物化学过程,因此在土壤物质和能量的循环和转化过程中起重要作用。土壤微生物直接调节和控制着土壤养分的转化和供给以及植物对养分的吸收。微生物是土壤中有生命的成分,对土壤各种扰动极为敏感,微生物生物量的变化在一定程度上可以反映污染物等对土壤的污染程度,微生物量的变化被广泛用于重金属污染对土壤影响的评价(林启美,1997)。

大量研究结果表明,土壤中添加重金属能够对土壤微生物产生胁迫,降低土壤微生物生物量。Lu 等(2013)研究显示,土壤微生物量碳含量随着土壤中添加 Cd 浓度的增大而逐渐降低。韩桂琪等(2012)研究表明,土壤中添加高量 Cu、Zn、Cd 和 Pb 使土壤细菌、真菌、放线菌数量和微生物生物量碳显著降低。此外,有一些研究也揭示了在野外条件下,由于采矿和冶炼活动所造成的重金属污染对土壤微生物生物量的影响。韩佳琪等(2010)研究了 Cu-Zn-

Cd-Pb 复合污染的矿区土壤微生物特性,结果显示,随着污染程度的增加,土壤微生物量碳呈现降低的趋势。秦建桥等(2012)研究了铅锌矿区土壤的微生物特征,结果表明,Cu、Zn、Cd 和 Pb 复合污染的矿区土壤微生物生物量显著低于对照土壤。吴建军等(2008)研究了冶炼厂附近重金属复合污染对水稻土微生物生物量的影响。结果表明,自然状态下铜、锌、镉、铅复合污染降低了土壤微生物量。

(2)重金属对土壤微生物呼吸作用的影响

土壤呼吸是土壤向大气释放 CO_2 的一个过程,其中不仅包括土壤微生物、根系和动物呼吸产生的 CO_2,还包括土壤含碳矿物质在化学氧化等过程中产生的 CO_2,是微生物矿化土壤有机质和利用养分产物的过程,其强度反映了微生物的代谢能力和活性(Jiang et al.,2010)。土壤基础呼吸与土壤环境质量密切相关,对重金属敏感度高,是研究土壤重金属污染对微生物活性影响的常用参数之一(Kaplan et al.,2014)。土壤呼吸是一个复杂生物学过程,受到多种因素的影响。土壤呼吸对于重金属污染的响应也比较复杂。在轻度重金属污染胁迫下,微生物为了维持生存可能需要更多的能量,通过加快新陈代谢来抵御这种逆境,因此需要同化更多碳源,从而导致土壤基础呼吸的增加,这可能是微生物对逆境胁迫的一种反应机理(Lu et al.,2013)。秦建桥等(2012)发现土壤的重金属使得土壤的微生物基础呼吸作用增强。Zhou 等(2013)研究了矿区 Cu、Zn、Pb 和 Cd 污染对土壤微生物活性的影响,结果显示,土壤重金属污染导致土壤基础呼吸作用显著升高。Lu 等(2013)研究显示,土壤中添加少量 Cd 能够提高土壤基础呼吸速率。然而当土壤中重金属含量超过一定范围后,会杀死部分微生物,从而导致基础呼吸速率的下降。Chen 等(2014)研究表明,长期的 Cu、Zn、Pb 和 Cd 复合污染能够降低水稻土壤基础呼吸速率。Kaplan 等(2014)报道,低浓度重金属污染土壤基础呼吸强度高于对照,而重金属 Cu、Zn 和 Cd 严重污染土壤的基础呼吸作用显著($P<0.05$)低于轻度污染及未污染土壤。

(3)重金属对土壤酶活性的影响

土壤酶是土壤生物化学反应的催化剂,直接参与土壤中许多重要代谢过程,在土壤有机质以及养分循环过程中有重要作用。土壤酶活性是土壤生物学活性的总体现,其活性高低表征了土壤的综合肥力特征及其土壤养分的转化进程,关于土壤酶活性研究过去多集中在土壤肥力方面,然而,随着环境问题日益严重,土壤酶活性在土壤重金属污染研究中才引起注意(张妍等,2010)。土壤酶的主要成分是蛋白质,是有生物活性的物质,当土壤遭受重金属污染后,重金属一方面可络合土壤基质、螯合土壤蛋白基质或者与酶基质并产生络合反应从而直接影响酶活性;另一方面重金属离子能影响土壤微生物及土壤动物等,并且影响植物的生长和发育,影响了土壤酶的来源,从而间接影响土壤酶的活性(高扬等,2010)。目前土壤酶活性已广泛用于土壤重金属污染的生态毒理学评价(Lessard et al.,2013)。关于重金属污染对土壤酶活性的影响,国内外已开展了大量研究,结果均表明,重金属能够降低土壤酶活性。韩桂琪等(2010)研究表明,Cu、Zn、Cd 和 Pb 复合污染使土壤转化酶、脲酶、脱氢酶、过氧化氢酶和酸性磷酸酶活性显著降低(见表 1.8)。Pan 等(2011)通过室内培养法研究了添加重金属对土壤酶活性的影响,结果表明,添加 Cd 或 Pb 的土壤中脲酶活性、酸性磷酸酶活性以及脱氢酶活性显著($P<0.05$)低于未添加重金属的对照土壤。关于矿区污染对于土壤微生物生化特性影响的研究也有很多报道。张涪平等(2010)通过研究表明,矿区土壤酶活性显著低于对照土壤,Cu、Zn、Cd 和 Pb 复合污染影响下土壤转化酶、脲酶、脱氢酶和

酸性磷酸酶活性分别是对照土壤的 19％～84％、24％～72％、0.4％～84％和 19％～92％，并且土壤酶活性均与全量及有效态 Cu、Zn、Cd 和 Pb 的含量呈显著负相关。滕应等(2008)研究表明，矿区土壤酶活性随着重金属污染程度的加剧而显著降低，与非矿区土壤相比，离尾矿中心区距离越近，相应的酶活性则越低。郭星亮等(2012)研究了矿区重金属污染对土壤酶活性的影响，结果表明，矿区土壤脲酶、蛋白酶、碱性磷酸酶和过氧化氢酶活性分别是非矿区土壤中相应酶活性的 50.5％～65.1％、19.1％～57.1％、87.2％～97.5％ 和 77.3％～86.0％。

表 1.8　矿区土壤主要酶活性[修改自(韩桂琪等，2012)]

编号	离矿口距离/m	脲酶$[mg(NH_4^+ -N) \cdot g^{-1}]$	酸性磷酸酶$[mg(P_2O_5L \cdot g^{-1})]$	蔗糖酶$[mg(0.1mol \cdot L^{-1} Na_2S_2O_3) \cdot g^{-1}]$	过氧化氢酶$[mg(0.1(mol \cdot L^{-1} (KMnO_4) \cdot g^{-1}]$	脱氢酶$[mg(TPF) \cdot g^{-1}]$
1	矿口	0.08±0.01a	1.54±0.14a	0.29±0.02a	0.39±0.02a	0.02±0a
2	100～200	0.15±0.02b	2.95±0.17b	0.33±0.02ab	0.64±0.02b	0.04±0b
3	800	0.24±0.02c	6.31±0.17c	0.41±0.03b	1.05±0.07c	0.17±0.01c
4	10000	0.31±0.02d	9.13±0.23d	0.55±0.03c	1.26±0.07d	0.26±0.01d

注：a，b，c，d 表示 $P<0.05$ 水平上的差异显著性。

1.3.4　重金属对人体健康的危害

重金属污染土壤的最终后果是影响人畜健康，土壤重金属污染往往是逐渐累积的，具有隐蔽性，一旦发现污染危害时，往往已经达到相当严重的程度，治理很难。重金属对人类健康的危害，最突出的两个事例就是被列入八大公害的日本"水俣病"和"骨痛病"，前者是由汞的污染造成的，后者则是由镉的污染引起的。近年来，我国耕地土壤被重金属污染的情况也越来越突出，"镉米"的报道已不是偶尔，我国的农产品质量安全令人担忧。如果食用重金属污染的植物，或人体暴露于重金属污染土壤的扬尘环境，重金属经呼吸道进入人体等，都将对人体的健康造成直接或间接的影响。对人体毒害最大的元素有 5 种：汞、镉、铅、铬、砷。这些重金属对人体的毒害介绍如下。

1.3.4.1　汞对人体的毒害

金属汞又称元素汞，主要存在于水银温度计、体温计、血压计中。元素汞具有挥发性，汞蒸气吸入肺部后，会对中枢神经系统造成伤害，会产生肠胃溃疡、腹泻、呕吐、神智错乱、呼吸困难、肺水肿、呼吸衰竭，甚至死亡。元素汞一般不易由肠胃吸收，如果肠胃蠕动异常，使金属汞在肠胃中停留时间过长，则有可能引发汞中毒。元素汞在室温下会不断释放汞蒸气，如果人体长期暴露于汞蒸气环境，则容易发生四肢不自主抖动，更会有易怒、害羞、沮丧、口吃、胆怯、焦虑、不安、不稳定、易激动、思想不集中、记忆力减退、精神压抑等症状出现。此外，胃肠道、泌尿系统、皮肤、眼睛均可出现一系列症状。急性汞中毒的症候为肝炎、肾炎、蛋白尿、血尿和尿毒症。日常生活中会遇到的无机汞有消毒剂，如红药水和牙科银粉。若误食高剂量无机汞，不仅会引起肠胃道黏膜伤害而大量出血，引发休克，还会伤害肾脏，导致急性肾衰竭,甚至造成死亡。长期食入低剂量无机汞,将会引起慢性肾炎,导致尿毒症。汞在环境中会被细菌转化为有机汞,有机汞中较为典型的是甲基汞,甲基汞在人体肠道内极易被吸收并分布到全身,大部分蓄积到肝和肾中,分布于脑组织中的甲基汞约占总量的 15%,但脑组织受损害则先于其他各组织,主要损害部位为大脑皮层、小脑和末梢神经。因此,甲基汞中毒主要为神经系统症状,其中毒症状主要有头痛、疲乏、注意力不集中、健忘和精神异常等,还有感觉异常,包括口周围(鼻、唇、舌)和手、足末端麻木、刺激和感觉障碍,重者可波及上肢和下肢,甚至扩大到躯干。另外,甲基汞进入妊娠期妇女体内后,对发育中的胎儿危害性极大,其可过胎盘及血脑障壁,易积聚在发育中胎儿的脑部,而使胎儿出现脑性麻痹、痉挛、抽筋等症状,严重会造成宝宝的认知能力低下。日本著名的公害病"水俣病"即为甲基汞慢性中毒。其中毒事件主要是由于当地化学工厂排放含汞化合物污水,污染了水域中的鱼贝类,居民长期食用后而发生汞中毒。

1.3.4.2　镉对人体的毒害

镉为有毒元素,其化合物毒性大。它原本以化合物形式存在,与人类生活并不交会,但工业革命释放了这个魔鬼。国外有研究推算,全球每年有 2.2 万吨镉进入土壤。自然界中,镉的化合物具有不同的毒性。硫化镉、硒磺酸镉的毒性较低,氧化镉、氯化镉、硫酸镉的毒性较高。镉引起人中毒的平均剂量为 100mg。急性中毒症状主要表现为恶心、流涎、呕吐、腹痛、腹泻,继而引起中枢神经中毒症状。严重者可因虚脱而死亡。当环境受到镉污染后,镉可在生物体内富集,通过食物链进入人体引起慢性中毒。镉的生物半衰期为 10～30 年,且生物富集作用显著,即使停止接触,大部分以往蓄积的镉仍会继续停留在人体内。长期摄入含镉食品,可使肾脏发生慢性中毒,主要是损害肾小管和肾小球,导致蛋白尿、氨基酸尿和糖尿。同时,由于镉离子取代了骨骼中的钙离子,从而妨碍钙在骨质上的正常沉积,也妨碍骨胶原的正常固化成熟,导致软骨病。

1.3.4.3　铅对人体的毒害

铅是对人体危害极大的一种有毒重金属,因此铅及其化合物进入机体后将对神经、造血、消化、肾脏、心血管和内分泌等多个系统造成危害,若含量过高则会引起铅中毒。随着工业市场的迅速发展,铅被广泛应用到各行各业,铅对环境的污染越来越重,对人体的健康危害也越来越大。目前铅主要是通过食物、饮用水、空气等方式影响人体健康。金属铅进入人体后,少部分会随着身体代谢排出体外,其余大部分则会在体内沉积。对于成年人,铅的入侵会破坏神经系统、消化系统、男性生殖系统,且影响骨骼的造血功能,进而致使人出现头晕、乏力、眩晕、困倦、失眠、贫血、免疫力低下、腹痛、便秘、肢体酸痛、肌肉关节炎、月经不调(女性)等症状。有的口中有金属味,动脉硬化、消化道溃疡和眼底出血等症状也与铅污染有关。对于儿童,由于其大脑正在发育,神经系统处于敏感期,在同样的铅环境下吸入量比成人高出好几倍,受害极为严重,因此小孩铅中毒则会出现发育迟缓、食欲不振、行走不便和便秘、失眠;还有的伴有多动、听觉障碍、注意力不集中和智力低下等现象。严重者可出现脑组织损伤,可能导致终身残疾。铅进入妊娠期妇女体内则会通过胎盘屏障,影响胎儿发育,造成畸形、流产或死胎等。

1.3.4.4　铬对人体的毒害

铬的毒性与其存在价态有关,三价铬对人体几乎不产生有害作用,未见引起工业中毒的报道,六价铬比三价铬毒性高 100 倍,易被人体吸收且在体内蓄积。进入人体的铬被积存在人体组织中,代谢和被清除的速度缓慢。在一定条件下,三价铬和六价铬可以相互转化。六价铬是明确的有害元素,它可以通过消化道、呼吸道、皮肤和黏膜侵入人体,在体内主要积聚在肝、肾和内分泌腺中。通过呼吸道进入的则易积存于肺部。经呼吸道侵入人体时,开始侵害上呼吸道,引起鼻炎、咽炎和喉炎、支气管炎。长期摄入会引发扁平上皮癌、腺癌、肺癌等疾病;吸入较高含量的六价铬化合物会引起流鼻涕、打喷嚏、瘙痒、鼻出血、溃疡和鼻中隔穿孔等症状;短期大剂量的接触,在接触部位会引起溃疡、鼻黏膜刺激和鼻中隔穿孔;摄入超大剂量的铬会导致肾脏和肝脏损伤,出现恶心、胃肠道不适、胃溃疡、肌肉痉挛等症状,严重时会使循环系统衰竭,失去知觉,甚至死亡。父母长期接触六价铬,还可能给其子代的智力发育带来不良影响。皮肤直接接触铬化合物所造成的伤害主要有铬性皮肤溃疡(铬疮)和铬性皮炎及湿疹两种。对于铬性皮肤溃疡,只有擦伤的皮肤与铬化合物接触时会对人体造成伤害,铬化合物不损伤完整的皮肤。铬性皮肤溃疡的发生主要与皮肤的过敏性、接触时间长短及个人卫生习惯有关。溃疡发生后需进行及时、妥当的处理,若忽视治疗,进一步发展可深放至骨部,引发剧烈疼痛,愈合甚慢。

1.3.4.5　砷对人体的毒害

急性砷中毒多由吸入或吞入砷化物所致。砷急性中毒的症状有麻痹型和胃肠型两种。早期常见的消化道症状,如口及咽喉部有干、痛、烧灼、紧缩感,出现声嘶、恶心、呕吐、咽下困难、腹痛和腹泻等症状。呕吐物先是胃内容物及米泔水样,继之混有血液、黏液和胆汁,有时杂有未吸收的砷化物小块;呕吐物可有蒜样气味。重症极似霍乱,开始排大量水样粪便,以后变为血性,或为米泔水样混有血丝,很快发生脱水、酸中毒以至休克。同时可有头痛、眩晕、烦躁、谵妄、中毒性心肌炎、多发性神经炎等。少数有鼻衄及皮肤出血。严重者可于中毒后 24 小时至数日发生呼吸、循环、肝、肾等功能衰竭及中枢神经病变,出现呼吸困难、惊厥、昏迷等危重征象,少数患者可在中毒后 20 分钟至 48 小时内出现休克,甚至死亡,而胃肠道症状并不显著。患者可有血卟啉病发作,尿卟胆原强阳性。亚急性中毒会出现多发性神经炎的症状,四肢感觉异常,先是疼痛、麻木,继而无力、衰弱,直至完全麻痹或不全麻痹,出现腕垂、足垂及腱反射消失等;或下咽困难,发音及呼吸障碍。由于血管舒缩功能障碍,有时出现皮肤潮红或红斑。慢性砷中毒一般是由职业原因造成的,多表现为衰弱,食欲不振,偶有恶心,呕吐,便秘或腹泻等;尚可出现白细胞和血小板减少,贫血,红细胞和骨髓细胞生成障碍,脱发,口炎,鼻炎,鼻中隔溃疡、穿孔,皮肤色素沉着,可有剥脱性皮炎;手掌及足趾皮肤过度角化,指甲失去光泽和平整状态,变薄且脆,出现白色横纹,并有肝脏及心肌损害。中毒患者发砷、尿砷和指(趾)甲砷含量增高。口服大量砷的病人,在腹部 X 线检查时,可发现其胃肠道中有 X 线不能穿透的物质。

参考文献

曹伟,周生路,王国梁,等.2010.长江三角洲典型区工业发展影响下土壤重金属空间变异特征.地理科学,30(2):283-289.

陈美静.2016.碱蓬内生菌 EF0801 对三种非生物胁迫水稻幼苗内源激素及有机酸的影响.沈阳:沈阳师范大学硕士学位论文.

陈能场,郑煜基,何晓峰,等.2014.全国土壤污染状况调查公报.中国环保产业,(5):10-11.

陈文轩,李茜,王珍,等.2020.中国农田土壤重金属空间分布特征及污染评价.环境科学,41(6):2822-2833.

崔德杰,张玉龙.2004.土壤重金属污染现状与修复技术研究进展.土壤通报,3:366-370.

丁中元.1989.重金属在土壤-作物中分布规律研究.环境科学,1989,5:78-84.

杜兰芳,沈宗根,郁达,等.2004.汞胁迫对豌豆种子的毒害效应.西北植物学报,12:2266-2271.

段雪梅,蔡焕兴,巢文军.2010.南京市表层土壤重金属污染特征及污染来源.环境科学与管理,35(10):31-34+77.

高扬,李学玲,辛树权.2003.汞对洋葱根尖细胞有丝分裂的影响.吉林师范大学学报(自然科学版),2:55-57.

高扬,毛亮,周培,等.2010.Cd,Pb 污染下植物生长对土壤酶活性及微生物群落结构的影响.北京大学学报(自然科学版),46(3):339-345.

高智群,张美剑,赵科理,等.2016.土壤-水稻系统重金属空间异质性研究:以浙江省嵊州市为例.中国环境科学,36(1):215-224.

葛才林,络剑峰,刘冲,等.2005.重金属对水稻呼吸速率及相关同功酶影响的研究.农业环境科学学报,(2):222-226.

郭星亮,谷洁,陈智学,等.2012.铜川煤矿区重金属污染对土壤微生物群落代谢和酶活性的影响.应用生态学报,23(3):798-806.

韩桂琪,王彬,徐卫红,等.2010.重金属 Cd、Zn、Cu、Pb 复合污染对土壤微生物和酶活性的影响.水土保持学报,24(5):238-242.

韩桂琪,王彬,徐卫红,等.2012.重金属 Cd、Zn、Cu 和 Pb 复合污染对土壤生物活性的影响.中国生态农业学报,20(9):1236-1242.

郝玉波,刘华琳,慈晓科,等.2010.砷对玉米生长、抗氧化系统及离子分布的影响.应用生态学报,21(12):3183-3190.

解凯彬,施国新,陈国祥,等.2000.汞污染对芡实、菱根部过氧化物酶活性的影响.武汉植物学研究,1:70-72.

李鹏民,高辉远,Strasser R J.2005.快速叶绿素荧光诱导动力学分析在光合作用研究中的应用.植物生理与分子生物学学报,31(6):559-566.

李伟强,毛任钊,刘小京.2005.胁迫时间与非毒性离子对重金属抑制拟南芥种子发芽及幼苗生长的影响.应用生态学报,10:1943-1947.

李雪梅,王祖伟,邓小文.2005.天津郊区菜田土壤重金属污染环境质量评价.天津师范大学学报(自然科学版),1:69-72.

李宇庆,陈玲,仇雁翎,等.2004.上海化学工业区土壤重金属元素形态分析.生态环境,(2):154-155.

梁泰帅,刘昌欣,康靖全,等.2015.硫对镉胁迫下小白菜镉富集、光合速率等生理特性的影响.农业环境科学学报,34:1455-1463.

林启美.1997.土壤微生物量研究方法综述.中国农业大学学报,S2:1-11.

林伟,周娜娜,王刚,等.2007.铅胁迫对黄瓜幼苗根系生长和内源激素含量的影响.河南农业科学,(12):3.

刘涛,刘文耀,柳帅,等.2017. Pb^{2+} 、 Zn^{2+} 胁迫对附生西南树平藓叶绿素含量和光合荧光特性的影响.生态学杂志,36(7):1885-1893.

母波,韩善华,张英慧,等.2007a.汞对植物生理生化的影响.中国微生态学杂志,6:582-583.

母波,韩善华,张英慧,等.2007b.汞胁迫对植物细胞结构与功能的影响.中国微生态学杂志,1:112-113.

庞奖励,黄春长,孙根年.2001.西安污灌土中重金属含量及对蔬菜影响的研究.陕西师范大学学报(自然科学版),2:87-91.

彭芳芳,罗学刚,王丽超,等.2013.铀尾矿周边污染土壤微生物群落结构与功能研究.农业环境科学学报,32(11):2192-2198.

乔鹏炜,周小勇,杨军,等.2014.土壤重金属元素迁移模拟方法在矿集区适用性比较.地质通报,33(8):1121-1131.

秦建桥,赵华荣,张修玉,等.2012.粤北铅锌矿区土壤生态系统微生物特征及其重金属含量.水土保持学报,26(4):221-225.

任安芝,高玉葆.2000.铅、镉、铬单一和复合污染对青菜种子萌发的生物学效应.生态学杂志,1:19-22.

沈其荣,史瑞和.1991.土壤预处理对不同起源氮矿化的影响.南京农业大学学报,1:54-58.

沈奇,秦信蓉,张敏琴,等.2009.铬胁迫对油菜种子萌发及幼苗生长的毒性效应.贵州农业科学,2009,37(10):25-26,29.

施加春,刘杏梅,于春兰,等.2007.浙北环太湖平原耕地土壤重金属的空间变异特征及其风险评价研究.土壤学报,44(5):824-830.

宋伟,陈百明,刘琳.2013.中国耕地土壤重金属污染概况.水土保持研究,20(2):293-298.

孙凯祥,李先昀,谢力群,等.2018.土壤中重金属离子镉对于农作物小白菜生长及营养品质影响地质工作助推生态文明建设—浙江省地质学会2018年学术年会.中国浙江杭州,21-28.

唐书源,李传义,张鹏程,等.2003.重庆蔬菜的重金属污染调查.安全与环境学报,6:74-75.

陶玲,任珺,祝广华,等.2007.重金属对植物种子萌发的影响研究进展.农业环境科学学报,S1:52-57.

滕应,骆永明,李振,等.2008.土壤重金属复合污染对脲酶、磷酸酶及脱氢酶的影响.中国环境科学,2:147-152.

童建华,梁艳萍,丁君辉,等.2009.铅对水稻植物激素含量的影响.现代生物医学进展,9(11):2102-2107+2134.

王锦文,边才苗,陈珍.2009.铅、镉胁迫对水稻种子萌发、幼苗生长及生理指标的影响.江苏农业科学,4:77-79.

王利,杨洪强,范伟国,等.2010.平邑甜茶叶片光合速率及叶绿素荧光参数对氯化镉处理的响应.中国农业科学,43(15):3176-3183.

王农,石静,刘春光,等.2008.镉对几种粮食作物子粒品质的影响.农业环境与发展,(2):114-115.

王琦.2019.高浓度CO_2对水稻幼苗内源激素及有机酸含量影响研究.沈阳:沈阳师范大学硕士学位论文.

王一喆,王强.2008.镉对植物根系的毒害作用.广东微量元素科学,4:1-5.

魏俊峰,吴大清,彭金莲,等.1999.广州城市水体沉积物中重金属形态分布研究.土壤与环境,1:10-14.

魏秀国,何江华,陈俊坚,等.2002.广州市蔬菜地土壤重金属污染状况调查及评价.土壤与环境,3:252-254.

吴建军,蒋艳梅,吴愉萍,等.2008.重金属复合污染对水稻土微生物生物量和群落结构的影响.土壤学报,45(6):1102-1109.

徐建明,刘杏梅.2020."十四五"土壤质量与食物安全前沿趋势与发展战略.土壤学报,57(5):1143-1154.

徐建明,孟俊,刘杏梅,等.2018.我国农田土壤重金属污染防治与粮食安全保障.中国科学院院刊,33(2):153-159.

徐玺,轩梓翰.2019.多元共治视角下中国土壤重金属污染治理模式探究.周口师范学院学报,36(2):59-64.

杨和连,董新红,张百俊,等.2009.外源铬对豇豆幼苗生长及生理生化特性的影响.土壤通报,40(6):1446-1449.

杨宏伟,王明仕,徐爱菊,等.2001.黄河(清水河段)沉积物中锰、钴、镍的化学形态研究.环境科学研究(5):20-22.

姚广,高辉远,王未未,等.2009.铅胁迫对玉米幼苗叶片光系统功能及光合作用的影.生态学报,29(3):1162-1169.

衣艳君,李芳柏,刘家尧.2008.尖叶走灯藓(*Plagiomnium cuspidatum*)叶绿素荧光对复合重金属胁迫的响应.生态学报(11):5437-5444.

尹佳吉,郑喜坤.2015.浙江省土壤重金属污染评价研究.世界有色金属(综合),12(11):116-117.

郁达,沈宗根,张恒泽,等.2004.汞对萝卜种子发芽及幼苗某些生理特性的影响.西北植物学报,2:231-236.

张涪平,曹凑贵,李苹,等.2010.藏中矿区重金属污染对土壤微生物学特性的影响.农业环境科学学报,29(4):698-704.

张金彪,周碧青,黄维南. 2009. 镉胁迫对草莓氮代谢及果实品质的影响. 热带作物学报, 30:1624-1629.

张晶,王姣爱,党建友,等. 2016. Cd、Ni、Pb 对小麦灌浆期叶绿素荧光参数的影响. 山西农业科学,44(10):1455-1458.

张荣佳,任菲,白艳波,等. 2012. 基于快速叶绿素荧光诱导动力学分析逆境对 PSII 影响的研究进展. 安徽农业科学,40(7):3858-3859,3864.

张小红,张政. 2014. 选择实验法评估湘江流域重金属污染治理价值实证研究. 资源开发与市场,30(4):409-412.

张妍,崔骁勇,罗维. 2010. 重金属污染对土壤微生物生态功能的影响. 生态毒理学报,5(3):305-313.

张云芸,马瑾,魏海英,等. 浙江省典型农田土壤重金属污染及生态风险评价. 生态环境学报,2019,28(6):1233-1241.

郑喜珅,鲁安怀,高翔,等. 2002. 土壤中重金属污染现状与防治方法. 土壤与环境,(1):79-84.

周珩,郭世荣,邵慧娟,等. 2014. NaCl 和 $Ca(NO_3)_2$ 胁迫对黄瓜幼苗生长和生理特性的影响. 生态学报,34(7):1880-1890.

朱桂珍. 2001. 北京市东南郊污灌区土壤环境重金属污染现状及防治对策. 农业环境保护,(3):164-166,182.

朱诗苗,宋杭霖,张丽,等. 2018. 铅胁迫对烟草生长及生理生化指标的影响. 植物生理学报,54(3):465-472.

朱有为,段丽丽,周银,等. 2013. 浙江省主要优势农产品产地土壤-农作物镉含量空间分布及相关性研究. 农业资源与环境学报,(1):79-84.

Albores A F, Cid B P, Gomez E F, et al. 2000. Comparison between sequential extraction procedures and single extractions for metal partitioning in sewage sludge samples. Analyst,125(7):1353-1357.

Baker N R, Rosenqvist E. 2004. Applications of chlorophyll fluorescence can improve crop production strategies:an examination of future possibilities. Journal of Experimental Botany,55(403):1607-1621.

Basile A, Sorbo S, Pisani T, et al. 2012. Bioacumulation and ultrastructural effects of Cd, Cu, Pb and Zn in the moss *Scorpiurum circinatum* (Brid.) Fleisch. & Loeske. Environmental Pollution,166:208-211.

Belon E, Boisson M, Deportes I Z, et al. 2012. An inventory of trace elements inputs to French agricultural soils. Science of The Total Environment,439:87-95.

Chen J, He F, Zhang X, et al. 2014. Heavy metal pollution decreases microbial abundance, diversity and activity within particle-size fractions of a paddy soil. Fems Microbiology Ecology,87(1):164-181.

Chen W, Chi Y, Taylor N L, et al. 2010. Disruption of *ptLPD*1 or *ptLPD*2, genes that encode isoforms of the plastidial lipoamide dehydrogenase, confers arsenate hypersensitivity in Arabidopsis. Plant Physiology,153(3):1385-1397.

Daud M K，Sun Y，Dawood M，et al. 2009. Cadmium-induced functional and ultrastructural alterations in roots of two transgenic cotton cultivars. Journal of Hazardous Materials，161(1)：463-473.

Demiral T，Türkan İ. 2004. Comparative lipid peroxidation，antioxidant defense systems and proline content in roots of two rice cultivars differing in salt tolerance. Environmental and Experimental Botany，53(3)：247-257.

Gadallah M A A. 1999. Effects of proline and Glycinebetaine on Vicia faba responses to salt stress. Biologia Plantarum，42(2)：249-257.

Gambrell R P. 1994. Trace and toxic metals in wetlands-a review. Journal of Environmental Quality，23(5)：883-891.

Geng C N，Zhu Y G，Tong Y P，et al. 2006. Arsenate (As) uptake by and distribution in two cultivars of winter wheat (*Triticum aestivum* L.). Chemosphere，62 (4)：608-615.

Ge W，Jiao Y Q，Sun B L，et al. 2012. Cadmium-mediated oxidative stress and ultrastructural changes in root cells of poplar cultivars. South African Journal of Botany，83(83)：98-108.

Hayat S，Khalique G，Irfan M，et al. 2012. Physiological changes induced by chromium stress in plants：an overview. Protoplasma，249(3)：599-611.

Hazama A，Kozono D，Guggino W B，et al. 2002. Ion permeation of AQP6 water channel protein single-channel recordings after Hg^{2+} activation. Journal of Biological Chemistry，277(32)：29224-29230.

Hendrik K，Aravind P，Barbara L，et al. 2007. Cadmium-induced inhibition of photosynthesis and long-term acclimation to cadmium stress in the hyperaccumulator *Thlaspi caerulescens*. The New phytologist，175(4)：655-674.

Jiang C D，Jiang G M，Wang X，et al. 2006. Enhanced photosystem Ⅱ the most ability during leaf growth of elm (*Ulmus pumila*) seedlings. Photosynthetica，44 (3)：411-418.

Jiang J，Wu L，Li N，et al. 2010. Effects of multiple heavy metal contamination and repeated phytoextraction by Sedum plumbizincicola on soil microbial properties. European Journal of Soil Biology，46(1)：18-26.

Kaplan H，Rating S，Hanauer T，et al. 2014. Impact of trace metal contamination and *in situ* remediation on microbial diversity and respiratory activity of heavily polluted Kastanozems. Biology And Fertility of Soils，50(5)：735-744.

Kosobrukhov A，Knyazeva I，Mudrik V. 2004. Plantago major plants responses to increase content of lead in soil：Growth and photosynthesis. Plant Growth Regulation，2004，42(2)：145-151.

Kupper H. Leicity in plants. 2017. Metal Ions in Life Sciences，4(10)：17.

Lessard I，Renella G，Sauve S，et al. 2013. Metal toxicity assessment in soils using enzymatic activity：Can water be used as a surrogate buffer? Soil Biology &

Biochemistry, 57：256-263.

Liu D, Zou J, Wang M, et al. 2008. Hexavalent chromium uptake and its effects on mineral uptake, antioxidant defence system and photosynthesis in Amaranthus viridis L. Bioresource Technology, 99(7)：2628-2636.

Liu H, Zhang C, Wang J, et al. 2017. Influence and interaction of iron and cadmium on photosynthesis and antioxidative enzymes in two rice cultivars. Chemosphere, 171：240-247.

Liu X, Tian G, Jiang D, et al. 2016. Cadmium (Cd) distribution and contamination in Chinese paddy soils on national scale. Environmental Science & Pollution Research International, 23(18)：1-12.

Li X M, Zhang L H. 2015. Endophytic infection alleviates Pb^{2+} stress effects on photosystem Ⅱ functioning of Oryza sativa leaves. Science China Life Sciences, 295：79-85.

Lu M, Xu K, Chen J. 2013. Effect of pyrene and cadmium on microbial activity and community structure in soil. Chemosphere, 91(4)：491-497.

Lu Z, Zhang Z, Su Y, et al. 2013. Cultivar variation in morphological response of peanut roots to cadmium stress and its relation to cadmium accumulation. Ecotoxicology and environmental safety, 91(91)：147-155.

Mahdieh S, Ghaderian S M, Karimi N. 2013. Effect of arsenic on germination, photosynthesis and growth parameters of two winter wheat varieties in iran. Journal of Plant Nutrition, 36(4)：651-664.

Maksimović I, Kastori R, Krstić L, et al. 2007. Steady presence of cadmium and nickel affects root anatomy, accumulation and distribution of essential ions in maize seedlings. Biologia Plantarum, 51(3)：589-592.

Moral R, Pedreno J N, Gomez I, et al. 1995. Effects of chromium on the nutrient content and morphology of tomato. Journal of Plant Nutrition, 18(4)：815-822.

Neel J, Damian C, Paul H, et al. 2016. Reactions to cadmium stress in a cadmium-tolerant variety of cabbage (Brassica oleracea L.)：Is cadmium tolerance necessarily desirable in food crops? Environmental science and pollution research international, 23(6)：5296-5306.

Ni C Y, Chen Y X, Lin Q, et al. 2005. Subcellular localization of copper in tolerant and non-tolerant plant. Journal of Environmental Sciences, 17(3)：452-456.

Panda S K, Patra H K. 2007. Effect of salicylic acid potentiates cadmium-induced oxidative damage in Oryza sativa L. leaves. Acta Physiologiae Plantarum, 29(6)：567-575.

Pandey V, Dixit V, Shyam R. 2009. Chromium effect on ROS generation and detoxification in pea (Pisum sativum) leaf chloroplasts. Protoplasma, 236(1-4)：85-95.

Pan J, Yu L. Effects of Cd or/and Pb on soil enzyme activities and microbial community structure. Ecological Engineering, 2011, 37(11)：1889-1894.

Rocchetta I, Mazzuca M, Conforti V, et al. 2006. Effect of chromium on the fatty acid composition of two strains of *Euglena gracilis*. Environmental Pollution, 141(2): 353-358.

Rout G R, Samantaray S, Das P. 2000. Effects of chromium and nickel on germination and growth in tolerant and non-tolerant populations of *Echinochloa colona* L. Link. Chemosphere, 40(8): 855-859.

Sahu G K, Upadhyay S, Sahoo B B. 2012. Mercury induced phytotoxicity and oxidative stress in wheat (*Triticum aestivum* L.) plants. Physiology and Molecular Biology of Plants, 18(1): 21-31.

Samantary S. 2002. Biochemical responses of Cr-tolerant and Cr-sensitive mung bean cultivars grown on varying levels of chromium. Chemosphere, 47(10): 1065-1072.

Seth C S, Misra V, Chauhan L K S, Singh R R. 2008. Genotoxicity of cadmium on root meristem cells of *Allium cepa*: cytogenetic and Comet assay approach. Ecotoxicology and environmental safety, 71(3): 711-716.

Shanker A K, Cervantes C, Loza-Tavera H, et al. 2005. Chromium toxicity in plants. Environment International, 31(5): 739-753.

Sharma D C, Sharma C P. 1993. Chromium uptake and its effects on growth and biological yield of wheat. Cereal Research Communications, 21(4): 317-322.

Shi T, Ma J, Wu X, et al. 2018. Inventories of heavy metal inputs and outputs to and from agricultural soils: A review. Ecotoxicology & Environmental Safety, 164: 118-124.

Shuman L M. 1985. Fractionation method for soil microelements. Soil Science, 140(1): 11-22.

Solís-Domínguez F A, González-Chávez M C, Carrillo-González R, et al. 2007. Accumulation and localization of cadmium in *Echinochloa polystachya* grown within a hydroponic system. Journal of Hazardous Materials, 141(3): 630-636.

Strasser R J, Srivastava A. 1995. Polyphasic chlorophyll a fluorescence transient in plants and cyanobacteria. Photochemistry & Photobiology, 61: 32-42.

Subrahmanyam D. 2008. Effects of chromium toxicity on leaf photosynthetic characteristics and oxidative changes in wheat (*Triticum aestivum* L.). Photosynthetica, 46(3): 339-345.

Vernay P, Gauthier-Moussard C, Hitmi A. 2007. Interaction of bioaccumulation of heavy metal chromium with water relation, mineral nutrition and photosynthesis in developed leaves of *Lolium perenne* L. Chemosphere, 68(8): 1563-1575.

Vibha S, Kannan P, Rakhi C. 2014. Chromium (Ⅵ) accumulation and tolerance by *Tradescantia pallida*: biochemical and antioxidant study. Applied biochemistry and biotechnology, 173(8): 2297-2306.

Wang Y Q, Shao M G, Gao L. 2010. Spatial variability of soil particlesize distribution and fractal features in water-wind erosioncrisscross region on the loess plateau of China.

Soil Science, 175(12): 579-585.

Wheatley B, Wheatley M A. 2000. Methylmercury and the health of indigenous peoples: a risk management challenge for physical and social sciences and for public health policy. Science of the Total Environment, 259(1-3): 23-29.

Wu Y, Wang Y, Du J, et al. 2016. Effects of ttrium under lead stress on growth and physiological characteristics of *Microcystis aeruginosa*. Journal of Rare Earths, 34 (7): 747-756.

Xiao W, Jian C, Fulai L, et al. 2014. Multiple heat priming enhances thermo-tolerance to a later high temperature stress via improving subcellular antioxidant activities in wheat seedlings. Plant physiology and biochemistry: PPB, 74: 185-192.

Xu J Y, Li H B, Liang S, et al. 2014. Arsenic enhanced plant growth and altered rhizosphere characteristics of hyperacaimulator *Pteris vittata*. Environmental Pollution, 194: 105-111.

Yadav S K, Dhote M, Kumar P, et al. 2010. Differential antioxidative enzyme responses of *Jatropha curcas* L. to chromium stress. Journal of Hazardous Materials, 180(1-3): 609-615.

Ying R R, Qiu R L, Tang Y T, et al. 2010. Cadmium tolerance of carbon assimilation enzymes and chloroplast in Zn/Cd hyperaccumulator *Picris divaricata*. Journal of Plant Physiology, 167(2): 81-87.

Zhang H, Yao Q, Zhu Y, et al. 2013. Review of sourceidentification methodologies for heavy metals in solid waste. Chinese Science Bulletin, 58(2):162-168.

Zhao F J, Ma Y, Zhu YG, et al. 2014. Soil contamination in China: current status and mitigation strategies. Environmental Science & Technology, 49(2): 750-759.

Zhou X, Chen C, Wang Y, et al. 2013. Soil extractable carbon and nitrogen, microbial biomass and microbial metabolic activity in response to warming and increased precipitation in a semiarid Inner Mongolian grassland. Geoderma, 206: 24-31.

Zhou Z S, Huang S Q, Guo K, et al. 2007. Metabolic adaptations to mercury-induced oxidative stress in roots of *Medicago sativa* L. Journal of Inorganic Biochemistry, 101 (1): 1-9.

Zou J, Yu K, Zhang Z, et al. 2009. Antioxidant response system and chlorophyll fluorescence in chromium (vi)-treated *zea mays* L. seedlings. Acta Biologica Cracoviensia Series Botanica, 51(1): 23-33.

第2章 农用地土壤重金属污染调查与类别划分

　　农用地土壤作为农业生产直接或间接利用的土壤,其质量关系生态安全。重金属通过人类活动进入农用地土壤中,积累到一定程度,其含量超过土壤自身的净化能力,导致土壤的性状和质量发生改变,从而对人体健康和生态环境产生负面影响,称为农用地重金属污染(魏洪斌等,2018;段友春等,2020)。近年来,随着我国交通运输、石油开采和金属冶炼等行业的迅猛发展,严重增加了重金属的排放,引起工业和城市污染不断向农业产业渗透(Zhang et al.,2015;李凤果等,2018)。同时,我国每年因重金属污染而减产的粮食量达到数千万吨,经济损失逾百亿,影响粮食安全(骆永明等,2006)。

　　《土十条》中明确提出:实施农用地的分类管理工作,保护好未污染土地,加强农用地的保护管理。农用地的污染较为突出,关系着粮食与食品安全,因此,保障农业生产环境安全,根据土壤污染等级不同,对划分后的土地采用不同的治理修复措施就尤为重要(陆军等,2016)。《中华人民共和国土壤污染防治法》在第四十九条中对国家建立农用地分类管理制度,依据土壤污染程度与相关标准,将农用地划分为优先保护类、安全利用类和严格管控类等内容也做出了明确规定,并要求各级人民政府层层夯实责任,切实推进当前土壤重金属污染问题的解决工作。受污染耕地的安全利用与管控工作也已经被纳入各级政府考核指标。

　　21世纪以来,国家对生态环境保护的重视程度日益提高。为改善我国农用地土壤重金属污染状况,国务院专门印发了《土壤污染防治行动计划》,要求将农用地土壤环境质量类别按污染程度进行划定(张亚男,2018;应蓉蓉等,2020)。在已有相关调查的基础上,通过深入系统调查,进一步掌握全国土壤环境质量状况,为全面落实《土十条》要求,有针对性地推进农用地分类管理和建设用地准入管理,强化企业用地环境风险管控,实施土壤污染分类别、分用途、分阶段治理,逐步改善土壤环境质量提供基础支撑。因此,完善农用地土壤重金属污染详细调查技术标准与方法,实现对重金属污染风险的有效划分,对实现重金属污染土壤的分类分级治理,提出合理的管控措施,保障人民生命安全,具有重大意义。

2.1　农用地土壤重金属污染调查技术

　　《土壤污染防治行动计划》明确提出完成土壤环境监测等技术规范的编制与修订、形成土壤环境监测能力、建设土壤环境质量监测网络、深入开展土壤环境质量调查、定期对重点监管企业和工业园区周边土壤开展监测等工作任务。2016年12月,环境保护部、财政部、国土资源部、农业部、国家卫计委联合印发《全国土壤污染状况详查总体方案》,部署启动全国土壤污染状况详查工作。2017年7月31日,全国土壤污染状况详查工作动员部署会召开,正式启动全国土壤污染状况详查的工作。根据《土十条》要求,2018 年底完成全国农用地土壤污染状况的详查任务。

耕地土壤重金属污染状况调查是一项繁重又精细的工作,其过程主要分为点位布设、样品采集、样品制备和流转、实验室检测、数据分析等多个方面。耕地土壤重金属污染状况调查可分为三个阶段。第一阶段调查工作是以资料收集、现场踏勘和人员访谈为主,原则上不进行现场采样分析。通过第一阶段调查,在对收集资料进行汇总的基础上,结合现场踏勘及人员访谈情况,分析调查区域污染的成因和来源。判断已有资料是否满足分类管理措施实施。如现有资料满足调查报告编制要求,可直接进行报告编制。第二阶段调查包括确定调查范围、划定监测单元、监测点位布设、确定监测项目、采样分析、结果评价与分析等步骤。通过第二阶段检测及结果分析,明确土壤污染特征、污染程度、污染范围及对农产品安全的影响等。调查结果不能满足分析要求的,则应当补充调查,直至满足要求。最后汇总调查结果,编制农用地土壤污染状况调查报告。

2.1.1　资料收集和现场踏勘

2.1.1.1　资料收集

(1)土壤环境和农产品质量资料的收集

主要包括调查区域涉及的土壤污染状况调查数据、农产品产地土壤重金属污染普查数据、多目标区域地球化学调查数据、各级土壤环境监测网监测结果、土壤环境背景值,以及其他相关土壤环境和农产品质量数据、污染成因分析和风险评估报告等资料。

(2)土壤污染源信息的收集

调查区域内土壤污染重点行业企业等工矿企业类型、空间位置分布、原辅材料、生产工艺及产排污情况;农业灌溉水的来源与质量;农药、化肥、农膜等农业投入品的使用情况及畜禽养殖废弃物处理处置情况;固体废物堆存、处理处置场所分布及其对周边土壤环境质量的影响情况;污染事故发生时间、地点、类型、规模、影响范围及已采取的应急措施情况等。

(3)区域其他信息收集

区域农业生产土地利用状况、农作物种类、布局、面积、产量、种植制度和耕作习惯等。区域气候、地形地貌、土壤类型、水文、植被、自然灾害、地质环境等资料。地区人口状况、农村劳动力状况、工业布局、农田水利和农村能源结构情况,当地人均收入水平,以及相关配套产业基本情况等资料。

2.1.1.2　现场踏勘

(1)踏勘方法

通过拍照、录像、笔记等方法记录踏勘情况,必要时可使用快速测定仪器进行现场取样检测,并根据现场的具体情况采取相应的防护措施。

(2)踏勘内容

现场踏勘调查区域的位置、范围、道路交通状况、地形地貌、自然环境与农业生产现状等情况,对已有资料中存疑和不完善处进行现场核实和补充。现场踏勘调查区域内土壤或农产品的超标点位,曾发生泄漏或环境污染事故的区域,其他存在明显污染痕迹或农作物生长异常的区域。

现场踏勘、观察和记录区域土壤污染源情况,主要包括:①固体废物堆存情况;②畜禽养殖废弃物处理处置情况;③灌溉水及灌溉设施情况;④工矿企业的生产及污染物产排情况,如生产过程和设备、平面布置、储槽与管线、污染防治设施,以及原辅材料、产品、化学品、有毒有害物质、危险废物等生产、贮存、装卸、使用和处置情况;⑤污染源及其周边污染痕迹,如罐槽泄漏、污水排放及废物临时堆放造成的植被损害、恶臭和异常气味、地面及构筑物的污渍和腐蚀痕迹等。

现场踏勘污染事故发生区域位置、范围、周边环境及已采取的应急措施等,观察记录污染痕迹和气味。可结合快速测定仪器现场检测,综合考虑事故发生时间、类型、规模、污染物种类、污染途径、地势、风向等因素,初步界定关注污染物和土壤污染范围,必要时可对污染物及土壤进行初步采样及实验室分析。

2.1.2　采样点位的布设

2.1.2.1　采样点位的设置原则和方法

《农田土壤环境质量监测技术规范》的布点原则坚持"哪里有污染就在哪里布点",即将监测点布设在已经证实受到污染的或怀疑受到污染的地方。布点方法根据污染类型特征确定。①大气污染型土壤:以大气污染源为中心,采用放射状布点法。布点密度由中心起由密渐稀,在同一密度圈内均匀布点。此外,大气污染源主导方向应适当延长监测距离和增加布点数量。②灌溉水污染土壤:在纳污灌溉水体两侧,按水流方向采用带状布点法。布点密度自灌溉水体纳污口起由密渐稀,各引灌段相对均匀。③固体废物堆污染型土壤:地表固体废物堆可结合地表径流和当地常年主导风向,采用放射布点法和带状布点法。④地下填埋废物堆污染型土壤:根据填埋位置可采用多种形式的布点法。⑤农用固体废物污染型土壤:在施用种类、施用量、施用时间等基本一致的情况下采用均匀布点法。⑥综合污染型土壤:以主要污染物排放途径为主,综合采用放射布点法、带状布点法和均匀布点法。⑦在污染事故调查等监测中,需要布设对照点来考察监测区的污染程度。选择与监测区域土壤类型、耕作制度等相同且相对未受污染的区域采集对照点,或在监测区域采集不同深度的剖面样品作为对照点。

2.1.2.2　土壤环境质量监测采样点位的布置要求

针对调查区域耕地的分布状况,研究其土壤重金属的含量及其空间变异特征,设定适宜的监测网格。例如,国家尺度上耕地监测网格可划定为 8km×8km。《农用地土壤污染状况详查点位布设技术规定》规定了表层土壤的布点精度:重度点位超标区按每 500m×500m 网格布设 1 个点位;中度和轻度点位超标区按每 1000m×1000m 网格布设 1 个点位;在已查明属于地球化学高背景的区域,原则上按每 1000m×1000m 网格布设 1 个点位;重度、中度点位超标区内重点污染源聚集的地区(企业聚集影响区),可根据实际情况适当提高布点精度;土壤污染问题突出区域的详查单元按每 500m×500m 网格布设 1 个点位,根据农用地具体分布可酌情调整。

将划定好的网格数据叠加监测区域土地利用现状图层，计算网格内耕地面积，按照面积占优法筛选出耕地面积超过一定比例的网格（对于土地利用破碎化的地区，可降低筛选比例），得到监测区域内需布设监测点位的网格，网格中心点即为初始点位。

2.1.3　土壤样品的采集

2.1.3.1　采样准备

（1）基础资料收集

采样单位根据《国家土壤环境监测网农产品产地土壤环境监测工作方案（试行）》和所领取的任务，系统收集任务区域的基础资料。包括但不限于以下内容：①地形、地貌、气象、水文、地质及交通运输等资料；②农作物种类、布局、面积、产量、耕作制度等，种植农作物所使用的常规农药、肥料、灌溉水等生产资料情况；③区域内主要污染源种类及分布、主要污染物种类及排放途径和排放量、大气环境质量、水体环境质量等相关信息。

（2）制订采样计划

采样单位根据所收集的基础资料和采样任务，制订详细的采样计划，内容包括任务部署、人员分工、时间节点、采样准备、样品交接、质量监督检查和注意事情等。

（3）组织准备

采样单位组织具有野外调查经验、熟悉土壤样品采样方法的专业人员组成采样小组。采样小组由 2 名以上成员组成，其中 1 名任组长。组长由熟悉土壤调查相关基础知识，掌握土壤样品采集流转相关技术要求的人员担任。组长负责现场采样过程质量控制和现场采样记录审核。

（4）物资准备

土壤样品采集用物资一般分为工具类、器具类、文具类、表格与标签、防护物资以及运输工具等（见表 2.1）。

表 2.1　土壤样品采集清单

类　别	具体物资
工具类	铁铲、镐头取土钻、螺旋取土钻、木（竹）铲、特殊采样要求的工具等
器具类	GPS、数码相机、采样手持终端（可选）、二维码打印机（可选）、卷尺、便携式手提秤、样品袋（布袋和塑料袋）、运输箱等
文具类	土壤样品标签（人工填写）、点位编号列表、剖面标尺、采样现场记录表、铅笔、签字笔、资料夹、透明胶带、用于围成漏斗状的硬纸板等
表格与标签	点位编号列表、采样现场记录表、样品运输记录表、土壤样品交接记录表、土壤样品采集核检记录表和土壤样品标签等
防护物资	工作服、工作鞋、安全帽、手套、雨具、常用（防蚊蛇咬伤）药品、口罩等
运输工具	采样用车辆及车载冷藏箱

（5）技术准备

为了使采样工作能顺利进行,采样小组在采样前应进行以下技术准备:①熟悉采样点位的基本情况,包括采样点及其周边地区灌溉、施肥及污染源分布和周边交通情况及田块所属等基本情况;②掌握点位适宜性判断和调整的基本原则;③掌握北斗卫星导航系统(BDS)或全球定位设备(GPS)、采样手持终端和蓝牙打印机的使用、校准和调试。

（6）点位踏勘核实

产地环境监测点位由农业农村部依据 2012—2016 年全国农产品产地土壤重金属污染普查(以下简称"重金属普查")结果统一组织布设,并按 1∶4 的比例提供备选采样点位。为保证监测工作的延续性,采样单位应在采样前,先行进行点位踏勘核实,确认无误后再进行采样工作。踏勘核实内容包括:计划点位所在地块是否变更为非耕地;计划点位所在地块是否处于常年休耕状态;计划点位所在地块种植作物是否与任务信息不一致;计划点位所在地块 50m 范围内是否存在重金属普查后新建的工矿企业;计划点位所在地块 50m 范围内是否存在重金属普查后新建的公路;计划点位所在地块是否在两周内添加过某类化学或生物农业投入品;计划点位所在地块是否在上一个监测周期内进行过污染修复或治理。

经踏勘,发现计划点位存在以上 7 种情况时,可将计划点位就近调整至适宜采样区,点位调整的位移距离一般不超过 200m。需要在计划点 200m 范围内调整点位时,由采样小组组长确定并提供相关证明材料(计划采样点位和调整后采样点位 DBS 或 GPS 屏显、东南西北四方向照片等)。若在计划点 200m 范围内没有合适的采样点,采样小组通过手持终端确认"无法采样",并提交无法采样的证明材料。计划点位无法采样时,从手持终端中选取备选点位,再次进行点位踏勘核实。当所有备选点位均无法采样,采样小组及时与质控中心联系,确定新的采样点位。现场点位踏勘核实的同时应初步确定采样地块,产地环境监测的点位不得删减。点位踏勘核实的一般流程如图 2.1 所示。

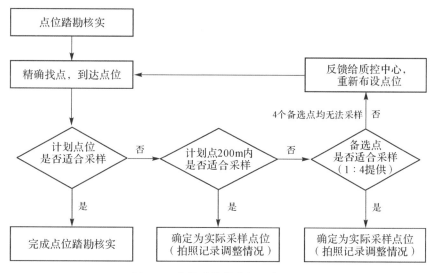

图 2.1　点位踏勘核实的一般流程

2.1.3.2　土壤样品采集

（1）采样方法

土壤样品采集混合样品，采样小组根据采样地块的具体情况选择合适的采样方法。具体如下。①对角线法：适用于污水灌溉或类似的地块，由地块进水口向出水口引一条对角线，至少五等分，以等分点为采样分点。采样分点数量不得少于 5 个。②梅花点法：适用于面积较小、地势平坦、土壤不均匀的地块。采样分点数量不得少于 6 个。③棋盘法：适宜中等面积、地势平坦、土壤物质和受污染程度均匀的地块。采样分点数量不得少于 9 个。④蛇形法：适宜面积较大、土壤不够均匀且地势不平坦的地块，多用于农业污染型土壤。采样分点数量不得少于 15 个。

现场确定采样点位后，以确定点位为中心划定采样区域，采样点位面积为 25m×25m；当地形地貌及土壤利用方式复杂，样点代表性差时，可视具体情况扩大至 100m×100m。采用垂直柱状法在各分样点采集土壤样品。采样时，先清除土壤表面的植物残骸和石块等，用铁铲切割一个大于取土量的 20cm 深的土柱（果树以及山药等根系较深的农产品产地土柱深度为 60cm），用木（竹）铲去掉铁铲接触面后，用木（竹）铲取样装袋。多点混合成样。注意不要斜向挖土，要尽可能做到采样量上下一致，每个点位采样量基本一致。各分样点尽可能布设在同一农户的同一田块中。

（2）采样量

各分样点采样量保持一致，总采样量不少于 1.5kg。当土壤中砂石、草根等杂质较多或含水量较高时，可视情况增加采样量。

（3）采样记录

采样小组应在手持终端或手机 App 上现场录入、保存、上传样品采集信息，包括土壤样品信息、实际采样点经纬度、采样现场照片等，并采用手持终端连接蓝牙打印机现场打印样品标签。采样小组返回驻地后整理当天的样品和采样记录。

采样手持终端无法正常使用时，采样人员用 DBS 或 GPS 精确定位，记录采样点经纬度，填写纸质现场记录表（见表 2.2）和土壤样品标签（见表 2.3），并拍摄采样现场数码相片。采样小组返回驻地后以点位编号为文件夹名，整理采样记录表（扫描成 PDF）和现场照片，并及时录入信息管理系统。产地环境监测点位编码实行统一管理。土壤样品编码为点位编码后增加一位字母"T"，以短横线"－"连接。

（4）样品分装

样品分装应按照"双袋、双标签"进行。采集的土壤样品先装入塑料袋，在塑料袋外粘贴 1 份样品标签（或在袋口系 1 份样品标签）；再将装有土壤样品的塑料袋装入布袋（或塑料袋），在布袋封口处系上另 1 份标签（或在塑料袋外粘贴另 1 份样品标签）。注意当样品含水量较大的时候，应防止样品标签被浸泡。操作方法：先将样品标签放入塑料自封袋中密封，然后装入样品袋或系在样品袋口。

表 2.2　采集现场记录表(中国环境监测总站,2017)

记录表编号：　　　　　　　　　　　　　　　　　　　采样日期：　　年　　月　　日

1. 工作信息

采样小组名称或编号：

组长：	组员：

2. 样点信息

样点地址	省　　　市　　　县(区)　　　乡(镇)　　　村			
样点编码				
计划点位坐标	东经		北纬	
	海拔			
实际采样坐标	东经		北纬	
	海拔			
土地类型	水田□　　　旱地□　　　水浇地□		田块面积：　　□平方米　　　□亩	
周边信息	正东:居民点□　厂矿□　耕地□　林地□　草地□　水域□　其他□ 正南:居民点□　厂矿□　耕地□　林地□　草地□　水域□　其他□ 正西:居民点□　厂矿□　耕地□　林地□　草地□　水域□　其他□ 正北:居民点□　厂矿□　耕地□　林地□　草地□　水域□　其他□ 其他:＿＿＿＿＿＿＿＿＿＿＿			
水源情况	降水□　　　河流□　　　湖泊□　　　地下水□　　　水库□　　　其他□			
当季灾害	干旱□　　　洪涝□　　　病害□　　　虫害□　　　其他□			

3. 样品信息

土壤样品编码		土壤样品重量	千克
农产品样品编码		农产品样品重量	千克
农产品种类和名称		当季产量	
施肥量 (千克/年/亩)	氮肥　　　　　　　磷肥		钾肥
	有机肥　　　　　　复合肥		
农药施用情况 (克/年/亩)	杀菌剂	品名　用量	品名　用量
	杀虫剂	品名　用量	品名　用量
	除草剂	品名　用量	品名　用量

中心点 DBS/GPS 设备屏显	中心点正东向	中心点正南向
中心点正西向	中心点正北向	采样工具、样品及负责人
其他	其他	二维码

表 2.3　土壤样品标签(中国环境监测总站,2017)

土壤样品标签

样品编号:					
采样地点:	省/市	市/区	县/市/区	乡/镇	村
经纬度/(°):	东经:		北纬:		
采样深度:	cm			土壤类型:	
土壤利用类型:					
监测项目:□理化性质　□无极项目　□有机项目					
监测单位:				合同编号:	
采样人员:				采样日期:	

(5)注意事项

①土壤样品应避免在肥料、农药施用时采集;②开展农产品与土壤同步采样时,应根据农产品适宜采集期确定采样时期,受农产品实际成熟期限制,可在坚持土壤样品和农产品样品同点采集原则下分步采集;③农用地土壤的采样点要避开田埂、地头、堆肥处、陡坡地、低洼积水地、住宅、道路、沟渠、粪坑等,有垅的农田要在垅间采样,采样时首先清除土壤表层的植物残骸和石块等杂物,有植物生长的点位应除去土壤中植物根系;④测定重金属的样品,尽量用木铲、竹片直接采集样品,如用铁铲、土钻时,必须用木铲刮去与金属采样器接触的部分,再用木铲收取样品,每完成一个点位采样工作后,必须及时清理采样工具,避免交叉污染,建议采用自来水清洗采样工具;⑤完成样品采集,离开采样现场前,采样小组组长在采样现场对样品和采样记录进行自查,如发现有样品包装容器破损、采样信息缺项或错误的,应及时采取补救或更正措施。

2.1.3.3　土壤采样环节的质量检查

采样点检查主要包括采样点的代表性与合理性、采样位置的正确性等;采样方法检查主要包括采样深度、单点采样、多点混合采样是否符合要求等;采样记录检查包括样点信息、样品信息、工作信息等;样品检查包括样品标签、样品重量和数量、样品包装容器材质、样品防沾污措施等;样品交接检查包括样品交接程序、交接单填写是否规范与完整等。采样文件资料检查包括采样点位图和采样记录与照片。采样点位图检查主要包括采样点的合理性、布设点位位移情况;采样记录与照片检查主要包括填写内容的完整性和正确性,现场照片是否齐全与清晰等。

采样质量检查分采样小组、采样单位和省级质量控制实验室三级质量检查。每个采样小组应指定 1 名质量检查员,负责对本小组采样工作进行自检,采样小组开展自检要求应达到 100%。每个采样单位应指定至少 1 名专职采样质量监督员,负责对本单位采样工作质量进行检查。采样单位对采样文件资料检查的要求应达到总工作量的 100%。在文件资料检查的基础上,采样单位应针对位置发生明显偏移(超过 100m)的、未使用采样手持终端记录采样信息的、其他信息存疑的采样点位开展现场检查,现场检查点位数量应达到总工作量的 20%。对于位置偏移超过 1000m 的点位,必须开展现场检查。省级质量控制实验室对各采样单位采样文件资料检查要求应达到总工作量的 10%，并应重点检查位置发生明显偏移(超过 100m)点位的文件资料。省级质量控制实验室对各采样单位采样现场检查主要针对采样单位已完成的采样工作，现场检查点位数量的要求应达到总工作量的 0.5%，并应重点关注文件资料检查时发现问题的点位。

2.1.4　土壤样品的流转

（1）制订样品流转计划

负责样品流转的单位应综合考虑采样、分析测试等任务安排，对所负责区域内样品流转进行统筹，制定样品流转计划。样品流转计划应包括：样品批次和每批次份数，样品从采样现场向制备/流转中心、制备/流转中心向国库和检测实验室流转等各环节的交接时间、地点、交接人、质控样品插入要求等。

（2）样品装运

样品流转交接的单位应指定核对负责人，在样品装运现场利用手持终端对样品逐一核对，并在样品装运记录表上签字确认。样品交接确认中重点检查样品标签、样品重量、样品数量、样品包装容器、样品目的地、样品应送达时限等，如有缺项、漏项和错误，应及时补齐、修正后方可装运。样品流转运输必须保证样品安全和及时送达。样品运输过程中应使用样品箱，并严防破损、混淆或沾污。

（3）质控样品插入

送检样品应按照质控中心的要求插入质控样，并二次编码后，再流转进入实验室。质控样包括密码平行样、互检样和定值质控样。密码平行样、互检样和定值质控样的抽取规则、插入比例等由质控中心确定。每批次样品至少包含 1 个室内密码平行样，1 个外部质控样。

（4）样品交接

土壤样品送到指定地点后，送样人和收样人均需清点核实样品，利用手持终端扫码确认、记录交接信息，打印交接记录表(见表 2.4)，双方签字并各自留存 1 份。

表 2.4　土壤样品转运交接记录表(中国环境监测总站,2017)

序　　号	样品编号	样品重量是否符合要求	样品包装容器是否完好	样品标签是否完好整洁	保存方法是否符合要求
		□有　□无	□是　□否	□是　□否	□是　□否
		□有　□无	□是　□否	□是　□否	□是　□否
		□有　□无	□是　□否	□是　□否	□是　□否
		□有　□无	□是　□否	□是　□否	□是　□否
		□有　□无	□是　□否	□是　□否	□是　□否
		□有　□无	□是　□否	□是　□否	□是　□否
		□有　□无	□是　□否	□是　□否	□是　□否
		□有　□无	□是　□否	□是　□否	□是　□否

续表

序　号	样品编号	样品重量 是否符合要求	样品包装 容器是否完好	样品标签 是否完好整洁	保存方法 是否符合要求
		□有　□无	□是　□否	□是　□否	□是　□否
		□有　□无	□是　□否	□是　□否	□是　□否
		□有　□无	□是　□否	□是　□否	□是　□否

送样单位：_____　　送样人：_____　　联系方式：_____

收样单位：_____　　收样人：_____　　联系方式：_____

2.1.5　土壤样品的制备

2.1.5.1　土壤样品制备过程

（1）样场地

制样单位根据实际样品数量,设相应数量的风干室和制样室。风干室应通风良好、整洁、无易挥发性化学物质,并避免阳光直射;制样室应通风良好,每个制样工位应做适当隔离。制样室内应安装全方位监控摄像头,确保可接受质控中心和区域监测中心的检查。

（2）制样工具及容器

风干工具:盛样用搪瓷盘、木盘等。

研磨工具:粗粉碎用木锤、木铲、木棒、有机玻璃棒、有机玻璃板、硬质木板、无色聚乙烯薄膜等;细磨样用玛瑙球磨机、玛瑙研钵、瓷研钵等。

过筛工具:孔径小于0.15mm(100目)和小于2mm(10目)的尼龙筛。

分装工具:磨口玻璃瓶、聚乙烯塑料瓶、牛皮纸袋等分装容器,规格视样品量而定;应避免使用含有待测组分或对测试有干扰的材料制成的样品瓶或样品袋盛装样品。

其他:电子天平、手持终端、便携式蓝牙打印机、样品标签纸、电脑、常规打印机、原始记录表等。

（3）样品制备流程

样品制备过程要尽可能使每一份样品都是均匀地来自该样品总量。土壤样品制备的一般流程如图2.2所示。

1)土壤样品风干(烘干)

在风干室将土样放置于盛样用器皿中,除去土壤中混杂的石块、动植物残体等,摊成2～3cm的薄层,经常翻动。半干状态时,用木棍压碎或用两个木铲搓碎土样,或戴一次性手套掰碎土块,置于阴凉处自然风干。土壤样品也可以采用土壤样品烘干机烘干,将温度控制在65℃±5℃。土壤样品烘干时,应设置隔离设施,避免交叉污染。为保证样品的一致性,建议有条件的制样单位采用烘干的方式统一处理样品。

2)土壤样品粗磨

在制样室将风干的样品倒在有机玻璃板或硬质木板上,用木锤碾压,用木棒或有机玻璃棒再次压碎,拣出杂质,细小已断的植物须根,可采用静电吸附的方法清除。将全部土壤样品手工研磨后混匀,过孔径小于2mm(10目)的尼龙筛,去除孔径2mm以上的石块,直径大

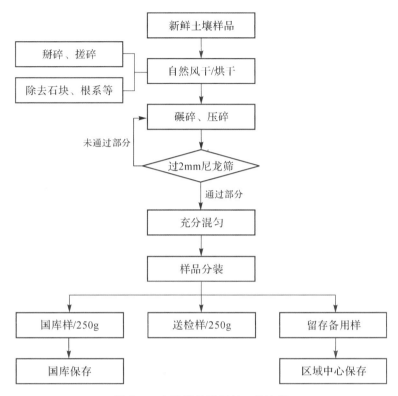

图 2.2　土壤样品粗制备一般流程

于 2mm 的土团要反复研磨、过筛,直至全部通过。过筛后的样品充分搅拌、混合直至均匀。制样前后,应记录土壤样品质量。从粗磨完成的样品中分出国库样品、区域监测中心留存样品和送检样品;其中,国库样品 250g、送检样品 250g,其余样品均留在区域监测中心留存备用。

　　3)土壤样品细磨

　　四分法取 100g 送检土壤样品,用玛瑙球磨机(或手工)研磨至全部可通过孔径 0.15mm (100 目)尼龙筛,混匀后一分为二,1 瓶(袋)待分析,1 瓶(袋)备用(查)。

　　(4)注意事项

　　在制备土壤样品的过程中,应该注意以下几点:①在样品风干(烘干)、细磨、分装过程中样品编码必须始终保持一致;②对于制样所用工具,每处理 1 份样品后必须将其清理干净,严防交叉污染;③建议采用自来水清洗后烘干或晾干制样工具;④定期检查样品标签,严防样品标签模糊不清或丢失;⑤对严重污染样品应另设风干室,且不能与其他样品在同一制样室同时过筛、研磨。

2.1.5.2　土壤样品制备过程的质控要点

　　(1)制备场所与制样工具

　　样品风干室和制备室环境条件需满足要求;除尘设施正常运转,风量适中;每制完一个样品后,制样台面和场地需及时清扫干净。制样工具齐全、完好,分装容器材质规格应满足要求,工具材质的选择不可对测试项目造成干扰;制样设备正常运转且定期维护。对于制样工具和器皿,应在每次样品制备完成后及时将其清洁干净。

(2)损耗率要求

损耗率是在样品制备过程中损耗的样品占全部样品的质量百分比。按粗磨和细磨两个阶段分别计算损耗率,要求粗磨阶段损耗率低于3%、细磨阶段低于7%。计算公式为:

$$损耗率(\%)=\frac{原样质量(g)\quad 过筛后质量(g)}{原样质量(g)}\times 100\% \tag{2.1}$$

(3)过筛率要求

过筛率是土壤样品通过指定网目筛网的量占样品总量的百分比。各粒径的样品,按照规定的网目过筛,过筛率达到95%为合格。过筛率计算公式如下:

$$过筛率(\%)=\frac{通过规定网目的样品质量}{过筛前样品总质量}\times 100\% \tag{2.2}$$

(4)样品制备自检

样品制备自检是指样品制备人员在样品制备过程中,对样品状态、工作环境和制备工作情况进行自我检查。检查内容包括:样袋是否完整,标签是否清楚,样品重量是否满足要求,样品编号与样袋上的编号是否对应等。

(5)样品制备督查

为保证样品制备质量,需配备专人负责制样过程的质量监督。质量监督员按质量检查要求对整个制样过程进行监管,并填写《样品制备现场检查表》。制样损耗率检查:在制样全过程中,应尽量减少样品损失。但是粗磨时样品的飞溅,细磨时排风除尘和制样机黏结残留,都可能造成样品损耗。样品损耗将影响样品质量,应依据样品制备原始记录中粗磨、细磨前后的样品质量,计算制样损耗率并填写《土壤样品制备质量抽查表》。样品过筛率检查:样品过筛率检查应在样品制备完成后,随机抽取任一样品的10%按照规定的网目过筛,并填写《土壤样品制备质量抽查表》。过筛后的样品,原则上不得将其再次放回样品瓶中。样品均匀性检查:在样品混匀后分装前,取出5个样品进行相关理化指标的测试,依据测定结果的平行性以检查样品的均匀性。样品制备原始记录检查:样品制备的全过程,检查是否及时填写《土壤样品制备原始记录表》,应填写认真,保证数据正确、称量准确、情况真实,不允许事后补记。如无样品制备原始记录,应视为制样质量不合格。制样完成后,制样原始记录和分析原始记录一同归档保存,以便核查。样品制备操作现场检查:样品风干、存放、研磨、过筛、混匀、取样和分装操作是保证样品代表性的关键操作步骤,需对相关操作的规范性进行监督、检查,同时对样品状态、工作环境及制备工作情况进行监督、检查。抽查率的要求:总抽查率不低于总样品数的2%。

2.1.5.3　土壤样品制备过程的质量检查

制样场所检查:影像监控设备、环境条件、防污染措施是否齐备。制样工具检查:磨样设备、样品筛、辅助制样工具等是否齐全、完好,分装容器材质规格是否满足技术要求,磨样设备是否正常运转和定期维护,制样工具在每次样品制备完成后是否及时清洁。制样流程检查:样品干燥、研磨、筛分、装瓶过程是否规范。对于已加工样品主要抽查以下几方面:样品瓶标签、样品重量和数量、样品粒度、样品包装和保存是否规范。制样原始记录检查:影像监控记录的完整性、记录表填写内容完整性和准确性、是否是随时记录。

制样质量检查分制样小组、制样单位和省级质量控制实验室三级质量检查。制样小组开展自检要求应达到 100%。制样单位开展制样质量检查要求应达到总工作量的 5%。省级质量控制实验室开展制样质量检查要求应达到总工作量的 0.5%。省级质量控制实验室使用影像监控设备对制样流程进行实时远程在线监控。

2.1.6　土壤样品的保存

样品保存主要包括检测实验室和区域中心样品保存。对于国库样品的保存方式和要求,另行规定。

(1)实验室样品保存

检测实验室应设置临时样品室保存土壤样品,并对所接收样品妥善保存。检测实验室所报送数据经审核通过后,及时与质控中心沟通,确定剩余检测样的处理方法。土壤样品需存放在阴凉、避光、通风、无污染处。

(2)区域中心样品保存

建立专门土壤样品库长期保存土壤样品。土壤样品库建设以安全、准确、便捷为基本原则。其中,安全包括样品性质安全、样品信息安全、设备运行安全;准确包括样品的准确信息(见表 2.5)、样品存取位置准确、技术支持(人为操作)准确;便捷包括工作流程便捷、系统操作便捷、信息交流便捷。储存样品时,应尽量避免日光、潮湿、高温和酸碱气体等的影响。

(3)保存样品处置

检测实验室和区域监测中心保存的样品,应在检测数据通过质控中心审核,年度监测任务完成之后,及时与质控中心联系,确定保存样品的处理方式。

表 2.5　土壤样品原始记录表(中国环境监测总站,2017)

制样人:　　　　　　　　　制样日期:　　　　　　　制样设备及编号:

样品编号	风干方式	制样环节	制样方式	制样开始/结束时间	制样前样品重量/g	制样后样品重量/g	审核人
	□自然风干 □设备风干	□粗制样 □细制样	□手工研磨 □仪器研磨	＿:＿－＿:＿			
	□自然风干 □设备风干	□粗制样 □细制样	□手工研磨 □仪器研磨	＿:＿－＿:＿			
	□自然风干 □设备风干	□粗制样 □细制样	□手工研磨 □仪器研磨	＿:＿－＿:＿			
	□自然风干 □设备风干	□粗制样 □细制样	□手工研磨 □仪器研磨	＿:＿－＿:＿			
	□自然风干 □设备风干	□粗制样 □细制样	□手工研磨 □仪器研磨	＿:＿－＿:＿			
	□自然风干 □设备风干	□粗制样 □细制样	□手工研磨 □仪器研磨	＿:＿－＿:＿			
	□自然风干 □设备风干	□粗制样 □细制样	□手工研磨 □仪器研磨	＿:＿－＿:＿			

总体来看,农用地土壤环境监测主要包括土壤样品采集、流转和制备保存过程,总体流

程如图 2.3 所示。

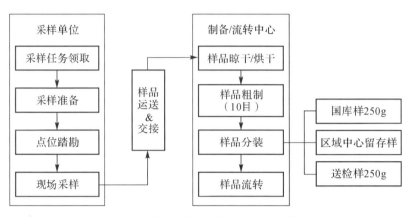

图 2.3　土壤样品采集、流转和制备的总体流程

2.2　农用地土壤样品分析测试方法技术

根据《土壤环境质量　农用地土壤污染风险管控标准(试行)》(GB 15618—2018),风险筛选值的基本项目为必测项目,包括砷(As)、镉(Cd)、铬(Cr)、铜(Cu)、汞(Hg)、镍(Ni)、铅(Pb)和锌(Zn),同时还需测定土壤 pH 和含水量等。如果与农产品协同采样,还需测定土壤有机质、机械组成和阳离子交换量。

监测方法是监测工作的基础,只有完善土壤环境监测方法体系,提高土壤环境监测技术水平,才能保障土壤监测的科学性、规范性、准确性,以及评价结果的客观性和合理性,从而掌握土壤环境的真实状况,进一步推进土壤环境监管。

土壤环境中重金属监测中常用的标准方法是国家标准和环保行业标准。迄今为止,有关农用地土壤必测的重金属项目监测的国家和环保行业标准方法有 18 个(见表 2.6),8 个涉及土壤理化性质指标(电导率、氧化还原电位、有机碳、干物质和水分等)(见表 2.7)。

表 2.6　土壤中重金属测定的国家标准和环保行业标准方法目录

序　号	标　　准	标准号
1	《土壤和沉积物 铜、锌、铅、镍、铬的测定 火焰原子吸收分光光度法》	HJ 491—2019
2	《土壤和沉积物 六价铬的测定 碱溶液提取-火焰原子吸收分光光度法》	HJ 1082—2019
3	《土壤和沉积物 元素总量的消解 微波消解法》	HJ 832—2017
4	《土壤和沉积物 总汞的测定 催化热解-冷原子吸收分光光度法》	HJ 923—2017
5	《土壤和沉积物 12 种金属元素的测定 王水提取-电感耦合等离子体质谱法》	HJ 803—2016
6	《土壤 8 种有效态元素的测定 二乙烯三胺五乙酸浸提-电感耦合等离子体发射光谱法》	HJ 804—2016
7	《土壤和沉积物 汞、砷、硒、铋、锑的测定 微波消解/原子荧光法》	HJ 680—2013

序　号	标　准	标准号
8	《土壤 总铬的测定 火焰原子吸收分光光度法》	HJ 491—2009
9	《土壤质量 总汞、总砷、总铅的测定 原子荧光法 第 1 部分:土壤中总汞的测定》	GB/T 22105.1—2008
10	《土壤质量 总汞、总砷、总铅的测定 原子荧光法 第 2 部分:土壤中总砷的测定》	GB/T 22105.2—2008
11	《土壤质量 总汞、总砷、总铅的测定 原子荧光法 第 3 部分:土壤中总铅的测定》	GB/T 22105.3—2008
12	《土壤质量 总砷的测定 二乙基二硫代氨基甲酸银分光光度法》	GB/T 17134—1997
13	《土壤质量 总砷的测定 硼氢化钾-硝酸银分光光度法》	GB/T 17135—1997
14	《土壤质量 总汞的测定 冷原子吸收分光光度法》	GB/T 17136—1997
15	《土壤质量 铜、锌的测定 火焰原子吸收分光光度法》	GB/T 17138—1997
16	《土壤质量 镍的测定 火焰原子吸收分光光度法》	GB/T 17139—1997
17	《土壤质量 铅、镉的测定 KI-MIBK 萃取火焰原子吸收分光光度法》	GB/T 17140—1997
18	《土壤质量 铅、镉的测定 石墨炉原子吸收分光光度法》	GB/T 17141—1997

表 2.7　土壤理化性质测定的国家标准和环保行业标准方法目录

序　号	标　准	标准号
1	《土壤粒度的测定 吸液管法和比重法》	HJ 1068—2019
2	《土壤 pH 的测定 电位法》	HJ 962—2018
3	《土壤 阳离子交换量的测定 三氯化六氨合钴浸提—分光光度法》	HJ 889—2017
4	《土壤 电导率的测定 电极法》	HJ 802—2016
5	《土壤 氧化还原电位的测定 电位法》	HJ 746—2015
6	《土壤 有机碳的测定 燃烧氧化-非分散红外法》	HJ 695—2014
7	《土壤 有机碳的测定 重铬酸钾-分光光度法》	HJ 615—2011
8	《土壤 干物质和水分的测定 重量法》	HJ 613—2011

土壤样品前处理方法有 3 种:酸消解、碱熔和浸提(提取液有二乙烯三胺五乙酸、碳酸氢钠、氯化钾、氯化钡等溶液)。酸消解方法最为常用,又分为常压和高压两种体系,消解液有盐酸、硝酸、氢氟酸、高氯酸、盐酸硝酸(王水)等。分析方法主要有 8 种:ICP-MS、波长色散X 射线荧光光谱法、火焰原子吸收分光光度法、石墨炉原子吸收分光光度法、原子荧光法、分光光度法、离子选择电极法和重量法。另外,农业、林业也有土壤检测标准方法,主要侧重于土壤营养元素及其有效态、理化指标的检测。农业行业标准方法中有 5 个涉及必测重金属元素及其有效态测定的方法。

2.2.1 土壤理化性质分析测试方法

2.2.1.1 土壤 pH 的测定

依据《土壤 pH 值的测定 电位法》(HJ 962—2018)测定土壤 pH。方法原理:当把 pH 玻璃电极和甘汞电极浸入土壤悬浊液时,构成电池反应,两者之间产生一个电位差,由于参比电极和电位是固定的,因而该电位差的大小决定于试液中的氢离子活度,其负对数即为 pH,在 pH 计上直接读出。

(1)试剂和材料

1)邻苯二甲酸氢钾、磷酸氢二钠、磷酸二氢钾、硼砂($Na_2B_4O_7 \cdot 10H_2O$)、氯化钾、去除 CO_2 的蒸馏水。将水注入烧瓶中(水量不超过烧瓶体积的 2/3),煮沸 10min,放置冷却,用装有碱石灰干燥管的橡皮塞塞紧。如制备 10~20L 较大体积的不含二氧化碳的水,可插入一玻璃管到容器底部,将氮气通到水中 1~2h,以除去被水吸收的 CO_2。

2)pH 4.01(25℃)标准缓冲溶液。称取 110~120℃烘干 2~3h 的邻苯二甲酸氢钾 10.21g 溶于水,移入 1L 容量瓶中,用水定容,贮于塑料瓶。

3)pH 6.87(25℃)标准缓冲溶液。称取 110~130℃烘干 2~3h 的磷酸氢二钠 3.53g 和磷酸二氢钾 3.39g 溶于水,移入 1L 容量瓶中,用水定容,贮于塑料瓶。

4)pH 9.18(25℃)标准缓冲溶液。称取经平衡处理的硼砂($Na_2B_4O_7 \cdot 10H_2O$)3.80g,溶于无 CO_2 的蒸馏水,移入 1L 容量瓶中,用水定容,贮于塑料瓶。

5)硼砂的平衡处理。将硼砂放在盛有蔗糖和食盐饱和水溶液的干燥器内平衡 48h。

(2)仪器和设备

酸度计、pH 玻璃电极-饱和甘汞电极或 pH 复合电极、搅拌器。

(3)分析步骤

1)仪器校准:将仪器温度补偿器调节到试液、标准缓冲溶液同一温度值。将电极插入 pH 4.01 的标准缓冲溶液,调节仪器,使标准溶液的 pH 与仪器标示值一致。移出电极,用水冲洗,以滤纸吸干,插入 pH 6.87 标准缓冲溶液,检查仪器读数,两校准溶液之间允许的绝对差值为 0.1 个 pH 单位。反复几次,直至仪器稳定。如超过规定的允许差,则要检查仪器电极或标准液是否有问题,当仪器校准无误后,方可用于样品测定。

2)土壤水浸 pH 的测定:称取通过 2mm 孔径筛的风干样品 10g(精确值 0.01g)到 50mL 的高型烧杯,加去除 CO_2 的水 25mL(土液比为 1:2.5),用搅拌器搅拌 1min,使土粒充分分散,放置 30min 后进行测定。将电极插入试样悬液中(注意玻璃电极球泡下部位于土液界面处,甘汞电极插入上部清液),轻轻转动烧杯以除去电极的水膜,促使快速平衡,静置片刻,按下读数开关,待读数稳定时记下 pH。放开读数开关,取出电极,以水洗净,用滤纸条吸干水分后即可进行第二个样品的测定。每测 5~6 个样品后,需用标准溶液检查定位。

(4)结果计算与表示

用酸度计测定 pH 时,可直接读取 pH,不需计算。

(5)质量保证和质量控制

重复试验结果允许绝对差值:中性、酸性土壤≤0.1 个 pH 单位,碱性土壤≤0.2 个 pH

单位。

（6）注意事项

在测定土壤 pH 时，应当注意以下几点。①对于长时间存放不用的玻璃电极，需要在水中浸泡 24h，使之活化后才能使用。暂时不用的可浸泡在水中，长期不用时，要干燥保存。玻璃电极表面受到污染时，需进行处理。甘汞电极腔内要充满饱和氯化钾溶液，在室温下应该有少许氯化钾结晶存在，但氯化钾结晶不宜过多，以防堵塞电极与被测溶液的通路。玻璃电极的内电极和球泡之间、甘汞电极的内电极和多孔陶瓷末端芯之间不得有气泡。②电极在悬液中所处的位置对测定结果有影响，要求将甘汞电极插入上部清液，尽量避免与泥浆接触。③pH 读数时，摇动烧杯会使读数偏低，要在摇动后稍加静止再读数。④标准溶液在室温下一般可保存 1～2 个月，在 4℃冰箱中保存可延长保存期限。用过的标准溶液不要倒回原液中。发现浑浊、沉淀，就不能再使用。⑤温度影响电极电位和水的电离平衡，测定时，要用温度补偿调节至与标准缓冲液、待测试液温度保持一致。标准溶液的 pH 随温度稍有变化，校准仪器时可参照表 2.8。⑥在连续测量 pH＞7.5 的样品后，建议将玻璃电极在 0.1mol/L 盐酸溶液中浸泡一下，防止电极由碱引起的响应迟钝。

表 2.8　不同温度下各标准缓冲溶液的 pH

温　度	pH		
	标准液 4.01	标准液 6.87	标准液 9.18
10℃	3.998	6.923	9.332
15℃	3.999	6.900	9.276
20℃	4.002	6.881	9.225
25℃	4.008	6.865	9.180
30℃	4.015	6.853	9.139
35℃	4.042	6.844	9.102

2.2.1.2　土壤含水量

按照《土壤干物质和水分的测定　重量法》（HJ 613—2011）测定土壤水分。方法原理是：土壤样品在 105℃±5℃条件下烘至恒重，烘干前后的土样质量差值即为土壤样品所含水分的质量，用质量分数表示。

（1）风干土壤样品的制备

取适量新鲜土壤样品平铺在干净的搪瓷盘或玻璃板上，避免阳光直射，且环境温度不超过 40℃，自然风干，去除石块、树枝等杂质，过孔径 2mm 的样品筛，将直径＞2mm 的土块粉碎后过孔径 2mm 的样品筛，混匀，待测。

（2）新鲜土壤样品的制备

将新鲜土壤样品撒在干净、不吸收水分的玻璃板上，并充分混匀。去除直径＞2mm 的石块、树枝等杂质，待测。

（3）分析步骤

具盖容器和盖子分别在 105℃±5℃的烘箱中干燥 1h，烘干后立即盖上容器盖，置于干燥器中冷却至室温(至少 45min)称量,记录质量 m_0,精确至 0.1mg。用样品勺将 10~15g 风干土壤试样或 30~40g 新鲜土壤试样转移到已称重的具盖容器中,盖上容器盖,测定具盖容器和土壤的质量 m_1,精确至 0.1mg。把放有土壤试样的具盖容器打开盖子放进 105℃± 5℃ 的烘箱中,烘干至恒重[以 4h 的时间间隔对冷却的样品两次连续称量之间的差值不超过最后测定质量的 0.1%(质量分数),此时的质量即为恒重],同时烘干容器盖。烘干后立即盖上容器盖,置于干燥器中冷却至室温(至少 45min),取出后立即测定具盖容器和烘干土壤的总质量 m_2,精确至 0.1mg。一般情况下,新鲜土壤的干燥时间为 16~24h,但某些特殊类型的土壤样品需要更长的干燥时间。此外,应尽快分析待测样品,以减少其水分的蒸发。

(4)结果计算与表示

土壤样品中的水分含量(%),按照公式(2.3)进行计算:

$$W_{H_2O} = \frac{m_1 - m_2}{m_2 - m_0} \times 100\% \tag{2.3}$$

也可按照公式(2.4)进行土壤干物质含量的换算:

$$W_{dm} = \frac{m_2 - m_0}{m_1 - m_0} \times 100\% \tag{2.4}$$

式中:W_{H_2O} 为土壤样品中的水分含量,%;W_{dm} 为土壤样品中的干物质含量,%;m_0 为烘干后具盖容器质量,g;m_1 为烘干前具盖容器及样品总质量,g;m_2 为烘干后具盖容器及样品总质量,g。土壤水分的测定结果以质量分数表示,精确到 0.1%。

(5)质量保证和质量控制

测定风干土壤样品,当干物质含量>96%,水分含量≤4% 时,两次测定结果之差的绝对值应≤0.2%(质量分数);当干物质含量≤96%,水分含量>4% 时,两次测定结果的相对偏差应≤0.5%。测定新鲜土壤样品,当水分含量≤30% 时,两次测定结果之差的绝对值应<1.5%(质量分数);当水分含量>30% 时,两次测定结果的相对偏差应<5%。

(6)注意事项

在测定土壤含水率时,应当注意以下几点。①试验过程中应避免具盖容器内土壤细颗粒被气流或风吹出。②一般情况下,在 105℃±5℃ 下,有机物的分解可以忽略。但是对于有机质含量>10%(质量分数)的土壤样品(如泥炭土),应将干燥温度改为 50℃,然后干燥至恒重。必要时,可抽真空,以缩短干燥时间。③一些矿物质(如石膏)在 105℃ 干燥时会损失纳品水。④如果样品中含有挥发性(有机)物质,本方法不能准确测定其水分含量。⑤土壤水分含量是基于干物质量计算的,所以其结果可能超过 100%。

2.2.1.3 测定有机质(重铬酸钾容量法)

依据《土壤 有机碳的测定 重铬酸钾氧化-分光光度法》(HJ 615—2011)测定土壤有机碳含量。其方法原理为:重铬酸钾氧化-外加热法是利用油浴加热消煮的方法来加速有机质的氧化,使土壤有机质中的碳氧化成二氧化碳,而重铬酸离子被还原成二价铬离子,剩余的重铬酸钾用二价铁的标准溶液滴定,根据有机碳被氧化前后重铬酸离子数量的变化,就可算出有机碳或有机质的含量。本法采用氧化校正系数 1.1 来计算有机质含量。

(1)仪器和设备

调温电炉、温度计(250℃)、硬质试管(φ25mm×100mm)、油浴锅(用紫铜皮做成或用高度约为 15～20cm 的铝锅代替,内装固体石蜡或植物油)、铁丝笼(大小和形状与油浴锅配套, 内有若干小格,每格内可插入一支试管)、锥形瓶(250mL)、一般实验室仪器。

(2)试剂配制

重铬酸钾($K_2Cr_2O_7$,分析纯)、硫酸亚铁($FeSO_4 \cdot 7H_2O$,化学纯)、硫酸亚铁铵 (($Fe(NH_4)_2(SO_4)_2 \cdot 6H_2O$,化学纯)、浓硫酸($H_2SO_4,\rho = 1.84g/mL$,分析纯)、$N$-苯基邻氨基苯甲酸($C_{13}H_{11}O_2N$)、碳酸钠溶液(2g/L)、邻菲啰啉($C_{12}H_8N_2 \cdot H_2O$)、硫酸银(化学纯,研成粉末)、重铬酸钾标准溶液(0.8000mol/L,准确称取 39.2245g 重铬酸钾,溶于 400mL 水中,加热使溶解,冷却后用水定容至 1L)、硫酸亚铁溶液(0.2mol/L,准确称取 56.0g 硫酸亚铁或 80.0g 硫酸亚铁铵,溶解于水中,加浓硫酸 15mL,用水定容至 1L)、N-苯基邻氨基苯甲酸指示剂(称取 0.2g N-苯基邻胺基苯甲酸指示剂,溶于 100mL 2g/L 碳酸钠溶液中,稍加热并不断搅拌,促使浮于表面的指示剂溶解)、邻菲啰啉指示剂(称取 1.485g 邻菲啰啉及 0.695g 硫酸亚铁溶于 100mL 水中,形成红棕色络合物[$Fe(C_{12}H_8N_2)_3^{2+}$]。此指示剂易变质,应密闭保存于棕色瓶中)。

(3)测定步骤

1)称样:用减量法准确称取通过 0.149mm(100 目)孔径筛风干试样 0.1～0.5g(精确至 0.0001g),转移入硬质试管,加入粉末状的硫酸银 0.1g。用吸管加入 5mL 浓度为 0.8000mol/L 的重铬酸钾溶液,然后用注射器注入 5mL 浓硫酸,并小心旋转摇匀。

2)消煮:预先将油浴锅加热至 185～190℃,将盛土样的大试管插入铁丝笼架中,然后将其放入油浴锅加热,此时应控制锅内温度 170～180℃,并使溶液保持沸腾 5min,然后取出铁丝笼架,待试管稍冷后,用干净纸擦净试管外部的油液,如煮沸后的溶液呈绿色,表示重铬酸钾用量不足,应再称取较少的土样重做。

3)滴定:如果溶液呈橙黄色或黄绿色,则冷却后将试管内的消煮液及土壤残渣无损地转入 250mL 锥形瓶,用水冲洗试管及小漏斗,洗液并入锥形瓶中,使锥形瓶内溶液的总体积控制在 60～80mL,加 3～4 滴邻菲啰啉指示剂,用浓度为 0.2mol/L 的硫酸亚铁标准溶液滴定,溶液由橙黄色经黄绿到棕红色为终点;如 N-苯基邻胺基苯甲酸指示剂,变色过程由棕红色经紫至蓝绿色为终点。记录硫酸亚铁用量(V)。每批做分析时,必须同时做 2～3 个空白试样标定:空白标定不加土样,但加入大约 0.1～0.5g 石英砂,其他步骤与土样测定完全相同,记录硫酸亚铁用量(V_0)。

(4)结果计算与表示

$$W_{c.o} = \frac{\dfrac{0.8000 \times 5.0}{V_0} \times (V_0 - V) \times 0.003 \times 1.1}{m_1 \times K_2} \times 1000$$

$$W_{o.m} = W_{c.o} \times 1.724 \tag{2.5}$$

式中:$W_{c.o}$ 为有机碳含量,g/kg;$W_{o.m}$ 为有机质含量,g/kg;0.8000 为重铬酸钾标准溶液的浓度,mol/L;5.0 为重铬酸钾标准溶液的体积,mL;V_0 为空白标定用去硫酸亚铁标准溶液体积,mL;V 为滴定土样用去硫酸亚铁标准溶液体积,mL;0.003 为 1/4 碳原子的毫摩尔质量,g;1.1 为氧化校正系数;1.724 为由有机碳换算成有机质的系数;m_1 为风干土样的质量,g;K_2 为将风干土换算到烘干的水分换算系数。1000 表示将其换算成每千克含量。

(5)注意事项

1)为了保证有机碳氧化完全,如样品测定时所用硫酸亚铁溶液体积小于空白标定时所消耗硫酸亚铁体积的 1/3 时,需减少称样量重做。

2)空白标定同时得硫酸亚铁的精确浓度。

$$c_{\text{FeSO}_4} = \frac{0.800(\text{mol/L}) \times 5(\text{mL})}{V_0(\text{mL})} \qquad (2.6)$$

3)如样品的有机质含量大于 150g/kg 时,可用固体稀释法来测定。方法如下:称以磨细的样品 1 份(准确到 1mg)和经过高温灼烧并磨细的矿质土壤 9 份(准确度同上),使之充分混合均匀后,再从中称样分析,分析结果以称量的 1/10 计算。

4)重铬酸钾容量法不宜用于测定含氯化物的土壤,如土样中含 Cl^- 量不多,加以硫酸银可消除部分干扰,但效果并不理想,凡遇到含 Cl^- 多的土壤,可考虑用水洗的办法来克服,经水洗处理后测出的土壤有机质总量不包括水溶性有机质组分,应加以说明。

2.2.1.4 测定阳离子交换量(乙酸铵交换法)

依据《森林土壤阳离子交换量的测定》(LY/T 1243—1999)测定土壤阳离子交换量。方法原理:用 1mol/L 乙酸铵溶液(pH 7.0)反复处理土壤,使土壤成为铵离子(NH_4^+)饱和土。用乙醇洗去多余的乙酸铵,用水将土壤洗入凯氏瓶中,加固体氧化镁蒸馏。蒸馏出来的氨用硼酸溶液吸收,然后用盐酸标准溶液滴定。根据 NH_4^+ 的量计算阳离子交换量。

(1)试剂和材料

乙酸铵溶液(1mol/L,pH 7.0):称取 77.09g 乙酸铵(CH_3COONH_4,化学纯),用水溶解,稀释至近 1L。如 pH 不为 7.0,则用 1:1 氨水或稀乙酸调节至 pH 7.0,然后稀释至 1L。乙醇溶液(95%,必须无 NH_4^+)、液体石蜡(化学纯)、甲基红-溴甲酚绿混合指示剂(称取 0.099g 溴甲酚绿和 0.066g 甲基红,置于玛瑙研钵中,加入少量 95% 乙醇,研磨至指示剂完全溶解为止,最后加 95% 乙醇至 100mL)、硼酸-指示剂溶液(20g/L,称取 20g 硼酸(H_3BO_3,化学纯)溶于 1L 水中。每升硼酸溶液中加入甲基红-溴甲酚绿混合指示剂 20mL,并用稀酸或稀碱调节至紫红色(葡萄酒色),测试该溶液的 pH 为 4.5)、盐酸标准溶液(0.05mol/L,每升水中注入 4.5mL 浓盐酸,充分混匀,用硼砂标定)、标定剂硼砂($Na_2B_4O_7 \cdot 10H_2O$,分析纯,必须保存于相对湿度 60%~70% 的空气中,以确保硼砂含 10 个水合水,通常在干燥器的底部放置氯化钠与蔗糖饱和溶液(并有二者的固体存在),密闭容器中空气的相对湿度为 60%~70%)。

称取 2.3825g 硼砂溶于水中,定容至 250mL,得 0.05mol/L 硼砂标准溶液 $[c(1/2Na_2B_4O_7) = 0.05mol/L]$。吸取上述溶液 25.00mL 置于 250mL 锥形瓶中,加入 2 滴溴甲酚绿-甲基红指示剂(或 2g/L 甲基红指示剂),用配好的 0.05mol/L 盐酸溶液滴定至溶液变成酒红色为终点(甲基红的终点为由黄突变为微红色)。同时做空白试验。盐酸标准溶液的浓度按下式计算,取 3 次标定结果的平均值。

$$c_1 = \frac{c_2 \times V_2}{V_1 - V_0} \qquad (2.7)$$

式中:c_1 为盐酸标准溶液的浓度,mol/L;V_1 为盐酸标准溶液的体检,mL;V_0 为空白试剂用去盐酸标准溶液的体积,mL;c_2 为硼砂标准溶液的浓度,mol/L;V_2 为用去盐酸溶液的浓度,mL。

pH10 缓冲溶液:称取 67.5g 氯化铵,溶于无二氧化碳水中,加入新开瓶中浓氨水($\rho20=$ 0.090mol/L)570mL,用水稀释至 1L,贮存于塑料瓶中,并注意防止吸收空气中的 CO_2。K-B 指示剂:称取 0.5g 酸性铬蓝 K 和 1.0g 萘酚绿,与 100g(经 105℃烘干)99.8%氯化钠一同研细磨匀,越细越好,贮存于棕色瓶中。固体氧化镁:将氧化镁(化学纯)放于镍蒸发器内,在 500～600℃高温电炉中灼烧 0.5h,冷却后贮藏在密闭的玻璃器皿内。纳氏试剂:称取 134g 氢氧化钾(KOH,分析纯),溶于 460mL 水中;称取 20g 碘化钾(KI,分析纯),溶于 50mL 水中,加入约 32g 碘化汞(HgI_2,分析纯),使其溶解至饱和状态,然后将两种溶液混合即成。

(2)仪器和设备

电动离心机(转速 3000～4000r/min)、离心管(100mL)、凯氏瓶(150mL)、蒸馏装置。

(3)测定步骤

称取通过 2mm 筛孔风干土样 2.0g,质地较轻的土样称 5.0g,放入 100mL 离心管中,沿离心管壁加入少量乙酸铵溶液,用橡皮头玻璃棒搅拌土样,使其成为均匀的泥浆状态。再加乙酸铵溶液至总体积约 60mL,并充分搅拌均匀,然后用 1mol/L 乙酸铵溶液洗净橡皮头玻璃棒,溶液收入离心管。

将离心管成对放在粗天平的两个托盘上,用乙酸铵溶液使之质量平衡。平衡好的离心管对称地放入离心机,离心 3～5min,转速为 3000～4000r/min。离心后,清液弃去。如此用乙酸铵溶液处理 3～5 次,直到最后浸出液中无钙离子反应为止。

向载土的离心管中加入少量乙醇,用橡皮头玻璃棒搅拌土样,使其成为泥浆状态,再加乙醇约 60mL,用橡皮头玻璃棒充分搅匀,以便洗去土粒表面多余的乙酸铵,切不可有小土团存在。然后将离心管成对放在粗天平的两盘上,用乙醇溶液使之质量平衡,并对称放入离心机,离心 3～5min,转速为 3000～4000r/min,弃去乙醇溶液。如此反复用乙醇洗 3～4 次,直至最后一次乙醇溶液中无铵离子为止。用甲基红-溴甲酚绿混合指示剂检查铵离子。

洗净多余的铵离子,用水冲洗离心管的外壁,往离心管内加少量水,并搅拌成糊状,用水把泥浆洗入 150mL 凯氏瓶,并用橡皮头玻璃棒擦洗离心管的内壁,使全部土样转入凯氏瓶,洗入水的体积应控制在 50～80mL,蒸馏前往凯氏瓶内加 2mL 液状石蜡和 1g 氧化镁,立即把凯氏瓶装在蒸馏装置上。

将盛有 25mL 的硼酸指示剂吸收液的锥形瓶(250mL)用缓冲管连接在冷凝管的下端。打开螺丝夹(蒸汽发生器内的水要先加热至沸腾),通入蒸汽,随后摇动凯氏瓶内的溶液,使其混合均匀。打开凯氏瓶下的电炉,连接冷凝系统的流水。用螺丝夹调节蒸汽流速,使其一致,蒸馏约 20min,蒸馏液约达 80mL 以后,用甲基红-溴甲酚绿混合指示剂或纳氏试剂检查蒸馏是否完全。检查方法:取下缓冲管,在冷凝管下端取几滴馏出液于白瓷比色板的凹孔中,立即往馏出液内加 1 滴甲基红-溴甲酚绿混合指示剂。若呈紫红色,则表示氨已蒸完;若呈蓝色,则需继续蒸馏(如加 1 滴纳氏试剂,无黄色反应,即表示蒸馏完全)。

将缓冲管连同锥形瓶内的吸收液一起取下,用水冲洗缓冲管的内外壁(洗入锥形瓶内),然后用盐酸标准溶液滴定。同时,做空白试验。

(4)结果计算

$$CEC = \frac{c \times (V - V_0)}{m_1 \times K_2 \times 10} \times 1000 \tag{2.8}$$

式中:CEC 为阳离子交换量,cmol(+)/kg;c 为盐酸标准溶液的浓度,mol/L;V 为盐酸标准溶液的用量,mL;V_0 为空白试验盐酸标准溶液的用量,mL;m_1 为风干土样质量,g;K_2 为将风干土换算成烘干土的水分换算系数;10 表示将 mmol 换算成 cmol 的倍数。

(5)注意事项

如果没有离心机,也可改用淋洗法。检查钙离子的方法:取最后一次乙酸铵浸出液 5mL,放在试管中,加 pH10 缓冲液 1mL,加少许 K-B 指示剂。如溶液呈蓝色,表示无钙离子;如呈紫红色,表示有钙离子,还要用乙酸铵继续浸提。

2.2.1.5 测定机械组成(比重计法)

按照《土壤监测第 3 部分:土壤机械组成的测定》(NY/T 1121.3—2006)测定土壤机械组成。方法原理如下:试样经处理制成悬浮液,根据司笃克斯定律,用特制的甲种土壤比重计于不同时间测定悬浮液密度的变化,并根据沉降时间、沉降深度及比重计读数计算出土粒粒径大小及其含量百分数。

(1)仪器和设备

土壤比重计(刻度范围 0g/L~60g/L)、沉降筒(1L)、洗筛(直径 6cm,孔径 0.2mm)、带橡皮垫(有孔)的搅拌棒、恒温干燥箱、电热板、秒表。

(2)试剂配制

0.5mol/L 六偏磷酸钠溶液(称取 51.0g 六偏磷酸钠(化学纯),加水 400mL,加热溶解,冷却后用水稀释至 1L,其浓度 $c[1/6(NaPO_3)_6] = 0.5mol/L$)、0.5mol/L 草酸钠溶液(称取 33.50g 草酸钠(化学纯),加水 700mL,加热溶解,冷却后用水稀释至 1L,其浓度 $c(1/2Na_2C_2O_4) = 0.5mol/L$)、0.5mol/L 氢氧化钠溶液(称取 20.0g 氢氧化钠(化学纯),加水溶解并稀释至 1L)。

(3)分析步骤

土壤自然含水量的测定方法见附录 A。

称样:称取 2mm 孔径筛的风干试样 50.0g 于 500mL 三角瓶中,加水润湿。

悬液的制备:根据土壤 pH 加入不同的分散剂(石灰性土壤加 60mL 0.5mol/L 六偏磷酸钠溶液;中性土壤加 20mL 0.5mol/L 草酸钠溶液;酸性土壤加 40mL 0.5mol/L 氢氧化钠溶液),再加水于三角瓶中,使土液体积约为 250mL。瓶口放 1 个小漏斗,摇匀后静置 2h,然后放在电热板上加热,微沸 1h,在煮沸过程中要经常摇动三角瓶,以防土粒沉积于瓶底结成硬块。

将孔径为 0.2mm 的洗筛放在漏斗中,再将漏斗放在沉降筒上,待悬液冷却后,通过洗筛将悬液全部进入沉降筒,直至筛下流出的水清澈为止,但洗水量不能超过 1L,然后加水至 1L 刻度。

留在洗筛上的砂粒用水洗入已知质量的铝盒,在电热板上蒸干后移入烘箱,于 105℃±2℃烘 6h,冷却后称量(精确至 0.01g),并计算砂粒含量百分数。

测量悬液温度:将温度计插入有水的沉降筒中,并将其与装待测悬液的沉降筒放在一起,记录水温,即代表悬液的温度。

测定悬液密度:将盛有悬液的沉降筒放在温度变化小的平台上,用搅拌棒上下搅动 1min(上下各 30 次,搅拌棒的多孔片不要提出液面)。搅拌时,悬液若产生气泡影响比重计刻度观测时,可加数滴 95％乙醇除去气泡,搅拌完毕后立即开始计时,于读数前 10～15s 轻轻将比重计垂直地放入悬液,并用手略微挟住比重计的玻杆,使之不上下左右晃动,测定开始沉降后 30s、1min、2min 时的比重计读数(每次皆以弯月面上缘为准)并记录,取出比重计,放入清水洗净备用。

按规定的沉降时间,继续测定 4min、8min、15min、30min 及 1h、2h、4h、8h、24h 等时间的比重计读数。每次读数前 15s 将比重计放入悬液,读数后立即取出比重计,放入清水洗净备用。

(4)结果计算

1)土壤自然含水量的计算见附录 A。

2)烘干土质量的计算:

$$烘干土质量,g=\frac{风干试样质量}{试样自然含水量,g/kg+1000}\times1000 \tag{2.9}$$

3)粗砂粒含量(2.0mm≥D>0.2mm)的计算:

$$2.0mm～0.2mm\ 粗砂粒含量,\%=\frac{留在\ 0.2mm\ 孔径筛上的烘干砂粒重量}{烘干试样质量}\times100 \tag{2.10}$$

4)0.2mm 粒径以下,小于某粒径颗粒的累积含量的计算:

$$小于某粒径颗粒含量,\%=$$
$$\frac{比重计读数+比重计刻度弯月面校正值+温度校正值-分散剂量}{烘干土样质量}\times100 \tag{2.11}$$

5)土粒直径的计算。0.2mm 粒径以下,小于某粒径颗粒的有效直径(D),可按司笃克斯公式计算:

$$D=\sqrt{\frac{1800\eta}{981(d_1-d_2)}\times\frac{L}{T}} \tag{2.12}$$

式中:D 为土粒直径,mm;d_1 为土粒密度,g/cm³;d_2 为水的密度,g/cm³;L 为土粒有效沉降深度,cm(可由图 2.4 查得);T 为土粒沉降时间,s;η 为水的黏滞系数,g/(cm・s)(见表 2.9);981 表示重力加速度,cm/s²。

表 2.9　水的黏滞系数(η)

温度/℃	η/(g・cm⁻¹・s⁻¹)	温度/℃	η/(g・cm⁻¹・s⁻¹)
4	0.01567	20	0.0105
5	0.01519	21	0.00981
6	0.01473	22	0.009579
7	0.01428	23	0.009358
8	0.01386	24	0.009142

续表

温度/℃	$\eta/(\mathrm{g \cdot cm^{-1} \cdot s^{-1}})$	温度/℃	$\eta/(\mathrm{g \cdot cm^{-1} \cdot s^{-1}})$
9	0.01346	25	0.008937
10	0.01308	26	0.008737
11	0.01271	27	0.008545
12	0.01236	28	0.00836
13	0.01203	29	0.00818
14	0.01171	30	0.008007
15	0.0114	31	0.00784
16	0.01111	32	0.007679
17	0.01083	33	0.007523
18	0.01056	34	0.007371
19	0.0103	35	0.007225

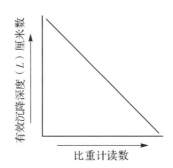

图 2.4　比重计读数与有效沉降深度关系图

6)颗粒大小分配曲线的绘制:根据筛分和比重计读数计算出的各粒径数值以及相应土粒在累积百分数,以土粒累积百分数为纵坐标。土粒粒径数值为横坐标。在半对数纸上绘出颗粒大小分配曲线。

7)计算各粒径级百分数,确定土壤质地。从颗粒大小分配曲线图(见图 2.5)上查出 <2.0mm、<0.2mm、<0.02mm 及 <0.002mm 各粒径累积百分数,上下两级相减即得 2.0mm≥D>0.02mm、0.02mm≥D>0.002mm、D<0.002mm 各粒级的百分含量。

8)精密度:平行测定结果允许相差黏粒级≤3%;粉(砂)粒级≤4%。

9)注意事项:

土壤有效沉降深度(L)的校正:比重计读数不仅表示悬液密度,而且还表示土粒的沉降深度,亦即用由悬液表面至比重计浮泡体积中心距(L′)来表示土粒的沉降深度。但在实验测定中,当比重计浸入悬液后,使液面升高,由读数(即悬液表面和比重计相切处)至浮泡体积中心距离(L′)并非土粒沉降的实际深度(即土粒有效沉降深度 L)。而且,不同比重计同样读数所代表的(L′)值因比重计形式及读数不同。因此,在使用比重计前就必须先进行

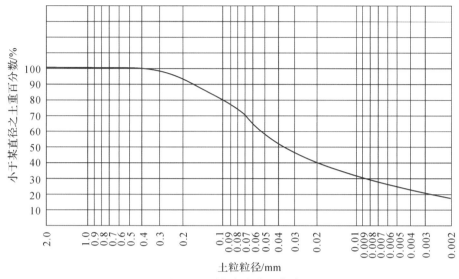

图 2.5　颗粒大小分配曲线

土粒有效沉降深度校正(见图 2.6),求出比重计读数与土粒有效沉降深度的关系。校正步骤如下。

测定比重计浮泡体积:取 500mL 量筒,倒入约 300mL 水,置于恒温室或恒温水槽内,使得水温保持 20℃,测计量筒水面处的体积刻度(以弯月面下缘为准)。将比重计放入量筒中,使水面恰达比重计最低刻度处(以弯月面下缘为准),再测记水面处的量筒体积刻度(以弯月面下缘为准)。两者体积差即为比重计浮泡的体积(V_b),连续两次,取其算数平均值作为 V_b 值(mL)。

测定比重计浮泡体积中心:在上述 20℃恒温条件下,调节量筒内水面至某一刻度处,将比重计放入水中,当液面升起的容积达到 1/2 比重计浮泡体积时,此时水面与浮泡相切(以弯月面下缘为准)处即为浮泡体积中心线(见图 2.6)。将比重计固定于三脚架上,用直尺准确量出水面至比重计最低刻度处的垂直距离($1/2L_2$),亦即浮泡体积中心线至最低刻度处的垂直距离。

测量量筒内径(R)(精确至 1mm),计算量筒横截面积(S):$S = \frac{1}{4}\pi R^2$,$\pi \approx 3.14$。

用直尺准确量出自比重计最低刻度至玻杆上各刻度的距离(L_1),每距 5 格量一次并记录。

计算土粒有效沉降深度(L)

$$L = L' - \frac{V_b}{2S} = L_1 + \frac{1}{2}\left(L_2 - \frac{V_b}{S}\right) \tag{2.13}$$

式中:L 为土粒有效沉降深度,cm;L' 为液面至比重计浮泡体积中心的距离,cm;L_1 为自最低刻度至玻杆上各刻度的距离,cm;$\frac{1}{2}L_2$ 为比重计浮泡体积中心至最低刻度的距离,cm;V_b 为比重计浮泡体积,cm³;S 为量筒横截面积,cm²。

绘制比重计读数与土壤有效沉降深度(L)的关系曲线:用所量出的不同 L_1 值,代入式,计算出各相应的 L 值,绘制比重计读数与土壤有效沉降深度(L)的关系曲线。或将比重计

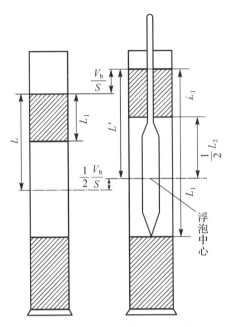

图 2.6　土粒沉降深度 L 校正图

读数直接列于司笃克斯公式列线图中有效沉降深度 L 列线的右侧。这样,不仅可直接从曲线上把比重计读数换算出土粒有效沉降深度(L)值,而且可应用比重计读数等数值在司笃克斯公式列线图上查出相应的土粒直径(D)。

　　比重计刻度及弯月面校正:比重计在应用前必须校验,此为刻度校正。另外,比重计的读数原以弯月面下缘为准,但在实际操作中,由于悬液浑浊不清而只能用弯月面上缘读数,所以弯月面校正实为必要。在校正时,刻度校正和弯月面校正可合并进行。校正步骤如下。

　　第一步　配制不同浓度的标准溶液:根据甲种比重计刻度及弯月面校正计算例表(表2.10)第三直行所列数值,准确称取经 105℃ 干燥过的氯化钠,配制氯化钠标准系列溶液(表2.10 中第二直行),定容于 1000mL 容量瓶中,分别倒入沉降筒。配制时液温保持在 20℃,可在恒温室外或恒温水槽中进行。

　　第二步　测定比重计实际读数:将盛有不同氯化钠标准溶液的各个沉降筒放于恒温室或恒温水槽中,使液温保持 20℃,用搅拌棒搅拌筒内溶液,使其分布均匀。

　　将需要校正的比重计依次放入盛有各标准溶液(浓度从小到大)的沉降筒中,在 20℃ 下进行比重计实际读数(以弯月面上缘为准)的测定,连测两次,取平均值(表 2.10 中第五列)。比重计的理论读数(即准确读数,见表 2.10 中第一列)和实际平均读数(表 2.10 中第五列)之差,即为刻度及弯月面校正值(表 2.10 中第六列)。在实际应用中要注意校正值的正负符号,以免弄错。

表 2.10 甲种比重计刻度及弯月面校正计算例表

20℃时比重计的准确读数/(g·L^{-1})	20℃时标准溶液浓度/(g·mL^{-1})	每升标准溶液中所需的氯化钠/g	读数时温度/℃	校正时由比重计测定的平均读/(g·L^{-1})	刻度及弯月面校正值/(g·L^{-1})
0	0.998232	0	20	−0.6	0.6
5	1.001349	4.56	20	4	1
10	1.004465	8.94	20	9.4	0.6
15	1.007582	13.3	20	15.1	−0.1
20	1.010698	17.79	20	20.2	−0.2
25	1.013815	22.3	20	25	0
30	1.016931	26.73	20	29.5	0.5
35	1.020048	31.11	20	34.5	0.5
40	1.023165	35.61	20	39.7	0.3
45	1.026281	40.32	20	44.4	0.6
50	1.029398	44.88	20	49.4	0.6
55	1.032514	49.56	20	54.4	0.6
60	1.035631	54	20	60.3	−0.3

第三步 绘制比重计刻度及弯月面校正曲线:根据比重计的实际平均读数和校正值,以比重计的实际平均读数为横坐标,校正值为纵坐标,在方格坐标纸上绘制成刻度及弯月面校正曲线。依据此曲线,可对用比重计进行颗粒分析时所得的各读数进行实际的校正。

温度校正:土壤比重计都是在20℃校正的。测定温度改变,会影响比重计的浮泡体积及水的密度,一般根据表2.11进行校正。

土粒比重校正:比重计的刻度是以土粒比重为2.65作为标准的。土粒比重改变时,可将比重计读数乘以表2.12所列校正值进行校正,如土粒比重差异不大,可忽略不计。

若不考虑比重计的刻度校正,在比重计法中做空白测定(即在沉降筒中加入与样品所加相同量的分散剂,用蒸馏水加至1L,与待测样品同条件测定),计算时减去空白值,便可免去弯月面校正、温度校正和分散剂校正等步骤。

土壤颗粒分析的许多烦琐计算机绘图可由微机处理。加入分散剂进行样品分散时,除使用煮沸法分散外,也可采用振荡法、研磨法处理。

表 2.11 甲种比重计温度校正表

悬液温度/℃	校正值	悬液温度/℃	校正值	悬液温度/℃	校正值
6.0～8.5	−2.2	18.5	−0.4	26.5	+2.2
9.0～9.5	−2.1	19.0	−0.3	27.0	+2.5
10.0～10.5	−2.0	19.5	−0.1	27.5	+2.6
11.0	−1.9	20.0	0	28.0	+2.9

续表

悬液温度/℃	校正值	悬液温度/℃	校正值	悬液温度/℃	校正值
11.5～12.0	−1.8	20.5	+0.15	28.5	+3.1
12.5	−1.7	21.0	+0.3	29.0	+3.3
13.0	−1.6	21.5	+0.45	29.5	+3.5
13.5	−1.5	22.0	+0.6	30.0	+3.7
14.0～14.5	−1.4	22.5	+0.8	30.5	+3.8
15.0	−1.2	23.0	+0.9	31.0	+4.0
15.5	−1.1	23.5	+1.1	31.5	+4.2
16.0	−1.0	24.0	+1.3	32.0	+4.6
16.5	−0.9	24.5	+1.5	32.5	+4.9
17.0	−0.8	25.0	+1.7	33.0	+5.2
17.5	−0.7	25.5	+1.9	33.5	+5.5
18.0	−0.5	26.0	+2.1	34.0	+5.8

表 2.12　甲种比重计土粒比重校正表

土粒比重	校正值	土粒比重	校正值	土粒比重	校正值	土粒比重	校正值
2.50	1.0376	2.60	1.0118	2.70	0.9889	2.80	0.9686
2.52	1.0322	2.62	1.0070	2.72	0.9847	2.82	0.9648
2.54	1.0269	2.64	1.0023	2.74	0.9805	2.84	0.9611
2.56	1.0217	2.66	0.9977	2.76	0.9768	2.86	0.9575
2.58	1.0166	2.68	0.9933	2.78	0.9725	2.88	0.9540

附录 A

（规范性附录）

土壤自然含水量的测定

A.1　应用范围

本方法适用于除有机土(含有机质 200g/kg 以上的土壤)和含大量石膏土壤以外的各类土壤的水分含量测定。

A.2　方法提要

土壤样品在恒温干燥箱中以 105℃±2℃烘至恒温,由土壤质量变化计算土壤含水量。

A.3　主要仪器设备

1）天平：感量 0.01g。

2）电热恒温干燥箱。

3）铝盒。

4）干燥器：内盛变色硅胶或无水氯化钙。

A.4　分析步骤

取空铝盒编号后放于 105℃ 恒温干燥箱中烘干 2h，移入干燥器冷却 20min，于天平称量，精确至 0.01g（m_0）。取待测试样约 10g 平铺于铝盒中，称量，精确至 0.01g（m_1）。将盒盖倾斜放在铝盒上，置于已预热至 105℃±2℃ 的恒温干燥箱中烘 6～8h（一般样品烘干 6h，含水较多、质地黏重样品需烘 8h），取出，将盒盖盖严，移入干燥器冷却 20～30min 称量，精确至 0.01g（m_2）。每一样品应进行 2 份平行测定。

A.5　结果计算

$$水分（分析基），g/kg = \frac{m_1 - m_2}{m_1 - m_0} \times 1000$$

$$水分（干基），g/kg = \frac{m_1 - m_2}{m_2 - m_0} \times 1000$$

式中：m_0 为烘干空铝盒质量，g；m_1 为烘干前铝盒加试样质量，g；m_2 为烘干后铝盒加试样质量，g；平行测定结果以算数平均值表示，保留整数。

A.6　精密度

平行测定结果允许绝对相差：水分含量＜50g/kg，允许绝对相差≤2g/kg；水分含量为 50～150g/kg，允许绝对相差≤3g/kg；水分含量＞150g/kg，允许绝对相差≤7g/kg。

A.7　注意事项

①干燥器内的干燥剂无水氯化钙或变色硅胶要经常更换或处理。②严格控制温度条件，温度过高，土壤有机质易碳化逸失。③按分析步骤的条件一般试样烘 6h 可烘至恒量。④称量的精度应根据要求而定，如果测定要求达到 3 位有效数字，称量应精确到 0.001g。

2.2.2　土壤重金属含量分析测试方法

2.2.2.1　测定总镉（石墨炉原子吸收法，GF-AAS）

依据《土壤质量　铅、镉的测定　石墨炉原子吸收分光光度法》（GB/T 17141—1997）测定土壤总镉量。本方法利用石墨炉原子吸收分光光度法测定土壤中铅、镉的量。方法原理：采用盐酸-硝酸-氢氟酸-高氯酸全分解的方法，彻底破坏土壤的矿物晶格，使试样中的待测元素全部进入试液。然后，将试液注入石墨炉。经过预先设定的干燥、灰化、原子化等升温程序使共存基体成分蒸发除去,同时在原子化阶段的高温下铅、镉化合物离解为基态原子蒸汽,并对空心阴极灯发射的特征谱线产生选择性吸收。在选择的最佳测定条件下,通过背景扣除,测定铅、镉的吸光度。

(1)试剂和材料

本方法所用试剂除另有说明外,分析时均适用符合国家标准的分析纯试剂和去离子水或同等纯度的水。盐酸(HCl):$\rho=1.19g/mL$,优级纯。硝酸(HNO$_3$):$\rho=1.42g/mL$,优级纯。硝酸溶液:体积分数为0.2%。氢氟酸(HF):$\rho=1.49g/mL$。高氯酸(HClO$_4$):$\rho=1.68g/mL$,优级纯。磷酸氢二铵[(NH$_4$)$_2$HPO$_4$](优级纯)水溶液,质量分数为5%。铅标准贮备液(0.500mg/mL):准确称取0.5000g(精确至0.0002g)光谱纯金属铅于50mL烧杯中,加入20mL硝酸溶液,微热溶解,冷却后转移至1000mL容量瓶中,用水定容至标线,摇匀。镉标准贮备液(0.500mg/mL):准确称取0.5000g(精确至0.0002g)光谱纯金属镉粒于50mL烧杯中,加入20mL硝酸溶液,微热溶解,冷却后转移至1000mL容量瓶中,用水定容至标线,摇匀。铅、镉混合标准使用液,铅250g/L,镉50g/L:临用前将铅、镉标准贮备液,用硝酸溶液经逐级稀释配制。

(2)仪器和设备

一般实验室仪器和以下设备、石墨炉原子吸收分光光度计(带有背景扣除装置)、铅空心阴极灯、镉空心阴极灯、温控电热板:控制精度2.5℃、氩气钢瓶、10μL手动进样器。

仪器参数:不同型号仪器的最佳测定条件不同,可根据仪器使用说明书自行选择。通常本方法采用表2.13中的测量条件。

表2.13　仪器测量条件

元　素	铅	镉
测定波长(nm)	283.3	228.8
通带宽度(nm)	1.3	1.3
灯电流(mA)	7.5	7.5
干燥(℃/s)	80～100/20	80～100/20
灰化(℃/s)	700/20	500/20
原子化(℃/s)	May-00	1500/5
清除(℃/s)	Mar-00	Mar-00
氩气流量(mL/min)	200	200
原子化阶段是否停气	是	是
送样量(μL)	10	10

(3)分析步骤

试液的制备:准确称取0.1～0.3g(精确至0.0002g)经风干、研磨至粒径小于0.149mm(100目)的土壤样品于50mL聚四氟乙烯坩埚中,用水润湿后加入5mL盐酸,于通风橱内的电热板上低温(120～140℃)加热,使样品初步分解,当蒸发至约2～3mL时,取下稍冷,然后加入5mL硝酸,4mL氢氟酸,2mL高氯酸,加盖后于电热板上中温(180℃)加热,1h后开盖,继续加热除硅,为了达到良好的飞硅效果,应经常摇动坩埚。当加热至冒浓厚高氯酸白烟时,加盖,使黑色有机碳化物充分分解。待坩埚上的黑色有机物消失后,开盖驱赶高氯酸白烟并蒸至内容物呈黏稠状。视消解情况,可再加入 2mL 硝酸、2mL 氢氟酸和 1mL 高氯酸,重复上述消解过程。当白烟再次基本冒尽且坩埚内容物呈黏稠状时,取下稍冷,用水冲洗坩埚盖和内壁,并加入 1mL 硝酸溶液温热溶解残渣。然后将溶液转移至 25mL 容量瓶中,加入 3mL 磷酸氢二铵溶液,冷却后定容,摇匀备测。

注 1:若通过验证能满足本方法的质量控制和质量保证要求,也可以使用微波消解法、全自动消解仪法、高压密闭消解法等其他消解方法。

注 2:由于土壤种类较多,所含有机质差异较大,在消解时,要注意观察,各种酸的用量可视消解情况酌情增减。土壤消解液应呈白色或淡黄色(含铁量高的土壤),没有明显沉淀物存在。

注 3:电热板温度不宜太高,否则会使聚四氟乙烯坩埚变形。

测定:按照仪器使用说明书调节仪器至最佳工作条件,测定试液的吸光度。

空白试验:用水代替试样,制备全程序空白溶液,进行测定。每批样品至少制备 2 个空白溶液。

校准曲线:准确移取铅、镉混合标准使用液 0.00、0.50、1.00、2.00、3.00、5.00mL 于 25mL 容量瓶中。加入 3.0mL 磷酸氢二铵溶液,用硝酸溶液定容,该标准溶液含铅 0.0、5.0、10.0、20.0、30.0、50.0μg/L,含镉 0.0、1.0、2.0、4.0、6.0、10.0μg/L。按中的条件由低到高浓度顺序测定标准溶液的吸光度。用减去空白的吸光度与相对应的元素含量(μg/L)分别绘制铅、镉的校准曲线。

(4)结果计算与表示

土壤样品中铅、镉的含量 $W(Pb、Cd)(mg/kg)$ 按下式计算:

$$W = \frac{c \times V}{m \times (1 - f)} \tag{2.14}$$

式中:c 为试液的吸光度减去空白试液的吸光度,在校准曲线上查得铅、镉的含量(μg/L);V 为试液定容的体积,mL;m 为称取土壤样品的质量,g;f 为土壤样品干物质的含量,%。

(5)质量保证和质量控制

空白试验、定量校准、精密度控制、准确度控制等要求参照《全程质量控制技术规范》。

2.2.2.2　测定总铅(电感耦合等离子体质谱法,ICP-MS)

依据《土壤和沉积物 12 种金属元素的测定　王水提取-电感耦合等离子体质谱法》(HJ 803—2016)测定土壤中总铅量。利用电感耦合等离子体原子发射光谱法测定土壤中金属元素的量。本方法适用于土壤中镉(Cd)、钴(Co)、铬(Cr)、铜(Cu)、镍(Ni)、铅(Pb)、钒(V)、锌(Zn)等金属元素的测定。本方法中各元素的分析检出限及定量限如表 2.14 所示。方法原理:土壤样品经酸消解后,进入等离子体发射光谱仪的雾化器中被雾化,由氩载气带入等离子体火炬中,目标元素在等离子体火炬中被气化、电离、激发并辐射出特征谱线。特征光谱的强度与试样中待测元素的含量在一定范围内呈正比。

表 2.14　元素的检出限及定量限　　　　　　　　单位:mg·kg⁻¹

元　素	检出限	定量限	元　素	检出限	定量限
Be	0.04	0.16	Ni	0.4	1.6
Cd	0.1	0.4	Pb	1.4	5.6
Co	0.5	2	V	1.5	6
Cr	0.5	2	Zn	1.2	4.8
Cu	0.4	1.6	—	—	—

（1）干扰和消除

1）光谱干扰:主要包括连续背景和谱线重叠干扰。校正光谱干扰常用的方法有背景扣除法(根据单元素试验确定扣除背景的位置和方式)及干扰系数法,也可以在混合标准溶液中采用基体匹配的方法消除其影响。

当存在单元素干扰时,可按式(2.16)求得干扰系数。

$$K_t = \frac{(Q' - Q)}{Q_t} \tag{2.16}$$

式中:K_t 为干扰系数;Q' 为在分析元素波长位置测得的含量;Q 为分析元素的含量;Q_t 为干扰元素的含量。

通过配制一系列已知干扰元素含量的溶液,在分析元素波长的位置测定其 Q',根据式(2.16)求出 K_t,然后进行人工扣除或计算机自动扣除。

2）非光谱干扰:主要包括化学干扰、电离干扰、物理干扰,以及去溶剂干扰等。在实际分析过程中各类干扰很难截然分开。是否予以补偿和校正,与样品中干扰元素的浓度有关。此外,物理干扰一般由样品的黏滞程度及表面张力变化而致,尤其是当样品中含有大量可溶盐或样品酸度过高时,都会对测定产生干扰。消除此类干扰的最简单方法是将样品稀释及标准加入法。

（2）试剂和材料

除非另有说明,分析时均使用符合国家标准的优级纯化学试剂,实验用水为新制备的去离子水。

浓盐酸(HCl):$\rho = 1.19$g/mL,优级纯或高纯。浓硝酸(HNO₃)):$\rho = 1.42$g/mL,优级纯或高纯。氢氟酸(HF):$\rho = 1.49$g/mL。双氧水(H₂O₂):$\rho = 30\%$。2%硝酸溶液:2%+98.5%硝酸溶液:5%+95%。单元素标准储备溶液:$\rho = 1.00$mg/mL,可用高纯度的金属(纯度大于99.99%)或金属盐类(基准或高纯试剂)配制成1.00mg/mL含2%硝酸的标准储备溶液,或可直接购买有证标准溶液。多元素标准储备溶液:$\rho = 100$mg/L,用2%硝酸溶液稀释单元素标准储备溶液,或可直接购买多元素混合有证标准溶液。多元素标准使用溶液:$\rho = 1.00$mg/L,用含2.0%硝酸溶液稀释标准储备溶液。内标标准储备溶液:$\rho = 10.0$mg/L,宜选用 6Li、45Sc、74Ge、89Y、103Rh、115In、185Re、209Bi 为内标元素,可直接购买有证标准溶液配制,介质为2%硝酸溶液。质谱仪调谐溶液 $\rho = 10.0\mu$g/L:宜选用含有 Li、Y、Be、Mg、Co、In、Tl、Pb 和 Bi 元素的溶液为质谱仪的调谐溶液,可直接购买有证标准溶液配制。

（注1:所有元素的标准溶液配制后均应在密封的聚乙烯或聚丙烯瓶中保存。）

（3）仪器和设备

电感耦合等离子体质谱仪（ICP-MS）：能够扫描的质量范围为 6～240amu，在 10％峰高处的缝宽应介于 0.6～0.8amu。

微波消解装置：具备程式化功率设定功能，微波消解仪功率在 1200W 以上，配有聚四氟乙烯或同等材质的微波消解罐。自动消解装置、烘箱、温控电热板（控制精度 2.5℃）、天平（感量 0.1mg）、赶酸仪（温度≥150℃）、一般实验室仪器。

（4）分析步骤

微波消解法：准确称取 0.1～0.2g（准确至 0.1mg）经风干、研磨至粒径小于 0.149mm（100 目）的土壤样品，置于消解罐中，加入 1mL 浓盐酸、4mL 浓硝酸、1mL 氢氟酸和 1mL 双氧水，将消解罐放入微波消解装置设定程序，使样品在 10min 内升高到 175℃，并在 175℃条件下保持 20min。冷却至室温，小心打开消解罐的盖子，然后将消解罐放在赶酸仪中，于 150℃敞口赶酸，至内容物近干，冷却至室温后，用去离子水溶解内容物，然后将溶液转移至 50mL 容量瓶中，用去离子水定容至 50mL。取上清液进行测定。

高压密闭消解法：准确称取 0.1～0.2g（准确到 0.1mg）经风干、研磨至粒径小于 0.149mm（100 目）的土壤样品，置于内套聚四氟乙烯坩埚中，用几滴水润湿后，再加入硝酸 3mL，氢氟酸 1.0mL，摇匀后将坩埚放入不锈钢套筒中，拧紧，放在 180℃的烘箱中消解 8h，取出。冷却至室温后，取出内坩埚，用水冲洗坩埚盖的内壁，置于电热板上，在 100～120℃加热除硅，待坩埚内剩余约 2～3mL 溶液时，加入 1mL 高氯酸，调高温度至 170℃，蒸至冒浓白烟后再缓缓蒸至近干，用 2％稀硝酸溶液冲洗内壁，定容至 50mL。

（注 1：若通过验证能满足本方法的质量控制和质量保证要求，也可以使用电热板消解法、全自动消解仪法等其他消解方法。

注 2：由于土壤种类较多，所含有机质差异较大，在消解时，要注意观察，各种酸的用量可视消解情况酌情增减。土壤消解液应呈白色或淡黄色（含铁量高的土壤），没有明显沉淀物存在。

注 3：电热板温度不宜太高，否则会使聚四氟乙烯坩埚变形。）

空白试样的制备：不加样品，按与试样消解相同步骤和条件进行处理，制备空白溶液。

仪器操作参考条件：不同型号仪器的最佳工作条件不同，标准模式和反应池模式应按照仪器使用说明书进行操作。

仪器调谐：点燃等离子体后，仪器需预热稳定 30min。用质谱仪调谐溶液进行仪器的灵敏度、氧化物和双电荷调谐，在仪器灵敏度、氧化物、双电荷满足要求条件下，质谱仪给出的调谐液中所含元素信号强度的相对标准偏差≤5％。在涵盖待测元素的质量数范围进行质量校正和分辨率校验，如质量校正结果与真实值差别超过±0.1amu 或调谐元素信号的分辨率在 10％波峰高度处所对应的峰宽超出 0.6～0.8amu 的范围，应按照仪器使用说明书的要求对质量校正到正确值。

校准曲线的绘制：分别取一定体积的多元素标准使用液和内标标准贮备液于容量瓶中，用 2％硝酸溶液进行稀释，配制成金属元素浓度分别为 0、10.0、20.0、40.0、60.0、80μg/L 的校准系列。内标标准溶液应在样品雾化之前通过蠕动泵在线加入，所选内标的浓度应远高于样品自身所含内标元素的浓度，常用的内标的浓度为 100g/L。用 ICP-MS 进行测定，以各元素的浓度为横坐标，以响应值和内标响应值的比值为纵坐标，建立校准曲线。校准曲线的浓度范围可根据测量需要进行调整。

试样测定:每个试样测定前,用5%硝酸溶液冲洗系统直到信号降至最低,待分析信号稳定后才可开始测定。将制备好的试样加入与校准曲线相同量的内标标准溶液。在相同的仪器分析条件下进行测定。若样品中待测元素浓度超出校准曲线范围,需经稀释后重新测定,稀释液使用2%硝酸溶液。

空白试样测定:按照与试样相同的测定条件测定空白试样。

(5)结果计算与表示

土壤中待测金属元素的含量w(mg/kg)按下式进行计算:

$$w = \frac{(\rho - \rho_0) \times V}{m \times W_{dm}} \tag{2.17}$$

式中:w 为土壤中待测金属元素的含量,mg/kg;ρ 为由校准曲线计算测定试样中待测金属元素的浓度,mg/L;ρ_0 为空白试样中待测金属元素的浓度,mg/L;V 为消解后试样的定容体积,mL;m 为样品的称取量,g;W_{dm} 为土壤样品干物质的含量,%。测定结果小数位与方法检出限保持一致,最多保留 3 位有效数字。

2.2.2.3　测定总汞(催化热解-冷原子吸收法,CP-CAAS)

依据《土壤和沉积物总汞的测定催化热解-冷原子吸收分光光度法》(HJ 923—2017)测定土壤中总汞量。本方法利用催化热解-冷原子吸收分光光度法测定土壤和沉积物中总汞。当取样量为 0.1g 时,本标准方法检出限为 0.2μg/kg,测定范围为 0.8~6.0×10^3 μg/kg。方法原理:样品导入燃烧催化炉后,经干燥、热分解及催化反应,各形态汞被还原成单质汞,单质汞进入齐化管生成金汞齐,齐化管快速升温将金汞齐中的汞以蒸汽形式释放出来,汞蒸汽被载气带入冷原子吸收分光光度计,汞蒸气对 253.7nm 特征谱线产生吸收,在一定浓度范围内,吸收强度与汞的浓度成正比。

(1)试剂和材料

硝酸(HNO$_3$):ρ=1.42g/mL,优级纯;重铬酸钾(K$_2$Cr$_2$O$_7$):优级纯;氯化汞(HgCl$_2$):优级纯,临用时放干燥器中充分干燥;固定液:将 0.5g 重铬酸钾溶于950mL 蒸馏水中,再加50mL 硝酸,混匀。汞标准贮备液:ρ(Hg)=100mg/L,称取 0.1354g 氯化汞,用固定液溶解后,转移至1000mL 容量瓶,再用固定液稀释定容至标线,摇匀,也可直接购买市售有证标准溶液。汞标准使用液:ρ(Hg)=100mg/L,移取汞标准贮备液 10.0mL,置于 100mL 容量瓶中,用固定液定容至标线,混匀。载气:高纯氧气(O^2),纯度≥99.999%。石英砂:75μm~150μm(200~100 目),置于马弗炉上 850℃条件下灼烧 2h,冷却后转至具塞磨口玻璃瓶中密封保存。

(2)仪器和设备

测汞仪:配备样品舟(镍舟或瓷舟)、燃烧催化炉、齐化管、解吸炉及冷原子吸收分光光度计。分析天平:感量 0.0001g。一般实验室常用仪器和设备。

样品采集、制备和保存:土壤样品按照《农用地土壤样品采集流转制备和保存技术规定》的相关要求采集、制备和保存。

(3)分析步骤

仪器参考条件:按仪器操作说明书对仪器气路进行连接,并于使用前对气路进行气密性检查。参照仪器使用说明,选择最佳分析条件。

标准系列溶液的配制。

1)低浓度标准系列溶液:分别移取 0、50.0、100、200、300、400 和 500μL 汞标准使用液,用固定液定容至 10mL,配制成当进样量为 100μL 时汞含量分别为 0、5.0、10.0、20.0、30.0、40.0 和 50.0ng 的标准系列溶液。

2)高浓度标准系列溶液:分别移取 0、0.50、1.00、2.00、3.00、4.00 和 6.00mL 汞标准使用液,用固定液定容至 10mL,配制成当进样量为 100μL 时汞含量分别为 0、50.0、100、200、300、400 和 600ng 的标准系列溶液。

标准曲线的建立:分别移取 100μL 标准系列溶液置于样品舟中,按照仪器参考条件依次进行标准系列溶液的测定,记录吸光度值。以各标准系列溶液的汞含量为横坐标,以其对应的吸光度值为纵坐标,分别建立低浓度或高浓度标准曲线。

注:根据实际样品浓度可选择建立不同浓度的标准曲线。

试样测定:称取 0.1g(精确到 0.0001g)样品于样品舟中,按照与标准曲线建立相同的仪器条件进行样品的测定。取样量可根据样品浓度适当调整,推荐取样量为 0.1~0.5g。

空白试验:用石英砂代替样品按照与样品测定相同的测定步骤进行空白试验。

(4)结果计算与表示

土壤样品中总汞含量按以下公式进行计算:

$$w_1 = \frac{m_1}{m \times w_{dm}} \tag{2.19}$$

式中:w_1 为样品中总汞的含量,μg/kg;m_1 为由标准曲线所得样品中总汞含量,ng;m 为称取样品的质量,g;w_{dm} 为样品干物质含量,%。

结果表示:当测定结果小于 10.0μg/kg 时,结果保留小数点后一位;当测定结果大于等于 10.0μg/kg 时,结果保留 3 位有效数字。

(5)注意事项

应避免在汞污染的环境中操作。①分析高浓度样品(≥400ng)之后,汞会在系统中产生残留,须用 5% 硝酸作为样品分析,当其分析结果低于检出限时,再进行下一个样品分析。②实验过程中仪器排放的含汞废气可使用碘溶液、硫酸、二氧化锰溶液或 5% 的高锰酸钾溶液吸收,吸收液须及时更换。③废物处理:将实验中产生的废物应集中收集,并做好相应标识,委托有资质的单位进行处理。

2.2.2.4　测定总铬(火焰原子吸收分光光度法,FAAS)

依据《土壤　总铬的测定　火焰原子吸收分光光度法》(HJ 491—2009)测定土壤中总铬量。本方法利用火焰原子吸收分光光度法测定土壤中总铬。当称取 0.5000g 试样消解定容至 50mL 时,本方法的检出限为 5.0mg/kg,测定下限为 20.0mg/kg。方法原理:采用盐酸-硝酸-氢氟酸-高氯酸全分解的方法,破坏土壤的矿物晶格,使试样中的待测元素全部进入试液,并且,在消解过程中,所有铬都被氧化成 $Cr_2O_7^{2-}$。然后,将消解液喷至富燃性空气-乙炔火焰中。在火焰的高温下,形成铬基态原子,并对铬空心阴极灯发射的特征谱线 357.9nm 产生选择性吸收。在选择的最佳测定条件下,测定铬的吸光度。

（1）试剂和材料

本方法所用试剂除非另有说明，分析时均适用符合国家标准的分析纯化学试剂，实验用水为新制备的去离子水。实验所用的玻璃器皿需先用洗涤剂洗净，再用（1+1）硝酸溶液浸泡 24h（不得使用重铬酸钾洗液），使用前再依次用自来水、去离子水洗净。盐酸（HCl）：$\rho=$ 1.19g/mL，优级纯。盐酸溶液：1∶1。硝酸（HNO$_3$）：$\rho=1.42$g/mL，优级纯。氢氟酸（HF）：$\rho=1.49$g/mL。10%氯化铵水溶液：准确称取 10g 氯化铵（NH$_4$Cl），用少量水溶解后全量转移入 100mL 容量瓶中，用水定容至标线，摇匀。铬标准贮备液，$\rho=1.000$mg/mL：准确称取 0.2829g 基准重铬酸钾（K$_2$Cr$_2$O$_7$），用少量水溶解后全量转移入 100mL 容量瓶中，用水定容至标线，摇匀，于冰箱中 2~8℃保存，可稳定 6 个月。铬标准使用液，$\rho=50$mg/L：移取铬标准贮备液 5.00mL 于 100mL 容量瓶中，加水定容至标线，摇匀，临用时现配。高氯酸（HClO$_4$）：$\rho=1.68$g/mL，优级纯。

（2）仪器和设备

仪器设备：火焰原子吸收分光光度计、带铬空心阴极灯，微波消解仪，玛瑙研磨机；温控电热板：控制精度 2.5℃；一般实验室仪器。

仪器参数：不同型号仪器的最佳测定条件不同，可根据仪器使用说明书自行选择。

（3）分析步骤

全消解方法：准确称取 0.2~0.5g（准确至 0.2mg）经风干、研磨至粒径小于 0.149mm（100 目）的土壤样品于 50mL 聚四氟乙烯坩埚中，用水润湿后加入 10mL 盐酸，于通风橱内的电热板上低温加热，使样品初步分解，待蒸发至约剩 3mL 时，取下稍冷，然后加入 5mL 硝酸、5mL 氢氟酸、3mL 高氯酸，加盖后于电热板上中温加热 1h 左右，然后开盖，电热板温度控制在 150℃，继续加热除硅，为了达到良好的飞硅效果，经常摇动坩埚。当加热至冒浓厚高氯酸白烟时，加盖，使黑色有机物碳化分解。待坩埚壁上的黑色有机物消失后，开盖，驱赶白烟并蒸至内容物呈黏稠状。视消解情况，可再补加 3mL 硝酸、3mL 氢氟酸、1mL 高氯酸，重复以上消解过程。取下坩埚稍冷，加入 3mL 盐酸溶液，温热溶解可溶性残渣，全量转移至 50mL 容量瓶中，加入 5mL 氯化铵溶液，冷却后用水定容至标线，摇匀。

微波消解法：准确称取 0.2g（准确至 0.2mg）经风干、研磨至粒径小于 0.149mm（100 目）的土壤样品于微波消解罐中，用少量水润湿后加入 6mL 硝酸、2mL 氢氟酸，按照一定升温程序进行消解，冷却后将溶液转移至 50mL 聚四氟乙烯坩埚中，加入 2mL 高氯酸，电热板温度控制在 150℃，驱赶白烟并蒸至内容物呈黏稠状。取下坩埚稍冷，加入盐酸溶液 3mL，温热溶解可溶性残渣，全量转移至 50mL 容量瓶中，加入 5mL NH$_4$Cl 溶液，冷却后定容至标线，摇匀。

（注 1：对于特殊基体样品，若使用上述消解液消解不完全，可适当增加酸用量。

注 2：若通过验证能满足本方法的质量控制和质量保证要求，也可以使用全自动消解仪法、高压密闭消解法等其他消解方法。

注 3：由于土壤种类较多，所含有机质差异较大，在消解时，要注意观察，各种酸的用量可视消解情况酌情增减。土壤消解液应呈白色或淡黄色（含铁量高的土壤），没有明显沉淀物存在。

注 4：电热板温度不宜太高，否则会使聚四氟乙烯坩埚变形。）

校准曲线：准确移取铬标准使用液 0.00、0.50、1.00、2.00、3.00、4.00mL 于 50mL 容量

瓶中,然后分别加入 5mL NH₄Cl 溶液、3mL 盐酸溶液,用水定容至标线,摇匀,其铬的浓度分别为 0.50、1.00、2.00、3.00、4.00mg/L。此浓度范围应包括试液中铬的浓度。用减去空白的吸光度与相对应的铬的浓度(mg/L)绘制校准曲线。

空白试验:用去离子水代替试样,采用和试液制备相同的步骤和试剂,制备全程序空白溶液,并按与样品相同条件进行测定。每批样品至少制备 2 个空白溶液。

测定:取适量试液,并按与样品相同条件测定试液的吸光度。由吸光度值在校准曲线上查得铬含量。每测定约 10 个样品要进行一次仪器零点校正,并吸入 1.00mg/L 的标准溶液检查灵敏度是否发生了变化。

(4)结果计算:

土壤样品中铬的含量 ω(mg/kg)按下式计算:

$$w = \frac{\rho \times V}{m \times W_{dm}} \tag{2.20}$$

式中:ρ 为试液的吸光度减去空白溶液的吸光度,然后在校准曲线上查得铬的浓度(mg/L);V 为试液定容的体积,mL;m 为称取试样的质量,g;W_{dm} 为土壤样品干物质的含量,%。

(5)注意事项

铬易形成耐高温的氧化物,其原子化效率受火焰状态和燃烧器高度的影响较大,需使用富燃烧性(还原性)火焰。加入氯化铵可以抑制铁、钴、镍、钒、铝、镁、铅等共存离子的干扰。

2.2.2.5　测定总砷(氢化物发生原子荧光法,HG-AFS)

依据《土壤质量 总汞、总砷、总铅的测定 原子荧光法 第 2 部分:土壤中总砷的测定》(GB/T 22105.2—2008)测定土壤总砷量。本方法同样适用于土壤中汞(Hg)和铅(Pb)的测定。本方法利用发生原子荧光测定方法测定土壤中总砷的氢化物。本方法检出限为 0.01mg/kg。方法原理:样品中的砷经加热消解后,加入硫脲使五价砷还原为三价砷,再加入硼氢化钾将其还原为砷化氢,由氩气导入石英原子化器进行原子化成为为原子态砷,在特制砷空心阴极灯的发射光激发下产生原子荧光,产生的荧光强度与试样中被测元素含量成正比,与标准系列比较,求得样品中砷的含量。

(1)试剂和材料

本部分所用试剂除另有说明外,均为分析纯试剂,试验用水为去离子水。盐酸(HCl):$\rho = 1.19$g/mL,优级纯。硝酸(HNO₃):$\rho = 1.42$g/mL,优级纯。氢氧化钾(KOH):优级纯。硼氢化钾(KBH₄):优级纯。硫脲(H₂NOSNH₂):分析纯。抗坏血酸(C₆H₈O₆):分析纯。三氧化二砷(As₂O₃):优级纯。(1+1)王水:取 1 份硝酸与 3 份盐酸混合,然后用去离子水稀释一倍。还原剂[1%硼氢化钾(KBH₄)+0.2%氢氧化钾(KOH)溶液]:称取 0.2g 氢氧化钾放入烧杯中,用少量水溶解,称取 1.0g 氰化钾放入氢氧化钾溶液中,溶解后用水稀释至 100mL,此溶液用时现配。载液[(1+9)盐酸溶液]:量取 50mL 盐酸,加水定容至 500mL,混匀。硫脲溶液(5%):称取 10g 硫脲,溶解于 200mL 水中,摇匀,用时现配。抗坏血酸(5%):称取 10g 抗坏血酸,溶解于 200mL 水中,摇匀,用时现配。砷标准贮备液:称取 0.6600g 三氧化二砷(105℃烘 2h)于烧杯中,加入 10mL 10%氢氧化钠溶液,加热溶解,冷却后移入 500mL 容量瓶中,并用水稀释至刻度,摇匀,此溶液砷浓度为 1.00mg/mL(有条件的单位可以到国家认可的部门直接购买标准贮备液)。砷标准中间溶液:吸取 10.00mL 砷标准贮备液注入 100mL 容量瓶中,用(1+9)盐酸溶液稀释至刻度,摇匀,此溶液砷的浓度为 100μg/mL。砷标准工作溶液:吸取 1.00mL 砷标准中间溶液注入 100mL 容量瓶中,用(1+9)盐酸溶液稀释至刻度,摇匀。此溶液砷的浓度为 1.00μg/mL。

(2)仪器和设备

氢化物发生原子荧光光谱仪、砷空心阴极灯、水浴锅、一般实验室仪器。

(3)分析步骤

试液的制备:称取 0.2g～1.0g(精确至 0.2mg)经风干、研磨至粒径小于 0.149mm(100目)的土壤样品于 50mL 具塞比色管中,加少许水润湿样品,加入 10mL(1+1)王水,加塞后摇匀于沸水浴中消解 2h,中间摇动几次,取出冷却,用水稀释至刻度,摇匀后放置。吸取一定量的消解试液于 50mL 比色管中,加 3mL 盐酸、5mL 硫脲溶液、5mL 抗坏血酸溶液,用水稀释至刻度,摇匀放置,取上清液待测。同时做空白试验。

空白试验:用去离子水代替试样,采用和试液制备相同的步骤和试剂,制备全程序空白溶液,并按与样品相同的条件予以测定。每批样品至少制备 2 个以上的空白溶液。

校准曲线:分别准确吸取 0.00、0.50、1.00、1.50、2.00、4.00mL 砷标准工作溶液置于 6个 50mL 容量瓶中,分别加入 5mL 盐酸、5mL 硫脲溶液、5mL 抗坏血酸溶液,然后用水稀释至刻度,摇匀,即得含砷量分别为 0.00、10.0、20.0、30.0、40.0、80.0ng/mL 的标准系列溶液。此标准系列适用于一般样品的测定。

仪器参考条件:不同型号仪器的最佳参数不同,可根据仪器使用说明书自行选择。

测定:将仪器调至最佳工作条件,在还原剂和载液的带动下,测定标准系列各点的荧光强度(校准曲线是减去标准空白后的荧光强度对浓度绘制的校准曲线),然后测定样品空白、试样的荧光强度。

(4)结果计算与表示

土壤样品总砷含量 ω 以质量分数计,数值以毫克每千克(mg/kg)表示,按下式计算:

$$\omega = \frac{(C-C_0) \times V_2 \times V_总/V_1}{m \times W_{dm} \times 1000} \tag{2.21}$$

式中:C 为从校准曲线上查得砷元素含量,ng/mL;C_0 为试剂空白液测定浓度,ng/mL;V_2 为测定时分取样品溶液稀释定容体积,mL;$V_总$ 为样品消解后定容体积,mL;V_1 为测定时分取样品溶液稀释定容体积,mL;m 为试样质量,g;W_{dm} 为土壤样品干物质的含量,%;1000为将 ng 换算为 μg 的系数。重复试验结果以算术平均值表示,保留 3 位有效数字。

2.2.2.6　测定总铜(火焰原子吸收分光光度法,FAAS)

依据《土壤质量 铜、锌的测定 火焰原子吸收分光光度法》(GB/T 17138—1997)测试土壤中总铜量。本方法利用火焰原子吸收分光光度法测定土壤中铜、锌的量。本方法的检测限(按称取 0.5000g 试样消解定容至 50mL 计算)为:铜 1.0mg/kg,锌 0.5mg/kg。当土壤消解液中铁含量大于 100mg/L 时,抑制锌的吸收,加入硝酸镧可消除共存成分的干扰。含盐类高时,往往出现非特征吸收,此时可用背景校正加以克服。方法原理:采用盐酸-硝酸-氢氟酸-高氯酸全分解的方法,彻底破坏土壤的矿物晶格,使试样中的待测元素全部进入试液。然后,将土壤消解液喷入空气-乙炔火焰。在火焰的高温下,铜、锌化合物离解为基态原子,该基态原子蒸汽对相应的空心阴极灯发射的特征谱线产生选择性吸收。在选择的最佳测定条件下,测定铜、锌的吸光度。

（1）试剂和材料

本方法所用试剂除另有说明外,分析时均适用符合国家标准的分析纯试剂和去离子水或同等纯度的水。盐酸（HCl）:$\rho=1.19\text{g/mL}$,优级纯。硝酸（HNO_3）:$\rho=1.42\text{g/mL}$,优级纯。硝酸溶液:体积分数为 0.2。氢氟酸（HF）:$\rho=1.49\text{g/mL}$。高氯酸（$HClO_4$）:$\rho=1.68\text{g/mL}$,优级纯。硝酸镧（$La(NO_3)_3 \cdot 6H_2O$）水溶液,质量分数为 5%；铜标准贮备液,$\rho=1.000\text{mg/mL}$:准确称取 1.0000g（精确至 0.0002g）光谱纯金属铜于 50mL 烧杯中,加入硝酸溶液 20mL,温热,待完全溶解后,转至 1000mL 容量瓶中,用水定容至标线,摇匀,有条件的单位可以到国家认可的部门直接购买标准贮备液。锌标准贮备液,$\rho=1.000\text{mg/mL}$:准确称取 1.0000g（精确至 0.0002g）光谱纯金属锌粒于 50mL 烧杯中,加入硝酸溶液 20mL,温热,待完全溶解后,转至 1000mL 容量瓶中,用水定容至标线,摇匀,有条件的单位可以到国家认可的部门直接购买标准贮备液。铜、锌混合标准使用液,铜 20mg/L、锌 10mg/L:用硝酸溶液逐级稀释铜、锌标准贮备液。

（2）仪器和设备

火焰原子吸收分光光度计（带有背景校正器）、铜空心阴极灯、锌空心阴极灯、乙炔钢瓶、空气压缩机（应备有除水、除油和除尘装置）。

一般实验室仪器:

仪器参数:不同型号仪器的最佳测定条件不同,可根据仪器使用说明书自行选择。

（3）分析步骤

1）试液制备:准确称取 0.2～0.5g（准确至 0.2mg）经风干、研磨至粒径小于 0.149mm（100 目）的土壤样品于 50mL 聚四氟乙烯坩埚中,用水润湿后加入 10mL 盐酸,于通风橱内的电热板上低温（120～140℃）加热,使样品初步分解,待蒸发至剩约 3mL 时,取下稍冷,然后加入 5mL 硝酸,5mL 氢氟酸,加盖后于电热板上中温（180℃）加热。1h 后,开盖,继续加热除硅,为了达到良好的飞硅效果,应经常摇动坩埚。当加热至冒浓厚白烟时,加盖,使黑色有机碳化物分解。待坩埚壁上的黑色有机物消失后,开盖驱赶高氯酸白烟并蒸至内容物呈黏稠状。视消解情况可再加入 3mL 硝酸,3mL 氢氟酸和 1mL 高氯酸,重复上述消解过程。当白烟再次基本冒尽且坩埚内容物呈黏稠状时,取下稍冷,用水冲洗坩埚盖和内壁,并加入 1mL 硝酸溶液温热溶解残渣。然后将溶液转移至 50mL 容量瓶中,加入 5mL 硝酸镧溶液,冷却后定容至标线摇匀,备测。

（注 1:对于特殊基体样品,若使用上述消解液消解不完全,可适当增加酸用量。

注 2:若通过验证能满足本方法的质量控制和质量保证要求,也可以使用微波消解法、全自动消解仪法、高压密闭消解法等其他消解方法。

注 3:由于土壤种类较多,所含有机质差异较大,在消解时,要注意观察,各种酸的用量可视消解情况酌情增减。土壤消解液应呈白色或淡黄色（含铁量高的土壤）,没有明显沉淀物存在。

注 4:电热板温度不宜太高,否则会使聚四氟乙烯坩埚变形。）

2）测定:按照仪器使用说明书调节仪器至最佳工作条件,测定试液的吸光度。

3）空白试验:用去离子水代替试样,每批样品至少制备 2 个空白溶液。

4)校准曲线:参考表2.15,在50mL容量瓶中,各加入5mL硝酸镧溶液,用硝酸溶液稀释混合标准使用液,配制至少5个标准工作溶液,其浓度范围应包括试液中铜、锌的浓度。由低到高浓度测定其吸光度。用减去空白的吸光度与相对应的元素含量(mg·L^{-1})绘制校准曲线。

表 2.15　校准曲线溶液浓度

混合标准使用液加入体积/mL	0	0.5	1.0	2.0	3.0	5.0
校准曲线溶液浓度 Cu/(mg·L^{-1})	0	0.2	0.4	0.8	1.2	2.0
校准曲线溶液浓度 Zn/(mg·L^{-1})	0	0.1	0.2	0.4	0.6	1.0

(4)结果计算与表示

土壤样品中铜、锌的含量ω(Cu、Zn,mg/kg)按下式计算:

$$\omega = \frac{C \times V}{m \times W_{dm}} \tag{2.22}$$

式中:C为试液的吸光度减去空白试液的吸光度,在校准曲线上查得铜、锌的浓度(mg/L);V为试液定容的体积,mL;m为称取试样的质量,g;W_{dm}为土壤样品干物质的含量,%。

2.2.2.7　测定总镍(火焰原子吸收分光光度法,FAAS)

依据《土壤质量 镍的测定 火焰原子吸收分光光度法》(GB/T 17139—1997)测定土壤中的镍含量。本方法的检测限(按称取0.5000g试样消解定容至50mL计算)为5mg/kg。方法原理:采用盐酸-硝酸-氢氟酸-高氯酸全分解的方法,彻底破坏土壤的矿物晶格,使试样中的待测元素全部进入试液。然后,将土壤消解液喷入空气-乙炔火焰。在火焰的高温下,镍化合物离解为基态原子,该基态原子蒸汽对镍空心阴极灯发射的特征谱线232.0nm产生选择性吸收。在选择的最佳测定条件下,测定镍的吸光度。

(1)试剂和材料

同2.2.2.6。

(2)仪器和设备

同2.2.2.6。

(3)分析步骤

试液制备同2.2.2.6。

测定同2.2.2.6。

(4)结果计算与表示

土壤样品中镍的含量ω(mg/kg)按下式计算:

$$\omega = \frac{C \times V}{m \times W_{dm}} \tag{2.23}$$

式中:c为试液的吸光度减去空白试液的吸光度,在校准曲线上查得镍的浓度(mg/L);V为试液定容的体积,mL;m为称取试样的质量,g;W_{dm}为土壤样品干物质的含量,%。

(5)注意事项

使用232.0nm线作为吸收线,存在波长距离很近的镍三线,应选用较窄的光谱通带予以克服。232.0nm线处于紫外区,盐类颗粒物、分子化合物产生的光散射和分子吸收比较严重,会影响测定,使用背景校正可以克服这类干扰。如浓度允许,亦可用将试液稀释的方法来减少背景干扰。

2.2.3　农用地土壤重金属污染防治普查

2012—2016 年,在全省范围内组织实施浙江省农用地土壤重金属污染防治普查工作,基本掌握了浙江省农用地土壤重金属污染状况及发展趋势,为进行土壤污染分类分区管理、确保农产品安全生产和提高耕地持续生产能力提供科学依据。

2.2.3.1　普查对象范围

重点开展农产品产地(含耕地、园地、林地等,自留地除外),包括重点工矿企业周边农区、大中城市郊区等重点区域和其他区域(即一般农区)的 2180 万亩农产品产地,主要监测土壤重金属含量,重点选择对农产品质量安全影响大、污染持续时间长的重金属铅、汞、镉、铬和类金属砷等 5 项指标,配套监测土壤 pH 和阳离子交换量等。

2.2.3.2　普查技术路线

(1)技术路线(见图 2.7)

基础资料收集与整理——调查进一步确认区域类别——制定普查实施方案(含点位设置方案)——普查技术培训与考核——踏勘布点(调整点位)——样品采集(GPS 定位,一律选择 WGS 84 坐标系)——样品分析(实验室分析质量控制)——数据资料库建立——数据资料分析与处理——产地安全等级划分——产地安全区划——国控点设置资料库建立——建立土壤样品库和产地安全质量档案——图表绘制——报告编写——总结、验收。

(2)实施步骤

详见图 2.7。

(3)普查主要内容

1)资料收集。主要开展全省农产品产地历史资料、农产品产地及其周围环境污染源分布及污染物状况、各类基础图件的收集、整理、分析、应用等。

①历年来农产品产地土壤、农灌水体、农区大气、农产品监测结果及污染超标情况等。

②农产品产地及其周围环境污染源分布及污染物排放、处理情况等。

③农业生产情况,包括农作物布局、主要农产品种类及产量、耕作制度、农用化学品使用、农业生产管理措施等,以及“两区一基地”建设等情况。

④自然及社会经济状况,包括地形地貌、气候气象、水文地质、土壤母质、土壤类型、理化性质、肥力状况,行政区划、人口状况、经济发展水平等。

⑤土壤重金属污染防控与治理经验和案例。对已经开展的土壤重金属污染防控与治理方法、修复技术、污染农田治理方案的设计和实施以及恢复农作物种植等进行总结。

⑥重要图件及相关影像资料,包括最新的土地利用现状图、最新的乡镇边界的行政区划图、土壤母质分布图,土壤类型图,土壤质地图,土壤有机质分布图,工业污染源分布图等。

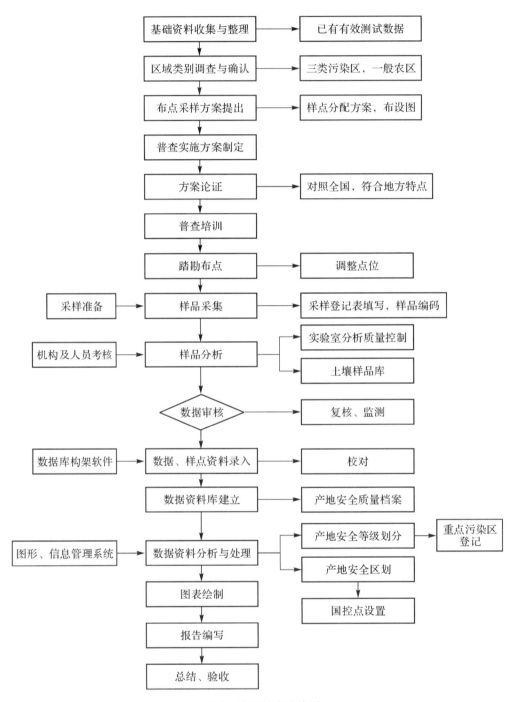

图 2.7　普查技术路线图

2)采样与监测

在全省主要农产品产地范围内,采用《农田土壤环境质量监测技术规范》(NY/T395—2000),在产地区域类别确认基础上,完善采样布点方案,按照重点区域和一般农区布点采样要求,全省共布点采集 14549 个土壤样品(其中宁波单列市为 1800 个),涉及总采样面积为

2180 万亩(详见表 2.16)。选择具备省级以上计量认证合格资格检测机构开展农产品产地土壤重金属铅(Pb)、汞(IIg)、镉(Cd)、铬(Cr)、砷(As)等 5 种污染物总量及土壤 pH 和阳离子交换量(CEC)等进行监测。

表 2.16　浙江省农产品产地土壤重金属污染普查监测采集数量汇总表

地　区	合计/个	重点区域分级管理采集土壤样品数/个	预警监测采集土壤样品数/个			总采样面积/万亩
			小　计	重点区域	一般农区	
全　省	14549	3857	10692	976	9716	2180

1)采样区域类别确认。浙江省采样区域类别分为重点区域和一般农区,其中重点区域又分为工矿企业周边农区和大中城市郊区两类。

工矿企业周边农区确认。该区是指历史上较长时间或据现实状况,因为某个或某些(若干个)污染企业由于污染治理不当,致使企业废水、废气、废渣等直接或间接进入农产品产区,并造成或可能造成(虽无数据支持,但怀疑超标的,应当列入)产区土壤和/或农产品中重金属含量在近 30 年内有超标,且面积超过 500 亩的区域。该类区域应该指明企业或企业集群名称。

大中城市郊区确认。该区是指按照行政区划所确定的省会和地市级城市郊区,因为使用城市混合污水、垃圾、污泥、农用化学物质等,造成或可能造成(虽无数据支持,但怀疑超标的,应当列入)产区土壤和/或农产品中重金属含量在近 30 年内有超标,且面积超过 500 亩的区域。该类区域应当指明行政区域名称。

一般农区的确认。上述两类重点区之外的农产品产地,皆认定为一般农区(参见一般农区主要农作物种植区域统计表)。

以上三类区类别认定的优先顺序是:工矿企业周边农区、大中城市郊区、一般农区。

以上各类区域确认登记表,经省级农业环保站汇总后,装订成册,作为原始档案留存,不得随意丢弃,并上报项目执行组 1 份备案。

2)布点采样方案提出。按照监测采样总任务要求,根据本地区两类重点区域和一般农区区域类别确认结果,按照点位布设要求,制定本辖区土壤布点采样方案(详见表 2.17),报省站审核。同时,提出采样点位分布图和两类重点区及一般农区采样数量要求,明确采样任务分工。

表 2.17　农产品产地土壤重金属污染普查样点布设方案

区域类别	初步确认区域名称	初步确认区域面积	布点数量(按耕地面积)	布设地点(乡镇个数)	数据支持情况
工矿企业周边农区	按区域列			分别列出乡镇名称(括弧内标明点位数)	有/无
	……				有/无
大中城市郊区	按区域列				有/无
	……				有/无
一般农区	按县名列				有/无
	……				有/无

点位布设的总体要求如下。

①样点布设应当在具有乡镇边界（最好同时具有土地利用类型）的地图上进行。

②布点在全辖区范围内统一安排，不得留有"死角"。每个乡镇至少布设一个采样点。

③两类重点区域（含修复示范区、禁产划分区）和一般农区一次安排，统一布设。

①在两类重点区域，布点最小单元为 500 亩（指工作区域面积）。

布点密度原则上按：

①工矿企业周边农区、大中城市郊区、两类重点区域，每 150 亩布 1 个点。

②一般农区在余下的点数中安排。布点密度按照蔬菜基地、商品粮基地、大宗农产品生产区、茶叶基地、水果基地及其他农产品产地的次序依次递减。

布点方法按照不同区域类别的密度要求，原则上采用均匀布点法，在相对较大的农产品产地地块布点。

布点采样工作程序为如下。

确认本辖区内两类重点区域以及一般农区中蔬菜基地、商品粮基地、大宗农产品生产区、茶叶基地、水果基地及其他农产品产地的面积和范围—按照本方案具体确定各个类别区域的布点密度—计算确定各个类别区域的布点数量—相对均匀地落实采样点位位置（落实到村或组）—踏勘确定采样地块—采集样品。

3）土壤样品监测分析。承担及参与样品分析的单位必须确保检测数据准确、可靠。原则上，各个承担及参与单位应当具备省级以上计量认证合格资格，检测必须由具备 2 年以上工作经验的人员负责，持证上岗。每台仪器设备必须保证 2 名检测人员。

（4）主要基本认识

本次普查涵盖浙江省 11 个地级市，共计 85 个县（市、区），1177 个乡镇，普查对象涉及全省主要农产品产地 3891.4 万亩（数据来源：2011 浙江省土地利用变更调查数据，包括耕地的旱地和水田两类；园地的果园、茶园和桑园三类），普查内容主要为农田土壤重金属污染状况。全省共计收集普查点位登记表 14801 张，乡镇基本情况登记表 1177 张，县域自然及社会经济情况调查表 85 张，工矿企业周边农区确认登记表 93 张，大中型城郊区确认登记表 14 张，一般农区主要农作物种植区域统计表 48 张，土壤样品检测登记表 14801 张，累计采集审核与采样点相关的自然和社会经济及土壤测试信息数据 600 余万条。

与环境保护部 2014 年 4 月公布的全国土壤污染状况调查公报中全国调查结果相比，浙江省铬、铅、砷超标率远低于全国平均值，镉、汞均明显高于全国平均值。根据 2003 年（浙江省农业地质环境调查）和 2013 年（本次普查）的两次调查数据（其中：2003 年共计 9144 个采样点；2013 年 14801 个采样点；）对比分析（为保证分析结果的科学性和可比性，选取重叠区域进行土壤重金属含量时空变化分析）来看，十年间浙江省土壤重金属铬（Cr）、铅（Pb）、镉（Cd）、汞（Hg）平均含量分别增加了 0.26、3.74、0.07 和 0.03mg/kg，此外土壤砷（As）含量下降了 0.19mg/kg。相比于 2003 年的调查数据，2013 年全省大部分地区各种土壤重金属元素超标点位比例普遍增加。

2.3　农用地土壤监测预警体系建设

浙江省在永久基本农田内建立 1000 个农田土壤污染常规监测点,在农业"两区"规划内建立 500 个农田土壤污染综合监测点,着重开展土壤等重金属污染状况的例行监测和评价,力争全面掌握全省农田土壤污染基本状况及其变化趋势,为农用地土壤污染防治、提高耕地持续生产能力和确保农产品安全生产提供科学依据。

2.3.1　监测点布设

(1)常规监测点布设

在全省约 2500 万亩永久基本农田内建立 1000 个农田土壤污染常规监测点。各县(市、区)监测点按以下原则进行统一优化布设。

1)数量上以各县(市、区)永久基本农田面积为依据,约每 2.5 万亩永久基本农田设置 1 个常规监测点。

2)位置上以永久基本农田连片分布区为备选区,一般为 5000 亩以上连片分布为设置样点区。

3)在每个地区根据耕地利用类型(水田、旱地、园地)和土壤类型(以土类为级别)进行监测点布点的优化,可兼顾到不同类型土壤和土地利用类型下土壤重金属有效性和迁移特性的差异。

4)以 2012—2016 年土壤重金属普查初步评价结果为参考,在土壤重金属污染相对突出的区域适当增加若干监测点。

(2)综合监测点布设

2016 年,在全省农业"两区"规划区内建立 500 个农田土壤污染综合监测点。各县(市、区)监测点按以下原则进行统一优化布设。

1)数量上以各县(市、区)的粮食生产功能区和现代农业园区规划面积为依据,约每 2 万亩农业"两区"设置一个综合监测点。

2)位置上主要以粮食生产功能区范围为主,现代农业园区范围为辅;以平原耕地为主,适当考虑低丘缓坡耕地,以及山区林茶果药等种植区。

(3)监测点建设要求

1)监测点应长期可控。监测点位为农业种植生产用地,在长期定位监测期间不会发生土地利用性质变化,确保长期定位监测项目的实施。

2)监测点具有代表性。监测点位能代表当地土壤质量安全现状或特征区域质量安全状况,监测点地块具有较好的农业基础设施条件。

3)监测点地块应避免:住宅、沟渠、废物堆、养殖塘等附近,坡地、洼地等具有从属景观特征地方,主干公路或铁路线 150m 以内,远离工矿企业污染源等。

4)监测点实施相关基础设施建设。

2.3.2　监测内容

(1)监测点基础信息采集

1)气候和水文信息：常年积温、年均降雨量、蒸发量、灌溉水来源及用量，地下水水位等。

2)农作物基础信息：作物种类、耕作模式等。

3)土壤基础信息：土壤类型、成土母质、污染源分布及变化情况。

4)生产过程信息：农业投入品使用品种、数量、时间和种植收获时间等。

具体详见表 2.18 和表 2.19。

表 2.18　浙江省农田土壤监测点基础情况调查表

监测点编号		建点时间		照片编号	
监测点地址		县(市、区)　　　　镇(乡)　　　村			
经　度			纬　度		
常年积温/℃			年均降雨量/mm		
地　形			坡度/°		
海拔高度/m			地下水位/m		
障碍因素			地力等级		
典型种植制度			监测点面积/亩		
可代表面积/亩			成土母质		
土　类			亚　类		
土　属			土　种		
周边污染源情况					

①典型种植制度：以熟制或轮作命名。如麦-稻二熟制，水旱轮作制。

②障碍因素：指限制产量和品质的主要障碍因素。如干旱缺水、潜育(水稻土)、渍涝(旱地)、盐碱、瘠薄、污染等。若没有明显障碍因素，则填"无"。

③地力等级：指在分等定级中土壤地力等级。如不清楚地力等级，也可填"高、较高、中、较低、低"。

④成土母质、土类、亚类、土属、土种：按照第二次土壤普查分类系统填写。

⑤监测点面积：监测地块实际面积。

⑥可代表面积：该监测点所代表本区域内种植的该农产品面积。

表 2.19　浙江省农田土壤监测点田间生产情况表

监测点编号				
项目		第一季	第二季	第三季
作物名称				
品种				
播种期				
收获期				
播种方式				
耕作模式				
水文气象	降水量/mm			
	灌溉方式			
	灌溉水源			
	灌水量/m²			
	蒸发量/mm			
农业投入品（按一个监测季内）		主要品种	亩均用量（折纯量计）	
	氮肥/(kg·亩⁻¹)			
	磷肥/(kg·亩⁻¹)			
	钾肥/(kg·亩⁻¹)			
	复合肥/(kg·亩⁻¹)		（按照实际比例）	
	有机肥/(kg·亩⁻¹)		实物量	
	农药(g·亩⁻¹)			
	农膜/(kg·亩⁻¹)			

①播种期和收获期:填写月日。

②播种方式:机播还是人工播种。

③耕作模式:少耕、免耕、保护性耕作等。

④灌溉方式:畦灌、沟灌、淹灌、漫灌、微喷灌、喷灌、滴灌等,没有灌溉能力的填"无"。

⑤灌溉水源:地表水、地下水和经过处理并达到利用标准的污水等。

(2)常规监测点监测项目。

(3)开展监测点农田土壤监测。确定 39 项农田土壤地力和土壤环境等主要监测指标参数(详见表 2.20)。

表 2.20　浙江省农田土壤常规监测点监测项目

监测点编号					监测年度					
地力指标	pH	有机质/(g·kg^{-1})	全氮/(g·kg^{-1})	全磷/(g·kg^{-1})	全钾/(g·kg^{-1})	碱解氮/(mg·kg^{-1})	有效磷/(mg·kg^{-1})	速效钾/(mg·kg^{-1})	水溶性盐/(g·kg^{-1})	阳离子交换量(cmol·kg^{-1})土
	单位:mg/kg									
	钙	镁	钠	硒	交换性钠	交换性钙	交换性镁	交换性钾	有效铁	有效硼
环境质量指标/(mg·kg^{-1})		镉	铬	铅	汞	砷	铜	锌	镍	氟化物	六六六	DDT
	总量											
	有效态									/	/	/

（4）综合监测点监测项目

开展监测点农田土壤、农田灌溉水、农产品监测。分别确定 39 项农田土壤、14 项农田灌溉水、8 项农产品等主要监测指标参数（详见表 2.21）。

表 2.21　浙江省农田土壤综合监测点监测项目

监测点编号					监测年度					
（1）农田土壤监测项目										
地力指标	pH	有机质/(g·kg^{-1})	全氮/(g·kg^{-1})	全磷/(g·kg^{-1})	全钾/(g·kg^{-1})	碱解氮/(mg·kg^{-1})	有效磷/(mg·kg^{-1})	速效钾/(mg·kg^{-1})	水溶性盐/(g·kg^{-1})	阳离子交换量/(cmol·kg^{-1})土
	单位:mg/kg									
	钙	镁	钠	硒	交换性钠	交换性钙	交换性镁	交换性钾	有效铁	有效硼
环境质量指标/(mg·kg^{-1})		镉	铬	铅	汞	砷	铜	锌	镍	氟化物	六六六	DDT
	总量											
	有效态									/	/	/

（2）农田灌溉水监测项目

项目/(mg·L^{-1})	pH	镉	六价铬	铅	汞	砷	铜	锌	镍
	全盐量	氟化物	氯化物	石油类	挥发酚	/	/	/	/

（3）农产品监测项目

作物种类						采集部位			
污染物 /(mg· kg⁻¹)	镉	铬	铅	汞	砷	铜	锌	镍	/

2.3.3 监测方法

（1）监测频次

每年安排监测 1 次。产地环境受到明显影响或其他特殊需要时，应视情况加测。

（2）监测时间

土壤样品在每年作物收获后采集 1 次；灌溉水在作物生长灌溉期采集 1 次；农产品在作物收获时采集 1 次。避免在施用农药、化肥后立即采样。

（3）样品采集

1）土壤。依据《农田土壤环境质量监测技术规范》(NY/T 395—2012)采集土壤样品。在监测点单元内采集，采集耕作层土壤，采样深度一般农作物为 0～20cm，种植果林类农作物为 0～60cm。采样前先去除表层，用不锈钢或竹片等工具采土，同一采样单元内采样点位不少于 5 个，每个采样点采集样品重量相当，混合后按四分法取 1kg 土样，每个监测点采集 1 个混合土壤样品。

2）灌溉水。依据《农用水源环境质量监测技术规范》(NY/T 396—2000)采集灌溉水样品。在综合监测点单元周边，在进水口或集水井采集 1 个水样，按不同检测指标要求，预处理并冷藏保存水样，每个样品量不少于 2L。

3）农产品。依据《农药残留分析样本的采样方法》(NY/T 789—2004)采集农产品样品。在综合监测点单元内，统一每个采样单元采样点位不少于 5 个，取农产品可食部分，每个采样点采集样品重量相当，采集后混合成一个样，样品量不少于 1kg 或 5 个个体。每个监测点采集 1 份混合样品，多种作物轮作时，以主要作物为主，蔬菜基地以主要蔬菜品种为主。

4）样品制备。土壤和农产品样品制备一式两份，一份用于检测，另一份留作备份样。其中：土壤样品经风干后，研磨分别过 10 目、60 目和 100 目筛样品；农产品样品取可食部分匀浆或磨成粉末。

（4）样品分析

土壤、灌溉水、农产品样品实验室分析方法。

（5）质量控制

严格执行《农田土壤环境质量监测技术规范》(NY/T 395—2000)等有关质量保证和质量控制要求，确保监测全程各项操作技术和质量控制工作的规范性和完备性。

1）各类样品采集制备、样品前处理等均须满足相应监测技术规范有关的质控要求。采样记录、样品交接记录、前处理记录、分析记录、数据处理、报告等归档记录齐全，并建立土壤样品档案，保证每个样品都可进行再现性的样品复测。

2）每批样品每个项目分析时由分析者自行编入明码平行样，或由质控员编入密码平行样,均须做 20％平行样品。

3)当项目无标准物质或质控样品时,可用加标回收实验来检查测定准确度。加标率:在一批试样中,随机抽取 10％～20％试样进行加标回收测定。样品数不足 10 个时,适当增加加标比率。每批同类型试样中,加标试样不应小于 1 个。

4)针对测试项目,应制作准确度质控图。用质控样的保证值 X 与标准偏差 S,在 95％的置信水平,以 X 作为中心线、$X\pm2S$ 作为上下警告线、$X\pm3S$ 作为上下控制线的基本数据,绘制准确度质控图,用于分析质量的自控。

5)有关承担项目的检测机构之间应开展实验室间比对和能力验证活动,确保实验室检测质量水平,保证出具数据的可靠性和有效性。

(6)评价方法

土壤依据单项污染指数、综合污染指数进行污染程度分级评价(见表 2.22)。相关计算公式和分级标准如下:

$$土壤单项污染指数 = \frac{土壤污染物实测值}{污染物质量标准}$$

$$土壤综合污染指数 = \sqrt{\frac{(平均单项污染指数)^2 + (最大单项污染指数)^2}{2}}$$

表 2.22 土壤污染分级标准

等级	综合污染指数 (内梅罗)P 综	单项污染指数 Pi	评价等级	污染水平
1	P 综≤0.7	Pi≤1	安全	清洁
2	0.7<P 综≤1.0	1<Pi≤2	警戒线	尚清洁
3	1.0<P 综≤2.0	2<Pi≤3	轻污染	土壤污染物超过背景值, 视为轻度污染,作物开始污染
4	2.0<P 综≤3.0	3<Pi≤5	中度污染	土壤、作物均受到中度污染
5	P 综≥3.0	Pi≥5	重度污染	土壤、作物污染已严重

灌溉水和农产品以国家标准限量值比较判定。

2.4 农用地土壤重金属污染类别划分

2.4.1 农用地土壤环境质量类别划分技术

农用地土壤环境质量类别划分主要参照国家指南。各地可根据行政区域内耕地土壤环境质量和管理实际需要,可进行适当细化和补充完善。

(1)适用范围

主要适用于 2020 年底之前耕地土壤环境质量类别(以下简称耕地类别)划分工作,园地、牧草地等。

（2）规范性引用文件

本内容引用了下列文件或其中的条款。凡是不注明日期的引用文件，采用其最新版本。

《土壤环境质量　农用地土壤污染风险管控标准（试行）》（GB 15618—2018）

《土壤环境监测技术规范》（HJ/T 166—2004）

《农、畜、水产品污染监测技术规范》（NY/T 398—2000）

《农用地土壤污染状况详查点位布设技术规定》（环办土壤函〔2017〕1021 号）

《农产品样品采集流转制备和保存技术规定》（环办土壤〔2017〕59 号）

《农用地土壤环境风险评价技术规定（试行）》（环办土壤函〔2018〕1479 号）

（3）划分原则

科学性原则。以全国土壤污染状况详查农用地详查（以下简称详查）、全国农产品产地土壤重金属污染普查（以下简称普查）结果为基础，充分考虑农产品质量协同监测数据，进行耕地类别划分。

相似性原则。对受污染程度相似的耕地，综合考虑耕地的物理边界（如地形地貌、河流等）、地块边界或权属边界等因素，原则上确定为同一类别。

动态调整原则。根据数据资料的不断完善，以及耕地土壤环境质量和食用农产品质量的变化情况（如突发事件等导致的新增受污染耕地或已完成治理与修复的耕地等），及时调整类别。

（4）技术路线

如图 2.8 所示，耕地土壤环境质量类别划分流程主要包括：基础资料和数据收集、基于详查结果开展耕地类别划分、边界核实与现场踏勘、划分成果汇总与报送、动态调整等。

（5）耕地类别划分

1）基础资料和数据收集

①图件资料收集：主要包括耕地分布、行政区划、农业区划、土地利用分布、土壤类型（土属 1∶10 万或土种 1∶1 万）、土壤环境质量空间分布、地形地貌、地质类型、水系、居民地及设施、交通等矢量图件及高分遥感影像数据。图件比例尺规范与全国土壤污染状况详查要求保持一致。

②土壤污染源信息收集：主要包括区域内工矿企业类型、分布及排污情况；农业灌溉水质量，农药、化肥、农膜等农业投入品及畜禽养殖废弃物处理处置情况，固体废物堆存、处理处置场所分布及其对周边土壤环境质量的影响及大气干湿沉降量等情况。

③土壤环境和农产品质量数据收集：主要包括全国农产品产地土壤重金属污染普查、全国土壤污染状况详查、国家土壤环境监测网农产品产地土壤环境监测、多目标区域地球化学调查（或土地质量地球化学调查）、土壤环境背景值，以及生态环境、自然资源、农业农村、粮食等部门的相关数据。要依据相关标准和规范，对有关数据质量进行评价，剔除不合格和异常的数据，保障数据质量。

④社会经济资料收集：主要包括人口状况、农村劳动力状况、工业布局、农田水利和农村能源结构情况；当地人均收入水平；种植制度和耕作习惯，以及相关配套产业基本情况等。

2）初步划分耕地类别

①详查单元（含详查范围外增补单元）内

详查单元是全国土壤污染状况详查农用地详查布点时基于农用地利用方式、污染类型

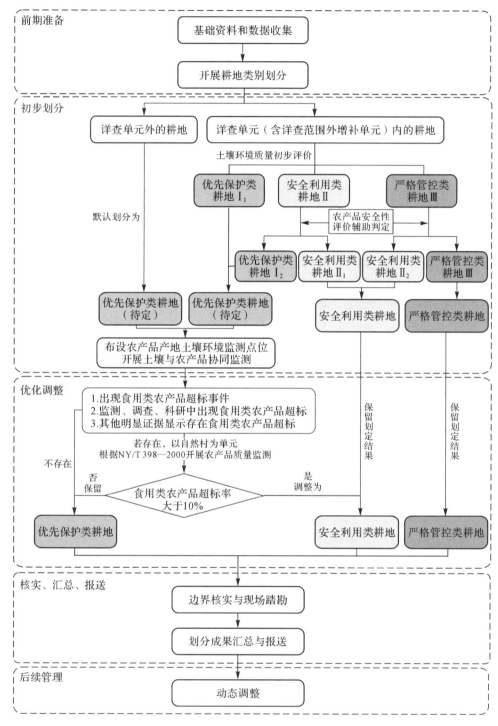

图 2.8　耕地土壤环境质量类别划分流程图

和特征、地形地貌等因素相对均一性划分的调查单元。此处中详查单元包含详查范围外根据相关技术规定纳入详查统计的增补单元。详查单元以内的耕地，类别划分方法参照《农用地土壤环境风险评价技术规定(试行)》的 5 项综合(镉、汞、砷、铅、铬)评价相关规定，主要步骤如下。

（a）详查点位表层土壤环境质量评价

依据《土壤环境质量 农用地土壤污染风险管控标准（试行）》（GB 15618—2018）中的筛选值 S_i 和管制值 G_i（见表 2.23），基于表层土壤中镉（Cd）、汞（Hg）、砷（As）、铅（Pb）、铬（Cr）的含量 C_i，评价耕地土壤污染的风险，并将其土壤环境质量类别分为三类。

Ⅰ类：$C_i \leqslant S_i$，土壤污染风险低，可忽略，应划为优先保护类。

Ⅱ类：$S_i < C_i \leqslant G_i$，可能存在土壤污染风险，但风险可控，应划为安全利用类。

Ⅲ类：$C_i > G_i$，土壤存在较高污染风险，应划为严格管控类。

表 2.23 单因子土壤污染风险评价及环境质量分类

污染物含量	风 险	质量分类
$C_i \leqslant S_i$	无风险或风险可忽略	优先保护类Ⅰ
$S_i < C_i \leqslant G_i$	污染风险可控	安全利用类Ⅱ
$C_i > G_i$	污染风险较大	严格管控类Ⅲ

注：按表层土壤的镉（Cd）、汞（Hg）、砷（As）、铅（Pb）、铬（Cr）中类别最差的因子确定该点位综合评价结果。

（b）划分评价单元并初步判定其耕地土壤环境质量类别

当详查单元内点位耕地土壤环境质量类别一致，则详查单元即为评价单元，否则应根据详查单元内点位土壤环境质量评价结果，依据聚类原则，利用空间插值法结合人工经验判断，将详查单元划分为不同的评价单元。尽量使每个评价单元内的点位耕地土壤环境质量类别保持一致。

按照以下 4 个原则初步判定评价单元耕地土壤环境质量类别。

A. 一致性原则

当评价单元内点位类别一致时，该点位类别即为该评价单元的类别。

B. 主导性原则

当评价单元内存在不同类别点位时，某类别点位数量占比超过 80%，其他点位（非严格管控类点位）不连续分布，该单元则按照优势点位的类别计；如存在 2 个或以上非优势类别点位连续分布，则划分出连续的非优势点位对应的评价单元。

C. 谨慎性原则

对孤立的严格管控类点位，根据影像信息或实地踏勘情况划分出对应的严格管控类范围；如果无法判断边界，则按最靠近的地物边界（地块边界、村界、道路、沟渠、河流等），划出合理较小的面积范围。

D. 保守性原则

当评价单元内存在不连续分布的优先保护类和安全利用类点位，且无优势点位时，可将该评价单元划为安全利用类。在镉（Cd）、汞（Hg）、砷（As）、铅（Pb）、铬（Cr）单因子评价单元划分及耕地土壤环境质量类别初步判定的基础上，将以上因子叠合形成新的评价单元。评价单元内部耕地土壤环境质量综合类别按最差类别确定。

（c）耕地土壤环境质量类别辅助判定

初步划定为安全利用或严格管控类的评价单元，在详查中采集过农产品样品的，根据农产品质量状况辅助判定其耕地土壤环境质量类别,判定依据见表 2.24;未采集过农产品样品的,可以根据农产品质量历史状况或实际情况,按照《农用地土壤污染状况详查点位布设技术规定》《农产品样品采集流转制备和保存技术规定》的要求,在原详查土壤点位适当补充采集检测农产品(水稻或小麦,一般每个评价单元不低于 3 个农产品点位),开展辅助判定。

表 2.24　利用农产品安全评价调整评价单元土壤环境质量类别

评价单元土壤环境质量初步判定	判定依据(评价单元内或相邻单元农产品重金属超标情况)		综合判定后单因子土壤环境质量类别
	评价单元内农产品点位 3 个及以上	评价单元内农产品点位小于 3 个	
优先保护类	—	—	优先保护类(I_1)
安全利用类	均未超标[1]	均未超标;且周边相邻单元农产品点位未超标	优先保护类(I_2)
	上述条件都不满足的其他情形	安全利用类(II_1)	
严格管控类	未超标点位数量占比≥65%,且无重度超标[2]的点位	均未超标,且周边相邻单元农产品点位未超标	安全利用类(II_2)
		上述条件都不满足的其他情形	严格管控类(Ⅲ)

注:1. 主要食用农产品中 5 项重金属国家标准限量值见附表 3;
2. 指农产品中重金属含量超过 2 倍国家标准限量值。

②详查单元外

对于详查单元以外的耕地,原则上直接划为优先保护类耕地。

③类别调整

对于所划分的优先保护类耕地,根据《土壤环境监测技术规范》及相关标准规范,布设农产品产地土壤环境监测点位,开展土壤与农产品协同监测。当出现以下 3 种情况时,需要以自然村为评价单元,开展农产品质量补充加密监测,基于农产品质量状况判定是否对耕地类别进行调整。

(a)在有关监测、调查、科学研究中发现种植的食用农产品超标;

(b)信访、投诉、社会舆论和媒体中存在食用农产品超标事件;

(c)有其他明显证据表明种植的食用农产品超标。

农产品质量监测的布点、采样方法按照 NY/T 398—2000 的规定执行,检测方法按照 GB 2762—2017 的规定执行。如农产品质量监测点位样本超标率>10%,则将该评价单元整体划为安全利用类耕地;超标率≤10%,则该评价单元维持优先保护类耕地不变。

3)边界核实与现场踏勘

耕地类别边界核实工作由省级农业农村部门牵头、会同省级生态环境部门共同组织,由省级农业农村、生态环境部门提供本区域内初步完成的、分解到各县(市、区)的耕地类别分类清单(附件 1)及矢量地图与高分遥感影像。地市级农业农村部门会同生态环境部门具体负责实施,指导县级农业农村与生态环境部门及相关乡镇工作人员直接参与,在矢量地图和高分遥感影像上划定耕地类别边界,多级协作、共同完成。对耕地类别边界信息确认存疑的,由地市级农业农村部门会同生态环境部门,组织技术人员、县(市、区)农业农村、生态环境部门和乡镇相关工作人员开展现场踏勘。

踏勘时,重点完成以下两项内容的校核:一是边界划分时的重要依据(如行政边界、灌溉水系等)是否发生重大调整;二是划分结果与当地历年农产品质量监测数据、相关科学研究结果、群众反映情况等是否吻合。在踏勘信息的基础上,地市级农业农村部门会同生态环境部门组织对耕地类别分类清单及相关图件进行调整补充,进一步完善边界信息。

各县(市、区)边界核实与现场踏勘工作完成后,地市级农业农村、生态环境部门要向县级人民政府进行反馈,县级人民政府对本行政区域内耕地类别边界核实结果的完整性、准确性负责,对耕地分类清单及相关图件盖章确认。

4)划分成果汇总与报送

地市级农业农村部门负责汇总本行政区域内各县(市、区)耕地分类清单与图件(图件具体要求见附件2),上报省级农业农村部门。省级农业农村部门牵头对本行政区域内各地市上报结果进行审核汇总,确定本省(区、市)耕地分类清单与图件,编制耕地土壤环境质量类别划分技术报告(编制大纲见附件3),报省级人民政府审定后,将以上耕地类别划分成果报送农业农村部。农业农村部会同生态环境部组织专家进行审核,将发现的突出问题反馈给相关省(区、市)进行调整完善,并将最终审定确认后的耕地分类清单与图件上传至全国土壤环境管理信息系统。

(6)动态调整

省级农业农村部门会同省级生态环境部门,根据土地利用变更、农产品产地土壤环境监测结果、受污染耕地安全利用与治理修复效果等,结合实际,对各类别耕地面积、分布等信息及时进行更新。

附　件:

1.耕地土壤环境质量类别分类清单(样式)

2.耕地土壤环境质量类别划分图件制作要求与规范

3.耕地土壤环境质量类别划分技术报告编制大纲

附　表:

1.耕地土壤5项重金属污染风险筛选值

2.耕地土壤5项重金属污染风险管制值

3.主要食用农产品5项重金属国家标准限量值

附件 1
耕地土壤环境质量类别分类清单(样式)

序 号	行政区					地理位置(四至范围描述,拐点经纬度)	面 积/万亩	常年主栽农作物	质量类别
	省(区、市)	市(州、盟)	县(市、区)	乡镇(街道)	村组				

注:1.地理位置格式:依次选取地块东南西北方向的拐点并填写其经纬度,填写格式如下:东(经度,纬度);南(经度,纬度);西(经度,纬度);北(经度,纬度)。采用坐标系 CGCS_2000,十进制经纬度,小数点保留 6 位数,默认为东经与北纬。

2.常年主栽农作物:常年主栽的作物类别代码,填写1~2种最主要作物种类(不超过 2 种):水稻(A);小麦(B);玉米(C);根茎类(D);叶菜类(E);茄果类(F);豆类(G);大豆(H);油料(I);糖类(J);茶叶(K);水果(L);其他作物(M)。

3.质量类别:优先保护类为 A,安全利用类为 B,严格管控类为 C。

附件 2
耕地土壤环境质量类别划分图件
制作要求与规范

一、图件种类

(一)土壤环境现状图

(二)土地利用现状图

(三)土壤重点污染源分布图

(四)耕地土壤环境质量类别分布图(优先保护类、安全利用类、严格管控类)

二、图件规范

(一)比例尺

耕地土壤环境质量类别划分图比例尺为 1∶1 万至 1∶10 万,如评价单元面积过大,可适当缩小图纸比例尺。

(二)工作底图

应以最新的土地利用现状图为工作底图。

(三)内容要求

耕地土壤环境质量类别分布图要能直观反映不同土壤环境质量类别耕地的分布、面积等状况。图中还应包括:

1. 县级、乡级行政区边界；

2. 土壤环境质量类别单元边界；

3. 重要的线状地物或明显地物点等。

图面配置还应包括图名、图廓、图例、方位坐标、面积汇总表、邻区名称界线、比例尺、坐标系统、编图单位、编图时间等内容。图例应符合有关规范。

（四）制图单元及其边界

1. 耕地土壤环境质量类别单元图斑为最小的制图单元，编制成果图时将彼此邻近类别相同的评价单元进行归并，连片描绘类别界线，成果图图斑面积不得小于 6mm² （与土地利用现状调查的精度要求相同）。

2. 单元边界与地块自然边界、污染源影响范围边界等保持一致，可以跨村、乡镇，但原则上不跨县。

（五）耕地土壤环境质量分类数据格式

耕地土壤环境质量类别数据以矢量数据形式存储，即面状的 shp 格式文件；数据的地理坐标统一为 CGCS_2000；高程基准采用"1985 国家高程基准"，特殊情况下 1∶500～1∶2000 可采用独立高程系；数据属性表中应对耕地地块的类别、范围、位置、面积等信息加以说明，属性表格式可参考耕地土壤环境质量类别分类清单参考格式。

根据不同比例尺确定相应的投影方式：

1. 1∶1000000 电子地图采用兰勃特等角割圆锥投影，按 6°分带；

2. 1∶250000～1∶500000 电子地图采用高斯—克吕格投影，按 6°分带；

3. 1∶5000～1∶10000 电子地图采用高斯—克吕格投影，按 3°分带；

4. 1∶500～1∶2000 电子地图采用高斯—克吕格投影，按 3°分带。亦可根据实际需要，以任意经度作为中央子午线的独立坐标系统。

（六）图件内容标注

将耕地土壤环境质量类别划分成果用图示、注记等标注在图上，具体标注要求如下：

1. 耕地土壤环境质量类别面积数用阿拉伯数字以表格形式标注在类别划分成果图右下角；

2. 以县或乡镇为单位，以最新公布的"二调"后法定耕地面积数据为基础，确定各个评价单元面积；

3. 耕地土壤环境质量类别单元界线分别用 0.4mm 的实线表示；

4. 各地可根据需要编绘彩色类别图，优先保护类用绿色表示，安全利用类用黄色表示，严格管控类用红色表示。

附件 3
耕地土壤环境质量类别划分技术报告
编制大纲

一、区域概况

1. 基本情况（地理区位、自然环境、三产情况等）；

2. 耕地类型、面积及分布情况；

3. 污染源分布情况（重点行业企业、固体废物堆存和处理处置场所等；因尾矿库溃坝、洪水泛滥淹没等导致耕地污染的说明)。

二、编制依据

编制依据包括国家和地方相关法规、标准、规范等。

三、基础数据准备

1. 基础数据(包括耕地分布现状、水系、地形地貌、遥感影像等);

2. 土壤点位及数据(含补测);

3. 农产品点位及数据(含补测)。

四、划分流程

1. 耕地土壤环境质量类别初步划分与辅助判定;

2. 耕地土壤环境质量类别边界核实与现场踏勘;

3. 耕地土壤环境质量类别划分结果汇总报送。

五、耕地分类信息汇总

1. 划分所涉及评价单元信息汇总情况;

2. 行政区域内不同类别耕地面积统计。

附　图

附图包括耕地分布图、行政区划图、农业区划图、土壤类型(亚类)图、土壤环境评价点位图、土壤污染物分布图等。

附表 1　耕地土壤 5 项重金属污染风险筛选值

序　号	污染物项目[①②]		风险筛选值/(mg·kg^{-1})			
			pH≤5.5	5.5<pH≤6.5	6.5<pH≤7.5	pH>7.5
1	镉	水　田	0.3	0.4	0.6	0.8
		其　他	0.3	0.3	0.3	0.6
2	汞	水　田	0.5	0.5	0.6	1.0
		其　他	1.3	1.8	2.4	3.4
3	砷	水　田	30	30	25	20
		其　他	40	40	30	25
4	铅	水　田	80	100	140	240
		其　他	70	90	120	170
5	铬	水　田	250	250	300	350
		其　他	150	150	200	250

注:①重金属和类金属砷均按元素总量计;
②对于水旱轮作地,采用其中较严格的含量限值。

附表 2　耕地土壤 5 项重金属污染风险管制值

序　号	污染物项目	风险管制值/(mg·kg^{-1})			
		pH≤5.5	5.5<pH≤6.5	6.5<pH≤7.5	pH>7.5
1	镉	1.5	2.0	3.0	4.0
2	汞	2.0	2.5	4.0	6.0
3	砷	200	150	120	100
4	铅	400	500	700	1000
5	铬	800	850	1000	1300

附表 3　主要食用农产品中 5 项重金属国家标准限量值

污染物项目	农产品种类	标准限量值/(mg·kg^{-1})
镉	水　稻	0.2
	小　麦	0.1
汞	水　稻、小　麦	0.02
砷	小　麦	0.5
	水　稻	0.5*
铅	水　稻、小　麦	0.2
铬	水　稻、小　麦	1.0

注:水稻砷标准限量值参考《食品安全国家标准　食品中污染物限量》(GB 2762—2017)中谷物砷标准限量值。

2.4.2　浙江省农用地土壤类别划分主要工作及若干注意事项

2.4.2.1　工作依据

(1)生态环境部办公厅 农业农村部办公厅关于印发《农用地土壤环境质量类别划分技术指南》的通知(环办土壤〔2019〕53 号)。含以下主要附件:

《耕地土壤环境质量类别划分图件制作要求与规范》;

《耕地土壤环境质量类别划分技术报告编制大纲》。

(2)浙江省耕地质量与肥料管理总站关于印发《浙江省耕地土壤环境质量类别划分实施方案》的通知(浙耕肥发〔2020〕13 号)。含以下主要附表:

《耕地土壤环境质量类别分类清单》;

《行政区内不同类别耕地面积统计》;

《现场踏勘核实记录表》;

《现场踏勘调查记录表》。

(3)省级耕地土壤环境质量类别划分成果自查与报送规范(农生态(评)〔2020〕2 号)

2.4.2.2 工作步骤和内容

(1)做好基础准备。各地农业农村部门会同生态环境部门、自然资源部门负责收集本行政区划(到行政村级别)、土地利用分布现状(以耕地为重点的全国第三次土地调查数据)、土壤类型(土种图 1:5 万或更大比例尺)、土壤环境质量空间分布等基础图件资料;了解工农业等土壤污染源信息;收集土壤环境和农产品质量数据及本地区人口状况、工业布局、农田水利和农村能源结构等社会经济资料。同时对质量类别划分主要技术环节进行分级培训,规范划分内外业操作技术路径。

(2)开展类别划分。主要包括方案制订、类别判定、边界核实等工作。

1)制定实施方案。各地农业农村部门、生态环境部门联合制定本行政区域耕地土壤环境质量类别划分实施方案,明确质量类别划分目标任务、工作内容、时间安排等,并对方案进行可行性论证。设区市负责所辖区实施方案的制定,并组织、指导所辖县(市、区)开展类别划分工作。

2)开展类别判定。主要是在室内通过数据分析,在矢量图上初步划定优先保护、安全利用、严格管控三个类别。详查单元内类别划分方法参照《农用地土壤环境风险评价技术规定(试行)》执行,并综合考虑耕地的物理边界(如地形地貌、河流等)、地块边界或权属边界等因素,原则上将受污染程度相似的耕地划分为同一土壤环境质量类别。详查单元以外的耕地,原则上被划为优先保护类耕地。

3)边界核实踏勘。对初步划分成果图件中的安全利用类、严格管控类耕地,结合 2019 年土地利用现状图和高清遥感影像图进行边界判定(如行政边界、灌溉水系等是否发生重大调整,划分边界与物理边界是否能相互对应等。叠加前要保证图件的坐标系统均为 CGCS_2000)。在完成内业核实的基础上,将全部严格管控类耕地和需核实的安全利用类耕地进行现场核查,根据实际情况进行调整和边界落地,对无法判断边界,则按最近的地物边界(地块边界、村界、道路、沟渠、河流等)划出合理面积范围。

(3)形成初步成果。在上述工作基础上,将耕地划分为优先保护、安全利用和严格管控三个类别并建立耕地土壤环境质量类别分类清单,编制分类统计表,制作耕地土壤环境质量类别划分图件;提交工作报告和技术报告。工作报告应包括背景概述、组织管理、工作内容及方法、实施过程、主要成果、问题与建议等;技术报告应包括区域概况、编制依据、基础数据准备、划分过程、耕地分类信息汇总和附图附表等内容。

(4)审核报送成果。各县(市、区)耕地土壤环境质量类别划分结果经专家审核后报县级人民政府审定。确认后的划定成果由县级农业农村、生态环境部门正式行文联合报送市级农业农村、生态环境部门汇总,市级汇总并审核本行政区域内类别划分成果后正式行文联合上报省级农业农村、生态环境部门。

(5)强化后续管理。耕地土壤环境质量类别划分后,各级农业农村部门、生态环境部门要建立耕地土壤环境例行监测制度,根据土地利用变更、农产品产地环境监测结果、受污染耕地安全利用与治理修复效果等,对各类别耕地面积、分布等信息及时进行更新,按程序动态调整"三类区",及时报送省级农业农村部门、生态环境部门。

2.4.2.3 边界核实

划分工作统一采用 2015 年自然资源部公布的"全国土地利用调查"1∶1 万土地利用现状图(2009 年度国土二调数据的 2015 年修正数据〈最新为 2018 年〉,其数据与 2019 年度三调数据在技术方式、数据精确度〈1∶5000〉、坐标系等存在本质区别),但目前无法获取。因此,实际土地利用现状包括边界等情况与 2015 年底图已发生较大变化,边界核实工作量巨大。除现场踏勘核实过程,确有单元边界发生重大变化(如涉及乡镇行政边界、公路主干线、灌溉水系等),单元边界(包括地块边界及地块权属)一般不再做核实调整。

2.4.2.4 地块调查

(1)调查方式:通过叠加最新高清遥感影像数据(2019 年),制订合理高效的核实计划和路线,有针对性地对安全利用类、严格管控类耕地内地块土地利用现状进行野外调查和踏勘核实(重点水田地块主栽农作物类别确认,如当地主栽农作物类型单一性较高,可采用由乡镇农业农村主管部门将下辖各行政村相应的主栽农作物类型汇总上报法)。

(2)调查重点:①安全利用类区域:叠加后土地利用类型为水田、水浇地、旱地(A:当前种植水稻,B.常年种植其他农作物)或疑似发生土地利用现状变更的地块(如可能原为耕地的地块已全部或部分(面积大于或等于 50%)变更为非耕地);②严格管控类区域:将单元内全部地块作为调查踏勘地块。

2.4.2.5 关于组织协调

类别划分工作时间紧、任务重、专业性强,建议如下。

(1)进一步强化组织保障。各市、重点县(市、区)要成立类别划分实施工作小组,落实相关责任人,明确工作进度,抓好工作落实。

(2)进一步强化技术保障。各地按要求尽快通过竞标(联合体)等方式落实技术支撑单位。已介入的技术单位应每县配备 2~5 名专业人员及相关图件(类别划分图、行政区划图、土地利用现状图、高清影像图)辅助设备[如 GPS(全球定位系统)、无人机、手持终端、电脑、交通工具等]。

(3)进一步强化乡镇配合。组织重点乡镇相关部门协调推进类别划定工作,并加大与乡镇、村农技员(土管员)的协调沟通力度,全程配合实地调查。

2.4.2.6 质量保障

(1)相关图件制作及各市、县(市、区)成果自查与报送严格按国家要求执行,参见"一、有关文件依据"。

(2)类别划分"内业"工作质量分县级 100% 自审、市级 10% 复审、省级 1% 抽审等。"外业"工作质量每县总数不少于 10 个地块抽查。

(3)各项数据资料、图件资料及所有涉密工作人员应严守纪律,保证资料、图件安全,不得将有涉密资料的电脑与互联网相连。

耕地土壤环境质量类别划分及成果集成自查如表 2.25 所示。

表 2.25　耕地土壤环境质量类别划分及成果集成自查表

审查内容		具体内容	是否通过审查	评议指标
成果完整性	报　告	报告各 2 份(技术报告＋工作报告)	□是	20
	图　件	图件各一套(一套 7 张,包括行政区划图、环境背景图(地形图、河流水系分布图、土壤类型分布图)、耕地分布图、土壤环境评价点位图、耕地土壤环境质量类别分布图等)	□是	10
	清　单	分类清单各 1 份	□是	10
	照　片	实地照片(安全利用各单元 1 张、严格管控各地块 1 张)	□是	10
成果规范性	报　告	内容完整性:目录是否覆盖全部大纲内容,详见"浙江省农业农村厅关于印发《浙江省耕地土壤环境质量类别划分工作方案》的通知"	□是	2
		内容规范性:文字格式、表格格式是否统一并且规范	□是	2
		内容准确性:土壤点位、农产品点位、面积数据等数据描述是否与表格内数据对应	□是	2
		内容详细度:是否分区域描述、附有额外污染情况描述等	□是	2
	图　件	图幅及图面规范性	□是	1
		图件基本要素完整性(图名、图例、比例尺、署名日期等)	□是	1
		图件主体内容标注明确,分类分级规范清晰	□是	1
		投影规范性(行政区边界变形程度)	□是	1
		各级行政区边界准确、清晰	□是	1
		界线外侧晕线完整,内陆、海面绘制规范	□是	1
		注记准确完整,无明显遮挡	□是	1
		各级行政驻地、河流水系(主要)等要素是否完整	□是	1
	清　单	清单内容及标题行是否规范	□是	5
	照　片	照片命名是否规范	□是	5
成果准确性	报　告	报告中涉及的点位数据、面积数据是否与最终数据吻合	□是	6
	图　件	图件中涉及的点位评价、耕地质量分类情况是否与最终数据吻合	□是	6
	清　单	清单中涉及的耕地土壤环境情况是否与现场踏勘反馈数据吻合	□是	6
	照　片	单元、耕地的实地照片情况是否与现场踏勘反馈数据吻合	□是	6

自查结论(得分超过 90 分判定为通过审查):
　　□通过审查　　□未通过审查

自查人签字
单位名称

日期:　　年　　月　　日

参考文献

段友春，梁兴光，臧浩，等. 2020.日照市典型农用地土壤重金属来源分析及环境质量评价. 环境污染与防治，42(11)：1410-1414，1429.

李凤果，陈明，师艳丽. 2018.我国农用地土壤污染修复研究现状分析. 现代化工，38(12)：4-9.

陆军，马薇，王夏晖. 2016.农用地土壤环境分类管理研究. 环境保护科学，42(04)：6-10.

骆永明，滕应. 2006.我国土壤污染退化状况及防治对策. 土壤，38(05)：505-508.

魏洪斌，罗明，鞠正山. 2018.重金属污染农用地风险分区与管控研究. 中国农业资源与区划，399(02)：82-87.

应蓉蓉，张晓雨，孔令雅. 2020.农用地土壤环境质量评价与类别划分研究. 生态与农村环境学报，36(01)：18-25.

张亚男. 2018.农用地土壤重金属污染防治与管控研究. 北京：中国地质大学(北京)硕士学位论文.

Zhang X，Chen D，Zhong T，et al. 2015. Evaluation of lead in arable soils，China. CLEAN-Soil，Air，Water，43(8)：1232-1240.

第3章 农用地土壤重金属污染源解析

土壤重金属污染来源分析是农用地污染防治的重要步骤之一,为重金属污染的防治工作打下了坚实的基础。我国土壤重金属污染源解析方法虽多,但不同源解析方法需具备一定的适用条件,因此需要寻找合适、合理的源解析方法。

3.1 农用地土壤重金属污染源解析研究进展

随着人口的增长和经济的发展,我国土壤环境问题日益凸显,其中,重金属是农用地土壤的主要污染物。全国土壤污染调查显示,我国耕地土壤重金属点位超标率为 19.4%,其中镉(Cd)、汞(Hg)、砷(As)、铜(Cu)、铅(Pb)、铬(Cr)、锌(Zn)、镍(Ni)8 种重金属元素均有不同程度的超标,以 Cd 污染程度最重,超标率为 7.0%。了解土壤重金属的污染来源,从而制定和采取相应的源头消减与阻控措施,是保护农田土壤质量和农产品安全的根本措施。由于土壤中的重金属来源复杂,重金属在土壤中的迁移和累积过程受到多种因素的影响,无论是来源组成还是土壤特性,都有很强的空间变异性。因此,面对多污染来源的污染土壤,如何准确地辨析出特定研究区域内主要的重金属污染来源是有效治理土壤重金属污染的关键。

农用地土壤中重金属来源一般分为自然来源和人为输入来源。自然来源以土壤母质为主,人为输入来源又可以根据人类活动类型分为工业源(如采矿、冶炼、燃煤等)、生活源(交通、废水、生活垃圾、燃煤等)和农业源(肥料、农药、灌溉水等)。上述不同来源的重金属又以不同的途径进入土壤,包括岩石风化形成的土壤母质、大气沉降、灌溉和径流、固废堆置和施用肥料与农药。目前,土壤重金属源解析的研究既包括土壤中重金属主要来源的定性判断,即源识别(source identification),也包括各类污染源贡献的定量计算,即源解析(source apportionment),通常将二者统称为源解析。对土壤重金属来源解析最理想的结果是定量给出每一种来源对土壤中累积的重金属含量的贡献,并指出其进入土壤的途径。

源解析研究最初起于 20 世纪 60 年代的美国,早前主要应用于大气模型,近几年来已经广泛应用于土壤中。大气污染物源解析的研究方法体系可以概括为污染源排放清单法、扩散模型法和受体模型法。由于我国重金属排放源数据有限,加之重金属由排放源到土壤的迁移转化过程复杂且难以准确描述其在土壤中的长期积累过程,以污染物为研究对象的受体模型法在土壤重金属的来源解析研究方面得到了广泛应用,而从来源出发的污染源排放清单法和从过程出发的扩散模型法在土壤重金属源解析研究中应用得相对较少。针对土壤中重金属源解析的研究,过去有许多研究总结了不同源解析方法的优缺点及其在土壤重金属污染溯源上的应用情况，但是这些研究大多集中在十年前，而近十年是我国土壤重金属污染研究的高峰期。

有研究总结了用于查明我国土壤中各类污染源贡献大小的受体模型及其应用实例，但该研究以有机污染物为主(李娇等，2018)。同时，上述研究主要侧重于对源解析方法的归纳总结，未尝试对解析出的土壤可能的重金属污染来源进行汇总，而基于文献调研来反映不同地区污染来源的结果，能够弥补单一研究的局限，给出较大范围的土壤重金属污染来源的变异特征，从而提供从源头上控制土壤重金属污染的决策基础。为了摸清土壤中重金属污染源解析的研究方法现状及结论，陈雅丽等(2019)分别以"土壤、重金属、源解析"作为中文关键词，以"soil,heavy metal,source identification,source appointment"作为英文关键词，通过数据库 Science Direct、Wiley、SpringerLink、ACS、CNKI、维普搜集并统计了近十年的一百多篇主要研究成果(其中有近 90 篇涉及农田土壤)，总结常用的土壤重金属污染源解析方法，并对不同地区土壤重金属污染来源进行汇总，给出目前我国农用地土壤中重金属的污染现状和可能的污染来源。当前我国土壤中的重金属源解析研究常用的方法仍是定性的传统多元统计法，而且不同源解析方法所得到的分析结果也差别不大，大多能够相互印证。现阶段我国土壤中的主要重金属污染元素为 Cd，同时也普遍存在 Pb、Zn、Hg、Cu 的污染。相关统计表明，As、Cr、Ni 污染主要受土壤母质控制；Cd、Zn、Cu 主要来自施肥等农业活动，还有部分地区源于工业活动；Hg 则主要来源于工业活动及其产生的大气沉降，当然也有少量地区存在含 Hg 农药的作用；然而 Pb 的来源就比较复杂。总体看来，源排放清单法具有适用于不同尺度的优势，应加强源排放量数据和重金属土壤淋滤量数据的收集，以便计算重金属浓度在土壤中的动态变化。将多种源解析方法联用并加强污染源贡献的定量研究仍是未来开展土壤重金属源解析工作的方向。

3.1.1　农用地土壤重金属污染来源概述

土壤中的重金属来源主要有自然来源和人为活动输入两类。在自然来源中，成土母质对土壤重金属含量的影响很大，而在人为活动输入中，工业、农业和交通等来源引起的土壤重金属污染比例较高。

3.1.1.1　自然来源

农用地土壤中重金属的自然来源主要受成土母质影响。土壤在形成过程中，母质中所含的重金属经风化、淋溶等作用，在土壤中富集。在不同自然条件下发育而来的土壤，其重金属含量存在很大的差异。研究表明沉积石灰岩中重金属的背景值最高，且中国西南地区土壤重金属元素的背景值高于其他地区，由自然来源导致的土壤重金属含量超标现象在这些地区比较普遍(Chen et al.，1991)。就土壤中重金属元素而言，Cr 和 Ni 一般被认为与成土母质的矿物成分相伴存在，常作为污染程度最低的元素来判断它的来源。

3.1.1.2　人为输入来源

(1)工业活动

高强度的工业活动导致重金属通过大气沉降，污水灌溉等方式进入农田土壤，并在土壤中不断富集造成污染。如某燃煤电厂在发电过程中向周围环境排放大量的废气及发电副产物,造成周边土壤中以 Zn、Cd、Pb 为主的重金属污染、长期的电子拆解活动导致我国东南部农田土壤中 Cd、Cu、Ni、Zn 的浓度显著增加(Shi et al.,2019)。此外,采矿与冶炼也是农田土壤重金属的主要来源之一。矿山开采、冶炼及运输过程中产生的废石、尾矿及冶炼废渣经风化淋滤后使大量的有害元素转移到土壤中,造成土壤质量下降,同时也污染了农作物。相关研究表明绍兴市某矿区周边农田土壤中重金属含量显著高于国家土壤环境质量标准(Jin et al.,2019),其中 Pb 的超标率为 100%。

(2)农业活动

由于人口的增加及耕地的相对匮乏,农业生产过程中常常过量施用化肥、有机肥、农药及污水灌溉等来提高农作物产量,这使得重金属在农田土壤中不断累积,从而造成严重的环境问题。相关研究表明,常用的化肥中复合肥和磷肥中重金属含量较高,尤其是 Cd,其重金属含量分别为 3.0 和 1.2mg/kg,我国每年通过化肥投入农田土壤中的 Cd 高达 113 吨,而化肥的利用率只有 35% 左右,其余则残留在农田土壤中造成污染。此外,有机肥也是农田土壤重金属的主要来源,每年通过有机肥投入农田土壤中的 Cu、Zn、Cd 含量都相对较高(Lei et al.,2009)。长期施用过量的化肥、有机肥将对中国的农业生产构成潜在的环境风险。研究表明,在农业种植区,由于经常施用福美砷等含 As 农药,使土壤中 As 的含量显著增加,Cu 和 Zn 还作为农药中杀菌剂的主要成分广泛应用于作物和蔬菜生产中。据估计,在中国每年有 5000 吨铜和 1200 吨锌作为农用化学品投入农田(石陶然,2019)。为缓解农业用水紧张,污水灌溉农田在我国北方非常普遍,但也造成了农田土壤重金属污染问题;有研究表明 As、Cd、Cu、Ni 是污水灌溉中的主要重金属元素。

(3)交通排放

机动车行驶过程中直接排放的颗粒物及二次扬尘,是大气粉尘中 Pb、Zn、Cu、Cd 的重要影响因素,同时也是周边农用地土壤中重金属的重要来源。交通工具所使用的燃料中本身含有一定量的重金属,在燃烧后重金属以颗粒物的形式进入周围环境中,Zn 和 Cd 通常在汽车轮胎磨损和润滑油的消耗过程中释放,而刹车片的磨损也是 Pb、Cu、Cd 的重要来源(Wei et al.,2009)。

(4)行业污水排放

值得注意的是,一向被认为是高科技行业的 IT 行业,也与重金属污染有关。据 2011 年发布的报告《2010 IT 品牌供应链重金属污染调研》显示,珠三角、长三角等地区有大量生产印刷线路板的企业不能稳定达标排放,给当地河流、土壤和近海造成了严重的重金属污染。

(5)纳米颗粒

纳米颗粒通常是指颗粒直径为 $1\sim100\text{nm}$ 的物质的总称,因具有许多独特的理化性质而广泛应用于材料、化工、化妆品等领域。例如,纳米 TiO_2 能有效地阻挡太阳光中的长波黑斑紫外线 UVA 与户外紫外线 UVB,在防晒霜中具有重要应用价值。近年来,TiO_2、AiO_2、Al_2O_3、ZnO 等十余种纳米材料得到了广泛的应用,从而导致大量的重金属排入环境,估计其年排放量大于 100 吨。纳米科技还在飞速发展,必然导致排入环境中的纳米重金属颗粒大量增加,可能引起严重的生态风险,目前已将纳米颗粒定义为新型环境污染物,其迁移规律、存在形态和毒性研究得到了人们的广泛关注。研究对象主要是常见的碳基纳米材料,如足球烯、碳量子点、碳纳米管等,以及金属纳米材料,如 TiO_2、Fe_xO_y、Al_2O_3 等。

3.1.2　农用地土壤重金属来源的解析方法

源解析研究起源于 20 世纪 60 年代的美国,早前主要应用于大气模型,近几年来已经广泛应用于土壤中。近年来有不少国内外学者将大气源解析模型应用到土壤重金属污染源解析分析,但尚缺一个完善、系统的土壤重金属源解析方法体系。土壤介质的复杂性、土壤中重金属分布的高度空间异质性及重金属来源的多样性,给土壤重金属污染源解析的研究带来了很大的困难。

目前的污染源解析方法主要分为两类、定性源识别和定量源解析。定性源识别方法主要包括地统计分析、多元统计分析、土壤形态分级和土壤剖面法。定量源解析方法最初是从大气污染物研究中发展而来,主要包括以污染研究区域为研究对象的受体模型,另一种是以污染源为研究对象的扩散模型。扩散模型是利用已知影响采样点处的污染源个数和方位,选取主要污染因子,利用扩散模型估算这些污染源对采样点各个污染因子的贡献率。但扩散模型中的气象资料,流速、输送等条件难以获取,由此导致排放量计算不精确,使得扩散模型无法令人信服。受体模型是通过测量样品的化学和物理性质,分析受体的污染物含量从而定性判断污染来源,并定量地计算出污染源的贡献率的一种方法。由于受体模型不依赖于污染源的环境因素,例如地形、气象资料等,也不需要考虑污染物的迁移转化情况,因此目前应用较为广泛。常用的土壤重金属污染源解析方法有:绝对主成分得分–多元线性回归分析法(absolute principal component score-multivariate linear regression,APCS-MLR)、正定因子矩阵分析方法(positive matrix factorization,PMF)、化学质量平衡法(chemical mass balance,CMB)等。源清单法也是近几年较常用的方法,它通过收集和计算不同源类的排放因子和活动水平,估算各类污染源的排放量,从而计算其贡献率,常用的有同位素分析方法和投入品输入通量计算模型。目前国内已经开展了农业土壤重金属污染源解析活动,而目前只是使用较为单一的方法或是单独用某一个类型的源解析方法计算。源解析方法虽然复杂多样,但相对未成体系。

3.1.2.1　多元统计分析与地统计分析

多元统计分析主要是通过分析重金属数据之间的内在联系进而找到其组合特征、分布规律等,有助于分析、推断和解释重金属元素含量异常的成因,区分人为污染源和自然来源,使用较多的包括相关性分析、主成分分析、聚类分析等方法。其根本原理在于寻找变量之间的相互关系。地统计分析主要对研究区域的土壤重金属浓度进行空间插值,获取土壤重金属空间分布图。由于土壤介质并非一个匀质体,而且重金属在土壤中难以迁移,因此它的分布具有高度的空间异质性。通过污染情况分布的规律以及空间位置关系找到土壤重金属的污染来源,判断其污染情况为点或面源污染,能有效进行定性的污染来源识别,可以对此初步地判断污染成因。Yan 等(2016)对 Pb、Zn、Cd 等元素进行相关性分析和空间分析,得出 Cd 在农田区域富集,可能由农业施肥污染引起,Pb 和 Zn 依据克里金插值,由此得出随着离运输公路距离的增加,重金属浓度 Pb、Zn 逐渐减小;同时对重金属进行相关性分析,Cu、Zn、Cd、Pb 显示正相关,由此表明可能存在共同的影响因素。

3.1.2.2 土壤剖面分析及土壤形态分级方法

测定土壤剖面重金属的分布与迁移特征,可以初步判定土壤是否受到外源污染。随着土壤深度的增加,土壤重金属浓度也随之增加,往往是其土壤母质本身的原因;若浓度在表层产生富集,往往是人为的干扰因素所致,例如人类的采矿活动,工业、农业活动通过大气降尘的作用进到土壤中,在表层出现富集,即便是在长期的淋溶作用之下,也能够影响到土壤剖面较上层的区域。但在土壤表层出现富集现象不排除存在植物腐烂后变成腐殖质回到土壤表层的情况。也可利用土壤形态分级进行污染类型的判断,由不同深度的重金属不同形态占比可以了解土壤污染是否来源于成土母质。目前常用的形态分级有:欧共体标准物质局提出的 BCR 提取法和由 Tessier 于 1979 年提出的连续提取法。王银泉(2014)在对该地区进行土壤形态分级得出新桥矿区不同采样点表层土壤中 Zn 均以残渣态为主,主要表现为地质风化过程的结果;铁锰氧化物态是空气降尘和灰尘中 Pb 的主要形态,大气降尘可影响土壤中 Pb 的形态分布。殷汉琴等(2014)在对浙江省某研究地做污染源解析中采用剖面分析法,表明 Hg、Pb、Cd、Zn、Cu 表层含量显著高于母质层,表现规律为表层到母质层逐渐降低,主要来源于工业污染。Ni、As、Cr 表层与母质层含量接近,为成土母质原因。该方法只能进行源识别,因此仅能作为源解析的辅助手段。

3.1.2.3 绝对主成分得分-多元线性回归分析

绝对因子分析-多元线性回归(APCS-MLR)受体模型于 1985 年由 Thurston 和 Spengler 提出。众多学者使用 PCA/MLR、FA/MLR、APCA/MLR,原理均相似。该模型的原理是在主成分分析得出主要污染因子的基础上,对各示踪元素的浓度进行线性回归,回归系数可以用于计算对应污染因子对该元素的贡献率。该方法首先被应用在大气可吸入颗粒物的源解析研究中,目前在水环境也广泛应用。由于重金属在土壤中的迁移有随着污染源距离的增加而逐渐减弱的规律,所以 Huang 等(2018)建立了一个改进的受体模型绝对主成分分析—距离线性拟合(principal component analysis and multiple linear regression with distance,PCA-MLRD)。PCA-MLRD 模型优点是适用于污染源多样的地区尤其是在城乡接合部,不仅可以计算贡献率,还可以进一步计算污染源的污染范围、距离,但缺陷是它无法量化面源污染的贡献。建议配合源识别的统计分析方法。Hua 等(2018)对湖北某矿区土壤进行源解析,得出涉及多种矿物的矿产开采和冶炼、铜矿开采和冶炼源、自然源这几种污染来源,贡献率分别为 69.21%、23.17% 和 7.62%。

3.1.2.4 正定因子矩阵分析方法

正定矩阵因子法(PMF)是美国国家环保局(US EPA)推荐的源解析方法,其原理是先利用权重确定出化学组分中的误差,然后通过最小二乘法进行迭代运算来确定出主要污染源及其贡献比率。李娇等(2019)利用 PMF 软件在对陕西省安乐河附近土壤进行研究时得出主要的污染来源铅锌矿冶炼源(Pb、Cd)的贡献率分别为 51.82% 和 74.54%,金矿选冶污染源(As)的贡献率为 82.34%,铜矿采选源(Cu、Mo)的贡献率为 62.37% 和 78.22%,混合源(Mn)的贡献率为 89.49%。Jiang 等(2016)利用 PMF 得出常熟市某地区土壤的主要污染来源垃圾焚烧和纺织/染色工业、自然源、交通排放源、电镀行业以及畜禽养殖贡献率分别为

28.3%、45.4%、5.3%和21.0%。

3.1.2.5　投入品输入通量分析

该方法是对研究区域的污染源进行初步详查。选取当地的投入品,包括有机或无机化肥、灌溉水源、大气降尘、秸秆还田、当地废弃物等进行污染源排放的长期监测。测得其污染物的重金属浓度,计算当地污染来源即投入品的总投入量,明确污染来源以及贡献率。有研究在对河北某农场农田利用PMF模型以及投入品输入通量模型计算出有4个因子:因子1对Cr、Ni、Cu、Zn、As元素贡献率达到80%以上,为成土母质原因;因子2为灌溉水源,当地灌溉水浓度Cd最高可达0.27μg/L;因子3污染来源为大气降尘,Pb浓度可达481.1mg/kg;因子4为肥料投入,每年使用农药中Hg的输入容量为237.6mg/亩。

3.1.2.6　不同源解析方法比较和使用条件

对以上分析方法进行总体比较,结果如表3.1所示。一般受体模型需要较多的数量,例如PMF软件,所需的数据需要100个以上才可以使用该方法分析。且受体模型主要依靠于多元统计方法,从土壤自身重金属浓度出发。源清单法中的投入品排放核算方法的优点是可以从污染源角度出发,但无法精准地计算其排放量,与受体模型搭配贡献率的计算更为准确。而表格中前两种方法只能定性识别污染来源,没有办法定量其贡献率,一般用作判断污染来源的辅助手段比较好。

表 3.1　土壤重金属不同源解析分析方法比较

方　法	定性/定量	方法类型	所需数据量	精　度	源	优　点	注意事项
多元统计分析和地统计学	定性	克里金、反距离插值/主成分、聚类分析	多	一般	未知	具有直观性	无法得出贡献率,只能进行源识别
剖面及形态分级	定性	化学法	少	一般	未知	操作简单	易受到土壤翻耕,挖掘等人为干扰活动
APCS-MLR	定量	多元统计	多	中等	未知	无须事先了解或获取污染源结构和数目	解析结果为负值、无法辨别相似污染源
PMF	定量	多元统计	多	中等	未知	分矩阵中元素非负	剔除异常值、成分谱的元素和数量受限
投入品输入通量分析	定量	化学法	少	中等	已知	数据量少	污染源排放量难以准确统计

3.2 农用地土壤重金属源解析应用

3.2.1 浙江省人为镉排放源变化趋势及镉排放去向

3.2.1.1 浙江省人为镉排放源历史变化趋势

浙江省地处长江三角洲中心地带,是典型的工农业集产区,据统计 2017 年浙江省 GDP (生产总值)总量居全国第 4 位(国家统计局,2018)。随着工农业的快速发展,大量的人为镉排放到环境中,对该地区大气、水体及土壤生态安全构成了极大的威胁。据统计,浙江省农田土壤中镉含量最高已达到 2.8mg/kg,远高于《土壤环境质量标准》(GB 15618—1995)中规定的限值 0.2mg/kg(王蕴赟等,2016)。农田污染普查数据也显示,浙江省土壤镉超标点位高于全国平均水平。

原煤燃烧是镉的主要排放源,年排放量从 1995 年的 23t 显著增加到 2017 年的 73t,占每年总排放量的 50% 以上。但 2016 年,原煤镉排放量下降显著,主要与该年煤炭消费大量减少有关。另外,钢铁生产、有色金属冶炼、造纸和水泥生产也是重要的排放源,四者的镉排放量之和约占每年总排放量的 40%。钢铁生产的镉排放量在 2007 年以前保持较为平稳的增长趋势,2007 年以后增长迅速,从 2007 年的 13t 迅速增长到 2014 年的 33t,之后又呈略下降趋势。有色金属冶炼是第三大排放源,镉排放从 1995 年的 4t 增加到 2017 年的 15t,其中,1995 至 2007 年镉排放保持稳步增加状态,之后其排放量都保持在较高水平。造纸生产是第四大排放源,1995 至 2009 年其镉排放量呈显著的上升趋势,2009 年镉排放量达到 15t,之后由于造纸产量减少,其镉排放逐年下降。水泥生产镉排放 2017 年增加到 9t,呈逐年增加趋势。塑料生产的镉排放量从 1t 增加到 5t,呈稳定增加趋势。而其他排放量占比较小的排放源如有色金属开采、油料燃烧、平板玻璃和蓄电池生产,镉排放增加缓慢,合计排放量从 1995 年的 1.3t 增加到 2017 年 4.5t。磷肥生产和陶瓷生产的镉排放在 1995 至 2017 这 22 年中呈波动下降趋势,磷肥生产的镉排放量从 1t 下降到 0.6t,陶瓷生产的镉排放量从 0.1t 下降到 0.03t,但其下降幅度有限,对总排放量变化影响较小。

3.2.1.2 浙江省镉排放量去向分析

通过对 1995、2000、2005、2010 和 2015 年这 5 个节点年来分析浙江省镉的去向:大气、废水、固废。总体来看,进入固废的人为镉占比最多,约占总排放镉的 75%,从 1995 年的 30t 增加到 2015 年的 117t;其次,大气镉排放量也较高,其贡献率基本保持在 14%,从 1995 年的 5t 增加到 2015 年的 21t;而进入废水的镉较少,仅占总排放量的 7%~11%,废水中镉的排放量从 4t 增加到 10t。

本研究与 Shi 等(2019)的报道相似,他们同样发现固废是人为镉排放的主要去向,且增长显著,其次是大气,而废水镉排放量最小。其中,固废镉的排放以原煤燃烧为主,其贡献率约为 60%,尽管贡献率呈下降趋势,但其总量仍然呈上升趋势,2015 年排放量已达 65t。此外,钢铁生产、水泥生产和有色金属冶炼也是重要的排放源。有色金属冶炼的贡献率基本保持在 15% 左右,2015 年其贡献率下降较为显著,下降了 9%,其镉排放量达到 11t 左右。水泥生产的镉排放贡献率基本保持在 7%。而钢铁生产的镉排放贡献率则从 7% 增长到 25%,增长趋势显著,特别 2010 年以后贡献率迅速增长,从 9% 增长到 19%,成为 2010 年后的第二大排放源,镉排放量达到 20t 以上。其他工业来源的占比变化不大,贡献率基本稳定于 0.05% 左右。Shi 等(2019)也发现固废镉主要来源为原煤燃烧、有色金属冶炼和钢铁生产,与本研究结果一致。

另外,大气镉最主要的污染源也是原煤燃烧,原煤燃烧镉排放占比从 1995 年的 48% 增加到 2000 年的 53%,2000 年以后呈逐年下降趋势,到 2015 年其贡献率达到 33%,但其排放量一直呈上升趋势,2015 年已达 7t。塑料生产、油料消费、有色金属冶炼、磷肥、水泥和钢铁生产也是重要的排放源。其中,塑料生产的镉排放贡献率从 1995 年 25% 下降到 2000 年的 11%,下降幅度较大,但在 2005 年以后又开始逐年增长,2015 年已达 5t 以上。油料消费的镉排放贡献率在 2000 年达到最大值,约占 11%,之后其贡献率开始缓慢下降,但其排放量一直保持上升趋势,2015 年达到 2t 左右。钢铁生产的镉排放量贡献率在这 5 年里一直呈增加趋势,从 4% 增加到 13%,2015 年大气镉排放量达到 2t。有色金属冶炼的镉排放贡献率从 1995 年的 5% 稳步增加到 2010 年的 10%,在 2015 年下降到 7%,但其镉排放量呈稳定上升趋势,2010 年以后基本保持在 2t 以上。其他排放源如有色金属开采、磷肥、水泥和平板玻璃生产的贡献率变化不大,基本稳定在 0.15% 左右。

与其他研究相比,本研究估算的 2009 年大气镉排放量为 19t,与 Cheng 等(2013)核算的该年镉排放量 14.9t 相差较小;但与 Shao 等(2013)估算的 2010 年镉排放量为 11.4t(本研究仅 6.28t)差异显著,这是由于 Shao 等(2013)选择的是早期工业比较粗放时的排放因子,从而导致其估算结果偏大,而本文是在国外的排放因子调研基础上,综合了国内污染普查数据,更符合我国实际,因此更有说服力。而废水最重要的排放源是造纸生产,其镉排放贡献率在前 3 年稳步增加,达到 95%,2010 年以后下降趋势显著,镉排放量也下降至 10t 以下。有色金属冶炼也是重要的排放源,其镉排放贡献率从 3% 增加到 16%,呈逐年增长趋势,镉排放量也增长显著,2010 年以后保持在 1.5t 左右。铅酸蓄电池贡献率也有所增加,但增长缓慢,从 1% 增加到 3%,到 2015 年镉排放量达到 0.3t。其他排放源的贡献率基本稳定在 0.05% 左右。本研究排放因子来源于实测废水排放口重金属浓度值和部分未经处理直接排放企业的浓度值,与文献中计算的浓度值相差较大,以致其结果值差异较大,但本研究的结果更能反映实际情况,同时可为浙江省水环境管理提供一定的参考。

3.2.2　基于 PMF 与投入品输入量分析的农田土壤重金属污染源解析

有研究表明,浙江省某农田土壤中重金属 Cd 和 Ni 的污染最严重,因此着重关注重金属给土壤、植物和身体带来的影响有很大的必要。目前 PMF 模型是美国环境保护署推荐的几种受体模型之一,在大气污染、水污染和土壤污染中广泛应用。该模型直接以受体含量计算,系统可以自动去除不合理的数据且不需要知道污染源的个数、源成分谱等信息,直接从受体污染物含量出发通过污染物标识物及指纹元素来识别和计算污染源贡献率。与 APCS-MLR 模型的基本原理相同,PMF 模型是通过数据间的相关性进行降维分析找到主要因子,均可以计算出贡献率,而 PMF 模型存在的优点主要是解析结果不会存在负值(黄颖,2018)。投入品计算输入量的方法是利用重金属的输入途径建立核算清单模型,通过收集农作物、化肥、畜禽粪便等输入源重金属的浓度数,计算总投入量。

利用受体模型与投入品输入通量这两种不同源解析方法彼此验证重金属污染来源的方法还比较少。有研究表明小区域的农田土壤重金属污染多为中轻度污染,且空间差异不明显,其主要原因为农业活动带来的影响,且远离明显的采矿和工厂。因此,有研究通过土壤剖面以及对投入品计算总投入量的方法进行无明显人为污染来源的农田土壤重金属源解析。基于 PMF 模型与投入品输入量分析的农田土壤重金属污染源解析研究将通过 PMF 和土壤剖面、投入品核算进行整合,对该农田修复试点进行污染源解析互相验证。调查研究区域周围土壤的重金属浓度,利用 PMF 模型确定研究区域农田土壤重金属污染来源及其贡献率,通过结合当地投入品与土壤 BCR 形态分级进一步验证 PMF 模型农田土壤重金属污染来源的精确性。

3.2.2.1　试验材料与样品制备

(1)样品采集

该研究区域共有 100 亩农田,试验区域主要种植水稻。附近无大型的企业,原有纺织、器材类小型企业在农田附近,农田附近有长期居住户。为了解研究区耕层土壤重金属污染的基本情况,对该区域进行采样。以该研究区域的高速公路为分界线,河流为界限作为实验区范围,布设采样点。土壤样品采集方法同 3.2.1.1。在居住区和高铁线路交汇处采取各 20 个表层和中层的土壤样品。同时收集当地的投入品,包括道路灰尘、灌溉水和肥料。

道路灰尘、水肥收集,收集潜在的污染来源之一道路灰尘。道路灰尘样本用刷子轻轻地扫过路面,收集到一个塑料沙盘中,装袋保存。收集当地的有机和无机化肥,可在当地农户家收集或去商场买入当地常用的施用肥。记录收集到的样品品牌、生产地等每份样品 1kg。农田灌溉水采样点主要布置在水源进水口、稻田水口、地表水口。用塑料瓶伸入取样点水面以下 0.1m 处采集 1L 水样,塑料瓶在装入水样前,先用该地的水样冲洗 3 次,及时填写水样标签。在水泵处、地表水和稻田水采集共 10 个样品。

(2)样品处理

样品处理方法同 3.2.1.1。

(3)受体模型 PMF

PMF 模型利用相关矩阵和协方差矩阵对高位变量进行简化,将其转变为几个综合的因子。该方法无须测定复杂的原谱,不仅限定分解矩阵元素和分担率非负,而且可以处理遗漏和不精确的数据,是一种操作简单、有效的新型源解析方法,具体公式如下:

$$X_{ik} = \sum_{j=1}^{p} G_{ij} F_{jk} + E_{ik} \tag{3.1}$$

式中:X_{ik} 是第 i 个样品第 k 个重金属污染物的浓度;F_{jk} 是 j 个源因子对 k 个样本数的贡献矩阵;G_{ij} 是第 j 个源因子的第 i 个元素的源剖面,E_{ik} 是剩余误差矩阵。因子贡献和分布由 PMF 模型得出,最小化目标函数 Q。

$$Q = \sum_{i=1}^{n} \sum_{k=1}^{m} \left(\frac{E_{ik}}{U_{ik}} \right)^2 \tag{3.2}$$

式中:U_{ik} 是第 i 个源因子对第 k 个样本的不确定度。U_{ik} 的计算方法参考美国环保局的方法。

次生相与原生相分布比值法:次生相与原生相分布比值法(RSP)可以用来评价重金属对环境污染带来的污染程度(毕斌,2017;林承奇等,2019)。将颗粒中的原生矿物称作为原生相,把原生矿物的风化产物和外来次生物质统称为次生相,通过计算两者的比值评价重金属污染程度。RSP 也能确定表现重金属的生物有效性和生态风险。其计算公式为:

$$RSP = \frac{M_{sec}}{M_{prim}} \tag{3.3}$$

式中:RSP 表示污染程度,本研究以 BCR 前三态之和为次生相含量,即弱酸提取态、可还原态和可氧化态这三态的总和表示 M_{sec};M_{prim} 表示为原生相的含量,即以残渣态含量为原生相含量。

3.2.2.2　土壤重金属统计和相关性分析

依据描述性统计分析,重金属与部分理化性质的含量如表 3.2 所示。除元素 Pb 外,其中 Cd、Cr、Cu、Ni 和 Zn 的浓度均值分别为 0.18、72.75、28.67、31.23 和 136.87mg/kg,这几种重金属的浓度均超过了浙江省的土壤背景值。变异系数(CV)是标准差与平均值的比值,该比值可以反映土壤中元素的变异性和离散特征。变异系数结果介于 0.1 和 1 之间,为中度变异程度,说明元素容易受人为和自然原因共同的影响。研究区域所有重金属变异系数均在 0.1~1,说明元素受人为和自然原因共同作用,其变异系数结果由高到低依次为 Cd、Zn、Mn、Pb、Cu、Cr、Ni。Cd 的变异系数最大为 0.54,而 Ni 和 Cr 的变异系数结果均小于 0.2,变异系数越小说明其受人为影响较小,所以可以推测 Cr、Ni 主要是受自然原因即成土母质的影响,其他元素伴有人为和自然因素的共同影响。依据测得的 pH,以《土壤环境质量农用地土壤污染风险管控标准(试行)》(GB 15618—2018)中的农用地土壤风险筛选值作为参考标准,其中只有 Cd 元素超标,超标率仅为 2%。

表 3.2　土壤重金属的浓度(mg/kg)与土壤理化性质数据　　　　　有机质单位:g/kg

元　素	极小值	极大值	均　值	标准差	变异系数	农用地土壤污染风险筛选值[b]				背景值[a]	超标率/%
						pH≤5.5	5.5<pH≤6.5	6.5<pH≤7.5	pH>7.5		
Cd	0.02	0.45	0.18	0.1	0.54	0.3	0.4	0.6	0.8	0.17	2
Cr	10.1	89.27	72.75	14.34	0.2	250	250	300	350	54.6	0
Cu	0.5	48.86	28.67	7.48	0.26	50	50	100	100	17.76	0
Ni	3.87	38.47	31.23	5.71	0.18	60	70	100	190	22.3	0
Pb	0.75	38.96	21.32	7.16	0.34	80	100	140	240	25.61	0
Zn	21.07	262.18	136.86	51.11	0.37	200	200	250	300	69	0
Mn	105.86	1127.78	566.59	197.93	0.35	—	—	—	—		
pH	4.39	7.69	6.45	0.65	0.1	—	—	—	—		
OM	0.73	6.3	3.32	1.3	0.39						

注 a:文章的背景值选取主要从文献(Wang et al.,2007)中选取的。

注 b:《农用地土壤环境质量风险控制标准》(GB 15618—2018)(国家环境保护总局,2018)

利用 Spearman 相关性分析方法,以进一步研究土壤中重金属和各种土壤基本性质即 pH、土壤有机质的相互关系,具体如表 3.3 所示。元素间的相关性能够反映它们是否具有同源性,高相关性元素可能具有相同的来源。结果表明,元素 Cu、Cr、Ni 两两元素相关系数($r = 0.787^{**}$ to 0.912^{**})在 0.01 水平下呈现显著的正相关性,说明这三个元素其污染来源可能一致。元素 Zn 在 0.01 水平下分别与 Cu、Ni、Cr 呈现较强的正相关性($r = 0.514^{**}$ to 0.647^{**}),元素 Pb 在 0.01 水平下分别与 Cu、Ni、Cr 也呈现正相关性($r = 0.420^{**}$ to 0.511^{**}),说明 Pb、Zn 与这三种元素也可能存在相关性,可能有同种污染来源。除了 Pb 和 Mn 以外,其他重金属元素与 Cd($r = 0.314^{**}$ to 0.542^{**})在 0.01 水平下呈现正相关性,说明 Cd 与这些元素可能有相同的污染来源。所有元素的浓度与 pH 没有非常显著的相关性。元素 Zn、Cu 与土壤中有机质($r = 0.556^{**}$ to 0.662^{**})与在 0.01 水平下呈现正相关。表明吸附作用可能存在于有机物对这些元素的影响。pH 与所有的元素在 0.01 水平下均没有显著的相关性。

表 3.3　农田土壤重金属含量间的相关性分析

元　素	Cd	Cr	Cu	Ni	Pb	Zn	Mn	pH	OM
Cd	1								
Cr	0.333^{**}	1							
Cu	0.314^{**}	0.831^{**}	1						
Ni	0.382^{**}	0.912^{**}	0.787^{**}	1					
Pb	0.328^{*}	0.456^{**}	0.420^{**}	0.511^{**}	1				
Zn	0.542^{**}	0.514^{**}	0.647^{**}	0.559^{**}	0.322^{*}	1			
Mn	0.327^{*}	0.065	-0.083	0.067	-292	0.113	1		
pH	-0.152	-0.092	-0.382^{*}	-0.08	-0.355^{*}	-0.187	0.312^{*}	1	
OM	0.221	0.349^{*}	0.556^{**}	$.391^{*}$	0.14	0.662^{**}	-0.066	-0.377^{*}	1

注 a:** 在置信度(双测)为 0.01 时,相关性是显著的。

注 b:* 在置信度(双测)为 0.05 时,相关性是显著的。

3.2.2.3　土壤重金属空间分布分析

对所有数据进行正态分布测试,除 Cr 与 Ni 服从正态分布,其他元素均需要通过 Box-Cox 转换,满足正态分布,对其使用克里金插值。而 Cd 转换后无法满足,因此对 Cd 使用 IDW 插值,结果如图 3.1 所示。对重金属 Cr、Cu、Ni、Zn 4 种重金属浓度均表现出西南角的农田高于东北地区农田的浓度,而 Cr、Ni 又和 Pb 有相似之处,表现出南部地区农田的浓度高于北部地区的浓度。依据相关性分析,推测这 5 种元素有自然原因,即本身成土母质带来的原因。其中元素 Pb 的分布情况又主要是东南向西北方向逐渐递减,呈线条带状分布。在农田的附近存在高速公路,有研究表明随着 Pb 含量随着与铁路距离的增加而降低。Cd、Mn 与其他元素分布均不相同,Cd 在位于新桥头居住的区域达到了重金属的富集,而 Mn 的浓度呈现出西北地区高于东南地区。

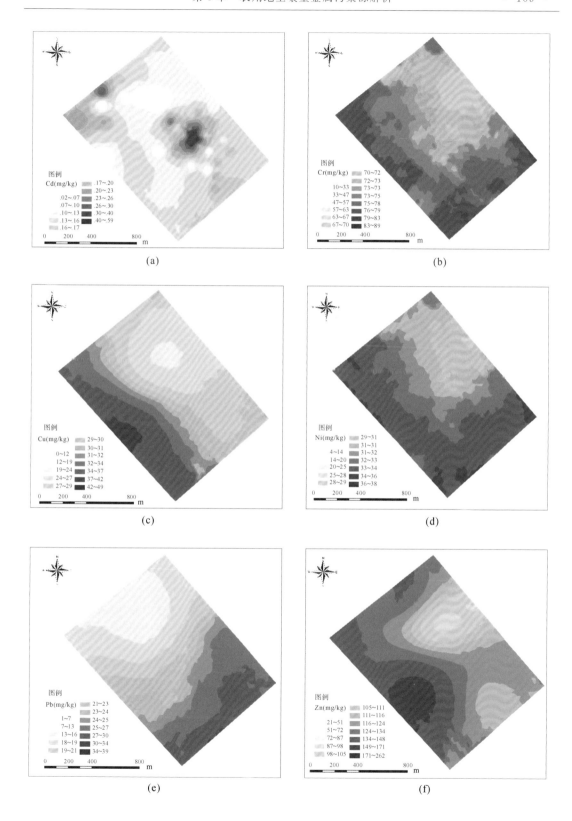

(a)

(b)

(c)

(d)

(e)

(f)

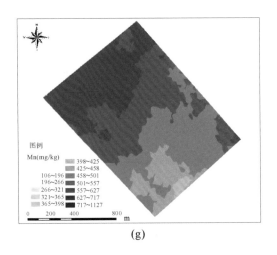

图 3.1　土壤重金属空间分布图

3.2.2.4　基于 PMF 模型的土壤重金属源解析

为进一步找到本研究中土壤的重金属来源的具体贡献率结果,通过 PMF 模型以及收集当地投入品进行分析。在 PMF 模型中,多次调试元素的"Strong"和"Weak"值,最终 Q 值与理论 Q 值的差值小于 10%,所有元素的 R2 均大于 0.8,最后得出污染的因子有 3 个,其中各因子的贡献率结果如图 3.2 所示。

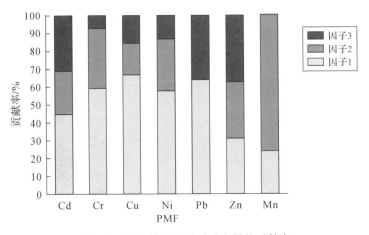

图 3.2　PMF 模型因子对重金属的贡献率

因子 1 对这 7 种重金属元素均有影响,尤其表现在 Cd、Cr、Cu、Ni 和 Pb 这 5 个元素上,这几种元素在因子 1 的占比均超过 40%。Zn 与 Mn 均有小部分的占比。Mn 元素仅有 15% 的占比。依据上述的分析,因子 1 主要为成土母质的影响,其贡献率占了 49.67%。

因子 2 的贡献率达到 30.33%,主要对 Mn 元素的作用最强烈,剩余的元素均受到小部分影响。研究表明畜禽粪肥以及使用的有机化肥特别是集约化养殖场猪粪鸡粪的大量施用,也会导致土壤重金属尤其是 Cu、Zn 的大量累积(李金峰等,2016)。对研究区域当地的肥料进行收集,共采集了 9 种有机和无机化肥样品,并分析了肥料中的重金属含量,肥料的重金属浓度如表 3.4 所示。施肥量按照 30kg/亩/种植季,依照当地是一年两季度种植进行计算。肥料输入土壤的重金属的年输入通量由高到低依次为 Cd、Pb、Ni、Cu、Cr、Zn、Mn。这与中国长江三角洲农业土壤(Hou et al.,2014)和南京农业土壤(Hu et al.,2018)中重金属输入的结果基本一致。事实上,污水灌溉在研究区已经使用了好几年,多项研究表明农业活动中的污水灌溉可以提高土壤中 Cd、Zn、Ni 等重金属的浓度(Liu et al.,2005)。通过对当地水的分析(见表 3.5)得出,水源中 Cd 的浓度在所有重金属元素中最高。虽然污染水源已经在五水共治的环保措施下得到了极大的改善,但是其中地表水的 Cd 浓度仍然较高。由于当地采用了较为严重的地表水灌溉,Cd 元素在土壤中形成了累积,所以显示 Cd 的重金属浓度在水稻田中也偏高,为 $1.17\mu g/L$。按照一亩田每年需要 300t 水进行计算,灌溉水每年可以向每亩田中引入 126mg 的 Cd 含量。因此灌溉水源中的 Cd 也不容忽略。因此,认为第二个因素是肥料和污水灌溉的结合。

表 3.4　当地使用的肥料重金属浓度

元　素	最小值 /(mg · kg⁻¹)	最大值 /(mg · kg⁻¹)	平均值 /(mg · kg⁻¹)	最小输入通量 /(mg · mu⁻¹)	最大输入通量 /(mg · mu⁻¹)	平均输入通量 /(mg · mu⁻¹)
Cd	0.04	0.447	0.16	2.4	26.82	9.6
Cr	0.24	20.51	7.85	14.4	1110.6	471
Cu	ND	19.3	5.41	—	1158	324.6
Ni	0.04	10.63	5.34	2.4	637.8	320.4
Pb	ND	10.082	4.33	—	604.92	259.8
Zn	0.7	25.13	8.85	42	1507.8	531
Mn	0.8	240.14	120.47	48	14408.4	7228.2

表 3.5　灌溉水样中的重金属统计结果

元　素	最小值 /(μg · L⁻¹)	最大值 /(μg · L⁻¹)	平均值 /(μg · L⁻¹)	最小输入通量 /(mg · mu⁻¹)	最大输入通量 /(mg · mu⁻¹)	平均输入通量 /(mg · mu⁻¹)
Cd	0.21	1.17	0.42	63	351	126
Cr	0.28	0.3	0.29	84	90	87
Cu	0.02	0.2	0.02	6	60	6
Ni	0	0.01	0.01	3	3	3
Pb	0.01	0.02	0.01	3	6	3
Zn	0.17	0.4	0.25	51	120	75
Mn	0.06	0.25	0.14	18	75	42

因子 3 的贡献率为 20%,主要对 Cd、Zn 与 Pb 元素的作用效果最强烈,元素 Mn 未受到因子 3 的影响。有研究表明 Pb 主要来源于大气降尘,虽然在 20 世纪 90 年代时禁用了含 Pb 的汽油,但其影响依然存在(陈锦芳等,2018)。同时 Zn 也是汽车轮胎生产过程中重要的添加剂、汽车润滑改良剂和抗氧化剂。虽土壤 Pb 未超标,但是由于大气降尘影响带来了土

壤中部分 Pb 的富集,因此需要持续关注,避免其产生毒害性,也有研究表明 Zn 和 Cd 也有来自部分大气降尘的原因(王成等,2015;李锋等,2019)。因子 3 反映的主要是大气降尘的原因。对当地采集道路灰尘的样品,结果如表 3.6 所示。得出道路灰尘的样品中 Pb 含量的波动较大,为 24~1065mg/kg,靠近高速公路的其中一个点位 Pb 的含量达到 1065mg/kg。陈莉等(2012)对浙江省道路灰尘进行研究,得出嘉兴境内地势低平,为浅碟形洼地容易滞留灰尘颗粒物,其灰尘重金属浓度较高超过 800mg/kg,因此 Pb 带来的污染不容忽视。

表 3.6　当地道路灰尘重金属浓度　　　　　　　　　单位:mg/kg

元　素	最小值	最大值	平均值
Cd	0.16	0.27	0.22
Cr	105.39	143.31	125.13
Cu	26.67	75.61	45.79
Ni	28	35.79	34.46
Pb	24	1065	377
Zn	104.36	171.27	131.6
Mn	539.24	865.65	713.67

3.2.2.5　土壤表层与中层的重金属赋存形态分析

不同形态重金属具有不同的生物有效性及地球化学特性,弱酸提取态、可还原态、可氧化态可被生物所吸收利用,统称为可提取态,其所占比例越高,重金属越易释放造成二次污染;而残渣态主要赋存在矿物晶格中,性质十分稳定,只有在风化过程才能释放,残渣态基本上不为生物所利用。采取的表层、中层土壤形态分级结果如图 3.3 和图 3.4 所示。Cu、Cr、Ni 残渣态在总量中占比均为最高,因此最为稳定,说明其迁移能力较小。Pb 的形态分级在表层与中层均表现为可还原态都较高,中层的可还原态有所下降,残渣态比例有所升高,但总体可还原态与可氧化态总占比都较高。有研究表明可还原态中铁锰氧化物是空气降尘和灰尘中 Pb 的主要形态(张玮,2010),进一步验证了 Pb 的污染来源存在大气降尘。而 Cd 元素在 0~20cm 与 20~40cm 的可还原态在所有形态中比例均最高,而 Zn、Cu 的可还原态在 0~20cm 的时候也占比较高,有研究表明通过施加畜禽粪便有机肥进入土壤中的 Cu 和 Zn 主要以可还原态及可氧化态的形式存在(李延等,2011;商和平等,2015)。

表层与中层的重金属次生相与原生相分布比值结果如图 3.5 所示,各重金属的 RSP 由高到低依次为:Cd、Pb、Mn、Zn、Cu、Cr、Ni。Cr、Ni 的 RSP 平均值均小于 1,无污染;Zn 的 RSP 为 0~1,轻度污染;Cu、Mn 为 2~3,中度污染;Pb 和 Cd 均大于 3,为重度污染,而仅有 Cd 元素超标。由于次生相与原生相分布比值法重点关注的是次生相中重金属含量与原生相中重金属含量的比值,关注生物直接可利用和潜在可利用部分的重金属污染,由此说明 Zn、Cu、Mn、Pb 均有潜在的危险,需要持续地关注以及监测当地污染状况(孙瑞瑞等,2015;陈江军等,2018),Cd 急需治理。

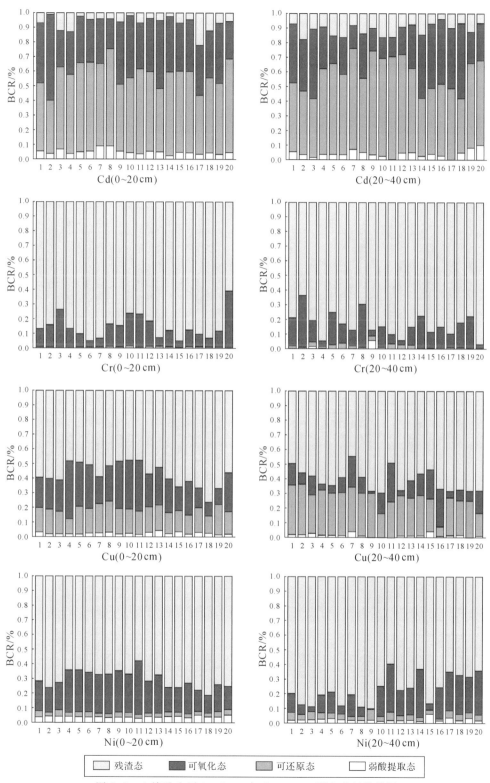

图 3.3　土壤重金属 0～20cm 与 20～40cm 形态分级结果图

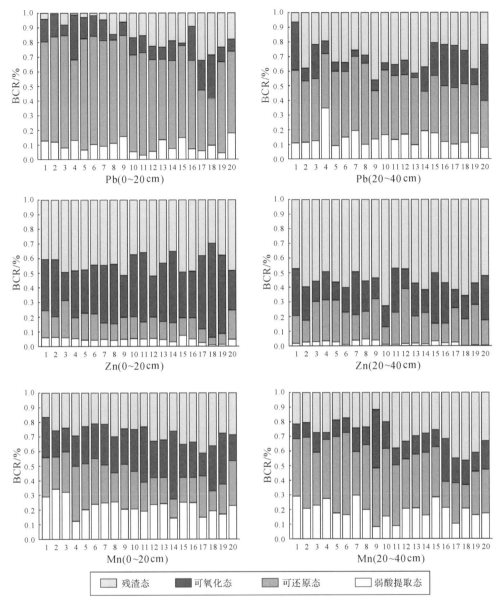

图例：残渣态　可氧化态　可还原态　弱酸提取态

图 3.4　土壤重金属 0~20cm 与 20~40cm 形态分级

3.2.3　矿区周边农田土壤重金属源解析及生态-健康风险评价

　　近年来,土壤中的重金属由于其毒性大和不易被生物降解而成为当前最主要的环境危害之一。矿产资源的开发在对国家和地方的经济发展起巨大促进作用的同时,也给当地带来了严峻的环境问题。矿石开采与加工过程向周围环境中释放大量受金属污染的废物,即使在采矿活动停止后,这些废物也会长时间释放重金属(Yan et al.,2015)。当前大量的重金属污染研究,都集中于城市周边、矿区周边工业场地的土壤,但在中国许多农田土壤一直受采矿及冶炼活动的影响。农田土壤中的重金属不仅通过土壤颗粒接触等暴露途径危害人

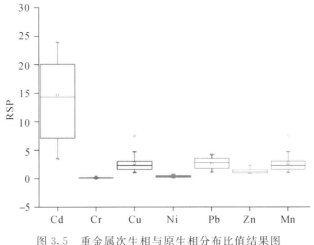

图 3.5　重金属次生相与原生相分布比值结果图

体健康,而且更多的还迁移到农产品中,随着食物链的传递间接危害人体(Guan et al.,2018)。因此,识别并量化矿区周边农田土壤重金属污染源,科学地对污染状况进行风险评价,能更好地为制定农田土壤重金属修复管理措施提供指导与建议。

目前常用的重金属源解析方法主要有 APCS-MLR、UNMIX 和 PMF。其中,APCS-MLR 和 UNMIX 模型在源解析中起着重要作用,多种受体模型的结合应用为该地区重金属污染源的调查提供了可靠的依据。当前大量的研究对农业土壤中重金属的污染风险进行了评价(Doyi et al.,2018;邵金秋等,2019),其中潜在生态风险指数法是基于重金属的含量和毒性来评估其生态风险,人体健康风险评价通过将不同元素的不同致癌因子与人类接触途径和暴露频率相结合来评估致癌和非致癌风险。因此,该项研究运用 3 种模型对比验证得出的优势模型 APCS-MLR 和 UNMIX,对浙江省某矿区周边农田土壤重金属进行分析;从生态环境和人体健康两个方面来更加客观、全面地衡量重金属污染的风险,以确定研究区域土壤中重金属的浓度和空间分布;通过 APCS-MLR 和 UNMIX 识别和分配重金属的可能来源;评估土壤中重金属对当地生态和居民健康的风险。

3.2.3.1　试验材料和样品制备

(1)样品采集与制备

研究区位面积约 $0.52 \mathrm{km}^2$,以山地为主,属典型的亚热带季风气候。年平均气温为 17.5℃,降水量为 1542.7mm。研究区内的农田以梯田为主,农田附近是林地,并有居民居住。降雨是该区域农业灌溉的主要来源,种植的主要作物是水稻和蔬菜。铅锌矿位于研究区以北 700m 处,于 20 世纪 90 年代末废弃,在金属开采和冶炼过程中,大量重金属被释放到环境中。据当地农田分布,采集 62 份表层土壤样品(0~20cm)及相对应的水稻籽粒样品分别存放在 PVC 袋中。每个样本(约 1.5kg)由 5 个子样本组成,以 W 形收集。在采样过程中,利用 GPS 精确定位每个采样点的位置。采集的样品带回实验室,自然风干后过 2mm 的孔径筛后继续研磨过 100 目筛,分别装入样品袋。在实验室分析土壤 pH、有机质及土壤重金属含量,分析方法同 3.2.1.1。

（2）源解析

APCS-MLR 模型：根据主成分分析结果，将因子得分转化为归一化因子分数（APCS），并对受体含量进行多元线性回归，回归系数用于计算每个因子对应的污染源对受体中物质的贡献率。

$$Z_{ij} = \frac{C_{ij} - \overline{C_i}}{\sigma_i} \tag{3.4}$$

$$(Z_0)_i = \frac{0 - \overline{C_i}}{\sigma_i} = -\frac{\overline{C_i}}{\sigma_i} \tag{3.5}$$

$$APCS_p = (Z_0)_i - Z_{ij} \tag{3.6}$$

$$C_i = b_{0i} + \sum_{p=1}^{n} (APCS_p \times b_{pi}) \tag{3.7}$$

式中：C_{ij} 为第 j 个采样点重金属 i 的含量；$\overline{C_i}$ 为平均含量；σ_i 为标准差；Z_{ij} 为元素含量的归一化矩阵；$(Z_0)_i$ 为"0"污染点的因子分，其中各元素含量均为 0；对 Z_{ij} 和 $(Z_0)_i$ 进行主成分分析；p 是主成分分析中获得的因子数；$APCS_p$ 是绝对主成分因子得分；b_{0i} 是金属元素 i 的多元线性回归得到的常数项；b_{pi} 是元素 i 对因子 p 的线性回归系数，每个源的贡献由 b_{pi} 和 $APCS_p$ 计算。

UNMIX 模型：由美国环境保护局开发的一种受体模型，基于不同污染源对受体（土壤）的贡献是不同源组分的线性组合。公式如下：

$$C_{ij} = \sum_{k=1}^{m} F_{jk} S_{jk} \tag{3.8}$$

式中：C_{ij} 为第 j 个采样点重金属 i 的含量，F_{jk} 为 k 源中元素 j 的百分比，S_{jk} 为 k 源在样品 j 中的贡献，E 为分析标准差。模型解析的源成分谱需要满足模型能解释的最低系统要求（最小 $R_{sq} > 0.8$，最小 Sig/Noise>2）。

UNMIX 模型在向该模型输入数据之前需要标准化使数据呈无量纲，观测值取值范围为 0～1。标准化的公式如下：

$$X_k = \frac{X_i - X_{i\min}}{X_{i\max} - X_{i\min}} \tag{3.9}$$

式中：X_i 为样品中重金属 i 的检测值，$X_{i\min}$ 重金属 i 分析值中的最小值，$X_{i\max}$ 为重金属分析值 i 中的最大值，X_k 为标准化结果。

风险评估：潜在生态风险指数（RI）将重金属的生态和环境影响与毒理学相结合。用于计算 RI 的公式如下：

$$E_r^i = T_r^i \times \left(\frac{C_i}{S_i}\right) \tag{3.10}$$

$$RI = \sum_{i}^{n} T_r^i \times \left(\frac{C_i}{S_i}\right) \tag{3.11}$$

式中：T_r^i 是不同元素 i 的生物毒性，其测定结果为 Zn＝1＜Cr＝2＜Cu＝Ni＝Pb＝5＜As＝10＜Cd＝30。C_i 为重金属 i 的实测值（mg/kg），S_i 为土壤中重金属 i 的参考值（浙江省背景值），E_r^i 代表潜在的生态风险因素。RI 为多种重金属的综合潜在生态风险指数。$E_r^i < 40$，$RI < 150$，表明具有低潜在生态风险；$40 \leqslant E_r^i < 80$，$150 < RI < 300$，表明具有中等潜在生态风

险;$80 \leqslant E_r^i < 160, 300 \leqslant RI < 600$,表明具有强潜在生态风险;$160 \leqslant E_r^i < 320, 600 \leqslant RI < 1200$,表明具有很强潜在生态风险;$E_r^i \geqslant 320, RI \geqslant 1200$,表明具有极强潜在生态风险。

人体健康风险评价:根据美国环境保护局提出的健康风险评价方法,评估研究区土壤中重金属对人体(包括成人和儿童)的致癌和非致癌作用。HQ 是平均每日摄入量[ADI,(mg/kg/day)]与参考剂量[RfD,(mg/kg/day)]的比值。所有 HQ 的总和是 HI,用于估计潜在的总健康风险。每日因食物消耗而导致的重金属摄入量计算如下:

$$CDI_{corp} = \frac{C_{corp} \times IR \times EF \times ED}{BW \times AT} \times 10^{-6} \quad (3.12)$$

土壤中重金属进入人体的主要途径有摄入、皮肤接触和吸入。每日摄入量 CDI(mg/kg/day)通过以下方程式计算:

$$CDI_{ingestion} = \frac{C_{soil} \times I_{ng}RS \times EF \times ED}{BW \times AT} \times 10^{-6} \quad (3.13)$$

$$CDI_{dermal} = \frac{C_{soil} \times SA \times AF \times ABS \times EF \times ED}{BW \times AT} \times 10^{-6} \quad (3.14)$$

$$CDI_{inhalation} = \frac{C_{soil} \times I_{nh}RS \times EF \times ED}{PEF \times 24 \times AT} \quad (3.15)$$

成人和儿童摄入值的暴露参数定义和参考值从文献(Chen et al.,2016)中得出。HI、CR 为土壤中重金属的总危害商指数和总致癌风险,按下式计算:

$$HI = \sum HQ = \sum_{i=1}^{n} \frac{CDI_i}{RfD_i} \quad (3.16)$$

$$CR = \sum_{i=1}^{n} CDI_i \times SF_i \quad (3.17)$$

式中:n 是重金属的数量,HQ 和 HI 值高于 1 表示与金属积累相关的潜在健康风险。一般来说,超过 1×10^{-4} 的 CR 被视为产生了显著的健康影响,而 $1 \times 10^{-6} \sim 1 \times 10^{-4}$ 的 CR 被认为是可以接受的,低于 1×10^{-6} 的 CR 被认为造成的影响可以忽略不计。SF(斜率系数)和 RfD_i(参考剂量)的值参考文献(Chen et al.,2016)中。

3.2.3.2　土壤和植物中重金属描述性统计分析

(1)土壤重金属描述性统计分析

土壤中重金属浓度及其性质(pH 和土壤有机质含量)的描述性统计见表 3.7。土壤 pH 为 3.80~5.84,绝大多数土壤样品的 pH 在 5.5 以下,总体呈酸性。此外,SOM 含量为 16.84~64.12g/kg,平均值为 43.32g/kg,显著高于浙江省(14.60g/kg)(Yang et al.,2020),空间变异系数为 22.37%。土壤中 Cu、Zn、Pb、Cd、Cr、Ni、As、Mn、Fe 的平均含量分别为 19.50、234.54、103.90、0.56、49.30、11.12、6.04、211.90 和 16997.50mg/kg,最高含量分别达到 39.00、492.52、221.04、1.94、87.24、33.76、21.75、819.60 和 30767.20mg/kg。Cu、Zn、Pb、Cd 的平均含量均高于浙江省背景值,特别是 Cd 的含量是背景值的 8 倍以上,说明土壤中 Cd 的富集受到外界环境的严重干扰。变异系数(CV)是标准差与平均值的比值,反映了土壤中元素的变异性和分散性。Cu、Zn、Pb、Cd、Cr、Ni、As、Mn、Fe 的变异系数分别为 42.44%、55.50%、54.01%、66.77%、46.70%、42.25%、77.77%、73.71% 和 30.38%。结果表明,9 种重金属在采样点的浓度具有较大的变异性,这与人类活动、自然或外部因素的离散输入有关。与《土壤环境质量 农用地土壤环境质量风险控制标准（试行）》（GB 15618—2018）相比，Zn、Pb、Cd 的含量分别超过风险筛选值 52.61%、59.68% 和 70.97%。经正态分布测试及 Box-Cox 转换后，数据呈正态分布，采用克里金插值分析土壤有机质和重金属浓度的空间分布（见图 3.6）。Cu、Zn、Pb、Cd 的空间分布具有一定的相似性，高浓度集中在研究区的北部，低浓度区域主要集中在研究区的南部。Cr、Ni、Fe 高值点主要分布在研究区的西北部，Mn 主要集中在研究区的中部，As 主要集中在研究区的西南部。农田土壤有机质的含量显著高于林地，这说明有机肥在农业生产中应用广泛。

表 3.7　研究区内土壤重金属含量和理化性质描述性统计分析

元　素	最小值	最大值	均　值	标准差	变异系数/%	背景值	风险筛选值 pH≤5.5	风险筛选值 5.5＜pH≤6.5	超标率/%
pH	3.80	5.84	4.93	0.45	9.12				
SOM	16.84	64.12	43.32	9.69	22.37				
Cu	4.41	39.00	19.50	8.28	42.44	17.60	50.00	50.00	0
Zn	48.78	492.52	234.54	130.16	55.50	70.60	200.00	200.00	52.61
Pb	20.19	221.04	103.90	56.12	54.01	23.70	80.00	100.00	59.68
Cd	0.09	1.94	0.56	0.37	66.77	0.07	0.30	0.40	70.97
Cr	5.00	87.24	49.30	23.02	46.70	52.90	250.00	250.00	0
Ni	4.73	33.76	11.12	4.70	42.25	24.60	60.00	70.00	0
As	1.40	21.75	6.04	4.70	77.77	9.20	30.00	30.00	0
Mn	57.14	819.60	211.90	156.20	73.71	448.00			
Fe	6273.64	30767.20	16997.50	5163.51	30.38	27650.00			

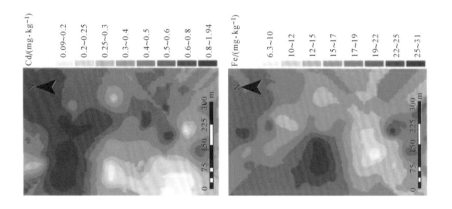

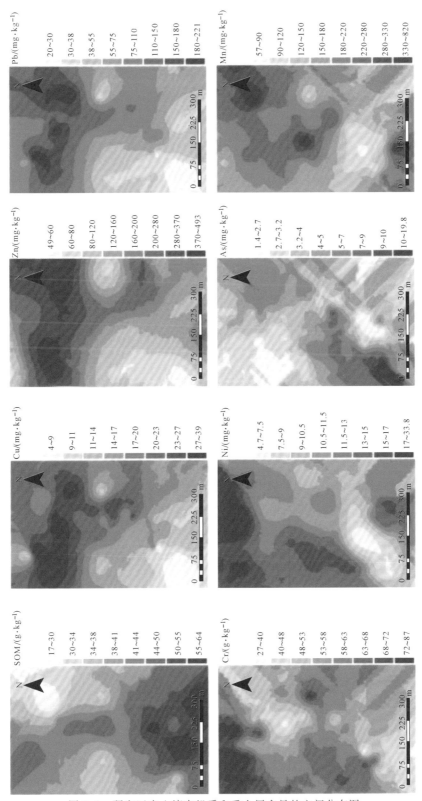

图 3.6　研究区内土壤有机质和重金属含量的空间分布图

（2）稻米中重金属描述性统计分析

水稻中 Cu、Zn、Pb、Cd、Cr、Ni、As 的平均含量分别为 3.23、21.36、0.12、0.29、0.43、0.36 和 0.11mg/kg（见图 3.7）。另外，稻米中 Cd 含量高于最高允许水平（0.20mg/kg），超标率为 77.42%（GB 2762—2017），Pb 含量超标率为 11.29%。Cd 是研究区水稻籽粒中的主要污染物，Ran 等（2019）研究表明，汉中市水稻籽粒中镉的平均含量为 0.22mg/kg，超标率为 22.8%；水稻是世界三大粮食作物之一，中国是世界上最大的水稻生产国。稻米中 Cd、Pb 和其他重金属的污染和积累对人类健康构成直接威胁。

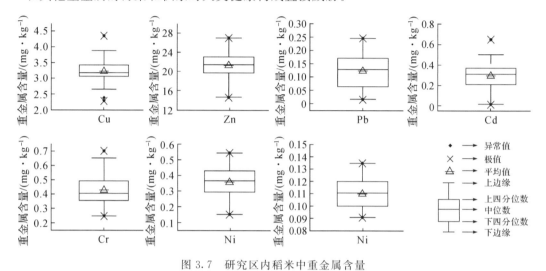

图 3.7　研究区内稻米中重金属含量

3.2.3.3　土壤重金属污染源解析

采用 APCS-MLR 和 UNMIX 模型对研究区内土壤重金属进行污染源分析，模型拟合度如表 3.8 所示，模型预测值与观测值之间的 r^2 值均大于 0.75，拟合程度较好，源解析结果可信。

表 3.8　APCS-MLR 和 UNMIX 模型拟合度 r^2 值

元　素	APCS-MLR	UNMIX
Cu	0.902	0.873
Zn	0.928	0.946
Pb	0.909	0.92
Cd	0.791	0.753
Cr	0.817	0.767
Ni	0.797	0.809
As	0.768	0.792
Mn	0.824	0.987
Fe	0.82	0.782

APCS-MLR 提取出 3 个因子,共解释了 82.65% 的数据方差,3 个因子解释的方差依次为 45.76%、22.82%、14.07%(见图 3.8(a))。因子 1 中 Cu、Zn、Pb 和 Cd 荷载较大,分别占它们各自来源的 58.5%、69.5%、72.3% 和 85.3%。土壤中 Cu、Zn、Pb、Cd 的含量显著高于浙江省的背景值,且这些金属的变异系数较高,是人类活动的结果。Pearson 相关性分析显示,Cu、Zn、Pb 和 Cd 之间存在显著相关性,相关系数为 $0.690 \sim 0.973$(见表 3.9),表明它们有相同的来源。以往大量研究报告指出,Cu 和 Cd 是铅锌矿中的伴生金属,而金属开采和冶炼是重金属的重要排放源(冯乾伟等,2020)。根据我们对当地情况的调查,由于采矿和尾矿排放的影响,超过一半的土壤受到 Pb、Zn 和 Cd 的污染。因此,因子 1 被确定为工业活动源。

因子 2 以 Cr、Ni、Fe 为主,贡献率分别为 89.2%、80.6% 和 64.5%,Cr、Ni 和 Fe 在研究区内浓度接近其背景值;而 Cu 在因子 2 中的贡献率为 41.1%,其含量略高于背景值。相关性分析显示,在 0.01 水平下,Cr 和 Ni($r = 0.539$)、Ni 和 Cu,Fe($r = 0.364 \sim 0.645$)呈正相关(见表 3.9),由此可认为部分 Cu 与 Cr、Ni、Fe 具有相同的来源。大量的研究表明,Cr、Ni 和 Fe 来源于土壤母质;因此,因子 2 被确定为自然来源。

表 3.9　土壤重金属相关性分析

元素	Cu	Zn	Pb	Cd	Cr	Ni	As	Mn	Fe
Cu	1								
Zn	0.910**	1							
Pb	0.910**	0.973**	1						
Cd	0.690**	0.757**	0.724**	1					
Cr	0.089	−0.031	0.001	−0.304*	1				
Ni	0.367**	0.292*	0.279*	0.157	0.539**	1			
As	−0.391	−0.333*	−0.345*	−0.347*	0.015	−0.068	1		
Mn	0.178	0.229	0.182	0.282*	−0.204	0.103	0.141	1	
Fe	0.252	0.196	0.144	0.088	0.331*	0.645**	0.157	0.500**	1

注:* 在 0.05 水平上显著相关(双尾);** 在 0.01 水平上显著相关(双尾)。

因子 3 受土壤中 As 和 Mn 浓度的显著影响,贡献率分别为 80.31% 和 78.4%。As 和 Mn 含量均低于背景值,但变异系数最高,分别为 77.77% 和 73.71%,说明 As 和 Mn 受到人类活动的强烈干扰。在该研究区域中,当地农业中使用含 As 农药是一种常见做法,导致土壤中 As 的富集(王菲菲,2019)。此外,As 在畜牧业中常用作饲料添加剂。Mn 是微量营养元素,对微生物、植物和动物有机体(包括人类)而言是必需的营养元素;研究表明,在土壤中施用肥料会增加土壤中 Mn 的含量(Hu et al.,2020)。综上,因子 3 代表农业源。

利用 UNMIX 模型验证了土壤重金属污染源的正确性。模型计算结果表明,最小 Rsq $= 0.92$,最小 Sig/Noise 为 4.75,大于系统的最低要求(最小 Rsq>0.8,最小 Sig/Noise>2),证实了计算结果的可靠性[见图 3.8(b)]。由 UNMIX 模型得出的因子 1 对 Cu、Zn、Pb 和

Cd 具有高度代表性(占比为 61.8%、76.2%、81.0%和 62.8%),它们代表工业来源。因子 2 中的元素为 Cr 和 Ni(占比为 85.2%和 73.8%),与成土母质有关。因子 3 包括 As、Mn、Fe (62.1%,90.7%,60.6%),被解释为农业来源。两种模型中因子贡献重叠程度较高,表明 APCS-MLR 和 UNMIX 模型解析结果一致。

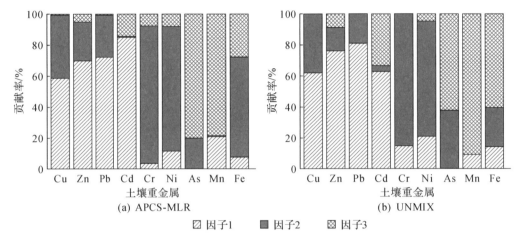

图 3.8　研究区内土壤重金属来源因子分析图

　　APCS-MLR 和 UNMIX 解析出的污染源贡献如图 3.9 所示。在 APCS-MLR 模型中,工业源、自然源和农业源所占比例分别为 50.44%、29.77%和 19.79%;在 UNMIX 模型中以上 3 种污染源的比例分别为 54.10%、35.29%和 10.61%,工业源与自然来源所占的比例略高于 APCS-MLR 模型,但因子数量及其因子组成大致相同。因此,APCS-MLR 和 UNMIX 模型在该研究区域中同样适用,其源解析结果能相互验证,由此提高了污染源解析的准确性。

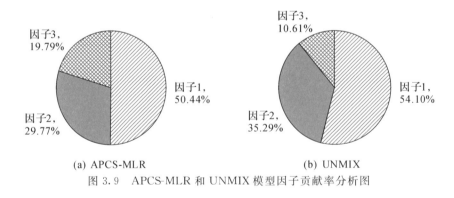

图 3.9　APCS-MLR 和 UNMIX 模型因子贡献率分析图

3.2.3.4　土壤中重金属风险评价

(1)潜在生态风险指数评价

　　土壤重金属潜在生态风险指数平均值为 280.2,范围为 70.0~903.8,类别从"低风险"到"高风险"。大部分区域处于中等风险,25.81%的采样点具有较低的潜在生态风险,其中中度风险占 33.87%,较高风险占 32.36%,高风险占 8.06%。不同重金属的单一潜在危险因子由高到低依次为 Cd、Pb、As、Cu、Zn、Ni、Cr(见图 3.10)。在所有元素中,Cd 对潜在生态风险的贡献最大,平均值为 238.73。因此,Cd 是土壤中主要的有毒元素,对当地环境构成潜在的危害。

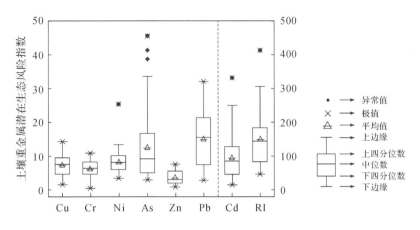

图 3.10　潜在生态风险指数评价

(2)人体健康风险评价

Cu、Zn、Pb、Cd、Cr、Ni、As 等重金属对人体具有较强的毒性,因此被用于健康风险评估。这些重金属通过不同途径对成人(18 岁)和儿童(1~17 岁)的非致癌和致癌健康风险结果如表 3.10 所示。成人和儿童的总 HI 分别为 3.05 和 11.0,HI>1 表明该地区居民受到非致癌风险的影响。根据本研究调查结果,居民摄入重金属的途径主要在于食物消费,分别占居民总摄入量的 95.70% 和 90.96%,其次是摄入,皮肤接触和吸入。成人不同重金属 HI 值的大小顺序依次为:As、Pb、Cu、Zn、Cd、Cr、Ni,分别占总 HI 的 48.01%、20.30%、10.57%、10.42%、4.58%、3.80% 和 2.32%,儿童风险评价结果与成人相似。就单个元素而言,As 在水稻中的积累对成人和儿童都存在有害影响,且 Cu、Pb、Cr 的 HI 值在儿童中均超过 1。由于儿童行为和生理特征差异,儿童的非致癌风险高于成人,他们更容易受到环境中重金属的影响(Wu et al.,2020)。由于 Cu 和 Zn 不存在致癌风险,所以致癌风险评价仅考虑 Cr、Ni、Cd、Pb 和 As 5 种重金属。成人和儿童的总致癌危险度(CR)分别为 2.03E-03 和 1.69E-03(见表 3.10),超过了致癌风险的最大允许限值(1×10⁻⁴)。各元素对健康风险的贡献大小表现为 Ni(52.72%)>Cr(20.10%)>As(14.45%)>Cd(12.62%)>Pb(0.11%)。重金属中 Cr、Ni、Cd、As 的 CR 均大于 $1×10^{-4}$,说明 Cr、Ni、Cd、As 的摄入对当地居民有显著的致癌危害。成人和儿童 Pb 的 CR 为 $1×10^{-6}$~$1×10^{-4}$,是人类可以接受的;虽然 Pb 是研究区的主要污染物之一,但其致癌风险较低。

综上,根据潜在生态风险评价,Cd 是威胁当地生态环境的主要元素,超标率为 74.19%。根据人类健康风险评估,成人和儿童的总危害指数(HI)分别为 3.65 和 13.5。As 是食品消费中非致癌风险的主要来源,成人和儿童的总致癌危险度(CR)分别为 2.03E-03 和 1.69E-03,Cr、Ni、Cd 和 As 的摄入会给当地居民带来严重的致癌风险。不同重金属对生态和人类健康的危害程度不同,土壤中 Cr、Ni、As 含量在允许范围内,但这并不意味着对人体健康的危害很小。多种风险评价方法相结合,可以更全面、客观地评价重金属对当地生态和居民的威胁;为保证生态环境安全和居民健康,应采取相应措施对该地区的水稻土进行恢复,减少重金属进入作物籽粒。

表 3.10　不同途径和重金属元素对成人和儿童健康风险的评估

元素	成人				儿童				HI		CR	
	HQ_{corp}	HQ_{ing}	HQ_{der}	HQ_{inh}	HQ_{corp}	HQ_{ing}	HQ_{der}	HQ_{inh}	成人	儿童	成人	儿童
Cu	3.80E−01	6.68E−04	8.88E−05	2.85E−07	1.34E+00	6.23E−03	4.93E−04	1.08E−07	3.81E−01	1.34E+00		
Zn	1.66E−01	1.07E−03	2.14E−04	4.59E−07	5.83E−01	1.00E−02	1.19E−03	1.75E−07	1.67E−01	5.94E−01		
Pb	3.34E−01	4.07E−02	1.08E−02	1.74E−05	1.18E+00	3.80E−01	6.00E−02	6.63E−06	3.86E−01	1.62E+00	2.28E−06	2.45E−06
Cd	1.35E−01	7.63E−04	3.04E−03	3.27E−05	4.74E−01	7.12E−03	1.69E−02	1.24E−05	1.39E−01	4.98E−01	2.56E−04	2.08E−04
Cr	6.73E−01	2.25E−02	4.49E−02	1.01E−03	2.37E+00	2.10E−01	2.49E−01	3.85E−04	7.41E−01	2.82E+00	4.08E−04	3.57E−04
Ni	8.39E−02	7.62E−04	1.13E−04	3.17E−07	2.95E−01	7.11E−03	6.25E−04	1.21E−07	8.48E−02	3.03E−01	1.07E−03	8.81E−04
As	1.72E+00	2.76E−02	2.68E−03	1.18E−05	6.06E+00	2.57E−01	1.49E−02	4.49E−06	1.75E+00	6.33E+00	2.93E−04	2.44E−04
Total	3.49E+00	9.40E−02	6.19E−02	1.08E−03	1.23E+01	8.77E−01	3.43E−01	4.09E−04	3.65E+00	1.35E+01	2.03E−03	1.69E−03

3.3　小　结

近年来,随着工农业的迅猛发展,大量的人为镉排放对我国生态环境安全构成了严重威胁,而污染源识别在污染治理中具有举足轻重的作用。浙江省作为主要的工农业集产区,通过文献调研,构建了浙江省人为镉工农业排放因子清单,并采用清单核算法对浙江省人为镉排放的源汇进行了估算。结果表明,浙江省人为镉排放在 1995—2017 年间基本呈上升趋势,从 1995 年的 39t 增加到 2007 的 141t。自 2007 年以后,浙江省的镉排放量达到了一定的峰值,其排放量在 140t/a 左右,其中 75% 以上的镉通过固废的形式排放进入环境,而进入大气和水体的镉分别约占 15% 和 10%。在所有排放源中,原煤燃烧的镉排放贡献率最大,占总排放量的 50% 以上;其他排放源从大到小依次是钢铁生产、有色金属冶炼、造纸生产、水泥生产、塑料生产、有色金属开采、油料消费、磷肥生产、蓄电池生产、平板玻璃生产和陶瓷生产。

基于 PMF 与投入品输入量分析的农田土壤重金属污染源解析的研究结果表明:①根据描述性统计分析方法,得出仅有 Cd 元素超标,超标率为 2%。且根据变异系数的大小,可以判断 Cr、Cu、Ni 主要受自然原因的影响;依据相关性得出可以将元素分为两类,即第一类(Cd、Cr、Cu、Ni、Pb、Zn)和第二类 Mn 元素。利用插值的方法发现 Cr、Cu、Ni、Zn 4 种重金属浓度均表现出西南角的农田高于东北地区农田的浓度,元素 Pb 的分布情况又主要是东南向西北方向逐渐递减,呈条带状分布。Cd 在位于新桥头居住的区域达到了重金属的富集,而 Mn 的浓度呈现出西北地区高于东南地区。②基于 PMF 和投入品输入通量分析得出了 3 个污染因子,因子 1 为成土母质的原因,主要包括 Cd、Cr、Cu、Ni 和 Pb,贡献率分别为 45%、59.2%、66.7%、57.6% 和 64.1%;因子 2 为农业污染源,考虑为肥料以及污染水灌溉带来的,肥料的重金属年输入通量依次为 Cd、Pb、Ni、Cu、Cr、Zn、Mn,其中 Zn 和 Cu 的可还原态为 0~20cm 的比例也较高,而地表水中 Cd 的输入通量最高;因子 3 主要为大气降尘的原因,主要元素为 Cd、Pb 和 Zn,收集的道路灰尘的样品中 Pb 含量最大达到 1065mg/kg,且根据形态分级结果,Pb 的可还原态占比最多。③依据原生相与次生相分布比值的方法得出 Cd 急需要治理,Zn、Cu、Mn、Pb 均有存在潜在的危险,需要持续的关注。利用投入品验证 PMF 模型结果基本一致,具有可信度。

矿区周边农田土壤重金属源解析及生态-健康风险评价分析表明:①土壤中 Cu、Zn、Pb、Cd 的平均含量均高于浙江省的背景值,重金属含量的空间分布呈北高南低的特点,大米中 Cd 含量高于食品安全限量标准;②APCS-MLR 模型源解析结果表明,Cu、Zn、Pb、Cd 主要来源于采矿、尾矿排放等工业污染源,Cr、Ni、Fe 来源于土壤母质,Mn 和 As 来源于农业活动,其贡献率表现为工业源(50.44%)>自然源(29.77%)>农业源(19.79%),UNMIX 模型验证了土壤重金属污染源解析的准确性;③土壤中重金属潜在生态风险指数(RI)为 70.03~903.84,从低风险到高风险,主要污染重金属是 Cd。人体健康风险评估结果表明,食物消费是居民摄入重金属的主要来源,占总风险的 90% 以上;As、Cr、Ni、Cd 的积累对当地居民产生不利影响。为改善研究区的生态环境和人类健康,应采取有效的管理措施,恢复和治理研究区土壤,使用安全的化肥和农药。

参考文献

毕斌. 2017. 洞庭湖水环境中重金属污染特征、赋存形态及其源解析. 临汾:山西师范大学硕士学位论文.

陈江军,刘波,蔡烈刚,等. 2018. 基于多种方法的土壤重金属污染风险评价对比——以江汉平原典型场区为例. 水文地质工程地质,45(6):164-172.

陈锦芳,方宏达,巫晶晶,等. 2018. 基于 PMF 和 Pb 同位素的农田土壤中重金属分布及来源解析. 农业环境科学学报,38(05):102.

陈莉,李凤全,叶玮,等. 2012. 浙江省城市灰尘重金属分布. 水土保持学报,26(2):241-245.

陈雅丽,翁莉萍,马杰,等. 2019. 近十年中国土壤重金属污染源解析研究进展. 农业环境科学学报,38(10):2219-2238.

冯乾伟,王兵,马先杰,等. 2020. 黔西北典型铅锌矿区土壤重金属污染特征及其来源分析. 矿物岩石地球化学通报,39(04):863-870.

黄颖. 2018. 不同尺度农田土壤重金属污染源解析研究. 杭州:浙江大学博士学位论文.

李锋,刘思源,李艳,等. 2019. 工业发达城市土壤重金属时空变异与源解析. 环境科学,40(2):934-944.

李娇,滕彦国,吴劲,等. 2019. 基于 PMF 模型及地统计法的乐安河中上游地区土壤重金属来源解析. 环境科学研究,32(06):984-992.

李娇,吴劲,蒋进元,等. 2018. 近十年土壤污染物源解析研究综述. 土壤通报,49(1):232-242.

李金峰,聂兆君,赵鹏,等. 2016. 畜禽粪便配施对冬小麦产量及 Cu、Zn、As 在植株累积和土壤中垂直分布的影响. 江苏农业科学,44(4):137-140.

李延,彭来真,刘琳琳,等. 2011. 施用猪粪对土壤 Zn 形态和菜心 Zn 含量的影响. 核农学报,25(3):548-552.

梁彦秋,潘伟,刘婷婷,等. 2006. 沈阳张士污灌区土壤重金属元素形态分析. 环境科学与管理,(02):43-45.

林承奇,黄华斌,胡恭任,等. 2019. 九龙江流域水稻土重金属赋存形态及污染评价. 环境科学,40(01):453-460.

商和平,李洋,张涛,等. 2015. 畜禽粪便有机肥中 Cu 、Zn 在不同农田土壤中的形态归趋和有效性动态变化. 环境科学,(1):314-324.

邵金秋,刘楚琛,阎秀兰,等. 2019. 河北省典型污灌区农田镉污染特征及环境风险评价. 环境科学学报,39(03):917-927.

石陶然. 2019. 基于输入输出清单的浙江省农田土壤重金属预测预警及污染状况研究. 咸阳:西北农林科技大学博士学位论文.

孙瑞瑞,陈华清,李杜康. 2015. 基于土壤中铅化学形态的生态风险评价方法比较. 安全与环境工程,22(5):47-51.

王成,袁旭音,陈旸,等. 2015. 苏州地区水稻土重金属污染源解析及端元影响量化研究. 环境科学学报,35(10):3269-3275.

王菲菲. 2019.河西走廊农田土壤重金属污染评价及源解析.兰州:兰州大学硕士学位论文.

王银泉. 2014.铜陵市新桥矿区土壤重金属污染评价及源解析研究.合肥:合肥工业大学硕士学位论文.

王蕴赟,李波,施丽莉,等.2016.浙江省土壤镉污染现状及修复技术.浙江化工,47(07):42-44+51.

吴丽娟,任兰,陆喜红,等. 2018.南京市农用地土壤中重金属形态特征分析.环境监测管理与技术,30(04):57-59.

殷汉琴,简中华,魏迎春. 2014.浙中某地土壤重金属来源解析及风险评价.物探与化探,38(01):135-141.

张玮. 2010.青岛市不同功能区土壤重金属形态及生物有效性研究.青岛:青岛科技大学硕士学位论文.

Cheng K,Tian H Z,Zhao D. 2013. Atmospheric emission inventory of cadmium from anthropogenic sources. International Journal of Environmental Science and Technology,11(3):605-616.

Chen H,Teng Y,Lu S,et al. 2016. Source apportionment and health risk assessment of trace metals in surface soils of Beijing metropolitan,China. Chemosphere,144:1002-1011

Chen J,Wei F,Zheng C,et al. 1991. Background concentrations of elements in soils of China. Water Air and Soil Pollution,57/58(1):699-712.

Doyi I,Essumang D,Gbeddy G,et al. 2018. Spatial distribution,accumulation and human health risk assessment of heavy metals in soil and groundwater of the Tano Basin,Ghana. Ecotoxicology and Environmental Safety,165:540-546.

Guan Q,Wang F,Xu C,et al. 2018. Source apportionment of heavy metals in agricultural soil based on PMF:A case study in Hexi Corridor,northwest China. Chemosphere,193:189-197.

Hou Q,Yang Z,Ji J,et al. 2014. Annual net input fluxes of heavy metals of the agro-ecosystem in the Yangtze River delta,China. Journal of Geochemical Exploration,139(1):68-84.

Hua L,Yang X,Liu Y,et al. 2018. Spatial distributions,pollution assessment,and qualified source apportionment of soil heavy metals in a typical mineral mining city in China. Sustainability,10(9):1-16.

Huang Y,Deng M,Wu S,et al. 2018. A modified receptor model for source apportionment of heavy metal pollution in soil. Journal of Hazardous Materials,354:161-169.

Hu W Y,Wang,H F,Lu R,et al. 2018. Source identification of heavy metals in peri-urban agricultural soils of southeast China:An integrated approach. Environmental pollution,237:650-661.

Hu Y,He K,Sun Z,et al. 2020. Quantitative source apportionment of heavy metal (loid)s in the agricultural soils of an industrializing region and associated model uncertainty. Journal of Hazardous Materials，391：122244.

Jiang Y，Chao S，Liu J，et al. 2016. Source apportionment and health risk assessment of heavy metals in soil for a township in Jiangsu Province，China. Chemosphere，168：1658-1668.

Jin G，Fang W，Shafi M，et al. 2019. Source apportionment of heavy metals in farmland soil with application of APCS-MLR model：A pilot study for restoration of farmland in Shaoxing City Zhejiang，China. Ecotoxicology and Environmental Safety，184：109495.

Liu X，Wu J，Xu J. 2005. Characterizing the risk assessment of heavy metals and sampling uncertainty analysis in paddy field by geostatistics and GIS. Environmental Pollution，141(2)：257-264.

Niu L，Yang F，Xu C，et al. 2013. Status of metal accumulation in farmland soils across China：From distribution to risk assessment. Environmental Pollution，176（5）：55-62.

Peng H，Chen Y，Weng L，et al. 2019. Comparisons of heavy metal input inventory in agricultural soils in north and south China：A review. Science of the Total Environment，660：776-786.

Qu M，Wang Y，Huang B，et al. 2018. Source apportionment of soil heavy metals using robust absolute principal component scores-robust geographically weighted regression (RAPCS-RGWR) receptor model. Science of the Total Environment，626：203-210.

Ran X，Di G，Amjad，et al. 2019. Accumulation，ecological-health risks assessment，and source apportionment of heavy metals in paddy soils：A case study in Hanzhong，Shaanxi，China. Environmental Pollution，248：349-357.

Shao X，Cheng H，Li Q. 2013. Anthropogenic atmospheric emissions of cadmium in China. Atmospheric Environment，79：155-160.

Shi A，Shao Y，Zhao K，et al. 2019. Long-term effect of E-waste dismantling activities on the heavy metals pollution in paddy soils of southeastern China. Science of The Total Environment，705：135971.

Shi J J，Shi Y，Feng Y L. 2019. Anthropogenic cadmium cycles and emissions in Mainland China 1990-2015. Journal of Cleaner Production，230：56-65.

Wang Q H，Dong Y X，Zhou G H，et al. 2007. Soil geochemical baseline and environmental background values of agricultural regions in Zhejiang Province. Journal of Ecology & Rural Environment，23(2)：81-88.

Wei B，Jiang F，Li X，et al. 2009. Spatial distribution and contamination assessment of heavy metals in urban road dusts from Urumqi，NW China. Microchemical Journal，93(2)：147-152.

Wu H，Liu Q，Ma J，et al. 2020. Heavy metal (loids) in typical Chinese tobacco-growing soils：concentrations，influence factors and potential health risks. Chemosphere，245：125591. 1-125591. 11.

Yang S，Qu Y，Ma J，et al. 2020. Comparison of the concentrations，sources，and distributions of heavy metal(loid)s in agricultural soils of two provinces in the Yangtze River delta，China. Environmental Pollution，264，114688.

Yan W，Liu D，Peng D，et al. 2016. Spatial distribution and risk assessment of heavy metals in the farmland along mineral product transportation routes in Zhejiang，China. Soil Use and Management，32(3)：338-349.

Yan W，Mahmood Q，Peng D，et al. 2015. The spatial distribution pattern of heavy metals and risk assessment of moso bamboo forest soil around lead-zinc mine in Southeastern China. Soil & Tillage Research，153：120-130.

第4章 农用地土壤重金属污染安全利用技术研究

我国农用地资源紧张,对于中、轻度污染农田提倡实施安全利用措施。农用地安全利用方案主要是通过降低重金属进入食物链的方式来保障粮食生产安全,对我国农用地污染治理具有十分重要意义。

4.1 农用地土壤重金属污染安全利用技术研究进展

4.1.1 农用地土壤重金属污染安全利用技术概述

当前,中国耕地重金属污染防治进入了关键时期。这个时期由以下事件推动:中国土壤污染治理的相关官方计划和法律法规,尤其是《土壤污染防治行动计划》和《中华人民共和国土壤污染防治法》的发布。基于西方发达国家的研究,中国土壤污染治理技术的研究历经几十年,"安全利用"相关概念的提出也已有二十余年。由于我国耕地资源紧张,对于中轻度污染农田应实行安全利用方案,如采用农艺调控、重金属低积累作物品种以及原位钝化等措施降低农产品超标的风险,实现污染农田安全利用。相较于提取修复,污染耕地安全利用通过减少土壤重金属转移到植物可食用部分,以降低重金属进入食物链的方式,保障粮食安全,对我污染农田治理具有十分重要的意义。

把土壤-植物看作一个重金属迁移的连续体,则重金属迁移涉及几个关键环节/界面,分别是土壤到根部、根部到地上部和地上部到籽粒(见图4.1)。这个连续体为我们提供了一个整体的安全利用技术的工程对象。各项技术事实上对应不同环节,有些技术甚至在目的上就不是安全利用,比如场地污染的钝化技术,主要是针对重金属的环境风险。以安全利用为目标,不同重金属迁移环节的阻控技术和成本都是不同的。图4.1给出了土壤-植物重金属迁移连续体的物理环节,和当前已知的籽粒重金属影响因子。以某作物籽粒镉安全达标为防控目标,可以得出籽粒镉的决定式:

$$\mathrm{Grain_{Cd}} = \mathrm{BCF} \times \mathrm{Soil_{Cd}}$$
$$= F(\mathrm{variety, \ metal \ immobilizers, \ water \ regime}) \times \mathrm{Soil_{Cd}} \qquad (4.1)$$

式中:BCF(bioconcentration factor)为富集系数,是特定气候区域某土壤中某作物品种籽粒镉与土壤总镉的比值;F 表示函数关系。

钝化剂是决定特定作物品种籽粒镉吸收的重要因子。针对土壤重金属的钝化剂/调理剂几乎覆盖了所有传统针对土壤健康的调理剂类型,包含了常见天然矿物质,如海泡

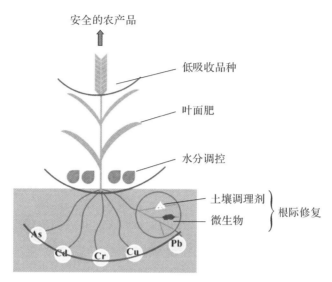

图 4.1　以生产安全农产品为目标的农田重金属阻控的 3 个基本环节

石、蒙脱石、蛭石、硅藻土、硫酸盐矿物、碳酸盐岩和磷酸盐等(陈立伟等,2018;郭炜辰等,2019;周利军,2019)。总的来讲,大部分钝化剂主要是 pH 调节剂施用是有效的。作为新兴生态友好型钝化剂的代表,微生物钝化剂/活化剂如雨后春笋般出现,仅 2018 年国内公开的相关专利就超过 10 项,但相关的科学研究尚不完善。这对可推广技术的选择提出了挑战。

低吸收作物品种以及针对作物的相关调控技术(如叶面调控剂)是目前能满足成本和生态效应要求的技术,但也并不完善。目前市场上已有作物品种的育种过程主要针对高产、抗病等优良性状,从这些品种中筛选的低吸收作物的重金属吸收相关性状并不稳定,大量田间的不一致数据印证了这一点(Li,2019)。应对这一缺陷的办法是开展针对性育种。叶面调控剂是新兴的安全利用技术,已展现出较好的应用前景。常见的叶面调控剂主要是硒基、硅基或锌基化合物,早期一些硒类调控剂事实上并不能满足成本要求,新近开发的一些试剂则成本较低(低于 450 元/hm²)。叶面调控剂的田间示范也已经有近十年的历史,总的结论是,在不同田间的试验中,调控剂的效果不一致,有些研究甚至增加了水稻镉吸收(Li,2019)。解决这些技术难题的可能途径是对叶面调控剂-作物相互作用的生物学机制进行深入研究。

农田问题作为另一个技术形态问题,首先是个农业问题,而农业问题不能用工业化过程简单处理,必须符合农业生产过程,更准确地说,农田重金属污染治理必须是农业过程的环境工程。因此,其工程措施对象其实是限定在作物品种、灌溉、肥料、农艺中的,这是技术形态的出发点。所以,农田重金属污染问题的技术性解决方案,最后不外乎包含传统的农业增产的几个要素,即种子、肥料和农艺的改进。安全利用技术研发也必然以这些农业过程要素为基础。任何脱离这些过程的环境技术,除非有新的经济附加值,或者成本极低,否则都有可能增加农业生产成本、增加技术学习使用的难度、增加二次环境风险,从而难以被农民采纳。

4.1.2　农用地土壤重金属污染安全利用技术

4.1.2.1　农用地土壤重金属污染源头控制技术

农业生产活动是造成农田土壤污染的重要原因,尤其是污水灌溉,肥料、农药、农膜等农业投入品的不合理使用,导致土壤重金属等污染的累积。

(1)污水灌溉

目前我国利用污水灌溉的农田面积为 361.84 万 hm^2,占我国总灌溉面积的 7.33%,占地表水灌溉面积的约 10%(王贵玲等,2003)。但全国 85% 以上的污灌区灌溉用水中重金属等有害物质含量都超过了农田灌溉水质标准(杨再雍等,2008)。为此,研发低廉、高效的削减灌溉水农田重金属污染技术十分迫切。我国灌溉水重金属污染治理采用的方法主要有底泥疏浚、利用高等植物修复、微生物修复和构建人工湿地进行修复等(王谦等,2010)。前三者由于其工程耗资或者收割困难等问题在实际工程的运用中仍存很大局限性(Spencer et al.,2006;康福星等,2010)。而人工湿地作为 20 世纪 70 年代发展起来的一种新型污水生态处理技术,以其投资少、建设运营成本低、净化效果好、去污能力强、使用寿命长、工艺简单、组合多样化等优点,近几年在国内外得到了广泛的应用(周海兰,2007)。利用自然河道建立高效复合植物生态系统净化富营养化水体技术有新的发展,同时这种工程技术也能有效去除河水中的重金属,但关于特异性富集重金属的水生超积累植物的筛选以及相应的技术体系仍在构建当中(胡胜华等,2010)。而以传统的复合生态湿地系统为基础,充分利用自然河湖水面非农地,建立低廉、高效的灌溉水重金属污染原位高效生态修复系统已成为研究的热点。

(2)肥料使用

有机/无机肥料的过度使用是农田土壤重金属积累的重要成因。不同化肥产品中存在一定含量的重金属,含量由高到低的顺序一般是磷肥、复合肥、钾肥、氮肥,而磷肥以及含磷复合肥中含有较多的重金属(He et al.,2005;陈海燕等,2006)。畜禽养殖源有机肥料中,重金属污染问题也已引起高度关注。据统计,我国每年饲料所用的微量元素添加剂约为 15 万～18 万吨,大约有 10 万吨未被动物利用而随禽畜粪便排出。据刘荣乐等(2005)近年对我国华北 8 省市有机肥的调查,当前部分有机肥中的重金属含量与 20 世纪 90 年代初的相比,部分重金属含量增加明显,如鸡粪和猪粪中 Zn、Cu、Cr、Cd、As、Hg 增加较多,牛粪中 Zn、Cu、As、Hg 含量增加较多。肥料中的重金属还可以通过在植物根、茎、叶及籽粒中累积而对农产品的品质造成影响,并进入食物链,危害人类健康(鲁如坤,1992;陈芳等,2005)。欧美、日本等发达国家都对养殖源有机肥料的安全使用非常重视。荷兰、丹麦等国从 20 世纪 80 年代起就立法要求根据土壤类型和作物情况,逐步规定畜禽粪便每公顷施入土地的量,并出资鼓励将本国剩余的肥源出口或就地焚烧;但对现代规模养殖条件下的畜禽粪便中的污染物做出评价,以及畜禽粪便堆肥在土壤中合理使用量的确定和连续使用后造成的环境影响等还缺少系统的研究(Bolna et al.,2004;Zhang et al.,2009)。就无机/有机肥料中污染物的控制而言,国内外目前的研究主要着眼于肥料中的 NO_3^-—N 及 P 素非点源径流损失方面,而专门针对重金属污染方面,还缺乏系统、深入的研究,也没有形成源于规模养殖场的有机肥料安全使用技术体系。

（3）农药使用

一方面农药使用导致有机物在农产品和环境中的残留；另一方面，大量使用杀菌剂等农药造成土壤环境中 Cu、Zn、As 等重金属积累。目前研究较多的是铜，如波尔多液、苯甲酸硼酸铜等（Lin et al.，1999）。波尔多液由硫酸铜水溶液和石灰乳混合配制而成，是最典型的高铜农药。Chen 等（1997）对香港土壤的研究表明果园土壤中的 Cu 的含量明显高于其他种类土壤中 Cu 的含量，并指出这一现象可能与长期大量使用含 Cu 农药有关。葡萄每年需施用硫酸铜 6 次，每次施用量高达 23kg/hm^2，若铜全部进入土壤，则每年会使葡萄园土壤铜浓度增加 10mg/kg（Xia，1996）。残留在农产品表面的高铜农药是否会引起农产品铜含量增加或超标，则一直是争议的焦点。Li（1994）报道，长期喷施波尔多液可导致葡萄果肉中铜含量高达 1.7mg/kg，严重超过同期美国葡萄果肉铜的最高含量。不同消费形式对重金属在人体内的累积过程影响较大。有研究表明，葡萄若以鲜食为主，则进入人体的铜有限，但以葡萄酒的形式消费则进入人体的铜会增加数倍（Merlean et al.，2005）。我国对于包括铜制剂在内的农药重金属污染和环境行为特征的研究较少。

（4）地膜使用

地膜是农业生产的重要物质资料，我国每年地膜应用量达近百万吨，地膜覆盖面积达 1000 多万公顷。地膜生产过程中不但需增添 Cd 和 Pb 等为主要原料的重金属盐类稳定剂，而且地膜使用也会造成土壤和作物中重金属积累变化。倪丽佳（2010）通过田间试验，使用地膜覆盖对 Cu、Pb、Zn、Cd、Fe 和 Mn 等 6 种金属元素在土壤-农作物间的富集和迁移的影响进行研究，结果表明：在土壤-蚕豆体系，覆膜对根部富集的影响不明显，但促进了 6 种元素在根-叶间的迁移，其中 Fe 和 Pb 的迁移系数分别增加了 3463% 和 370%，阻碍了除 Pb 以外其余重金属元素由根向果实的迁移。在土壤-玉米体系中，覆膜促进了根对重金属的富集（Mn 除外），并促进了 Pb 和 Mn 元素由根向茎、叶和果实部位的迁移，以及除 Cu 以外其他元素由根向果实的迁移。在土壤-莴苣体系，覆膜增加了根和叶中的重金属含量，降低了茎中的重金属含量。覆膜促进了根对重金属元素的富集，却阻碍了多数重金属元素在根-茎和根-叶间的迁移。李菲里等（2009）对覆膜对土壤-青菜体系 Cu 和 Zn 迁移特性影响的研究结果表明：覆膜后 Cu 的生物有效态含量微有增加，而 Zn 的生物有效态含量却降低了。于立红等（2013）报道大豆各生育时期，高倍地膜残留量的土壤和植株中 Pb 和 Cd 的含量高于低倍地膜残留量。总之，多数研究覆膜对植物生长与金属吸收的影响，目前国内外对不同品种地膜中重金属的含量分布、地膜覆盖对重金属在土壤-作物系统中迁移转化的影响研究很少。

肥料、农药、地膜等农投品及污水灌溉已成为农田土壤重金属污染的重要来源，开展农投品科学、安全使用技术研究及灌溉水清洁化已非常必要且迫切，是直接关系到能否实现农业良性循环的关键环节和技术难点。

4.1.2.2　农田土壤重金属原位钝化/稳定技术

农田土壤重金属过程阻断是土壤重金属污染防治的重要组成部分，主要通过向土壤添加无机、有机、微生物、复合物等钝化剂材料，从而改变土壤重金属的化学形态，降低重金属的水溶态等活性含量及其对植物的生物有效性，最终实现受污染土壤的安全利用。

（1）无机和有机钝化技术

常用的无机钝化剂主要为含磷物质、碱性物质、无机矿物等 3 大类和相关的工业副产品。其中,含磷物质包括磷酸、可溶性磷酸盐和磷酸钙、磷灰石等难溶材料(胡红青等,2017)。碱性物质常用的是石灰,通过提高土壤pH而降低重金属有效性。无机矿物常用的有膨润土、蒙脱石、高岭土、海泡石、沸石等(曹胜等,2018)。而工业副产品包括赤泥、粉煤灰、磷石膏、钢渣等(胡红青等,2017)。该类钝化剂主要通过吸附、固定等作用降低重金属的有效性。有机钝化剂主要有淤泥、有机肥等产品,主要通过对重金属的络合作用降低其生物有效性(刘秀珍等,2014),其钝化效果常常因其种类、施用量和土壤类型的不同有很大的差异。李佳华等(2008)对硅肥、钙镁磷肥、石灰和骨炭粉等无机钝化剂进行比较发现,这几种钝化剂都能固化土壤重金属,作用由大到小顺序为骨炭粉、石灰、硅肥、钙镁磷肥、高炉渣、钢渣。史力争等(2018)以赤泥为原料配置的复合钝化剂对土壤Cd,As,Pb污染有较好的钝化效果。该类材料由于对环境破坏较小、费用较低、易操作而受到人们的重视,是应用性较强的土壤污染改良产品。

(2)微生物钝化技术

该类技术应用微生物钝化剂的化学反应及络合作用,降低土壤重金属的生物有效性。该类技术常用的微生物钝化剂有硫酸盐还原菌、革兰氏阴性菌等(张冬雪等,2017)。有研究表明,硫酸盐还原细菌可将硫酸盐还原成硫化物,进而使土壤环境中重金属产生沉淀而钝化。Tiwari等(2008)从香蒲(*Typha latifolia*)根际中分离出11种好氧细菌菌株。进一步研究发现,一些菌株可提高Fe、Mn、Zn的移动性并钝化固定Cd和Cu,而一些菌株却能提高对Fe、Mn、Zn的钝化效果,大部分菌株都能对Cd进行钝化,从而降低其在土壤中的可交换态含量。也有研究表明,硫酸盐还原菌与解磷菌联用能明显提高污染土壤中Cd的钝化效果。

(3)新型的钝化剂材料

新型的钝化剂材料主要有生物炭和纳米材料,近年来被大量用于农田土壤重金属的钝化改良研究。吴岩等(2018)研究表明,生物炭与沸石混合能有效降低土壤Cd的有效性。纳米材料对土壤Cd和Pb有较强的钝化作用。但是,该类材料价格昂贵,广泛应用仍受到限制。总之,钝化剂的种类繁多,施用方法不成熟,当前基本停留在实验室或盆栽研究中,缺乏大面积应用的技术,而且部分钝化剂的施用存在引发土壤二次污染的风险。同时,钝化剂的施用还受到当地气候、作物品种、土壤类型等诸多因素的影响。因此,开展低廉、高效、环境友好的重金属钝化剂研发是土壤重金属污染治理领域的重要研究方向。

4.1.2.3 土壤重金属低积累作物的品种筛选

近年来,国内外对于农作物吸收、积累重金属的种类或品种间的差异做了较多研究,从农作物吸收、积累重金属能力的种间以及种内差异入手,利用重金属低积累农作物种或品种,在不影响其产量及经济特性的前提下,降低农作物产品中重金属含量,保障安全生产。

(1)粮油作物

由于我国耕地资源相对缺乏,在中、轻度污染农田中筛选和推广低积累作物品种,对保障我国粮食安全具有重要意义。因作物不同品种间表现出对重金属吸收、运输以及分布的差异性,部分品种可食部分中污染物含量较低,能达到安全食用标准,因此这部分农作物品种被视为低积累作物。Ueno等(2009)研究了选自世界各地的146个水稻(*Oriza sativa* L.)品种对重金属Cd积累的品种间差异,水稻品种籽实中Cd的含量,最高者Cd的含量是最低者的14倍。杨玉敏等(2010)应用不同基因型的小麦资源研究在镉污染土壤环境下小麦籽粒镉积累的差异性,结果表明小麦籽粒 Cd 的积累与基因型有很大的关系,不同基因型小麦在不同镉浓度下籽粒 Cd 的积累差异显著。此外,学者们在大麦(Chen et al.,2007; Tiryakioglu et al.,2006)、玉米(Kurz et al.,1999),花生(Mclaughlin et al.,2000)和大豆(Arao et al.,2006)等作物不同基因型积累与分布的研究上也得到了相似的结论。浙江省各地试点县根据当地农民的种植习惯,依据不同作物品种对重金属的吸收特征,针对当地主要作物品种进行重金属低积累品种的筛选,选出了一批抗性强、重金属低积累的作物品种。其中,Cd 低积累水稻 26 个品种(见表 4.1),部分地区,如兰溪市和乐清市,属于复合污染,因此其选育的低积累品种也属于复合低积累品种。衢州衢江区和温岭市还分早、中、晚稻。另外,由于嘉兴市南湖区受 Hg 污染比较严重,选育出 5 种 Hg 水稻低积累品种。因此,因地制宜,筛选适宜浙江省不同土壤生态区域重金属低积累粮食作物品种,是保障轻度污染土壤农业安全生产的关键。

表 4.1　重金属低积累水稻品种筛选

地　区	污染元素	水稻品种
新昌县	Cd	新两优 6 号、Y 两优 5867、天优华占、两优 1 号、甬优 15
兰溪市	Cd、As	甬优 538、秀水 519
松阳县	Cd	甬优 538、中浙优 8 号
乐清市	Cd、Cu	甬优 15、甬优 1540、甬优 5550、甬优 538、绍糯 9714、中浙优 8 号
宁海县	Cd	嘉 58、秀水 134、绍糯 9714、浙两优 274
南湖区(嘉兴)	Hg	嘉 58、嘉花 1 号、宁 84、祥湖 13、浙粳 99
衢江区(衢州)	Cd	早稻:甬籼 15、陵两优 722、株两优 22、株两优 211、甬籼 69; 晚稻:深两优 5814、五山丝苗、H 优 518、H 优 158、五优 308
桐庐县	Cd	甬优 538、秀水 519、秀水 03、秀水 14、秀水 121、秀水 134、浙粳 86、中嘉 8 号、嘉 58、甬优 4953
温岭市	Cd	单季稻/晚稻:甬优 538、甬优 1540、秀水 519; 早稻:中早 39
长兴县	Cd	甬优 538、浙粳 88

(2)蔬菜品种

Liu 等(2009;2010)分别于 2009 和 2010 年采用盆栽试验和大田试验,研究了不同大白菜基因型对 Cd 和 Pb 的积累特征,结果表明大白菜地上部 Cd 和 Pb 含量的吸收存在显著差异。Zhu 等(2007)通过盆栽试验和大田试验研究了 24 个长豇豆(*Vigna Sesquipedalis* L.)品种对镉的吸收能力,两个试验结果均表明供试长豇豆的根、茎、叶和果实对 Cd 的吸收均存在显著的品种差异,其差异主要依赖于不同品种内的基因差异,与红种皮和有斑点的种皮的长豇豆品种相比较,具有黑种皮的长豇豆品种具有显著低的果实镉积累量。其他研究比较多的菠菜(鞠殿民等,2009)、茭白(刘本文等,2008)、菜心(阳继辉等,2008)等,基因型不同,重金属的积累效率也明显不同。Chen 等(2012)对我国主要小白菜与大白菜品种土壤镉积累基因型差异做了较多研究,筛选出几个品种,能在 Cd(0.6～1.0mg/kg)土壤中安全生产。叶菜类与根茎类蔬菜重金属超标最为严重,为了解决重金属轻度污染土壤中蔬菜安全生产的难题,深入研究蔬菜作物对浙江省土壤重金属低吸收、低积累的基因型差异,探明其主要调控因素,是国内外科学前沿和研究热点。

4.1.2.4　叶面生理阻隔技术

叶片是水稻最重要的根外营养器官,可以吸收外源物质,并将营养物质转运到各部位。叶面施肥因具有肥效好、养分利用率高、针对性强、施用方便、经济高效等特点而广泛应用于农田生产中;其对调控作物重金属吸收、增强作物耐重金属性和提高作物抗逆性,有较好作用。综合当前的研究成果,可将现有的叶面阻控剂分为三大类:非金属元素型叶面阻控剂、金属元素型叶面阻控剂和有机型叶面阻控剂。

(1)非金属元素型叶面阻控剂

目前研究较多的非金属元素叶面喷施元素主要有硅、硒、磷等。这类物质能够调节植物生理过程,增强植物抗氧化系统功能;提高作物叶片中叶绿素的含量,促进光合作用;促进作物对营养元素的吸收;还能够降低细胞膜透性,维护膜系统的完整性,从而增加作物对重金属的抗耐能力(唐永康等,2003;陈平等,2006)。硅是水稻中不可或缺的元素,与氮、磷、钾并称水稻必需的"四大元素",可增加水稻叶面积、叶绿素含量和光合能力,提高根系保护酶活力和自由空间中交换态镉的比重,降低细胞膜透性及自由基对细胞膜的损害,进而抑制水稻对镉的吸收和转运来缓解其毒害(崔晓峰等,2013)。研究发现,在抽穗期和灌浆期施用硅肥的降镉效果较幼苗期施用好(邓晓霞等,2018)。王世华等(2007)发现,水稻喷施硅肥后,在硅结合蛋白的诱导下,硅在水稻根系内皮层及纤维层细胞附近沉积阻塞细胞壁孔隙度,根系和茎叶细胞壁中的硅可以与 Cd^{2+} 形成 Si-Cd 复合物,增加了根系对镉的吸附和固定,显著降低了根到第一节和第一节到穗轴的镉转运系数,使籽实中镉、铅、铜和锌的吸收量均显著降低。硒是植物体内抗氧化酶(谷胱甘肽过氧化物酶和硫氧还蛋白还原酶)的活性中心,通过改变抗氧化酶的活性提高作物的抗性,增强与重金属元素的拮抗作用来缓解镉的毒性(Ebbs et al.,2001)。

硒能促进 GSHG(谷胱甘肽)系统对 PCs(植物螯合肽)的合成,使水稻体内的镉离子与PCs络合,降低镉含量;参与水稻能量代谢、蛋白质代谢,以及与其他元素相互作用,从植物代谢活跃的细胞点位上移除镉和改变细胞膜透性等方式抑制水稻各器官对镉的吸收、迁移和累积(Saidi et al.,2014;刘春梅等,2015),缓解镉对水稻的毒害,增强水稻的耐受性,但具体的机制还需进一步研究。在中低度镉污染稻田,喷施硒肥不仅降低了稻米垩白度及镉含量,还提高了稻米中的硒含量和整精米率(方勇等,2013;徐琴等,2019)。

磷素是植物生长的必需营养元素之一,通过多种途径参与植物代谢过程。其主要通过与镉等重金属形成磷酸盐,并在植物根部细胞壁与液泡中沉积来阻止重金属向地上部分迁移(陈世宝等,2003);其中镉的醋酸提取态,主要通过二代磷酸盐与重金属结合形成螯合物(杨志敏等,2000),以减少镉在植株内的移动性,从而降低镉对植株的毒害。磷还可增加细胞壁的厚度,从而固持更多的镉。试验发现,在孕穗期叶面喷施 0.3% 的磷酸二氢钾溶液可提高水稻的产量,降低铅、镉、锌等重金属在稻米中的积累(黄益宗等,2004)。此外,硫对水稻重金属也有抑制作用。试验表明,施硫能促进水稻根表铁膜的形成,在淹水条件下,SO_4^{2-}被还原成 S^{2-} 离子,与镉形成硫化镉共同沉淀,抑制水稻根系对镉的吸收,减少镉在水稻体内的转运(王丹等,2015)。叶面喷施大量元素降低糙米中的镉含量是未来的趋势,其经济效益较高,且简单易操作。

(2)金属元素型叶面阻控剂

因水稻体内没有转运镉的专一性离子通道,所以镉主要通过与其他重金属离子通道蛋白结合进行转运。为此,利用竞争性让阳离子与镉离子产生拮抗效应,抑制镉吸收和转移到作物可食部的农艺调控方法,已逐渐成为镉污染治理研究的重点。众多研究表明,适宜浓度的锌、镧、铈、钕等金属元素能够促进作物叶绿素和重金属复合物谷胱甘肽、金属硫蛋白等的合成,诱导 CAT 活性的提高,降低膜脂的破坏强度,增强植物对重金属的抗性(周青等,2003;艾伦弘等,2005)。锌是植物生长必需的微量元素,在植物体内与镉表现为拮抗作用,可以抑制根系对镉的吸收和转运,降低镉含量(Shah et al.,2015;Saifullah et al.,2016)。一方面,锌与镉竞争水稻细胞膜表面的吸收位点,锌吸收量增加,镉吸收量则减少(Hart et al.,2010);另一方面,镉与锌在植物体内利用相同转运蛋白运输(Takahashi et al.,2012)。植物体内锌含量增加,与镉竞争此类转运蛋白上的重金属结合位点,最终导致植物体内的镉含量减少。锌肥的施用在增加水稻产量的同时,降低了糙米中的镉含量(李明举等,2014)。研究表明,在植株体内,锌与镉呈负相关性。铁是植物必需的微量元素,影响叶绿体的形成、重金属的吸收转运及生理功能。叶面喷施 $FeSO_4 \cdot 7H_2O$ 能显著增加水稻体内的 Fe^{2+},减少转运蛋白的表达,降低水稻体内的镉含量(Ryuichi et al.,2014)。另外,还有锰、铜、硼、钼等,这些成分是否对作物吸收重金属具有一定的调控作用,还需进一步研究。

(3)有机型叶面阻控剂

据报道,叶面喷施农残降解剂能够使植物体内的有害重金属结构发生变化,同时大幅度地降低植物茎部、果实的有害重金属含量(耿学维,2015)。农残降解剂具有降低农作物体内重金属含量的功能可能有几个原因。①有效成分氨基酸等有机酸进入叶片后能够与重金属发生络合反应,使之钝化而沉淀下来,降低重金属在植物体内的迁移性,从而降低了危害;或氨基酸促进植物体内蛋白质的合成,也对重金属起到了钝化沉淀的作用。②喷施叶面肥后,锁住了叶面的水分,降低了叶面水分的蒸发,从而减弱了植物的蒸腾作用,这样使得重金属在作物木质部、韧皮部内的运输动力减弱,转移到地上部分的重金属也就大大减少了。③叶面肥内有效成分增强了在重金属胁迫下作物的代谢能力,从而提高了抗性。宋安军(2015)发现,水稻叶面喷施水杨酸、谷氨酸和氯化镁能够降低水稻根系中的镉向地上部位富集。此外,叶片喷施丁胱亚磺酰胺可增强水稻对镉的耐受性及降低体内的镉浓度(戴力,2017)。

叶面阻控剂对作物重金属吸收的调控主要表现在两方面:调节作物生理代谢,增强耐重金属能力;在植物体内与重金属发生反应,阻止重金属向细胞质和籽粒等关键部位转移,以降低危害。

4.1.2.5 农艺措施修复技术

农艺措施修复技术是指通过土壤水肥管理、更换作物品种、添加外源物质、调整耕作栽培方式等措施降低重金属污染的措施(孙国红等,2015;黄宇,2017;田桃等,2017)。合理的农艺措施通过调节改善土壤理化性质、pH、Eh 等改变重金属的存在形态和迁移性,进而降低重金属污染。农艺措施对重金属的影响主要包括两个方面:一是活化土壤重金属,使植物吸收积累的重金属增多,提高修复效果;二是提高土壤 pH 或调节土壤 Eh 等改变土壤的离子平衡,降低重金属的有效性和迁移性,使作物中重金属的含量下降(黄宇等,2017;张俊丽等,2020)。

（1）水分管理技术

水分管理是重要的农艺措施,含重金属污水灌溉是农田重金属污染产生的主要来源之一(杨蕾,2018)。水分管理措施能显著影响土壤中 Cd、Pb、Zn、Ni 等的含量(李海龙等,2018)。土壤中的水分主要通过改变土壤中重金属的迁移性和化学形态影响其有效性(曾卉等,2014)。土壤中的水分含量增高时,土壤中 Fe^{3+} 还原为 Fe^{2+},Fe^{2+} 与 Cd^{2+} 竞争土壤表面吸附位点,促进重金属离子释放进入土壤溶液(Fulda et al.,2013);同时土壤中的 S 还原成 S^{2-},与 Cd^{2+} 结合形成 CdS 沉淀(Zheng et al.,2011),降低 Cd 的迁移性;淹水能促进 Cd 向残渣态转化,同时还能促进 Fe、Mn、Al 及其氧化物对 Cd 的吸附(Zhu et al.,2012)。长期淹水促进干湿交替式水分管理技术,通过土壤还原-氧化过程的转化,直接改变土壤的有机质和矿物结构,且氧化还原过程循环也能促进 Pb、Ni 等的矿化,降低其在土壤中的移动性(Antimladenovi et al.,2017)。

（2）施肥技术

有机肥料含重金属,施入土壤能导致土壤重金属积累,但合理施用有机肥料能明显降低土壤中有效态重金属的含量(Sastre et al.,2004;张永刚,2016)。有机物质可以通过与重金属阳离子结合形成难溶的有机复合物、提高土壤 CEC(阳离子交换量)等来降低土壤中重金属的生物有效性。秸秆、畜禽粪便等有机肥还田能提高土壤有机质的含量,降低土壤中酸可提取态 Zn 和可还原态 Zn、可还原态 Cu 的含量(张永刚,2016)。有机肥料可促进土壤可交换态 Cd 转化为有机结合态和铁锰氧化物结合态,从而使生物有效性下降(张永刚,2016)。随着腐殖酸施用量的增加,棕壤中可溶态 Cd 含量明显下降,而有机结合态和铁锰氧化物结合态含量则升高,腐殖酸能使土壤可溶态重金属含量降幅达到 $60\%\sim80\%$(王晶等,2002;蒋煜峰等,2005)。

化学肥料通过改变土壤 pH、离子强度、电导率等影响土壤对重金属的吸附和解吸过程。施用氮肥能降低土壤 pH,增大土壤溶液电导值,使土壤中重金属的溶解度增加,减少土壤对重金属的吸附量(贺京哲等,2016)。不同形态氮肥对重金属的影响程度表现为:$(NH_4)_2SO_4 > CO(NH_2)_2 > NH_4HCO_3 > Ca(NO_3)_2$(李永涛等,2004)。磷肥对土壤重金属的影响较复杂,既可促进,也能抑制。一方面,通过专性吸附增加土壤对重金属的吸附量,同时还能诱导吸附固定 Pb,促进 PO_4^{3-} 的吸附,Pb 和 PO_4^{3-} 通过协同吸附作用形成共同沉淀,增加吸附量(姜利等,2012);另一方面,土壤中的 $H_2PO_4^-$、HPO_4^{2-} 或 PO_4^{3-} 会解离产生 H^+,H^+ 对重金属产生竞争吸附,抑制重金属的吸附(周涛发等,2010)。吸附磷酸根后,土壤表面负电荷增加,重金属离子通过静电吸附于土壤表面,且 K^+ 对重金属的竞争吸附作用强于 NH_4^+。因此,$(NH_4)_2HPO_4$ 吸附重金属的能力优于 KH_2PO_4(贺京哲等,2016)。PO_4^{3-} 能增加土壤对 Cd 的吸附,而 NO_3^- 和 SO_4^{2-} 对其无明显影响。钙镁磷肥能提高土壤 pH,降低交换态镉的分配系数,增加碳酸盐结合态和铁锰氧化物结合态,进而降低土壤有效态 Cd 的含量,但其作用强度弱于 $Ca(H_2PO_4)_2$。钾肥对土壤重金属的影响伴随着阴离子的作用,KCl 的促进吸收作用强于 K_2SO_4(崔力拓等,2006)。

（3）耕作栽培技术

耕作栽培技术通过影响作物光合效率、根系吸收能力及根际土壤 pH 等影响植物对重金属元素的吸收和转运(肖清铁等,2018)。对土壤进行深翻,能降低土壤容重,增加孔隙度,促进土壤团粒结构形成,并能将深层重金属污染物翻至植物根系密布区,增加根系与重金属结合度,在促进根系生长的同时,增大重金属吸收量(冯子龙等,2017)。适宜种植密度有利于植物充分吸收光照、土壤、水分和营养物质,促进植物对重金属的吸收效率,诸多研究显示,密植能降低紫苏(肖清铁等,2018)、苎麻(鲁雁伟等,2010)、桑树叶(蒋诗梦等,2016)、向日葵叶(Liphadzim et al.,2003)等的重金属含量。栽培方式直接影响植株幼苗长势及根系重金属吸收量,进而改变重金属由地下向地上部的转运能力,直播栽培下紫苏根、籽粒 Cd 的含量分别较移栽高 0.72、0.60mg/kg。刈割能提高多年生、再生能力强的超积累植物的生物量,延迟其生育期,提高重金属吸收效率(冯子龙等,2017)。

(4)替代种植

在轻中度污染农田,选择重金属低积累型作物品种,结合田间管理措施,能达到农作物安全生产利用的目的(嵇东等,2018)。不同种类作物和同种作物不同品种在重金属的积累性方面存在差异(黄宇,2017)。豆科(大豆、蚕豆等)为低积累型作物,禾本科(玉米、小麦、水稻等)为中等积累型作物,十字花科(白菜、花菜等)、藜科、茄科(辣椒、茄子等)以及菊科(油麦菜)等均为高积累型作物(Arthur et al.,2000)。种植低积累型作物品种,配套增施有机肥等措施能明显降低土壤重金属的含量。目前,关于不同水稻品种对重金属吸收的影响的研究较多,因为水稻极易吸收和累积 Cd 形成积累。水稻品种是水稻积累 Cd 的重要影响因素,常规籼稻籽实对 Pb、Cd 的吸附量明显高于杂交籼稻和常规粳稻(仲维功等,2006),保持系水稻稻草和精米中 Cd 的含量高于恢复系的(冯文强等,2008)。从重金属污染区筛选生长有优势的作物品种是获得重金属超富集作物的有效途径。对重污染农田,种植超积累高积累或超积累植物,如能源类植物、纤维类植物以及苗木花卉等,并配套土壤改良剂,可提高土壤的利用率(汤叶涛等,2005;徐胜光等,2007)。

4.2 农用地土壤稳定化技术应用

从土壤中提取重金属难度大,所需时间长,部分技术施工难度高。这些困难促使稳定化技术被广泛应用于重金属污染土壤的处理。土壤稳定化技术主要通过向土壤中添加无机、有机、微生物和复合物等钝化剂材料,改变土壤重金属的化学形态,降低重金属的水溶态等活性含量及其对植物的生物有效性,最终实现受污染土壤的安全利用。该技术因具有快速、有效、经济的特点,已成为最主要的土壤修复技术之一。

4.2.1 农用地土壤不同钝化剂的应用

4.2.1.1 试验材料与样品处理

供试污染土壤来自浙江省某铅锌矿附近。不同浓度的重金属溶液铅源为 $Pb(NO_3)_2$,锌源为 $ZnSO_4 \cdot 7H_2O$,镉源为 $CdCl_2 \cdot 2.5H_2O$。选取了不同种类的五种土壤钝化剂(石灰、伊利石、磷矿粉、甲壳素和玉米秸秆炭),五种钝化剂均购于市场化工公司。土壤钝化剂和重金属污染土壤的基本理化性质列于表 4.2 中,本实验选择的五种材料均没有超过管控标准。

表 4.2　土壤钝化剂和重金属污染土壤的理化性质

	pH	表面积/$(m^2 \cdot g^{-1})$	C%	H%	O%	N%	全量 Zn/$(mg \cdot kg^{-1})$	全量 Pb/$(mg \cdot kg^{-1})$	全量 Cd/$(mg \cdot kg^{-1})$
石　灰	12.06	0.42	1.99	2.25	—	0.06	6.67	1.33	0.05
伊利石	8.95	1.04	6.12	0.59	—	0.05	34.67	1.00	0.13
磷矿粉	7.94	0	1.10	0.50	—	0.06	57.67	1.33	0.01
甲壳素	6.56	8.60	23.57	2.46	—	1.86	68.00	ND	0.66
玉米秸秆炭	6.52	6.45	37.38	2.57	16.44	1.47	31.00	ND	0.53
供试土壤	5.89	—	—	—	—	—	96.78	25069.30	1.57

注:ND 表示未检出,—表示未检测。

通过风干、破碎和筛分等处理过程,制备粒径 200 目的土壤样品,并在 105℃条件下干燥 2h;制备粒径 100 目的钝化剂,在 45℃条件下干燥化,干燥后的土壤和钝化剂分别装入广口瓶密封备用。称取 5g 土壤原样及不同添加质量比(1%、5%、10%)的钝化剂,量取 50mL 盐酸(0.01mol/L),一并加到 100mL 塑料瓶中,混合均匀后放入恒温振荡器,以 180r/m 的速度恒温(22℃)振荡 12h 后将塑料瓶中的混合液倒入 50mL 离心管,300r/m 的转速离心 10min 后收集滤液。土壤基本理化性质均参考鲍士旦(2000)的方法。土壤 pH 采用水土比 2.5∶1.0 进行测定;土壤重金属全量的测定采用王水高氯酸消煮-电感耦合等离子光谱仪 (ICP-OES)法。将 0.2g 的钝化剂置于 50mL 的离心管中,加入 20mL 的去离子水,并在恒温(25℃)下以 180r/m 摇动 4h。用 0.45μm 微孔膜过滤溶液,并测量滤液的 pH。钝化剂中的元素测定及分析使用元素分析仪(德国)进行。用全自动表面积和孔径分析仪(NOVA-4200e,日本)测定材料的表面积和孔径。重金属的总含量用 HF—HNO₃—HClO₄(7∶5∶1)萃取,并采用电感耦合等离子体发射光谱法(ICP-OES,Optima7000,铂金埃尔默公司,美国)进行分析。

重金属钝化数据评价:采用重金属吸附率(adsorption rate)和单位质量钝化剂重金属吸附量(adsorption capacity)来表征吸附剂对土壤重金属的钝化吸附性能。土壤/溶液重金属吸附率(η_s)是指添加钝化剂后重金属浓度的减少值($C_0 - C_t$)与不添加钝化剂重金属浓度 C_0 的比值,用式(4.2)表示。相同实验条件下,吸附率越高,则钝化剂吸附重金属的性能就越好。公式如下:

$$\eta_s = \frac{C_0 - C_t}{C_0} \times 100\% \qquad (4.2)$$

式中:η_s 表示土壤重金属吸附率,%;C_0 表示不添加钝化剂土壤重金属浸出浓度,μg/g;C_t 表示添加钝化剂后土壤重金属浸出浓度,μg/g。

单位质量钝化剂土壤重金属的吸附总量是指从吸附开始到结束,钝化剂所吸附土壤重金属的总量,可由式(4.3)表示:

$$Q_s = (C_0 - C_t) \times \frac{m_0}{m_t} \qquad (4.3)$$

式中:Q_s 表示单位质量钝化剂对土壤重金属的吸附总量,μg/g;C_0 表示不添加钝化剂土壤的重金属浸出浓度,μg/g;C_t 表示添加钝化剂后土壤的重金属浸出浓度,μg/g;m_0 表示土壤的质量,g;m_t 表示钝化剂的质量,g。溶液吸附中 m_0 为 v_0,表示溶液的体积。

4.2.1.2　不同初始浓度溶液中土壤钝化剂的吸附效率

分别称取 0.2g 钝化剂于 100mL 塑料瓶中，分别添加 40mL 不同浓度梯度的 $CdCl_2 \cdot 2.5H_2O$、$Pb(NO_3)_2$ 和 $ZnSO_4 \cdot 7H_2O$ 溶液，25℃水浴条件下恒温振荡 30min，取上清液以 4000r/min 的速率离心 10min，用 ICP-OES 测定平衡溶液中 Cd^{2+}（Pb^{2+}、Zn^{2+}）的浓度，用差减法计算吸附量。5 种钝化剂对 Zn 和 Cd 的吸附效率随初始浓度增加而升高，并最终达到稳定（见图 4.2）。石灰对重金属 Zn 和 Cd 的吸附效率优于其余 4 种钝化剂，吸附效率最高，分别达到 99.64% 和 99.99%；其次是甲壳素，对 Zn 和 Cd 的吸附效率分别为 74.94% 和 81.63%。而对于重金属 Pb 来说，随着初始浓度的升高，溶液中的重金属离子浓度也逐渐增高，甲壳素的吸附性能也随之提高并趋于稳定，最高吸附量达到总量的 95.59%，而伊利石、磷矿粉和玉米秸秆炭 3 种材料对于 Pb 的吸附效应越来越弱，并逐渐达到稳定，但这三种材料对 Pb 的单位吸附量呈现上下略微浮动的趋势，基本处于稳定状态。其余两种材料对 Pb 的单位吸附量与供试钝化剂材料对重金属 Zn、Cd 的单位吸附量的变化趋势一致，均表现为随着初始浓度的增加而增加。无论添加何种钝化剂，对重金属 Zn 和 Cd 的单位吸附量均呈线性增加。

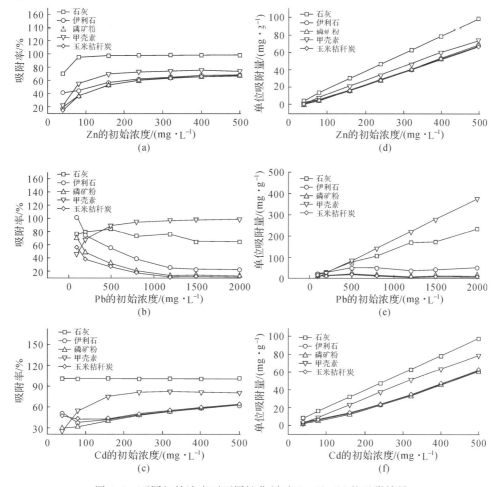

图 4.2　不同初始浓度下不同钝化剂对 Zn、Pb、Cd 的吸附效果

（1）吸附时间对钝化剂钝化效果的影响

称取 0.2g 钝化剂置于 100mL 塑料瓶中，加入 50mL 浓度为 240mg/L(800mg/kg) 的
Cd^{2+}、Zn^{2+}、Pb^{2+} 溶液，每个处理做 3 个平行。25℃水浴条件下恒温振荡，分别于 15、30、60、
90、180、300、480、720、1080、1440min 时间段取出溶液，以 4000r/min 的速率离心 10min，将
上清液过 0.45μm 滤膜后利用 ICP-OES 测定溶液中 Cd^{2+}(Pb^{2+}、Zn^{2+}) 的浓度，用差减法计
算吸附量。重金属与钝化剂之间的吸附时间对吸附过程有很大影响。吸附时间对吸附效率
和单位吸附量的影响如图 4.3 所示。5 种钝化剂对 Zn，Pb 和 Cd 的吸附效率随着吸附时间
的增加而升高。不同材料对重金属的吸附效率在 15min 之前迅速上升，并在 30min 内达到
平衡。石灰和伊利石对 Pb 的单位吸附能力随着吸附时间的延长而增加，其他 3 种钝化剂的
单位吸附量稳定在 159.9mg/g 左右，这表明磷矿粉、甲壳素、玉米秸秆炭对 Pb 的吸附已达
到平衡。随着时间增长，石灰对 Pb 的吸附效率从 69.96% 逐渐提高到 98.73%，并逐渐
稳定。

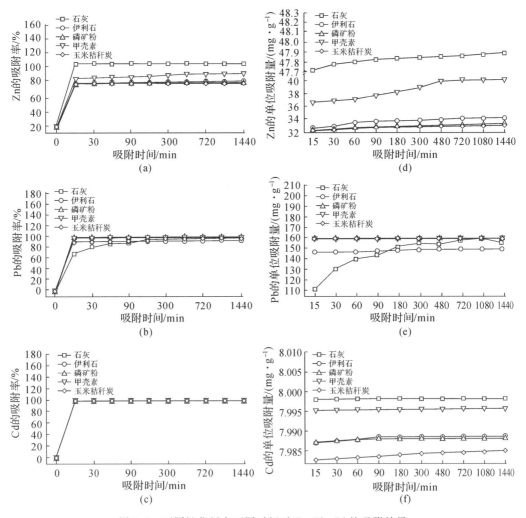

图 4.3 不同钝化剂在不同时间对 Zn、Pb、Cd 的吸附效果

4.2.1.3　初始 pH 对溶液中土壤钝化剂吸附的影响

分别取 50mL 浓度为 320mg/L(800mg/kg)的 Cd^{2+}、Zn^{2+}(Pb^{2+})溶液置于 8 组容积为 100mL 离心管中,用 HCl 和 NaOH 将 Zn^{2+}、Pb^{2+} 溶液的 pH 分别调节为 2.0、3.0、4.0、5.0、6.0,将 Cd^{2+} 溶液的 pH 调节为 2.0、3.0、4.0、5.0、6.0、7.0、8.0,然后向每组溶液中各加入 0.2g 钝化剂,25℃ 条件下以 180r/min 的速率振荡 30min,然后在 4000r/min 离心 10min,将上清液过 0.45μm 滤膜后利用 ICP-OES 测定溶液中 Cd^{2+}(Pb^{2+}、Zn^{2+})的浓度。不同钝化剂在不同 pH 条件下对 Zn、Pb、Cd 的吸附效率如图 4.4 所示。

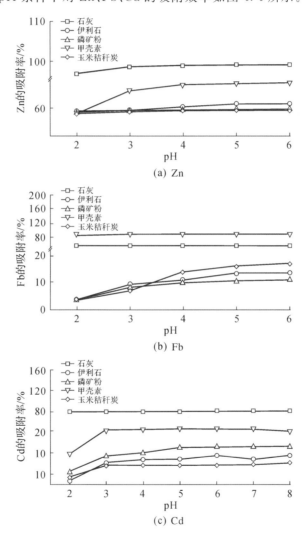

图 4.4　不同钝化剂在不同 pH 条件下对 Zn、Pb、Cd 的吸附效率

4.2.1.4　不同钝化剂和添加量对土壤中重金属吸附效率的影响

从图 4.5 可以看出,石灰对 Pb、Zn 和 Cd 的吸附效果均高于其他材料。石灰对重金属的吸附效率高于 96%,对 Zn 和 Cd 的吸附效率均在 99% 以上。在 1% 和 5% 添加量下,伊利

石和甲壳素对 Pb 的吸附效率略低于石灰,但仍优于磷矿粉和玉米秸秆炭。5 种钝化剂对 3 种重金属的吸附效率均随钝化剂的加入而提高,而石灰对重金属的吸附效果优于其他钝化剂。随着钝化剂用量的增加,石灰对重金属的吸附效率增加,但 Zn 和 Cd 的单位吸附量下降。在 1% 添加量的处理中,加入石灰可以使 Zn 和 Pb 的吸附效率分别提高 99.98% 和 99.90%。当添加量从 1% 增加到 10% 之后,石灰对 Pb 和 Zn 的单位吸附量却分别降低了 3.34% 和 0.14%。甲壳素以外的其他 4 种钝化剂对 Pb 的吸附效率随添加量的增加而增加,但单位吸附量下降。

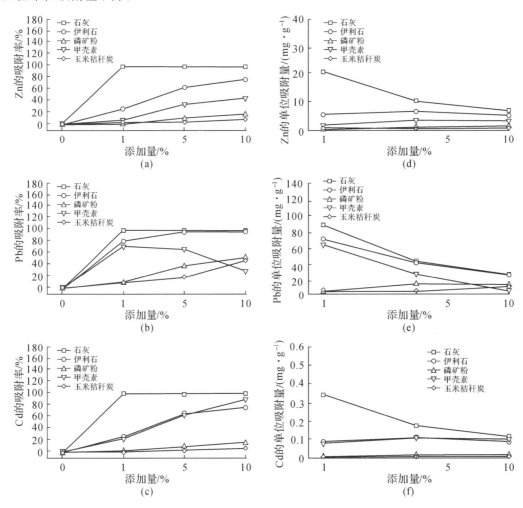

图 4.5　不同钝化剂对土壤中 Zn、Pb、Cd 的吸附效率和单位吸附量

4.3　低吸收品种筛选与应用

　　土壤是农业生产的直接载体,在受重金属污染的土壤中生长的农作物的可食用部分极易积累重金属,然后通过食物链进入人或动物体内进一步富集,最终危害人体健康。因此,

如何有效地降低农作物可食用部分重金属的含量已受到广泛关注。而通过选育低重金属积累品种来降低作物对重金属的吸收和积累,被国内外普遍认为是现实可行的途径。目前,筛选重金属低积累品种的方法主要是通过室内盆栽或大田试验,探讨作物可食用部分重金属含量在种内或种间的差异。已有研究表明,水稻、小麦和油菜等都已筛选到重金属低积累品种。然而,筛选重金属低积累品种的方法仍需进一步探索。

4.3.1　水稻镉低积累品种应用

4.3.1.1　试验材料与样品处理

两种供试土壤为浙江省某村受采矿区影响的中度污染农田土壤和某村轻度污染农田土壤。5 种供试水稻品种为中浙优 1 号、中浙优 8 号、甬优 1540、甬优 17 和华浙优 71。土壤经过风干后磨碎并过 5mm 筛,将过筛后的土壤充分混匀。供试塑料盆规格为(底面积×高) 78.5cm² ×30.0cm,每个盆内称取土壤 5.0kg,分别加入 6.0g 复合肥(有机质≥45%,N+P₂O₅+K₂O≥5%,N∶P∶K=25∶5∶20),以 2.0g 尿素作为基肥,混匀浇透水后保持土壤潮湿 1 周,然后把 30 天苗龄的水稻幼苗移栽到塑料盆中,每盆种植 4 丛水稻,每丛水稻有 2 株。设置重复 3 次,共 30 盆。在水稻生长 15 天后,分别在水稻生长发育期的 3 个时期(分蘖期、育穗期、灌浆期)追加施用复合肥,这样可以保证水稻在整个生长发育时期有充足的养分,同时整个时期确保水分充足,其余按常规管理。

盆栽试验后采集水稻土并将其置于晾土房自然风干,磨细后过 10 目、100 目筛备用;把水稻植株洗干净后烘干,按根、茎、叶、穗、籽粒分别剪下,再用剪刀将水稻不同的部位剪碎分别混匀,然后用粉碎机把所有样品碾碎后,用 100 目筛过装袋备用。土壤全镉分析:称取研磨通过 100 目筛子的均匀土壤 0.1000g 于 50mL 聚四氟乙烯坩埚中,再用实验用去离子水湿润土壤,然后加入 7mL HF 溶液和 1mL 浓 HNO₃ 溶液,在电热板上消煮蒸发近干时,取下坩埚,冷却后,沿聚四氟乙烯坩埚壁再加入 5mL HF 溶液,继续消煮近干,取下聚四氟乙烯坩埚,冷却后,加入 2mL HClO₄,继续消煮到不再冒白烟,坩埚内残渣呈均匀的浅色(若呈凹凸状为消煮不完全),取下聚四氟乙烯坩埚,加入 1∶1 HNO₃ 1mL,加热溶解残渣,至溶液完全澄清后(若溶液仍然混浊,说明土壤消煮不完全,需加 HF 继续消煮)转移到 50mL 容量瓶中,定容摇匀,过滤保存,然后用石墨炉原子吸收光谱法测定待测重金属镉元素。土壤重金属有效态镉的测定:称取 10.0g 过 2mm 筛孔的风干土样于 100mL 塑料瓶中,加入 20mL DTPA(亚氨基二琥珀酸四钠)浸提剂。在振荡机上振荡 2h,过滤待测。用配好的高、低标准溶液建立 ACT(分析样品用的软件程序),进行仪器标准化,然后测定待测液,经微机收集并处理各元素的分析数据,就可得到该待测液的浓度值。用石墨炉原子吸收光谱法测待测重金属镉元素。植物样分析:重金属全镉含量测定用 HNO_3^- H_2O_2 消解,后用石墨炉原子吸收光谱法测待测元素。

4.3.1.2　不同品种水稻镉含量

图 4.6~图 4.8 显示,中浙优 1 号的根、茎、叶中重金属镉含量显著($P<0.05$)低于甬优 1540。在 5μmol/L 的重金属镉浓度下,中浙优 8 号茎叶中重金属镉含量分别为中浙优 1 号、

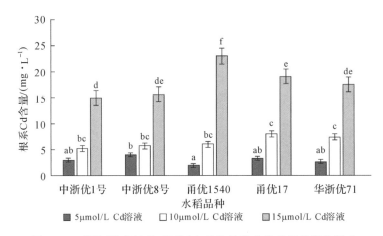

图 4.6　不同镉浓度处理对不同水稻品种幼苗根系镉积累的影响

注：相同字母表示无显著差异，不同字母表示差异显著（$P<0.05$）。

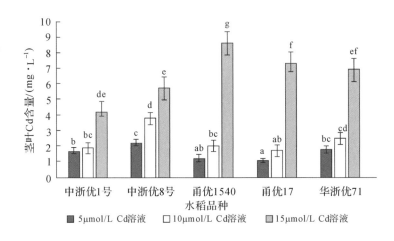

图 4.7　不同镉浓度处理对不同水稻品种幼苗茎叶镉积累的影响

注：相同字母表示无显著差异，不同字母表示差异显著（$P<0.05$）。

甬优 1540、甬优 17 和华浙优 71 的 1.29 倍、1.83 倍、2.20 倍和 1.22 倍。根部重金属镉含量是中浙优 1 号、甬优 1540、甬优 17 和华浙优 71 的 1.33 倍、2.00 倍、1.21 倍和 1.48 倍。在 10μmol/L 重金属镉浓度下，中浙优 8 号的茎叶重金属镉含量分别是中浙优 1 号、甬优 1540、甬优 17 和华浙优 71 的 2.00 倍、1.90 倍、2.24 倍和 1.52 倍。甬优 17 根系的重金属镉含量分别为中浙优 1 号、中浙优 8 号，甬优 1540 和华浙优 71 的 1.54 倍、1.40 倍、1.33 倍和 1.08 倍。在 15μmol/L 的重金属镉浓度下，甬优 1540 的根中重金属镉含量分别为中浙优 1 号、中浙优 8 号、甬优 17 和华浙优 71 的 1.54 倍、1.47 倍、1.21 倍和 1.31 倍。茎叶中重金属镉的含量分别为中浙优 1、中浙优 8 号、甬优 17 和华浙优 71 的 2.05 倍、1.51 倍、1.18 倍和 1.25 倍。5 个水稻品种对重金属镉的吸收和积累特性差异在稻茎和稻叶中更为明显。

4.3.1.3　育穗期和成熟期水稻不同器官镉分布

如图 4.9 和图 4.10 所示，在育穗期时，轻度污染土壤中水稻中浙优 1 号、中浙优 8 号、

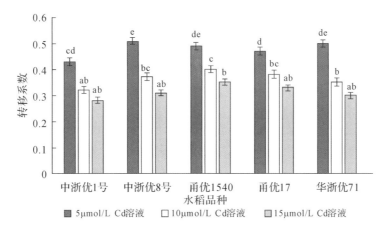

图 4.8 不同镉浓度处理对不同水稻品种幼苗根系-茎叶的镉转移系数的影响

注:相同字母表示无显著差异,不同字母表示差异显著($P<0.05$)。

华浙优 71 这 3 个品种根部重金属镉吸附累积量都比茎部、叶部和穗部高,由此得出不同水稻器官对重金属镉的吸附累积量表现为:根>茎>叶>穗;而水稻甬优 1540 和甬优 17 两个品种在育穗期叶的吸附累积量高于茎部,不同水稻器官对重金属镉的吸附累积量表现为:根>叶>茎>穗。在中等污染的土壤中,5 个水稻品种在育穗期各器官对重金属镉的吸附量和积累量由高到低依次为:根、茎、叶、穗,即在土壤中根部吸附积累重金属镉的数量高于茎、叶和穗部对重金属镉的吸附累积量。

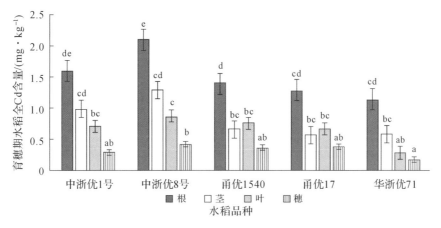

图 4.9 轻度污染土壤中水稻根、茎、叶、穗在育穗期镉含量差异

注:相同字母表示无显著差异,不同字母表示差异显著($P<0.05$)。

在成熟期时,中浙优 1 号、甬优 17 和华浙优 71 这 3 个品种的水稻根重金属镉含量小于茎高于叶,浙优 8 号和甬优 1540 两个品种水稻的不同器官对重金属镉吸收和积累的数量由大到小依次为:根、茎、叶、糙米、稻壳,所以无论水稻在生长发育的哪个时期,水稻根部是吸收和积累重金属镉的主要部位,猜测可能由于水稻根系和土壤中重金属镉接触面积大,所以通过新陈代谢重金属镉吸附累积量也较大。有研究分析了重金属镉胁迫下粳、籼稻对重金属镉元素的吸收特征,得出水稻对重金属镉吸收和分配规律由高到低依次为:谷壳、糙米、叶、茎、根,与该试验所得结论大致相仿,异于其研究地方在于,本研究测定做的是盆栽+大

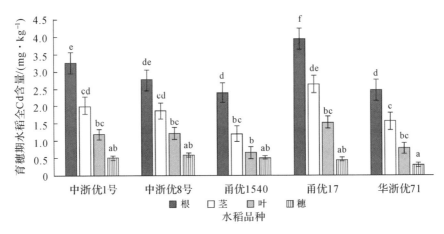

图 4.10　中度污染土壤中水稻根、茎、叶、穗在育穗期镉含量差异

注：相同字母表示无显著差异，不同字母表示差异显著($P<0.05$)。

田验证试验，一方面是因为大田中不可控因素太多，条件复杂多变，能够影响水稻吸收积累重金属镉的因素有很多，所以重金属镉含量有可能上下浮动明显；另一方面是因为我国是农业大国，粮食安全至关重要，所以在大田基础上测定的数据的现实意义更大。成熟时，稻壳对重金属镉的吸收和积累低于根、茎和叶，其平均吸收量为 0.15mg/kg。糙米中的平均重金属镉的含量也高于稻壳的，为 0.198mg/kg。糙米的平均重金属镉的含量占根系重金属镉的含量的 8.75%，茎部重金属镉含量的 11.71% 和叶片重金属镉含量的 24.36%，这仅表明水稻植物中的重金属镉是从垂直方向向上转移的。水稻根、茎和叶中的重金属镉有可能被运输到米粒中。由图 4.9～图 4.11 可以推测出，不同低吸收水稻品种自身基因型不同，由此决定不同品种水稻在轻中度污染土壤中其植株不同器官重金属镉累积量在不同生长发育期时浮动变化差异显著，因此在重金属镉污染农田中种植低吸收水稻品种是有效且可行的。

4.4　叶面生理阻隔技术应用

叶片是作物最重要的根外营养器官，可以吸收外源物质，并将营养物质转运至植物体的其他部位。现有的叶面阻控剂主要分为 3 大类：非金属元素型叶面阻控剂、金属元素型叶面阻控剂和有机型叶面阻控剂。通常叶面阻控剂通过喷施的方式，运用植物的蒸腾作用，减少运输途径，阻控重金属从作物的茎叶继续向籽粒运输转移。研究表明通过喷施叶面阻控剂能够调控水稻对重金属的吸收，进而降低稻米中镉的含量。

4.4.1　叶面不同阻控剂的应用

4.4.1.1　试验材料与样品处理

研究区域位于浙江省某修复试点，该区域主要种植制度为早晚稻轮作，试验区土壤 pH 为 5.1，试验区表层 Cd 的含量的超标率为 55%，最高值为 0.39mg/kg，主要由不规范的施肥和耕作制度等引发。试验共设置 5 个处理,包括不喷施叶面肥的对照处理(CK)、喷施硒肥和喷施硅肥、喷施海藻肥、喷施黄腐酸钾处理,具体添加量及添加方式如表 4.3 所示。每个试验设置 3 个重复,随机区组排列,共 15 个小区(每个小区面积为 $100m^2$),各小区之间修建田埂并进行薄膜覆盖处理。种植前以 25kg/亩的复合肥(稻香源)作为基肥,小区全部采用人工移栽的插秧方式,将水稻种子(甬优 1540)播种于事先平整好的育秧地,至秧苗 35~40天,进行大田移栽,采用 25cm×10cm 的株行距种植,每穴 2~3 株,在秧苗移栽大田后 10~15 天追肥,追肥采用尿素(10kg/亩)。在水稻孕穗期、灌浆初期进行叶面肥稀释喷施处理,喷施后 1 个星期左右观察水稻叶色及植株差异。整个生育期的水稻管理与当地常规管理模式保持一致。籽粒 Cd 含量的测定方法同 4.3.1.1。叶面肥喷施 1 周后,随机选取 3 个点,每个点随机选 5 穴,数分蘖数,并用直尺测量水稻株高。将带回实验室的水稻在每个处理中随机选取 3 个 1000 粒籽粒,称重求平均值,即为千粒重。大田试验结束后,收割水稻,晒干后测定质量,以统计实际产量。

表 4.3　叶面剂种类及施加量

叶面阻控剂种类	稀释倍数	用量/亩
硒肥	500	50mL
硅肥	300	50g
海藻肥	300	40mL
黄腐酸钾	2000	10g

4.4.1.2　不同叶面肥喷施对稻米产量的影响

有研究发现,施加叶面肥的增产效果主要是通过提高水稻有效穗、穗粒数、降低空秕率来实现。由图 4.11 可知,喷施不同叶面肥对水稻产量均有所影响。与对照相比,叶面喷施海藻酸、硒肥、硅肥、黄腐酸钾均能够显著提高水稻产量,增产效果依次为:硅肥、海藻酸、黄腐酸钾、硒肥。喷施硅肥能够显著提高水稻产量,其原因可能是,硅是水稻生长不可或缺的微量元素,能够促进水稻的生长发育,提高水稻光合作用,还能提高稻米品质,提高作物的抗

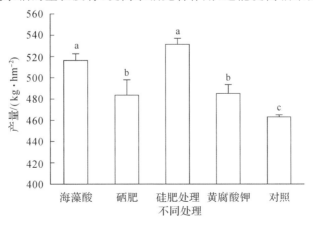

图 4.11　不同叶面肥喷施对水稻产量的影响

逆性,提升叶绿素的含量,提高根系活度,增加产量。也有研究发现海藻酸类新型尿素、磷肥、叶面肥的应用在作物上具有明显的增产效果,20%黄腐酸钾与不同成分组配成的叶面肥对生菜生长均有显著的促进作用。由此说明叶面肥的喷施均对水稻的产量及品质具有一定的积极作用,与本研究结果一致。

4.4.1.3 不同叶面肥喷施对稻米镉含量的影响

施加不同叶面肥对稻米 Cd 产生显著影响(见图 4.12)。与对照相比,叶面喷施海藻酸和硅肥能够显著降低水稻稻米中的 Cd 含量,其 Cd 含量均降低 6.25%($P < 0.05$)。而施加硒肥和黄腐酸钾后,水稻籽粒 Cd 的含量却显著增加,较对照增加 12.42% 和 11.80%($P < 0.05$)。叶面喷施硅肥,硅进入水稻体内后可以向根部移动,与重金属发生沉淀反应,从而降低重金属在水稻体内向上运输的过程,最终减少地上可食用部分中重金属的含量。海藻酸为野生海带经生物发酵后提取的海藻酸浓缩液,主要物质为海藻多糖及天然生长调节物质。本试验中施加海藻酸,显著降低了水稻稻米中 Cd 的含量,其原因可能是海藻酸的添加激发水稻细胞产生植保素,而海藻酸在海藻酸降解酶的作用下形成聚合度不同的寡糖,而海藻酸钠寡糖可通过改变 Cd 在细胞中的亚细胞分布,使更多的 Cd 累积在细胞壁上,降低水稻籽粒对 Cd 的吸收。施加硒肥和黄腐酸钾后,水稻籽粒 Cd 的含量显著上升,这可能与施入量和稀释浓度有关。

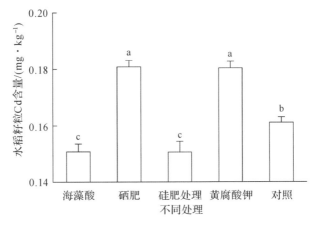

图 4.12　不同叶面肥及用量对稻米 Cd 含量的影响

4.5　农艺措施技术应用

4.5.1　田间施用钙镁磷肥和水分管理对土壤-水稻中镉的影响

4.5.1.1　试验材料和样品处理

水稻于 2018 年 6 月 26 日育苗,7 月 22 日移栽,11 月 10 日收割。田间共设置 4 个处理。

①CKsr:常规施肥(即底肥为 37.5g/m² 复合肥,追肥为 1.5g/m² 尿素),常规灌溉(即在分蘖前期和灌浆后期进行晒田,其余时间淹水)。②CPFsr:增施钙镁磷肥 37.5g/m²,并实行常规灌溉。③CKcy:常规施肥,并进行全生育期淹水(即在整个水稻生育期保持 3～5cm 的淹水)。④CPFcy:增施钙镁磷肥 37.5g/m²,并进行全生育期淹水。每个小区面积为 40m²,每个处理重复 3 次,共 12 个小区,除虫、除草等田间管理和当地一致。在水稻在分蘖期(移栽后 30 天)、抽穗期(移栽后 59 天)、灌浆期(移栽后 76 天)和成熟期(移栽后 109 天)采集每个小区采集表层土壤(0～20cm,非根际土壤)带回实验室风干,磨碎,去除动植物残渣和石块,然后分别过 10 目和 100 目筛备用。土壤 pH 和有效态 Cd 含量测定同 4.3.1.1。分别在分蘖、灌浆期和成熟期采集整株水稻样品。水稻植株镉含量分析测定同 4.3.1.1。

土壤重金属形态测定采用 Tessier 五步法(1979),将土壤中的 Cd 分为:可交换态、碳酸盐结合态、铁锰氧化物结合态、有机结合态和残渣态,并分别提取。具体方法如下,可交换态:称取过 100 目筛的 0.5g 土壤样品,置于 50mL 离心管中,加入 20mL 氯化镁溶液(0.1mol/L,pH=7.0),在 25℃下以 180r/min 的速率于恒温振荡机振荡 2h,振荡结束后于低速离心机以 4000r/m 的速率离心 20min,然后将上清液过滤至 15mL 离心管中,并用 10mL 去离子水清洗残留物,恒温下振荡机振荡 30min,低速离心机以 4000r/m 的速率离心 20min 后倒掉上清液。碳酸盐结合态:向上一级残留物中加入 20mL 醋酸钠溶液(1mol/L,pH=5.0),在 25℃以 180r/min 于恒温振荡机振荡 5h,振荡结束后用低速离心机以 4000r/m 的速率离心 20min,然后将上清液过滤至 15mL 离心管中,并用 10mL 去离子水清洗残留物,恒温条件下用振荡机振荡 30min,低速离心机以 4000r/m 的速率离心 20min 后倒掉上清液。铁锰氧化物结合态:向上一级残留物中加入 20mL 盐酸羟胺(0.04mol/L,pH=2.0),在 96℃条件下予水浴震荡 6h,冷却后用低速离心机以以 4000r/m 的速率离心 20min,然后将上清液过滤至 15mL 离心管中,并用 10mL 去离子水清洗残留物,恒温振荡机振荡 30min,低速离心机以 4000r/m 的速率离心 20min 后倒掉上清液。有机结合态:向上一级残留物中加入 3mL 硝酸(0.02mol/L)和 5mL 30%过氧化氢(pH=2.0),在 85℃条件下水浴加热 2h(偶尔摇动),再次加入 3mL 30%过氧化氢(pH=2.0)后,在 85℃下水浴震荡 3h,冷却后,加入 5mL 乙酸铵,用去离子水将样品稀释到 20mL,用温振荡机振荡 30min,用低速离心机以 4000r/m 的速率离心 20min 后取上清液过滤至 15mL 离心管中,并用 10mL 去离子水清洗残留物,恒温条件下用振荡机振荡 30min,用低速离心机以 4000r/m 的速率离心 20min 后倒掉上清液。残渣态:将上一级中残留物用 10mL 王水洗入 50mL 消煮管中并摇匀,放置过夜后,在消煮仪中 150℃消煮 2h 后拿下消煮管塞子,沿壁加入少量优级纯高氯酸,继续消煮直至样品呈灰白色,剩余液体为 1mL 左右时取出,冷却至室温后用 1%优级纯 HNO_3 定容到 50mL,过滤至 15mL 离心管中;同时做空白、标样质量控制。土壤中有效态 Cd 的含量和形态分级 Cd 的含量用石墨炉原子吸收光谱仪测定(岛津 AA-7000,日本)。

4.5.1.2　钙镁磷肥与水分管理对土壤有效态 Cd 含量的影响

在灌浆期时,CKsr(常规施肥和常规灌溉)、CPFsr(钙镁磷肥和常规灌溉),CKcy(常规施肥和持续淹水)和 CPFcy(钙镁磷肥和持续淹水)的处理影响了土壤中的有效态 Cd 的含量(见表 4.4)。与 CKsr 相比,CPFsr 和 CKcy 的有效态 Cd 的含量分别降低了 15.08%、15.01%,CPFcy 的有效态 Cd 的含量显著降低了 37.19%($P<0.05$)。然而,在成熟期,

CKsr、CPFsr、CKcy、CPFcy 的有效态 Cd 的含量之间没有显著差异。与 CKsr 相比,CPFsr、CKcy 和 CPFcy 的有效态 Cd 的含量分别降低了 18.28%、24.37% 和 31.02%。

表 4.4　不同处理对土壤有效态 Cd 含量动态变化的影响

处　理	水稻生育期有效态 Cd 含量/$(mg \cdot kg^{-1})$			
	分蘖期	抽穗期	灌浆期	成熟期
CKsr	0.14±0.01a	0.15±0.02a	0.13±0.02a	0.15±0.04a
CPFsr	0.14±0.01a	0.13±0.01a	0.11±0.01ab	0.12±0.04a
CKcy	0.14±0.01a	0.13±0.01a	0.11±0.01ab	0.11±0.01a
CPFcy	0.13±0.01a	0.11±0.04a	0.08±0.03b	0.10±0.01a

注:不同字母表示在同一生育期内,不同处理土壤有效态 Cd 含量动态变化的影响间存在显著性差异($P<0.05$)。

4.5.1.3　钙镁磷肥与水分管理对土壤 Cd 形态的影响

土壤中 Cd 的不同化学形态对植物的有效性影响不同(见图 4.13)。CPFsr 处理中可交换态 Cd 的比例降低了 18.19%。与 CKsr 相比,Cd 残渣态和铁锰氧化物结合态的比例分别增加了 13.57% 和 5.66%。持续淹水促进了残渣态 Cd 的形成。与 CKsr 相比,CKcy 中可交换态和碳酸盐结合态 Cd 的比例分别下降了 18.44% 和 0.82%,但残渣态和铁锰氧化物结合态的比例分别提高了 17.04% 和 1.93%。在施用钙镁磷肥或持续淹水的所有处理中,土壤中可交换的 Cd 含量大大降低,这表明土壤中 Cd 的生物有效性大大降低。与 CKsr 和 CPFsr 相比,CPFcy 处理中可交换 Cd 的比例分别下降了 20.71% 和 2.41%。与 CKsr 相比,残渣态 Cd 的比例显著提高了 27.97%($P<0.05$)。

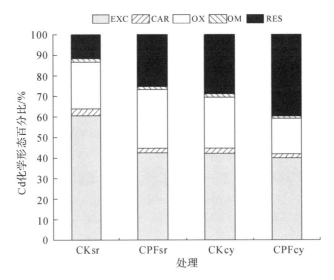

图 4.13　不同处理中对土壤中 Cd 化学形态分布的影响

注:EXC,CAR,OX,OM 和 RES 分别表示土壤中可交换态、碳酸盐结合态、Fe/Mn 氧化物结合态、有机结合态和残渣态 Cd,下同。

4.5.1.4　钙镁磷肥与水分管理对水稻各部位 Cd 含量的影响

图 4.14 显示,在分蘖期钙镁磷肥可显著提高水稻茎中 Cd 的含量($P<0.05$)。但是这种变化在根和叶中并不明显。这表明,在分蘖期钙镁磷肥促进水稻吸收的 Cd 主要集中在茎上。与 CKsr 相比,在 CPFcy 处理中,灌浆期茎和叶片中 Cd 含量分别下降 62.43％ 和 61.60％。在 CPFcy 处理中,水稻根和籽粒中的 Cd 含量最少。然而,与 CKsr 相比,CPFsr 和 CKcy 处理的水稻各部分之间 Cd 的含量没有显著差异。这表明,钙镁磷肥与持续淹水相结合可以更有效地减少水稻灌浆期 Cd 的积累。在成熟期,与 CKsr 相比,CPFsr、CKcy 和 CPFcy 处理的 Cd 含量分别显著降低了 56.14％、55.48％ 和 77.24％($P<0.05$)。在茎中, CKcy 处理的 Cd 含量最高,为 1.60mg/kg。除 CKsr 外,其余的处理(CKcy、CPFsr、CPFcy) 中糙米的 Cd 含量均未超过《食品安全国家标准》(GB 2762—2017)中规定的标准量,即 0.20mg/kg。结果表明,水稻中 Cd 的含量随着水稻的生长而增加。根是水稻成熟期时 Cd 积累量最大的器官,但是随着 Cd 向上运输,茎、叶和籽粒中 Cd 的含量逐渐降低。

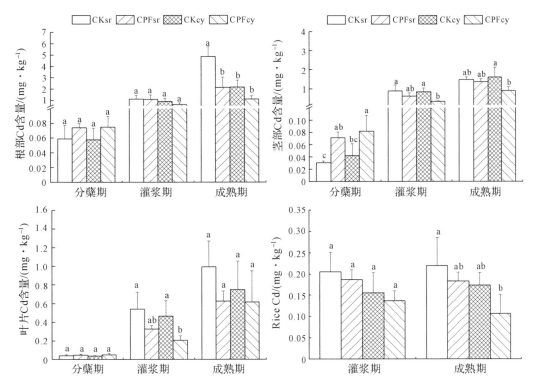

图 4.14　不同处理对水稻不同生育期各部位 Cd 含量变化的影响

注:不同字母表示在同一生育期内相同部位不同处理之间存在显著性差异($P<0.05$)。

4.5.1.5　钙镁磷肥与水分管理对水稻转运系数和富集系数的影响

由表 4.5 可见,与 CKsr 相比,CKcy、CPFsr、CPFcy 处理中的 TF$_{根-茎}$显著增加,TF$_{茎-叶}$ 和 TF$_{茎-糙米}$略有减少。这意味着持续淹水和钙镁磷肥的施用将增加 Cd 从根到茎的转运,而减少 Cd 从茎到糙米的转运。在所有处理中,CPFcy 处理的水稻各部位中的 BCF 值最低,尤其

是 $BCF_根$ 和 $BCF_糙米$，显著低于 CKsr（$P<0.05$）。与 CKcy 相比，CPFcy 的 $BCF_茎$ 明显减少。但是，BCF 叶没有显著差异。在所有处理中，水稻各部位的 BCF 值由高到低表现为：$BCF_根$ ＞$BCF_茎$＞$BCF_叶$＞$BCF_糙米$。

表 4.5　不同处理对水稻转运系数和富集系数的影响

处　理	$TF_{根-茎}$	$TF_{茎-叶}$	$TF_{茎-糙米}$	$BCF_根$	$BCF_茎$	$BCF_叶$	$BCF_糙米$
CKsr	0.31±0.07b	0.67±0.13a	0.15±0.05a	8.39±1.47a	2.53±0.26ab	1.71±0.48a	0.38±0.11a
CPFsr	0.73±0.31a	0.46±0.06a	0.13±0.00a	3.68±1.55b	2.36±0.26ab	1.07±0.19a	0.32±0.04ab
CKcy	0.75±0.16a	0.46±0.04a	0.12±0.05a	3.74±1.05b	2.76±0.90a	1.29±0.53a	0.30±0.05ab
CPFcy	0.84±0.24a	0.66±0.02a	0.12±0.03a	1.91±0.50b	1.54±0.35b	1.06±0.58a	0.18±0.08b

注：不同字母表示不同处理对水稻转运系数和富集系数之间存在显著性差异（$P<0.05$）。

4.5.2　硅肥、钙镁磷肥和水分管理对不同土壤-水稻中镉的影响

4.5.2.1　试验材料和样品处理

试验水稻品种为"甬优 15"，属籼粳交偏籼型三系杂交稻，全生育期约为 149 天。水稻于 2019 年 6 月移栽，11 月收获。供试土壤分别取自浙江省某市轻微 Cd 污染土和某市轻度 Cd 污染土农田的表层土壤（0～20cm），基本理化性质如表 4.6 所示。将采集的土壤铺开风干磨碎，过 5mm 筛，拌匀后每份分为 3kg，将肥料和土壤混合均匀后放于花盆中，加水稳定 1 周。供试花盆为上口径 20cm、高 17cm 的白色聚酯纤维盆。试验地点为浙江农林大学温室大棚。在轻度污染土壤与重度污染中设置 6 个处理。①CK：常规施肥（底肥施入 1.5g 复合肥，N：P：K＝25：5：20），常规灌溉（分蘖后期至抽穗期干湿交替，抽穗期晒田，其他时期淹水）。②CKys：常规施肥，全生育期淹水（保持水稻整个生育期 3～5cm 的淹水）。③SF：在常规施肥的基础上增施硅肥 0.4g 每盆，常规灌溉。④SFys：在常规施肥的基础上增施硅肥，全生育期淹水。⑤GM：在常规施肥的基础上增施钙镁磷肥 1.0g 每盆，常规灌溉。⑥GMys：在常规施肥的基础上增施钙镁磷肥，全生育期淹水。所采用的肥料用量则根据大田中施用量进行换算所得。土壤和植物镉含量分析同 4.3.1.1。

表 4.6　土壤基本理化性质

理化性质	轻微 Cd 污染土壤	轻度 Cd 污染土壤
pH	5.46±0.05	5.15±0.06
有机质/(g•kg⁻¹)	35.40±2.08	48.38±0.39
碱解氮/(mg•kg⁻¹)	139.42±4.40	143.50±4.63
有效磷/(mg•kg⁻¹)	60.05±1.06	49.43±1.20
速效钾/(mg•kg⁻¹)	106.67±1.15	39.67±1.53
全 Cd/(mg•kg⁻¹)	0.38±0.03	0.79±0.12

4.5.2.2　硅肥、钙镁磷肥与水分管理对土壤 pH 和 Eh 的影响

在轻微 Cd 污染的土壤中,施用钙镁磷肥、硅肥和进行淹水处理都提升了土壤 pH。在分蘖期,相比于 CK,CKys 处理的土壤 pH 提升了 0.18 个单位,SFys 和 GMys 处理的土壤,其pH 最高,分别为 5.46 和 5.44,与 CKys 相比,分别提升了 0.26 和 0.24 个单位。在抽穗期,使用钙镁磷肥对土壤 pH 的效果较硅肥好,GM 处理的土壤,其 pH 比 SF 处理的高出 0.14个单位,钙镁磷肥结合持续淹水后土壤的 pH 达到 5.59,在所有处理中最高。在灌浆期,进行全生育期淹水的处理的土壤的 pH 均比常规灌溉的要高,其中 SFys 处理的土壤的 pH 最高,为 5.55,与 SF 相比提高了 0.24 个单位。在成熟期,所有处理的土壤的 pH 均比 CK 处理的明显升高,其中最高的为 SF 和 GMys 处理,分别为 5.71 和 5.70,与 CK 处理相比分别提升了 0.51 和 0.50 个单位。在轻度 Cd 污染土壤中,各处理的土壤 pH 的提升没有轻微污染土壤中的明显,且硅肥的效果好于钙镁磷肥。对比 GM 和 GMys,SF 和 SFys 处理的抽穗期土壤 pH 分别提升了 0.31 和 0.27 个单位。在灌浆期,SFys 处理的土壤 pH 为 5.49,与CKys 和 GMys 处理的相比,分别提升了 0.23 和 0.19 个单位。在成熟期,除 SF 外,其余处理的土壤 pH 均呈下降趋势。SF 处理的 pH 为 5.27,比 CK 处理的提升了 0.42 个单位。CKys 处理对土壤 pH 的提升效果有限,与 CK 相比,仅提升 0.1 个单位(见图 4.15)。

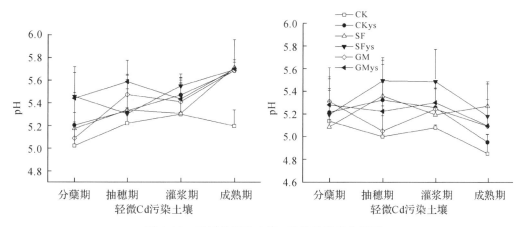

图 4.15　不同处理对土壤 pH 的动态变化影响

在两种土壤中,常规灌溉和持续淹水处理的土壤 Eh 各有一定的变化趋势,常规灌溉方式下土壤 Eh 先上升,后下降,再上升;全生育期淹水处理的土壤 Eh 先下降,后上升。淹水条件下,土壤 Eh 明显降低。轻微 Cd 污染土壤中,CKys 处理灌浆期的土壤 Eh 比 CK 处理的降低了 56mV。添加硅肥和钙镁磷肥均使土壤 Eh 升高,SFys 和 GMys 处理相比于CKys,灌浆期的土壤 Eh 分别升高了 165mV 和 34.7mV。在成熟期,淹水处理的土壤 Eh 均比常规灌溉的低。在轻度 Cd 污染土壤中,Eh 下降较为明显,从抽穗期至成熟期淹水处理的土壤 Eh 均比常规灌溉的低,且抽穗期 CKys 和 GMys 处理的土壤 Eh 均已降为负值。在灌浆期,CKys 和 GMys 相比于 CK 和 GM 处理,土壤 Eh 下降了 396mV 和 418mV。而在淹水环境下,硅肥同样提升了土壤 Eh,SFys 的比 CKys 的提升了 332mV(见图 4.16)。

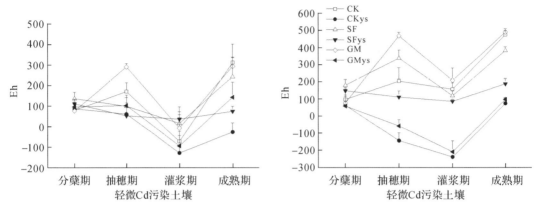

图 4.16　不同处理对土壤 Eh 的动态变化影响

4.5.2.3　硅肥、钙镁磷肥与水分管理对不同土壤 Cd 形态的影响

与 CK 相比,轻微 Cd 污染土壤中各处理可交换态 Cd 的含量所占比例均有下降,而残渣态 Cd 的含量所占比均有上升。CKys 处理中,可交换态 Cd 减少了 5.70%,而铁锰氧化物结合态和残渣态 Cd 分别上升了 2.89% 和 3.38%。常规灌溉下施用硅肥使可交换态和碳酸盐结合态 Cd 分别减少了 8.70% 和 2.71%,铁锰氧化物结合态和残渣态 Cd 分别上升了 2.21% 和 9.45%,而持续淹水下施用硅肥则进一步促进了可交换态 Cd 的减少和有机结合态、残渣态 Cd 的增加,与 SF 相比,SFys 处理中可交换态 Cd 减少了 7.13%,有机结合态、残渣态 Cd 分别增加了 1.81% 和 3.21%。在常规水分管理下使用钙镁磷肥使可交换态 Cd 含量减少了 13.45%,残渣态 Cd 比例增加了 14.38%,持续淹水使可交换态和铁锰氧化物结合态 Cd 进一步减少了 5.07% 和 2.34%,使残渣态 Cd 的含量增加 7.31%。

和轻微污染土壤相比,轻度污染土壤各处理中残渣态 Cd 含量所占比例较大,而可交换态 Cd 所占比例较小。对比 CK,CKys 处理中可交换态和铁锰氧化物结合态 Cd 含量所占比例分别减少了 3.80%,残渣态 Cd 含量所占比例增加了 6.13%。与 CK 相比,SF 处理可交换态 Cd 含量所占比例降低 6.20%,残渣态 Cd 含量所占比例提升 8.92%。与 CKys 相比,SFys 处理的土壤中,可交换态和铁锰氧化物结合态 Cd 含量比例降低 6.38% 和 4.24%,残渣态 Cd 含量所占比例提升 9.44%。施用钙镁磷肥对可交换态 Cd 含量的减少效果比施用硅肥好,GM 对比 SF 处理,土壤中可交换态 Cd 含量比例降低了 6.24%,残渣态 Cd 含量所占比例增加了 7.03%,在淹水环境中,钙镁磷肥促进了可交换态和铁锰氧化物结合态 Cd 含量向残渣态 Cd 转变,与 CKys 相比,GMys 处理的土壤中可交换态和铁锰氧化物结合态 Cd 含量分别降低了 8.62% 和 5.08%,残渣态 Cd 含量所占比例增加了 13.32%(见图 4.17)。

4.5.2.4　硅肥、钙镁磷肥与水分管理对水稻根表铁膜中 Cd 含量的影响

由图 4.18 可知,轻度污染土壤中水稻根表铁膜中 Cd 的含量高于轻微污染土壤。在两种土壤中,持续淹水均降低了根表铁膜中 Cd 的含量,而施用硅肥和钙镁磷肥都增加了铁膜中 Cd 的含量。在轻微污染土壤中,与 CK 相比,SF 和 GM 处理的根表铁膜中 Cd 的含量分别显著提升了 49.67% 和 70.54%($P < 0.05$)。持续淹水对各处理中根表铁膜中 Cd 的含量

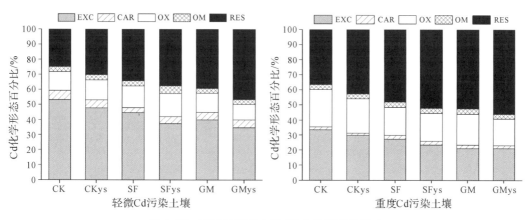

图 4.17　不同处理对土壤 Cd 化学形态的影响

的减少范围为 21.28%～59.32%,使用钙镁磷肥并进行持续淹水后根表铁膜中 Cd 的含量显著减少。在轻度污染土壤中,持续淹水均显著降低了根表铁膜中 Cd 的含量,降幅为44.19%～74.09%,其中 GMys 处理的降幅最大。与 CK 相比,GM 处理显著增加了水稻根表铁膜中 Cd 的含量,增加了 279.63%。在两种土壤中,GM 处理的根表铁膜中 Cd 的含量均为最高。

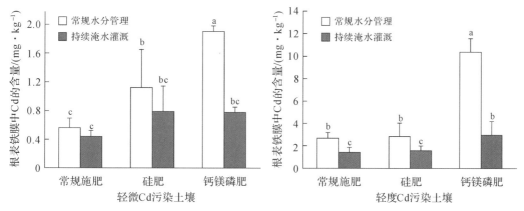

图 4.18　不同处理对水稻根表铁膜中 Cd 含量的影响

注:不同字母表示不同处理对水稻根表铁膜中 Cd 含量的影响存在显著性差异($P < 0.05$)。

4.5.2.5　硅肥、钙镁磷肥与水分管理对水稻各部位 Cd 含量的影响

不同污染程度土壤中,水稻体内的 Cd 含量不同。在轻微污染土壤中,持续淹水使水稻根部的 Cd 含量显著降低了 26.61%($P < 0.05$),施用硅肥和钙镁磷肥也降低了根部 Cd 的含量的茎部 Cd 含量但无显著差异($P > 0.05$)。CKys 处理的茎部 Cd 含量比 CK 处理的降低了 15.23%,GMys 处理比 GM 处理的降低了 16.31%,GMys 处理的叶片中的 Cd 含量也比 GM 处理的降低了 24.86%。在糙米中 Cd 含量最低的处理为 SFys 和 GMys,分别为0.131mg/kg 和 0.126mg/kg,与 CKys 相比,分别降低了 21.12% 和 24.22%,但均无显著差异。

在轻度 Cd 污染土壤中,与 CK 相比,CKys 和 SF 处理的根部 Cd 含量均显著减少,分别

减少了 38.20％和 42.69％。SFys 处理与 CKys 处理相比,也具有显著差异($P<0.05$),Cd 含量降低了 62.86％。在茎部,CKys、SF 和 GM 处理与 CK 处理相比,Cd 含量分别显著降低了 63.37％、52.43％和 36.67％。在叶片中,与 CK 相比,CKys 和 SF 处理的 Cd 含量显著减少,分别减少了 42.31％和 45.05％。CKys 和 SF 处理对比 CK 稻壳处理,Cd 含量分别显著降低了 42.02％和 61.93％,而 SFys 对比 CKys 和 SF 处理,稻壳 Cd 含量分别显著减少了 82.45％和 72.27％。在糙米中除了 GM 处理外,其余处理与 CK 处理的 Cd 处理均有显著差异,但只有 SFys 和 GMys 处理的糙米的 Cd 含量低于《食品国家安全标准》(GB 2762—2017)规定的 0.20mg/kg,分别为 0.19mg/kg 和 0.14mg/kg(见图 4.19)。

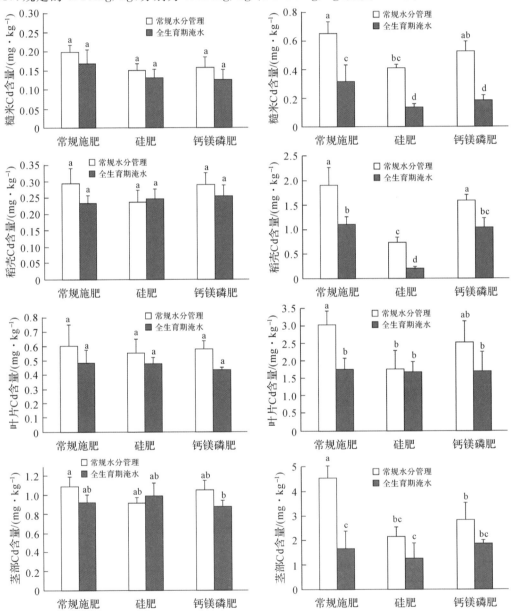

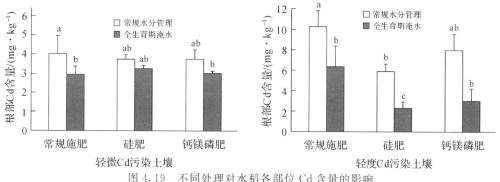

图 4.19　不同处理对水稻各部位 Cd 含量的影响

4.6　小　结

　　研究不同钝化剂(石灰、伊利石、磷矿粉、甲壳素和玉米秸秆炭)对不同重金属(Zn、Pb 和 Cd)的吸附效果。结果显示:石灰和甲壳素表现出更优的吸附性能,各钝化剂对重金属(Zn、Pb 和 Cd)的吸附随着初始浓度的增加而趋于增强,5 种钝化剂对重金属的吸附效率随吸附时间的延长而提高。但是,随钝化剂表面吸附点位的减少,吸附在 15min 内逐渐进入稳定阶段。由于质子与金属离子之间的作用竞争降低了酸性条件下钝化剂的吸附性能,因此在较高的 pH 下,吸附能力达到饱和。在土壤中,5 种钝化剂对土壤重金属的吸附效率随钝化剂用量的增加而提高。添加量为 1% 时,石灰的吸附效率最高。钝化剂是外源物质,如果能达到钝化效果,添加量越少越好,所以综合考虑材料成本和经济效益,认为石灰和甲壳素对重金属有较大的吸附潜力和较高的吸附效率,可以作为减轻重金属污染的良好材料。

　　对于不同水稻品种对重金属镉的吸收和积累规律的试验发现,水稻植株不同部位对镉的积累整体趋势表现为:根>茎>叶>糙米>稻壳。在分蘖期、拔节期、育穗期、成熟期,在不同水稻品种中,植株不同器官对重金属镉的吸收和积累量均存在显著差异。① 以 5μmol/L、10μmol/L 和 15μmol/L 这 3 种不同重金属镉浓度处理 5 种水稻幼苗,其中重金属镉的转运速率最慢的是中浙优 1 号,当处理重金属镉浓度越高时,因抑制了水稻对镉的转运,水稻转移系数也最低,从而减少了重金属镉纵向向上迁移的数量。② 同一水稻品种不同器官中重金属镉的积累存在差异。重金属镉的吸收和分布大致如下:根>茎>叶>糙米>稻壳。在分蘖期,育穗期和成熟期,不同水稻品种在根、茎、叶、稻壳和糙米之间对重金属镉的吸收积累量波动很大。③ 同一水稻不同生育时期在相同器官中重金属镉的积累量存在差异。一般规则如下:根中重金属镉的含量由高到低依次为分蘖期、拔节期、育穗期、成熟期;育穗期茎中重金属镉含量较高;叶片中重金属镉的含量由低到高依次为:分蘖期、拔节期、育穗期、成熟期。

　　基于叶面喷施不同肥料对植物镉含量和积累的影响试验发现:① 在试验设计的用量和浓度下,4 种叶面肥喷施后对水稻植株叶色没有明显的影响,对水稻的生长没有影响。② 施加叶面肥能够促进水稻在 Cd 污染胁迫下的生长,尤其以喷施海藻酸和硅肥的处理效果最好,可以考虑用于实际生产。③ 叶面喷施海藻酸、硒肥、硅肥、黄腐酸钾均能够显著提高水稻千粒重及产量,增产效果由高到低依次为:硅肥、海藻酸、黄腐酸钾、硒肥。④ 与对照相比,叶面喷施海藻酸和硅肥能够显著降低水稻稻米中 Cd 的含量（$P<0.05$）；而施加硒肥和黄腐酸钾后，水稻籽粒中 Cd 的含量却显著增加。

在不同农艺措施应用过程中发现：①在两种土壤中，硅肥和钙镁磷肥都能提升土壤 pH，降低 Cd 的生物有效性，促进水稻生长，且在轻度污染土壤中对有效态 Cd 含量的降低效果较好；持续淹水降低了土壤 Eh，且在轻度污染土壤中降低效果较为明显。②水稻根表铁膜对抑制 Cd 的吸收具有重要作用，在两种土壤中施用钙镁磷肥对根表铁膜中 Cd 含量的增加均比硅肥多。全生育期淹水灌溉虽然减少了根表铁膜中 Cd 的含量，但也抑制了水稻根部对 Cd 的吸收以及糙米对 Cd 的积累。③不同污染土壤中，糙米中 Cd 的含量不同，在两种土壤中，施用硅肥、钙镁磷肥或进行全生育期淹水均可降低稻米中 Cd 的含量。对轻微 Cd 污染土壤，各处理中糙米中 Cd 的含量均在《食品国家安全标准》（GB 2762—2017）规定的 0.20mg/kg 以下；在轻度污染土壤中，需施用硅肥或钙镁磷肥并结合全生育期淹水，才能使糙米中 Cd 的含量降到 0.20mg/kg 以下。

参考文献

艾伦弘，汪模辉，李鉴伦，等. 2005.镉及镉锌交互作用的植物效应. 广东微量元素科学，（12）：6-11.

鲍士旦. 2000.土壤农化分析(第三版). 北京：中国农业出版社.

曹胜，欧阳梦云，周卫军，等. 2018.石灰对土壤重金属污染修复的研究进展. 中国农学通报，034(026)：109-112.

陈芳，董元华，安琼，等. 2005.长期肥料定位试验条件下土壤中重金属的含量变化. 土壤，（03）：308-311.

陈海燕，高雪，韩峰. 2006.贵州省常用化肥重金属含量分析及评价. 耕作与栽培，4：18-19.

陈立伟，杨文弢，周航，等. 2018.土壤调理剂对土壤-水稻系统 Cd、Zn 迁移累积的影响及健康风险评价. 环境科学学报，38(4)：1635-1641.

陈平，吴秀峰，张伟锋，等. 2006.硒对镉胁迫下水稻幼苗叶片元素含量的影响. 中国生态农业学报，（3）：114-117.

陈世宝，朱永官，杨俊诚. 2003.土壤-植物系统中磷对重金属生物有效性的影响机制. 环境污染治理技术与设备，（08）：1-7.

崔力拓，耿世刚，李志伟. 2006.我国农田土壤镉污染现状及防治对策. 现代农业科技，（11）：184-185.

崔晓峰，李淑仪，丁效东，等. 2013.喷施硅铈溶胶缓解镉铅对小白菜毒害的研究. 土壤学报，50(1)：171-177.

戴力. 2017.叶面喷施 BSO 对水稻耐镉积镉特性的影响. 湖南农业大学.

邓晓霞，黎其万，李茂萱，等. 2018.土壤调控剂与硅肥配施对镉污染土壤的改良效果及水稻吸收镉的影响. 西南农业学报，31(6)：1221-1226.

方勇，陈曦，陈悦，等. 2013.外源硒对水稻籽粒营养品质和重金属含量的影响. 江苏农业学报，29(04)：760-765.

冯文强，涂仕华，秦鱼生，等. 2008.水稻不同基因型对铅镉吸收能力差异的研究. 农业环境科学学报,27(2):447-451.

冯子龙,卢信,张娜,等.2017.农艺强化措施用于植物修复重金属污染土壤的研究进展.
　　江苏农业科学,45(2):14-20.

耿学维.2005.农残降解剂在果树上的应用.中国农村科技,(12):28-29.

郭炜辰,杜立宇,梁成华,等.2019.天然与改性沸石对土壤 Cd 污染赋存形态的影响研究.
　　土壤通报,50(3):719-724.

贺京哲,孙慧敏,姜延吉,等.2016.不同种类化肥对塿土吸附解吸铅、镉行为的影响.干旱
　　地区农业研究,34(4):146-152.

胡红青,黄益宗,黄巧云,等.2017.农田土壤重金属污染化学钝化修复研究进展.植物营养
　　与肥料学报,23(006):1676-1685.

胡胜华,张婷,周巧红,等.2010.武汉三角湖复合垂直流人工湿地对重金属元素的去除研
　　究.生态环境学报,19(10):2468-2473.

黄益宗,朱永官,黄凤堂,等.2004.镉和铁及其交互作用对植物生长的影响.生态环境,
　　(3):406-409.

黄宇.2017.镉低积累型水稻品种联合调控技术保障污染农田生产安全的研究.杭州:浙江
　　大学硕士学位论文.

黄宇,廖敏,叶照金,等.2017.两种低镉积累水稻镉含量与土壤镉的剂量-效应关系及调
　　控.生态与农村环境学报,33(8):748-754.

嵇东,孙红.2018.农田土壤重金属污染状况及修复技术研究.农业开发与装备,204(12):
　　74-75.

姜利,史志鹏,胡红青,等.2012.有机酸和磷对两种污染土壤铅的释放作用研究.农业环
　　境科学学报,31(9):1710-1715.

蒋诗梦,颜新培,龚昕,等.2016.桑树品种间重金属镉的分布与富集规律研究.中国农学
　　通报,32(22):76-83.

蒋煜峰,袁建梅,卢子扬,等.2005.腐殖酸对污灌土壤中 Cu、Cd、Pb、Zn 形态影响的研究.
　　西北师范大学学报:自然科学版,41(6):48-52.

鞠殿民,范丽颖,李景梅,等.2009.镉对菠菜生长影响的基因型差异研究.安徽农业科学,
　　37(4):1441-1442.

康福星,龙健,王倩,等.2010.微生物胞外聚合物对水体重金属和富营养元素的环境生化
　　效应研究展望.应用与环境生物学报,16(1):129-134.

李菲里,刘丛强,杨元根,等.2009.覆膜对土壤-青菜体系 Cu 和 Zn 迁移特性的影响.生态
　　与农村环境学报,25(2):54-58.

李海龙,李香真,聂三安,等.2018.水分管理对 Cd-Pb-Zn 污染土壤有效态及水稻根际细菌
　　群落的影响.农业环境科学学报,37(7):1456-1467.

李佳华,林仁漳,王世和,等.2008.几种固定剂对镉污染土壤的原位化学固定修复效果.
　　生态环境学报,17(006):2271-2275.

李明举,严正炼,王文华.2014.水稻施用锌肥对镉吸收的抑制效果初探.现代农业,
　　(008):39-42.

李永涛,Becquert,Quantinc,等.2004.酸性矿山废水污染的水稻田土壤中重金属的微生

物学效应研究. 生态学报, 24(11): 2430-2436.

刘本文, 杨凯, 黄凯丰, 等. 2008. 镉胁迫下茭白各器官对镉的积累差异研究. 安徽农业科学, 36 (12): 4841-4842.

刘春梅, 罗盛国, 刘元英. 2015. 硒对镉胁迫下寒地水稻镉含量与分配的影响. 植物营养与肥料学报, 21(01): 190-199.

刘荣乐, 李书田, 王秀斌, 等. 2005. 我国商品有机肥料和有机废弃中重金属的含量状况及分析. 农业环境科学学报, 24 (2): 392-393.

刘秀珍, 马志宏, 赵兴杰. 2014. 不同有机肥对镉污染土壤镉形态及小麦抗性的影响. 水土保持学报, 28(3), 243-247.

鲁如坤. 1992. 我国磷矿磷肥中镉的含量及其对生态环境影响评价. 土壤学报, 23 (5): 150-157.

鲁雁伟, 揭雨成, 佘玮, 等. 2010. 苎麻种植密度对重金属 Pb、As 富集能力影响研究. 中国农学通报, 26(17): 337-341.

倪丽佳. 2010. 地膜覆盖对重金属在土壤-农作物体内迁移的影响. 浙江工业大学.

史力争, 陈惠康, 吴川, 等. 2018. 赤泥及其复合钝化剂对土壤铅、镉和砷的稳定效应. 中国科学院研究生院学报, 35(5): 617-626.

宋安军. 2015. 镉污染条件下叶面喷施水杨酸、镁、谷氨酸对水稻镉等元素积累的影响. 雅安: 四川农业大学硕士学位论文.

孙国红, 李剑睿, 徐应明, 等. 2015. 不同水分管理下镉污染红壤钝化修复稳定性及其对氮磷有效性的影响. 农业环境科学学报, 34(11): 2105-2113.

汤叶涛, 仇荣亮, 曾晓雯, 等. 2005. 一种新的多金属超富集植物—圆锥南芥. 中山大学学报: 自然科学版, 44(4): 135-136.

唐永康, 曹一平. 2003. 喷施不同形态硅对水稻生长与抗逆性的影响. 土壤肥料, (002): 16-21.

田桃, 曾敏, 周航, 等. 2017. 水分管理模式与土壤 Eh 值对水稻 Cd 迁移与累积的影响. 环境科学, 38(1): 343-351.

王丹, 李鑫, 王代长, 等. 2015. 硫素对水稻根系铁锰胶膜形成及吸收镉的影响. 环境科学, 36(5): 1877-1887.

王贵玲, 蔺文静. 2003. 污水灌溉对土壤的污染及其整治. 农业环境科学学报, 22(2): 163-166.

王晶, 张旭东, 李彬, 等. 2002. 腐殖酸对土壤中 Cd 形态的影响及利用研究. 土壤通报, 33 (3): 185-187.

王谦, 成水平. 2010. 大型水生植物修复重金属污染水体研究进展. 环境科学与技术, 33 (5): 96-102.

王世华, 罗群胜, 刘传平, 等. 2007. 叶面施硅对水稻籽实重金属积累的抑制效应. 生态环境, (3): 875-878.

吴岩, 杜立宇, 梁成华, 等. 2018. 生物炭与沸石混施对不同污染土壤镉形态转化的影响. 水土保持学报, 32(1): 286-290.

肖清铁, 郑新宇, 韩永明, 等. 2018. 不同栽培措施对紫苏镉富集能力的影响. 福建农业学报，33(7)：724-731.

徐琴，王孟，谢义梅，等. 2019.施硒对水稻外观品质及籽粒硒、镉和砷含量的影响. 中国农业科技导报，21(05)：135-140.

徐胜光，周建民，刘艳丽，等. 2007.硅钙调控对酸矿水污染农田水稻镉含量的作用机制. 农业环境科学学报，26(5)：1854-1859.

阳继辉，沈方科，曾芳，等. 2007.菜心耐 Cd 性的基因型差异及其机制研究. 广西农业生物科学，26(4)：322-330.

杨蕾. 2018.我国土壤重金属污染的来源、现状、特点及治理技术. 中国资源综合利用，36(2)：151-153.

杨玉敏，张庆玉，张冀，等. 2010.小麦基因型间籽粒镉积累及低积累资源筛选.中国农学通报，26(4)：342-346.

杨再雍，邱立华，李明玉. 2008.污水灌溉的生态效应及人工湿地处理技术. 广西轻工业，4：80-81.

杨志敏，郑绍健，胡霭堂. 2000.不同磷水平下植物体内镉的积累、化学形态及生理特性. 应用与环境生物学报，6(2)：121-125.

于立红，王鹏，于立河，等. 2013.地膜中重金属对土壤-大豆系统污染的试验研究. 水土保持通报，33

曾卉，周航，邱琼瑶，等. 2014.施用组配固化剂对盆栽土壤重金属交换态含量及在水稻中累积分布的影响. 环境科学，35(2)：727-732.

张冬雪，丰来，罗志威，等. 2017.土壤重金属污染的微生物修复研究进展. 江西农业学报，29(008)：62-67.

张俊丽，高明博，雷建新，等. 2020.农艺措施修复重金属污染土壤的研究进展. 农学学报，10(8)：38-41.

张永刚. 2016.不同农艺措施对土壤中铜、锌及玉米生长性状影响研究.长春:吉林农业大学硕士学位论文.

仲维功，杨杰，陈志德，等. 2006.水稻品种及其器官对土壤重金属元素 Pb、Cd、Hg、As 积累的差异. 江苏农业学报，22(4)：331-338.

周海兰. 2007.人工湿地在重金属废水处理中的应用. 环境科学与管理，32(9)：89-91.

周利军，武琳，林小兵，等. 2019.土壤调理剂对镉污染稻田修复效果. 环境科学，40(11)：5098-5106.

周青，张辉，黄晓华，等. 2003.镧对镉胁迫下菜豆幼苗生长的影响. 环境科学，24(4)：48-53.

周涛发，陶春军，李湘凌，等. 2010.施磷对土壤中汞铅吸附特性的影响. 物探与化探，34(5)：655-658.

Antimladenovi S，Frohne T，Kresovi M，et al. 2017. Biogeochemistry of Ni and Pb in a periodically flooded arable soil：fractionation and redox-induced （im）obilization. Journal of Environmental Management，186(2)：141.

Arao T，Ishikawa S. 2006. Genotypic differences in cadmium concentration and distribution of soybeans and rice. JARQ-Jpn Age：Res. Q，40：21-30.

Arthur E, Crew S H, Morgan C. 2000. Optimizing plant genetic strategies for minimizing environmental contamination in the food chain. International Journal of Phytoremediation, 2(1): 1-21.

Bolna N, Adriano D, Mahimairaja S. 2004. Distribution and bioavailability of trace element in livestock and poultry manu by proudcts. Environmental Science and Technology, 34: 291-338.

Chen F, Dong J, Wang F. 2007. Identification of barley genotypes with low grain Cd accumulation and its interaction with four microelements. Chemosphere, 67: 2082-2088.

Chen W Y, Lee J F, Wu C F, et al. 1997. Microcalorimetric Studies of the Interactions of *Lysozyme* with Immobilized Cu (II): effects of pH value and salt concentration. Journal of Colloid and interface Science, 190(1): 49-54.

Chen Y, Li T Q, Han X, et al. 2012. Cadmium accumulation in different pakchoi cultivars and screening for pollution-safe cultivars. Journal of Zhejiang University Science, 13: 494-502.

Ebbs S, Leonard W. 2001. Alteration of selenium transport and volatilization in barley (*Hordeum vulgare*) by arsenic. Journal of Plant Physiology, 158(9): 1231-1233.

Fulda B, Voegelin A, Kretzschmar R. 2013. Redox-controlled changes in cadmium solubility and solid- phase speciation in a paddy soil as affected by reducible sulfate and copper. Environmental Scien Technology, 47(22): 12775-12783.

Hart J J, Welch R M, Norvell W A, et al. 2010. Transport interactions between cadmium and zinc in roots of bread and durum wheat seedlings. Physiologia Plantarum, 116 (1): 73-78.

He Z L, Yang X E, Stoffella P J. 2005. Trace elements in agroecosystems and impacts on the environment. Journal of Trace Elements in Medicine and Biology, 19: 125-140.

Kurz H, Schulz R, Romheld V. 1999. Selection of cultivars to reduce the concentration of cadmium and thallium in food and fodder plants. Journal of Plant Nutrition and Soil Science, 162: 323-328.

Lin C J, Pehkonen S O. 1999. The chemistry of atmospheric mercury: a review. Atmospheric Environmental, 33: 2067-2079.

Liphadzim S, Kirkham m b, Mankin K R, et al. 2003. EDTA- assisted heavy-metal uptake by poplar and sunfolwer grown at a long-term sewage-sludge farm. Plant and Soil, 257(1): 171-182.

Li R N. 1994. Effect of long-term applications of copper on soil and grape copper. Canadian Journal of Soil Science, 74(3): 345-347.

Liu W T, Zhou Q X, Sun Y B. 2009. Identification of Chinese cabbage genotypes with low cadmium accumulation for food safety. Environmental Pollution, 157: 1961-1967.

Liu W T, Zhou Q X, Zhang Y L. 2010. Lead accumulation in different Chinese cabbage cultivars and screening for pollution-safe cultivars. Journal of Environmental

Management，91：781-788.

Li X F. 2019. Technical solutions for the safe utilization of heavy metal-contaminated farmland in China：A critical review. Land Degradation and Development，30（15）：1773-1784.

Mclaughlin M J，Bell M J，Wright G C. 2000. Uptake and partitioning of cadmium by cultivars of peanut （*Arachis hypogaea* L.）. Plant and Soil，222：51-58.

Merlean N，Roisenberg A，Chies J O. 2005. Copper-based fungicide contamination and metal distribution in Brazilian grape products. Bulletin of Environmental Contamination and Toxicology，75（5）：968-974.

Ryuichi T，Yasuhiro I，Hugo S，et al. 2014. From Laboratory to Field：*OsNRAMP*5-knockdown rice is a promising candidate for Cd phytoremediation in paddy fields. Plos One，9（6）：e98816.

Saidi I，Chtourou Y，Djebali W. 2014. Selenium alleviates cadmium toxicity by preventing oxidative stress in sunflower （*Helianthus annuus*） seedlings. Journal of Plant Physiology，171（5）：85-91.

Saifullah，Javed H，Naeem A，et al. 2016. Timing of foliar Zn application plays a vital role in minimizing Cd accumulation in wheat. Environmental Science & Pollution Research International，23（16）：16432-16439.

Sastre J，Hernandez E，Rodriguez R，et al. 2004. Use of sorption and extraction tests to predict the dynamics of the interaction of trace elements in agricultural soils contaminated by a mine tailing accident. Science of the Total Environment，32（9）：261-281.

Shah，Fahad，Saddam，et al. 2015. Effects of tire rubber ash and zinc sulfate on crop productivity and cadmium accumulation in five rice cultivars under field conditions. Environmental Science & Pollution Research，22（16）：12424-12434.

Spencer K L，Dewhurst R E，Penna P. 2006. Potential impacts of water injection dredging on water quality and ecotoxicity in Lime house Basin，River Thames，SE England，UK. Chemosphere，63（3）：509-521.

Takahashi R，Ishimaru Y，Shimo H，et al. 2012. The OsHMA2 transporter is involved in root - to - shoot translocation of Zn and Cd in rice. Plant Cell & Environment，35（11）：1948-1957.

Tessier A P，Campbell P，Bisson M X. 1979. Sequential extraction procedure for the speciation of particulate trace metals. Analytical chemistry，51（7）：844-851.

Tiryakioglu M，Eker S，Ozkutlu F. 2006. Antioxidant defense system and cadmium uptake in barley genotypes differing in cadmium tolerance. Journal of Trace Elements in Experimental Medicine，20：181-189.

Tiwari S，Kumari B，Singh S N. 2008. Microbe-induced changes in metal extractability from fly ash. Chemosphere，71（7）：1284-1294.

Ueno D，Kono I，Yokosho K. 2009. A major quantitative trait locus controlling cadmium translocation in rice (*Oryza sativa* L.). New Phytologist，182(3)：644-653.

Xia J Q. 1996. Explanation on Edatope Standard. Beijing：China Environmental Press，37-38.

Zhang H M，Xu M G，Zhang F. 2009. Long-term effects of manure application on grain yield under different cropping systems and ecological conditions in China. Journal of Agricultural Science，147：31-42.

Zheng S，Zhang M. 2011. Effect of moisture regime on the redistribution of heavy metals in paddy soil. Journal of Environmental Sciences，23(3)：434-443.

Zhu Q H，Huang D Y，Liu S L，et al. 2012. Flooding-enhanced immobilization effect of sepiolite on cadmium in paddy soil. Journal of Soils & Sediments，12(2)：169-177.

Zhu Y，Yu H，Wang J L. 2007. Heavy metal accumulations of 24 asparagus bean cultivars grown in soil contaminated with Cd alone and with multiple metals (Cd，Pb and Zn). Journal of Agricultural and Food Chemistry，55(3)：1045-1052.

第5章　农用地土壤重金属污染修复技术研究

农用地土壤重金属重度污染需要进行原位修复和异位修复。原位修复主要是利用物理、化学和生物等措施改变重金属污染的迁移效率,这种方法较经济且实用。异位修复主要是利用换土等措施修复污染土壤,该方法成本高且易扰动环境。

5.1　土壤重金属污染修复技术研究进展

5.1.1　概　述

重金属具有隐蔽性和长期性,危害特点是有毒重金属在土壤中积累到一定程度后,就会导致土壤退化,致使农作物产量下降,影响农作物的质量,还会影响河流和地表水。人们食用受影响的地表水和农作物,身体健康也会受到影响。土壤重金属污染的修复是指向被污染的土壤中添加一种/多种活性物质,使其和土壤的成分产生化学反应,改变重金属元素的赋存状态,同时也改变了那些金属的有毒性质。针对重金属的污染治理,国内外专家开展了大量的基础研究以及大量的实践应用,对于治理问题提出两个治理方法,分别是原位治理和异位治理。原位治理就是利用物理、化学和生物等措施改变重金污染的有效迁移,这种方法最为经济适用,受到广大环境学家的关注。异位治理的环境风险低、见效快,但是对环境的扰动性比较大。

根据治理工艺及原理的不同,污染土壤治理技术可分为工程治理、物理化学修复和生物修复三大类。工程治理主要是指替换土壤、客土、深耕翻土等。物理化学修复主要包括换土、固化/稳定化、电动修复、络合淋洗、蒸汽浸提、氧化还原等。生物修复包括动物修复、微生物修复和植物修复等。利用物理、化学以及生物等措施改变土壤中重金属污染物的化学形态和赋存状态,降低其在环境中的迁移以及生物有效性,减少重金属在生物体内的富集,主要以化学固定法和微生物修复技术为代表。目前,大家已经形成的共识主要是分类治理和分级治理。分类主要是把土壤重金属污染的土地利用和污染场景分为3类,即矿区、城市污染场地和农田(李小方,2020)。这3类,无论是从污染特征上,还是从未来土地利用规划上,都存在截然不同的性质,对应的修复/治理目标和技术因此而不同。分级治理则考虑了每类污染土地的具体污染物及其污染程度。在场地污染治理中,污染程度实际上严重制约着治理技术,比如,受控于成本,固化/稳定化技术(S/S)一直是重金属场地污染应用最广泛的处理方法。而在农田治理中,中度以上重金属污染农田尚无较好的安全利用办法,部分矿区和冶炼企业周边污染的农田将不得不被定性为场地污染,适用于场地污染治理措施(见图5.1)。

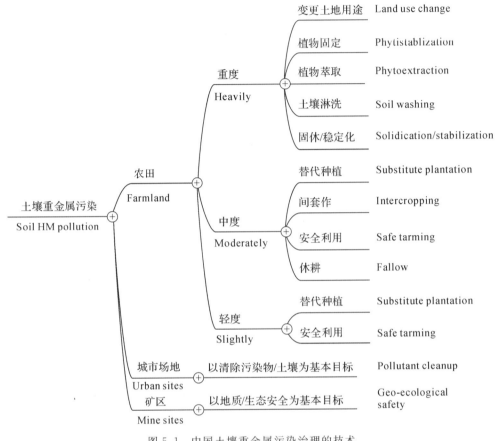

图 5.1　中国土壤重金属污染治理的技术

5.1.2　农用地土壤重金属污染修复技术

5.1.2.1　物理修复技术

(1)工程修复技术

该技术的应用方法包括四种。①客土法,指的是将洁净土壤与污染土壤混合或覆盖其上,从而达到降低重金属含量或者避免植物根部接触污染土壤的效果,具有效果好、见效快的特点。②去表土法,顾名思义就是将出现重金属污染问题地层的表土去除。③换土法,指的是重金属含量超标的表土去除,再将洁净土壤回填的方法。④深耕翻土法,指的是通过翻耕的方式,将深层的洁净土壤翻到污染土壤之上。从对这四种方法的应用与研究中发现,前三种方法工程量更大,对污染土壤的治理更加彻底,比较适合对重金属污染严重的土壤进行治理;最后一种方法工程量较小,适合对污染较轻的土壤进行治理。总的来看,物理工程修复技术对工程量和劳动力的需求较大,更加适合小面积的土壤治理,否则将会导致成本增加,并且该技术无法使重金属污染土壤恢复洁净,从而无法从根本上解决土壤的重金属污染问题(佚名,2016)。

(2)电动力修复技术

电动力学修复是近几年发展的一种新兴的原位修复技术,即向重金属等污染土壤区域布设一系列阴阳电极并施加电场,在外加电场作用下,受污染土壤发生一系列物理化学反应,同时土壤污染物以不同机制朝向阴阳极迁移,实现土壤污染物的活化以及在电极附近的累积,而后对富集区土壤或电解液中的污染物进行集中处理处置,从而达到去除土壤污染物的目的(Reddy et al.,2009),其过程与原理详如图 5.2 所示。电动力学作用下土壤污染物迁移机制包括电迁移、电渗析和电泳。其中,电迁移是带电离子在土壤-植物修复技术液中朝向带相反电荷电极的运动;电渗析流则是污染物随土壤孔隙溶液在电场作用下的移动,因土壤颗粒表面一般带负电荷,而土壤孔隙溶液整体相对带正电荷,电渗析流与正电荷一致向阴极移动;而电泳是土壤溶液中带电胶体颗粒的运动(Cameselle et al.,2012)。电动力学作用过程中也会发生电解水、土壤颗粒表面污染物的吸/脱附、氧化还原反应、酸/碱反应等物理、化学反应(Ng et al.,2015)。上述反应会显著影响土壤 pH、土壤孔隙水中污染离子浓度、污染物的溶解/沉淀平衡和存在形态等一系列地球化学行为。与其他方法相比,电动力学修复因不需大量开挖及运输污染土壤,具有修复快速高效、操作简便经济、修复过程不破坏原有自然生态环境等优点,因而备受国内外学者的关注。

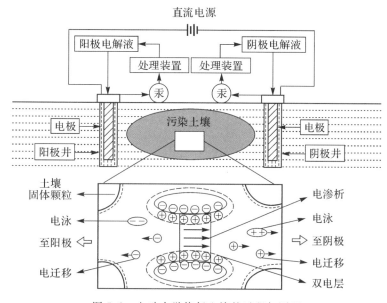

图 5.2　电动力学修复土壤的过程与原理

电动力学技术可修复的土壤污染对象较广,对重金属、持久有机污染物或重金属有机复合污染均有一定的效果。土壤理化性质(土壤结构组成、pH、Zeta 电位和含水率等)(Li et al.,2014;Zhou et al.,2015)、电动力学工作条件(电极布置、电场类型、强度及施加方案等)(Ng et al.,2016)和添加剂的功能(电解液、螯合剂、表面活性剂及 pH 缓冲液等)(Bahemmat et al.,2015;Zhang et al.,2016)等显著影响着电动力学修复的效率。研究表明,电解液循环、多维电场布置、土壤改良剂或表面活性剂的添加、修复过程 pH 调控等改良措施(Ng et al.,2014;Song et al.,2016)可有效提高电动力学的修复效率。在电动力学电能供给方面,通过结合太阳能、风能、化学原电池和微生物化学原电池等电源,可有效减少其能耗。对于土壤重金属,由于电动力学修复难于直接移除重金属,通常需要配合其他方法对电动力学修复富集区土壤进行集中处理,如最典型的 Lasagna 工艺(刘玥等,2020),在单一电动力学的基础上配合构建了吸附、氧化等集中反应处理区。因此,目前电动力学修复研究工作主要集中于电动力学作用下污染物水土介质分配及分布行为、污染物迁移转化机制和修复效率等的定量描述。此外,探究如何将电动力学与其他方法(如吸附、化学氧化还原、可渗透反应格栅、生物修复、热分解和植物修复等)有机结合,弥补各自技术的不足并产生协同效应,这也将是需要进一步研究的重要方向。

电动力学辅助植物修复重金属污染土壤的过程,一方面,电动力学能够有效提高植物对土壤污染物的吸收富集潜力(Yeung et al.,2011)。在电动力学辅助下,尽管土壤 pH(尤其是阳极区域)、重金属胁迫等均会发生变化而不利于植物生长,但很多植物(黑麦草、马铃薯、印度芥菜等)的生长并没有受到严重的不利影响,反而大部分区域植物生物量显著增加。植物对土壤重金属 Cu、Pb、Zn、Cd 的修复效果亦得到了不同程度的提升(Lim et al.,2004;Aboughalma et al.,2008),由此说明外电场可能通过某些效应促进植物生长。如印度芥菜(*Brassica juncea*)在电动力学辅助和添加 EDTA(乙二胺四乙酸)条件下,对高 Pb 污染土壤的富集能力是仅添加 EDTA 时的 2~4 倍。另一方面,电动力学的作用会导致土壤酸碱性、zeta 电位、有机质和营养成分活性等土壤介质理化性质发生变化,显著影响重金属的空间分布、形态和生物活性等地球化学行为。当直流电场作用后,阴极区域土壤 pH 显著增加,阳极则相反,土壤中重金属含量发生了空间再分配(Long et al.,2011)。Chen 等(2006)研究发现在直流电场下土壤 N、P、K 有效态含量比初始值提高 1.0~3.0 倍不等,阳极附近的污染物积累和酸化使土壤酶活性降低,土壤呼吸作用和微生物量则在阴/阳极区域都显著提高。直流电场的强度是影响上述土壤特性的主要因素,因植物自然生长有利于增加土壤生物量和提高酶活性,所以电压梯度导致部分不利效应能被植物作用所抵消。电动力学亦能改变重金属的植物转运。Lim 等(2004)报道了电场协同 EDTA 作用促进重金属从印度芥菜根部到地上部分的运输,加强其修复速率和效率。近期,在实际污染土壤处理方面,Siyar等(2020)的研究表明,香根草的生长受到重金属抑制,重金属最大积累发生在施加 2.0V/cm 直流电场时,与单一植物相比增加量达 50%,但植物稳定化似乎才是直流电场去除重金属的主要机制,而非植物提取。交流电场则在促进重金属植物提取方面效果突出,显著优于直流电场。研究发现,直流、交流可能存在不同的作用机制,而土壤重金属的形态组成与分布亦是影响其电动力学辅助植物提取的重要因素。

5.1.2.2 物化修复技术

(1)化学修复

化学修复是指在土壤里添加改良剂使其吸收,用以降低重金属的生物有效性。该技术主要是选择经济有效的改良剂,因为不同的改良剂对重金属的机制是不同的,有些是为了调节土壤中的酸碱中和度,有些改良剂是为了降低土壤中的重金属元素,有些改良剂则是调节土壤的机制问题。总之,在使用改良剂之前要对土壤进行分析,选择合适的改良剂。

(2)土壤淋洗技术

土壤淋洗技术主要是借助淋洗液来开展应用,通过淋洗土壤的方式将其中的重金属的形态转变为液状,再进行去除。应用土壤淋洗技术的过程中,首先要对待处理的土壤进行筛滤,再将其中的渣石等进行去除,接着使淋洗液与土壤充分混合,并进行二次筛选,然后用水淋洗土壤将其中的淋洗液提取出来,将淋洗后的土壤稍加处理并投入使用,并淋洗造成的废水则需要将其中的重金属和淋洗液回收,并处理至无害状态。该技术能够去除污染土壤中的大部分重金属,但是需要花费较大的成本,并且极易产生二次污染,因此无法应用于大面积的污染土壤治理工作。要想发挥土壤淋洗技术的最大作用,并降低其危害性,避免二次污染,就必须加大力气开展淋洗液的优化调整,研发出更加环保且价廉的淋洗液。

无机淋洗剂主要指无机酸或无机盐,其作用机制是通过酸解、离子交换等作用破坏重金属与土壤的结合,然后用淋洗液将重金属浸取出来。常用的无机淋洗剂有 HCl、H_2SO_4、$FeCl_3$ 和 $CaCl_2$ 等溶液。其中,HCl 和 $FeCl_3$ 溶液处理效果最好。然而,无机酸因具有较高的酸度会破坏土壤的物理、化学和生物性质。表面活性剂的作用原理是通过增溶、增流、促进离子交换等作用,增加重金属污染物在水中的溶解性。化学合成的表面活性剂包括十二烷基苯磺酸钠(SDBS)、十二烷基硫酸钠(SDS)、曲拉通(Triton)、吐温(Tween)、吉雷波(Brij)等(何岱等,2010)。这些表面活性剂均有很好的重金属去除效果。然而,由于其价格昂贵、生物降解性差,所以其使用受到限制。相对于化学合成的表面活性剂,生物表面活性剂无毒,可生物降解,对环境影响较小。生物表面活性剂包括鼠李糖脂、单宁酸、皂角苷、腐殖酸、环糊精及其衍生物等。螯合剂可通过螯合作用与多种金属离子形成稳定的水溶性络合物。化学合成的螯合剂主要是氨基多羧酸系列物质,如乙二胺四乙酸(EDTA)、乙二胺二琥珀酸(EDDS)和谷氨酸二乙酸四钠(GLDA)等。它们在较宽 pH 范围内都有很好的处理效果。天然螯合剂主要是有机酸,如柠檬酸、酒石酸、草酸等,在自然条件下易降解,但修复能力有限。Wuana 等(2010)的研究表明,EDTA 能提取土壤中所有非残渣态的重金属,且能活化和提取部分残渣态的重金属,而柠檬酸和酒石酸对残渣态金属无效。传统的土壤淋洗剂存在淋洗效率低、淋洗剂用量大及二次污染等问题。

1)常规淋洗优化技术

将两种或多种淋洗剂组合联用或复配使用,可以达到更为理想的处理效果,既能提高处理效率,也能避免某些淋洗剂的过量使用而破坏土壤结构。EDTA 难以降解,过量使用会引起新的土壤污染。姚苹等(2018)研究发现,先用 $0.002mol/L$ 的 EDTA 淋洗,再用柠檬酸淋洗,对土壤中 Pb 和 Cd 的淋洗效率最高,超过了单独使用 EDTA 的淋洗效率,表明柠檬酸和低浓度的 EDTA 复合淋洗能代替高浓度 EDTA 淋洗。先加入低浓度的 EDTA,一方面能活化部分残渣态重金属,另一方面使原本重金属与土壤形成的络合物破络;再用较高浓度的柠檬酸淋洗,形成可溶态的络合物,并且在提取出重金属的同时也洗出部分 EDTA,可大幅度提高土壤洁净度。黄川等(2014)采用 $0.2mol/L$ 的 EDTA 和 $0.2mol/L$ 的草酸混合淋洗供试土壤,发现对土壤中 Cu、Zn、Ni 和 Cr 四种重金属的去除率高于单独使用草酸和 EDTA时,能较好地改变土壤中重金属的形态分布,且有利于重金属由稳定态向水溶态转化。Beiyuan 等(2018)的研究结果表明,EDDS 和 EDTA 的复配使用在达到相同淋洗效率时可使 EDTA 用量减半。化学淋洗能去除大部分水溶态和可交换态的重金属,使用淋洗助剂可进一步提高土壤结合态和残渣态重金属的去除率。Cao 等(2017)利用马桑、短尾铁线莲、清香木和蓖麻提取液进行土壤重金属去除实验,并研究了两种可生物降解的助剂水解聚马来酸酐（HPMA）和 2-膦酰基丁烷-1,2,4-三羧酸（PBTCA）与植物淋洗剂的组合使用效果，结果表明，添加 HPMA 或 PBTCA 的植物淋洗剂可进一步提高土壤重金属的去除率。

2）新型绿色淋洗剂

要从根本上解决淋洗法土壤修复的二次污染问题，就必须开发新型绿色淋洗剂，目前主要有可降解螯合剂、生物浸提液和生物表面活性剂等。这些淋洗剂组合使用有望达到更好的土壤修复效果。由于 EDTA 不易生物降解，从绿色角度考量，EDTA 并非用于土壤修复的良好螯合剂（陈叶亨，2011）。GLDA 是一种可用于清洁产品或化妆品中的成分，不仅有较强的螯合能力，而且容易降解，价格低廉。胡造时等（2016）采用 GLDA 对 Cr 污染土壤进行淋洗，发现低浓度下 GLDA 的去除率高于 EDTA 的。经形态分析发现，GLDA 也具有部分改变 Cr 形态的能力，可有效去除可还原态、可交换态和部分氧化态重金属，降低生物有效性。EDDS 同样是一种易降解的高效螯合剂，但是目前成本较高，大范围投入使用较困难。植物浸提液不仅是良好的天然复合淋洗剂，而且是对植物残体废物的有效利用。植物浸提液中含有丰富的有机酸、无机盐和生物表面活性剂。肖罗怡（2016）研究了豌豆藤、鸢尾、构树、大青叶等植物浸提液对土壤中 Zn 和 Cr 的去除效果，发现经植物浸提液淋洗后，Zn 和 Cr 的可交换态、碳酸盐结合态和铁锰氧化态均明显降低，且 N、P、K 等元素含量降幅很小，对土壤结构不会造成破坏。

生物表面活性剂是指由植物、动物或微生物新陈代谢过程中产生的集亲水基团与憎水基团于一体的具有表面活性的一类物质，其来源主要是动植物提取、发酵和人工合成。在土壤重金属淋洗修复技术中应用较多的是低分子量的生物表面活性剂，如鼠李糖脂、槐糖脂和皂角苷等（雷国建等，2013）。降低土壤颗粒液相和固相间的界面张力，使得重金属离子与表面活性剂直接接触，形成水溶性络合物。生物表面活性剂对重金属具有选择性，如鼠李糖脂与重金属的络合遵循 Pb、Zn、Cd 的顺序，可根据目标污染物选择针对性淋洗剂。生物表面活性剂在土壤中易降解，无毒害，去除重金属能力较强，且相对廉价，是很有前景的土壤修复剂。但生物表面活性剂的重金属去除能力比传统螯合剂差，因此可通过与其他淋洗剂复合或添加助剂等方式强化其处理效果。

3）淋洗液的后处理和回用

淋洗液的后处理是整个土壤修复工艺过程的最后一步，污染物从土壤进入液相，仍然需要进一步处理。一般而言，淋洗液中既含有可溶的重金属螯合物也存在游离态金属离子。淋洗液的后处理需根据重金属和淋洗剂的种类采取合理的工艺，一方面分离收集重金属，另一方面回收淋洗剂。利用电化学法可使络合态重金属离子迅速破络合并在阴极并形成金属单质，同时阳极处可回收螯合剂。利用沉淀法可使重金属形成硫化物或氢氧化物等沉淀后分离。对于无机盐等非螯合淋洗剂，可用膜分离法将重金属分离，并获得再生无机盐淋洗剂。以上的基本方法可复合联用以获得更好的处理效果。Pociecha 等（2011）研究发现，酸性 EDTA 沉淀和电化学法联用是处理和回收含有 EDTA，用以去除 Pb、Zn、Cd 和 As 的土壤淋洗液的可行方案，且回收的 EDTA 仍具备几乎同样的去除能力。对于最常见的络合剂淋洗液，电化学法和沉淀法均为可行方法，且所需设备简单、耗时短、操作简便。

5.1.2.3 生物修复技术

此种修复方法是利用生物技术来治理土壤里的有害物质,使其降低有毒元素或者消减重金属的有毒物质,起到净化土壤的作用,此种方法使用简单,效果好,得到广大人民的欢迎。具体的修复技术分为植物修复技术和微生物修复技术两类。

(1)植物修复技术

1)植物修复技术研究概述

重金属污染土壤的植物修复指利用绿色植物代谢来实现重金属的转移、转化、固化和吸收累积等作用将土壤重金属移除或固定的过程。植物修复包括 3 大类。①植物提取,即利用重金属超富集植物从土壤中吸取金属污染物,随后收集地上部并进行集中处理,达到降低或去除重金属污染的目的。②植物挥发,其机制是利用植物根系吸收金属,将其转化为气态物质挥发到大气中,以降低土壤污染。③植物稳定,利用耐重金属植物或超富集植物降低重金属的活性,从而减少重金属被淋洗到地下水或通过空气扩散进一步污染环境的可能性,其机制主要是通过金属在根部的富集、沉淀或根表吸收来加强土壤中重金属的固化(Chen et al.,2018,薛欢等,2019)。通常提到的植物修复多指植物提取。植物修复的关键在于修复植物的选择,包括植物在胁迫条件下的生长生理指标、耐受性和富集性能,通常具备在污染场地生长良好、耐受重金属毒害、能超量累积金属和易于分离回收等特征,无疑重金属超富集植物是最理想的选择。与传统修复方法相比,植物修复是生态工程的一部分,可直接利用太阳能,无须外加能源,修复成本较低;在修复去除或稳定重金属的过程中,不仅不会破坏土壤结构,而且还能增加土壤有机质、微生物及酶活性和保持土壤湿度等,有利于污染土壤的改良;同时,植物修复还可以减少粉尘,避免水土流失及人类污染暴露等二次污染带来的危害。

植物修复含重金属污染的土壤必然要经过吸收、转运、富集、转化和矿化等生理生化过程,其修复效率主要取决于植物的重金属富集能力、生物量和土壤中重金属的生物活性(Sheoran et al.,2011;薛欢等,2019)。首先,重金属的根系吸收过程尤为关键,土壤中重金属必须解吸释放并迁移吸附于根细胞表面,才能经离子转运蛋白跨越根细胞膜运转至表皮细胞,此过程与土壤重金属的形态显著相关。土壤中水土介质的理化性质及植物根际分泌生理等特征调控着重金属水土介质分配等生物地球化学行为,显著影响土壤重金属形态分布及植物吸收富集过程。其次,植物对重金属的吸收富集与必需营养元素类似,需依靠根部质膜上的离子转运蛋白(离子通道),经过体内转运及转化累积等独特的生理代谢过程(Migeon et al.,2010;Milner et al.,2013)。在重金属胁迫下,超富集植物会调控体内基因表达,诱导植物体内有机酸、半胱氨酸(Cys)等氨基酸、谷胱甘肽(GSH)、植物络合素(PC)、金属硫蛋白(MT)等含巯基物质合成和分配,并与重金属形成稳定的重金属有机复合物(GSH-Mn、PC-Mn 等),实现重金属在植物体内运输、转化、富集和解毒等(胡鹏杰等,2014;He et al.,2019)。植物体内细胞壁沉淀和液泡区域化被认为是超富集植物累积、耐受重金属的重要作用机制(Peng et al.,2017)。

2)超积累植物的评价

不同物种或同一物种的种群和生态类型中的重金属超积累程度存在显著差异(Hamidian et al.,2016)。根据植物对重金属的吸收、转移和积累机制,将植物分为 3 类,即超积累型、敏感性和排斥型（Ashraf et al.，2010）。Brooks 等（1977）第一次提出了"超积累植物"（hyperaccumulator）的概念，指的是地上部分器官能超量蓄积某种或者某些化学元素的植物，也有研究者将其翻译为超富集植物。超积累植物能从土壤中吸收一种或者多种重金属，通过根毛吸收和跨膜运输转运到地上的器官中进行储存，特别是储存在叶片中；其储存的重金属浓度甚至可以比非超积累植物高 10 万倍以上，并且没有表现出任何植物毒性的症状（Rascio，2011）。相对于非超积累植物，重金属超积累植物具备吸收、运输、解毒和隔离重金属的强大能力。

评定是否为超积累植物主要有以下四个指标：临界浓度（critical concentration）、转移系数（transferfactor，TF）、富集系数（bioconcentration factor，BCF）和耐性特征（tolerance characteristics）（王卫红等，2017）。临界浓度是指植物体内的重金属含量必须达到一个临界值，才能归于超积累植物（见表 5.1）；重金属植物转移系数＝茎叶中重金属含量/根部重金属含量，其中植物对于重金属的转运系数越大，那么这种植物作为该重金属的超积累植物就越理想；富集系数＝地上部分重金属的质量分数/根部重金属元素的质量分数，超积累植物的 BCF 值必须大于 1；耐性特征指的是植物在重金属含量很高的土壤中也能够生存，并且生物量不明显下降。超积累植物的种质资源目前发现的国内外超积累植物达 570 多种（Çelik et al.，2018），并且一直有新的超积累植物被发现。目前，发现的 Ni 超积累物种最多，达到 400～450 种，分布在 42 个科中。Se 的超积累植物发现了 44 种，数量位居第二，分布在 6 个科中；Cu 的超积累植物目前发现 30～35 种，分布于 22 个科；Co 的超积累植物有 25～30 种，分布于 12 个科；Mn 的超积累植物仅有 12～26 种，分布于 6～9 个科；Zn 的超积累植物有 12～20 种，分布于 4～6 个科；Pb 的超积累植物有 14 种，分布于 7 个科；Cr 只有 11 种超积累植物，分布于 7 个科中；Cd 的超积累植物仅有 2～7 种，分布于 5 个科（Neugebauer et al.，2018）。

表 5.1　重金属在土壤和普通植物中的平均浓度及超积累植物的临界标准　　单位：mg/kg

重金属	在土壤中的浓度	在植物中的平均浓度	超积累植物临界标准
镉（Cd）	—	0.1	100
铬（Cr）	60	1	1000
铜（Cu）	20	10	1000
锌（Zn）	50	100	10000
锰（Mn）	850	80	10000
镍（Ni）	40	2	1000
铅（Pb）	10	5	1000

目前已报道的超积累植物大多都从地球化学异常区或重金属污染区筛选得到，包括金属采矿区、金属冶炼厂周边，或其他工业活动区的周边土地。已知的 Zn 超积累植物品种都是从历史上的污染区周围和近代的采矿区筛选获得的。如东南景天（*Sedum alfredii* Hance）是在浙江省衢州市周边的锌矿区发现的一种锌超积累植物。超积累植物的筛选方法在不断改良和完善。很多发表的超积累植物的筛选研究都是基于植物标本分析的，却忽

略了对土壤–植物交互作用的考量；由此筛选到的超积累植物品种虽能达到临界含量标准，但其富集系数和转运系数是否满足标准不得而知。后来，研究人员在前人的研究基础上，结合野外调查和盆栽试验进行超积累植物的筛选。Ma 等（2001）在美国佛罗里达州中部一处被铬化砷酸铜（chromated copper arsenate，CCA）污染的土地中发现了蕨类植物蜈蚣草（*Pteris vittate* L.），并通过在实验室进行栽培试验验证其是一种有效的 As 超积累植物。与此同时，Chen 等（2002）也通过这种方法在我国境内发现了蜈蚣草。除上述植物品种，在我国境内的金属厂矿周边还筛选到多种针对不同金属元素的超积累植物（见表 5.2）。

表 5.2　我国筛选的常见超积累植物

超积累植物	积累元素
东南景天	Zn
蜈蚣草	As
大叶井口边草	As
宝山堇菜	Cd
商　陆	Mn
鸭跖草	Cu
李氏禾	Cr
龙　葵	Cd

在金属矿区周围生长的植物种群通常属于顶级群落，从这些地区生长的各种植物中筛选超积累植物时，一些具有超积累特性的土著植物品种、先驱物种和中间物种在演替过程中有可能会被忽略。一些被认定的超积累植物也可能是在污染地区因长期适应而形成的没有超积累基因的普通植物（Wei et al.，2004）。基于以上考虑，魏树和等（2003）提出在正常的未污染区也可能存在重金属超积累植物，并通过田间盆栽模拟试验研究中国科学院沈阳生态实验站周边 20 科 54 种杂草品种，发现 1 种新的 Cd 超积累植物龙葵（*Solatium nigrum* L.），在 25mg/kg Cd 土壤生长条件下，其茎和叶中积累的 Cd 的浓度分别达到 103.8mg/kg 和 124.6mg/kg（Wei et al.，2005）。通过田间盆栽模拟试验在未污染区筛选超积累植物是一种创新和突破，该方法的优点是：盆栽植物与自然生长的植物生长条件接近，可完整观察候选植物长期的生长过程，有利于鉴定植物品种对重金属的耐受性；相对于采矿区污染土壤长期暴露的植物，盆栽植物可大大缩短污染暴露时间。未污染区的超积累植物体内可能含有具有超积累功能的相关基因，是非常有用的植物修复资源；而采矿区的植物具有的超积累特征可能是一系列环境诱导的生理适应能力。

（2）微生物修复技术

微生物修复技术出现在 20 世纪 80 年代，是指在人为强化的条件下，利用自然界中存在的或者人工培育的功能微生物的生长代谢过程，对环境中的污染物进行降解、转化、去除的方法（吴瑞娟等，2008）。微生物修复技术是实现环境净化、生态效应恢复的生物措施，是重金属污染土壤的环境友好型治理技术。微生物修复土壤重金属污染的机制主要包括表面生物大分子吸收转运、生物吸附、细胞代谢、空泡吞饮、沉淀和氧化还原反应等（徐良将等，2011）。微生物修复技术中较常使用的微生物主要有细菌、真菌、放射菌三大类。不同种类的微生物对重金属的耐性不同，耐性由大到小依次为真菌、细菌、放射菌。土壤微生物可以通过多种方式影响土壤重金属的毒性，微生物修复土壤重金属污染主要是利用微生物的以下两种作用：一是通过微生物的吸附、代谢作用，达到消减、净化、固定重金属的目的；二是通过微生物转化重金属离子的化学形态，降低重金属的生物可利用性，以减少重金属对土壤中植物的危害（邓红艳等，2012）。

1）微生物对重金属离子的吸附作用

微生物对重金属离子的吸附是指微生物通过对重金属的吸附作用改变重金属在土壤中的形态，进而影响其生物有效性，或使生物有效性降低从而减小危害性，或使生物有效性增强，以便与其他技术联用修复。表现形式主要有胞外沉淀、胞外络合、胞内积累。作用方式如下：①细菌胞外多聚体；②金属磷酸盐、金属硫化物沉淀；③铁载体；④金属硫蛋白、植物螯合肽和其他金属结合蛋白；⑤真菌来源物质及其分泌物对重金属的去除（滕应等，2007）。微生物细胞壁表面一些化学基团通过络合、配位作用可与重金属离子形成离子共价键，从而达到吸附重金属离子的目的。被吸附的重金属离子通常沉积在微生物细胞的不同部位，如沉积于细胞的胞外基质或者被轻度螯合于生物多聚物。微生物对重金属的吸附能力通常取决于微生物本身的性质（如吸附类型、活性位点数量等）、重金属种类和价态同时也受外界环境因素（如 pH、温度、共存污染物等）的影响（王建龙等，2010）。

2）微生物对重金属离子的转化作用

微生物对重金属离子转化作用的机制主要包括微生物对重金属离子的生物氧化和还原、甲基化与去甲基化及其对重金属离子的溶解作用等。微生物对重金属离子氧化还原作用的主要机制是通过改变重金属离子的化合价来改变重金属的稳定性及络合能力（王凤花等，2010）。如耐铬微生物能够将 Cr(Ⅵ) 还原成 Cr(Ⅲ)，使铬的毒性降低。张雪霞等（2009）在受砷污染的土壤中发现了富集砷抗性的细菌，在 21h 内，As(Ⅴ) 就被完全还原为 As(Ⅲ)。Chang 等（2007）在污水处理厂的水体中发现了嗜硫酸盐细菌，该细菌可以将 Cr^{6+} 还原为低毒的溶解度较小的 Cr^{3+}，使水体中重金属的毒性大大减弱。在微生物（主要为假单胞菌属子）的作用下，土壤中 Cd、As、Hg、Pb 等金属或类金属离子都能够发生甲基化反应，从而降低重金属离子对其的毒性。微生物对重金属离子的溶解作用主要是指土壤中的微生物在土壤滤沥过程中分泌出的有机酸能将土壤中的重金属离子络合、溶解。此种技术是利用植物和重金属的过程，是利用重金属富有超级强的植物吸收性质，植物将其吸收在土壤中，并运转成其他植物或者对土壤无污染的元素。美国科学家经过试验研究表明，其实际上就是指将某种特定的具有抗毒性质的植物种植在重金属污染区域里，因为这些植物具有特殊的吸收效果，等这些植物吸收到一定程度之后，再将这些植物迁移到其他地方，予以妥善处理。随着经济技术的发展，目前该技术已经到了可以净化土壤里的成分的程度，并产生了良好的效果，对于生物防污染的开发具有很高的价值。其中，植物的修复技术主要是根据自然的正常生长和遗传培育实现。

5.2　土壤淋洗修复技术应用

5.2.1　不同淋洗剂的应用

5.2.1.1　试验材料与样品处理

采集浙江省某铅锌矿附近的 0～20cm 的耕层土壤,风干后分别过 20 目筛备用,供试土壤的基本理化性质见表 5.3。东南景天采自浙江农林大学东湖校区平山试验基地附近,在温室中进行育苗培养。供试生物源提取液的制备:红花酢浆草(*Oxalis corymbosa* DC.)和紫花苜蓿(*Medicago sativa* L.)选用市售种类,将植物用自来水冲洗干净,去除根部土壤颗粒以及老化的叶、根后晾干。称取红花酢浆草或紫花苜蓿 10g 加入 100mL 超纯水,加热至沸腾 15min,将提取液小心倒出并过滤,稀释至所需的不同浓度(浓度表示为原始提取液浓度的百分比)。土壤生物源提取液的基本理化性质如表 5.3 所示。

表 5.3　土壤和生物源提取液的基本理化性质

材料	pH	有机质/ (g · kg⁻¹)	有效磷/ (mg · kg⁻¹)	速效钾/ (mg · kg⁻¹)	碱解氮/ (mg · kg⁻¹)	Pb/ (mg · kg⁻¹)	Zn/ (mg · kg⁻¹)	Cd/ (mg · kg⁻¹)
土　壤	5.85	18.06	0.316	114	126	368	121.2	1.57
酢浆草提取液	2.99	—	—	—	—	ND	ND	ND
紫花苜蓿提取液	6.11	—	—	—	—	ND	ND	ND

注:—表示未检测,ND 表示含量未检出。

称取 3kg 土壤装盆,试验开始时挑选出长势相同、生长健壮的幼苗进行移栽。每盆种植 5 株植物,试验共设置 5 个处理:①无处理土壤;②不添加活化剂;③添加 10mmol/L 柠檬酸;④添加酢浆草提取液原液;⑤添加紫花苜蓿提取液原液,每个处理设置 3 个重复,共 15 个处理,植株在温室内自然光照条件下生长,生长期间保持田间持水量的 60% 左右,日常管理主要是浇水、松土、防治病虫害,保证植物正常生长。植物收获前 15 天开始添加活化剂,每 5 天添加一次,共添加 3 次,以溶液形式将活化剂和土壤混合均匀,添加量根据柠檬酸的量进行换算。植物生长 2 个月后收获并进行测定。

5.2.1.2　不同类型的活化剂和浓度对重金属浸出量的影响

以超纯水为对照(CK),研究不同类型和浓度的活化剂对 Pb,Zn 和 Cd 浸出量的影响。总体上来看,添加合适的活化剂可以显著提高重金属 Zn 和 Cd 的浸出浓度,其规律主要表现为活化剂的浓度越高,对土壤重金属的浸出效果越好。试验添加活化剂对重金属 Pb、Zn、Cd 的浸出量分别为 0.61～14.37mg/kg、0.93～8.38mg/kg 和 1.59～41.36μg/kg。酢浆草和紫花苜蓿的 100% 浸提液对 Zn 的浸出浓度显著高于 10mmol/L 柠檬酸,分别高出 54.04%

和 33.09%（$P<0.05$）。而酢浆草和紫花苜蓿两种生物源提取原液对 Cd 的提取效率明显低于 10mmol/L 柠檬酸，效果与 3mmol/L 柠檬酸对 Cd 的提取能力相近。10mmol/L 柠檬酸对 Cd 的提取效果最好，提取浓度达到 $41.36\mu g/kg$，显著高于对照（$P<0.05$）。综上，酢浆草提取液和紫花苜蓿提取液对 Zn 的提取效果优于柠檬酸，而柠檬酸对 Cd 的提取效果最好（见表 5.4）。

表 5.4　不同类型的活化剂和浓度对重金属浸出量的影响

处　理	添加浓度	浸出量		
		Pb/(mg·kg⁻¹)	Zn/(mg·kg⁻¹)	Cd/(μg·kg⁻¹)
对　照		5.00±0.60f	1.42±0.15h	1.59±1.15g
柠檬酸	1mmol/L	3.99±0.50gh	1.45±0.14h	7.53±0.55f
	3mmol/L	3.46±0.36h	2.72±0.17g	17.96±0.57c
	5mmol/L	6.63±0.35e	3.94±0.18f	28.84±1.17b
	10mmol/L	14.37±0.61a	5.44±0.22d	41.36±0.26a
酢浆草提取液	20%	4.57±1.26fg	3.13±0.25g	7.75±0.96f
	50%	7.96±0.70d	4.86±0.04e	12.05±0.30e
	80%	9.25±0.46c	6.84±0.07b	10.94±0.28e
	100%	10.85±0.25b	8.38±0.44a	12.10±1.08e
紫花苜蓿提取液	20%	0.61±0.09j	0.93±0.16i	5.34±0.37f
	50%	1.95±0.08i	3.00±0.07g	8.46±0.42f
	80%	3.07±0.28h	5.98±0.28c	11.32±0.47e
	100%	3.84±0.19gh	7.24±0.63b	14.03±0.52d

注：表中数字表示平均值±标准偏差（$n=3$），同一列相同的字母表示差异不显著，不同的字母表示差异显著（$P<0.05$）。

5.2.1.3　活化剂对土壤重金属有效态的影响

如图 5.3 所示，添加不同活化剂，会对土壤重金属有效态产生影响。与对照相比，添加柠檬酸、酢浆草提取液能够显著提高土壤中 Cd、Pb 的有效态含量（$P<0.05$），三种活化剂对土壤 Cd 的活化效果无显著性差异。酢浆草提取液对 Pb 的活化效果大于紫花苜蓿提取液，经酢浆草提取液处理过的土壤，其 Pb 有效态含量显著高于紫花苜蓿提取液处理的 13.63%（$P<0.05$）。总体来看，土壤中重金属有效态含量表现为 Pb>Zn>Cd，与未处理的土壤相比，3 种活化剂的添加显著增加土壤中有效态 Cd、Pb、Zn 的含量。东南景天的种植，也在一定程度上增加了土壤重金属有效态的含量。综上，三种活化剂均能有效提高土壤中有效态重金属的含量，对于植物修复具有一定的积极强化作用。

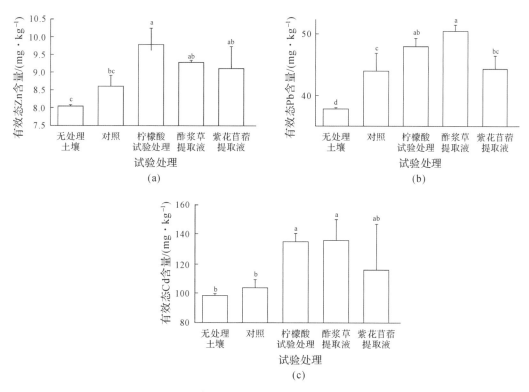

图 5.3　不同活化剂对土壤重金属有效态的影响($n=3$)

注:图中不同字母表示影响存在显著性差异($P<0.05$)。

5.2.1.4　活化剂对重金属吸收和迁移的影响

由表 5.5 可知,在土壤中施加不同的活化剂,对植物积累和转运重金属的作用不同。添加柠檬酸、酢浆草提取液和紫花苜蓿提取液,东南景天地上部对 Cd 的生物富集系数均增加,分别增加 54.51%、43.63%、30.19%,地下部的生物富集系数却减少,分别减少 62.53%、37.68%、43.98%。对于 Pb 来说,添加活化剂对其地上部的生物富集系数几乎无影响,转运系数却有所增加,分别增加 66.67%、33.33% 和 55.56%。活化剂处理能够大大提高东南景天对 Zn 的转运能力,分别为对照的 1.97、1.19 和 1.18 倍。添加 3 种活化剂后,东南景天对 3 种重金属的净化效果表现为 Zn>Cd>Pb,3 种活化剂处理均有利于东南景天对 Cd、Zn 的净化。

$$转运系数(TF)=\frac{植物地上部重金属含量}{植物地下部重金属含量} \tag{5.1}$$

$$富集系数(BCF)=\frac{植物地上部的重金属含量}{土壤中重金属含量} \tag{5.2}$$

$$土壤净化率\%=\frac{植物吸收的重金属总量}{土壤中重金属含量} \tag{5.3}$$

表 5.5　不同活化剂对重金属吸收和迁移的影响

处　理	重金属类型	富集系数（BCF）		转区系数（TF）	净化率/%
		地上部	地下部		
对　照	Zn	23.60	16.24	1.45	2.19
	Pb	0.02	0.23	0.09	0.0039
	Cd	53.59	33.65	1.59	5.08
柠檬酸	Zn	16.87	5.87	2.87	10.78
	Pb	0.02	0.14	0.15	0.0014
	Cd	82.80	12.61	6.57	7.34
酢浆草提取液	Zn	26.02	15.11	1.72	9.58
	Pb	0.03	0.29	0.12	0.0029
	Cd	76.97	20.97	3.67	6.10
紫花苜蓿提取液	Zn	24.95	14.58	1.71	9.49
	Pb	0.02	0.16	0.14	0.0012
	Cd	69.77	18.85	3.70	6.97

5.3　电动力修复技术应用

5.3.1　电动力联合无机肥辅助植物修复技术应用

5.3.1.1　试验材料和样品处理

本研究采用的重金属超积累植物东南景天（*Sedum alfredii* Hance），取自浙江省衢州市的一个古老铅锌矿，之后在浙江农林大学实验基地内栽培。供试的重金属污染土壤取自杭州富阳市某一小高炉周边重金属严重污染的土壤，均为 0～20cm 的表层土壤，于阴凉处风干后，过 5mm 筛备用。供试土壤的基本理化性质如表 5.6 所示。

表 5.6　供试土壤的基本理化性质

理化性质	数　值
pH	5.64
有机质/%	2.92
有效磷/(mg·kg^{-1})	6.72
碱解氮/(mg·kg^{-1})	172.73

续表

理化性质	数　值
速效钾/(mg · kg^{-1})	98
全 Cu/(mg · kg^{-1})	410.77
全 Zn/(mg · kg^{-1})	1450.56
全 Pb/(mg · kg^{-1})	461.24
全 Cd/(mg · kg^{-1})	13.12
全 Mn/(mg · kg^{-1})	209.32
全 Fe/(mg · kg^{-1})	15863.41
有效 Cu/(mg · kg^{-1})	180.19
有效 Zn/(mg · kg^{-1})	556.15
有效 Pb/(mg · kg^{-1})	169.36
有效 Cd/(mg · kg^{-1})	2.61

　　盆栽试验开始于 2017 年 3 月,将土壤装入尺寸为 450mm×320mm×240mm 的塑料盆中,装土分别为 24kg,土壤保持田间持水量为 60%。移入培育后生长一致的东南景天苗株(株间间距 5cm)。在盆两端分别插入石墨片(200mm×100mm),将交流电场强度设置为 0.5V/cm,将硫酸铵(分析纯)溶解于去离子水中,以溶液的形式施入土壤中,设三个处理:①CK;②F1(50mg/kg);③F2(100mg/kg)。当其中一个处理的东南景天植株生长达到封行时,进行第一次收获,只采摘东南景天地上部分,每个处理随机采摘三株大小相近的苗株;收获后,继续进行第二茬植物的生长,到植株生长再次达到封行时,进行第二次收获。第一次收获时间为 2017 年 4 月,第二次收获时间为 2017 年 5 月。

5.3.1.2　电场作用下施加无机肥料对土壤重金属有效态的影响

　　从表 5.7 可知,总体而言,无论对照还是施加硫酸铵的处理,第二次收获时土壤 Zn、Pb、Cd 有效态水平相较第一次收获均有所下降;无机肥料的添加可活化土壤重金属,且受无机肥料用量的影响。在东南景天第一个生长周期内,施加无机肥(硫酸铵)的处理 F1(50mg/kg)和 F2(100mg/kg),土壤 Zn、Cd 有效态含量均有所提升,达到了显著差异($P < 0.05$);在东南景天第二个生长周期内时,F2 * (100mg/kg)处理,土壤 Cu、Zn、Cd、Fe 有效态含量提高,但 F1 * (50mg/kg)处理,土壤各元素有效态含量均有所降低。对于 Cd,添加无机肥(硫酸铵),提高了其在土壤中有效态水平,且随着时间的延长,效果仍然明显。

表 5.7　不同处理对土壤金属有效性的影响

处　理	Cu	Zn	Pb	Cd	Mn	Fe
CK	184.17a	526.12b	213.08a	3.290c	42.15a	103.20a
F1	183.67a	557.79b	205.86b	4.374b	44.58a	93.69a

续表

处 理	Cu	Zn	Pb	Cd	Mn	Fe
F2	181.69a	640.96a	195.41b	7.748a	43.27a	104.72a
CK *	215.92a	438.11b	178.23a	2.56b	47.43a	89.66b
F1 *	200.15b	428.80b	160.65b	2.82b	47.62a	88.23b
F2 *	220.82a	510.03ba	173.17a	5.22a	46.99a	102.02a

* 表示第二次收获土壤;字母(a,b)表示同一重金属在不同处理下,其有效性含量之间存在显著差异($P<0.05$)。

5.3.1.3 电场作用下各处理对东南景天植株重金属含量的影响

由表5.8可知,整体而言,第一次收获的东南景天植物体内各重金属元素含量高于第二次收获。第一收获时,无机肥(硫酸铵)的添加显著提高了东南景天植株内Cu、Zn、Cd、Mn含量,其中,在较高浓度的硫酸铵处理F2(100mg/kg)效果较好,Zn、Cd分别提高了79.73%和64.98%。而第二次收获时,F1*处理中,除了Cu,东南景天各元素皆下降;F2*处理中,植株内的Cu、Pb、Cd元素下降,这可能和东南景天生物量提高有关,氮肥和交流电场提高了东南景天的生物量,但提升东南景天吸收重金属能力较弱,因而,可能出现稀释作用,降低了东南景天植株内的重金属含量。

表5.8 不同处理对东南景天地上部重金属含量的影响

处 理	Cu	Zn	Pb	Cd	Mn	Fe
CK	11.02b	14075.40a	26.56a	306.28a	85.3165a	322.55a
F1	14.02a	14304.59b	24.78b	387.84b	240.5602b	454.72b
F2	7.72c	15197.78c	21.23c	505.31c	283.2144c	228.557c
CK *	7.54ab	5136.81a	8.33a	119.46a	29.578ab	119.34a
F1 *	9.02a	4770.46a	6.81a	115.077a	17.275b	235.30a
F2 *	5.55c	5301.80a	7.52a	106.30a	45.739a	119.30a

注:不同字母表示同一重金属在不同处理下,有效态含量之间存在显著差异($P<0.05$)。

5.3.2 电动力联合有机物料辅助植物修复技术应用

5.3.2.1 试验材料和样品处理

本研究采用东南景天,两种供试有机物料:一种为黄腐酸钾,为市售商品有机物料,经研磨后备用;另一种为绿肥紫云英,采自未受重金属污染的农田,晾干粉碎后备用。供试材料的基本理化性质分别如表5.9所示。

表 5.9　供试材料的基本理化性质

理化性质	土　壤	紫云英	黄腐酸钾
pH	6.23	6.78	7.46
有机碳/(g・kg⁻¹)	34.04	463.3	234.61
CEC/(cmol・kg⁻¹)	20.6	—	—
全氮/(g・kg⁻¹)	—	37.16	99.86
全磷/(g・kg⁻¹)	—	0.64	0.16
全钾/(g・kg⁻¹)	—	27.12	4
碱解氮/(mg・kg⁻¹)	246.96	—	—
有效磷/(mg・kg⁻¹)	74.86	—	—
速效钾/(mg・kg⁻¹)	365.5	—	—
全 Cu/(mg・kg⁻¹)	84.64	—	—
全 Zn/(mg・kg⁻¹)	428	—	—
全 Pb/(mg・kg⁻¹)	109.1	—	—
全 Cd/(mg・kg⁻¹)	2.65	0.01	0.15
有效 Cu/(mg・kg⁻¹)	8.14	—	—
有效 Zn/(mg・kg⁻¹)	54.2	—	—
有效 Pb/(mg・kg⁻¹)	16.8	—	—
有效 Cd/(mg・kg⁻¹)	0.6	—	—

注:不同字母表示同一重金属在不同处理下,有效性含量之间存在显著差异($P < 0.05$)。

进行盆栽试验,将黄腐酸钾和紫云英分别按土重比 0%、0.1%、0.3%、0.5%与供试土壤混匀后装入塑料盆中(315mm×210mm×105mm),每盆装土 4.5kg,保持田间持水量为 60%。移入培育后生长一致的东南景天苗株(株间间距 5cm)。在盆两端分别插入石墨片(200mm×100mm),交流电场强度设置为 0.5V/cm,试验共计 7 个处理,分别为:①0.1%黄腐酸钾(0.1HF);②0.3%黄腐酸钾(0.3HF);③0.5%黄腐酸钾(0.5HF);④0.1%紫云英(0.1MV);⑤0.3%紫云英(0.3MV);⑥0.5%紫云英(0.3MV);⑦不施用有机物料(对照,CK)。每个处理 3 次重复。待某一处理的植物生长植株封行(植物皆处在营养生长阶段)后,收获东南景天地上部分(离地面约 2~3cm,保留植株地下部分),同时采集土壤样品。待到东南景天植株再次封行,再次收获植株和土壤。

5.3.2.2　电场作用下不同处理对土壤重金属有效态的影响

从表 5.10 可以看出,添加有机物料后土壤重金属有效态含量高于对照,由此表明土壤重金属活性得到提高,但不同有机物料及其用量对不同金属元素的作用存在差异。在 0.5V/cm 的条件下,与对照相比,0.1%和 0.5%黄腐酸钾处理对重金属元素含量的影响基本保持一致,各金属元素含量均有所提升,但 Pb、Cd 变化较小;相反,0.3%黄腐酸钾处理的土壤的有效 Cu、Zn、Pb 含量有所下降,而有效 Cd 含量则有所提升。在 0.5V/cm 的条件下,紫云英处理与黄腐酸钾处理的表现相似,与对照相比,0.1%和0.5%紫云英处理的土壤各金属元素有效态含量均有所提升;相比对照,0.3%紫云英处理的土壤有效Cu、Zn、Pb含量均下降,但有效Cd含量却有所上升。

黄腐酸钾处理对金属元素有效态的提升效果优于紫云英处理,这可能是因为黄腐酸具有丰富的吸持位点,络合能力较强,且在吸附重金属离子后一般呈溶解态,故可以增加Cd、Zn在土壤剖面中的移动性(Hizal et al.,2006)。在紫云英处理中,土壤Cd有效态含量随紫云英用量的提升而提高,0.5%紫云英对土壤重金属有效态提升效果最好,这可能与分解产生的有机酸比例有关,有机物在土壤中分解成小分子酸和大分子酸,小分子酸可以活化土壤中重金属的含量;而大分子酸则相反,可以络合土壤中的重金属,可能会降低土壤重金属的含量,0.5%用量的紫云英处理的小分子酸比例较高,对重金属的活化效果明显(姚桂华,2015)。此外,两种添加有机物料的处理,土壤Cd有效态含量均出现一定程度的提高,这不仅可能和添加的有机物料有关,还可能与东南景天和交流电场共同作用有关,植物根系在交流电场的作用下,能够分泌更多的有机酸,从而提高了土壤重金属有效性水平(Oudeh et al.,2008;Zhou et al.,2018)。

表5.10　不同处理对土壤金属有效性的影响

处　　理	Cu	Zn	Pb	Cd	Mn	Fe
0.1%黄腐酸钾	14.63ab	55.86a	17.43ab	0.64b	12.67ab	219.46bc
0.3%黄腐酸钾	11.55d	49.02ab	15.03d	0.72ab	12.89ab	228.73b
0.5%黄腐酸钾	15.08b	56.27a	17.19ab	0.68ab	13.02ab	194.73d
0.1%紫云英	13.80ab	52.28ab	16.98ab	0.67ab	13.90a	203.63cd
0.3%紫云英	11.48b	45.93b	15.52b	0.68ab	12.20ab	221.52b
0.5%紫云英	15.82a	55.68ab	18.84a	0.75a	11.44b	259.01a
CK	13.49cd	49.95ab	17.12ab	0.65b	11.58b	203.46cb

注:不同字母表示同一重金属在不同处理下,对土壤金属有效性的影响之间存在显著差异($P<0.05$)。

5.3.2.3　电场作用下不同处理对东南景天地上部金属含量的影响

在0.5V/cm电场作用下,施加两种有机物料的处理对东南景天地上部重金属含量的影响因有机物料种类及用量不同而有所不同。与对照相比,添加两种有机物料的处理均表现为:在较低用量水平(0~0.3%)下,随着有机物料用量的增加,东南景天地上部金属元素的含量得到提高(0.1%紫云英处理时,Zn含量最高),黄腐酸钾的作用显著强于紫云英(见表5.11)。如0.3%用量水平时,黄腐酸钾处理的东南景天地上部Zn、Cd含量分别为8858、129mg/kg;紫云英处理的东南景天地上部Zn、Cd最高含量则分别为6195、84mg/kg,而不是有机物料的对照处理东南景天地上部Zn、Cd含量则分别为4938、71mg/kg。相反,在0.5%用量下,添加两种有机物料的处理均抑制了东南景天地上部的重金属含量;相比对照,施加黄腐酸钾处理,东南景天地上部Cu、Zn、Cd的含量均有所降低,但Pb的含量仍有所增加;而施加紫云英处理,东南景天地上部各重金属的含量均显著低于对照,可见抑制作用显著。

表 5.11 不同处理对东南景天地上部重金属含量的影响

处 理	Cu	Zn	Pb	Cd	Mn	Fe
0.1%黄腐酸钾	8.98a	5106.16bc	4.73ab	77.87b	34.85bc	287.00ab
0.3%黄腐酸钾	10.27a	7511.02a	7.68a	129.32a	52.50a	364.46a
0.5%黄腐酸钾	5.66ab	4072.55d	5.29ab	70.46bc	34.02c	399.2a
0.1%紫云英	6.61ab	6195.01b	5.31ab	84.92b	41.68b	285.96ab
0.3%紫云英	6.93ab	5449.83cd	5.48ab	72.00bc	48.15ab	327.53a
0.5%紫云英	4.25b	3479.19b	1.32c	40.32c	21.36d	132.04b
CK	6.11ab	4937.66ab	3.63bc	71.07bc	38.40bc	264.60ab

注:不同字母表示同一重金属在不同处理下,对东南景天地上部重金属含量的影响之间存在显著差异($P<0.05$)。

5.5 植物修复技术

5.5.1 植物修复的配套联合修复技术应用

5.5.1.1 试验材料和样品处理

供试土壤中一种取自浙江省温州市农科院实验基地,土壤母质为海相沉冲积物,呈酸性(以下简称"酸性土");另一种取自广东省佛山市农科所实验基地,土壤母质为河流冲积物,呈碱性(以下简称"碱性土")。两种土壤皆为蔬菜地重金属镉污染土壤。所取土壤为 0～20cm 表层土壤,置于阴凉处风干,过 2mm 筛备用。供试土壤的基本理化性质如表 5.11 所示。供试植物:柳树为竹柳 3 号(江苏宿迁名世园艺),将长势良好且相近的枝条剪成 15cm 长的插条备用;东南景天选用大小相近的植株作为供试材料。供试肥料:紫云英(皖紫一号)采自无污染农田,15-15-15 氮磷钾复合肥为市售购得。紫云英的有机碳含量为 464g/kg,碱解氮的含量为 36.9g/kg,有效磷的含量为 0.63g/kg,速效钾的含量为 27.2g/kg,全镉的含量为 0.01mg/kg。15-15-15 氮磷钾复合肥($N-P_2O_5-K_2O$)的全镉含量为 0.4mg/kg。

表 5.11 供试土壤的基本理化性质(0～20cm)

理化性质	温 州	佛 山
pH	6.30	7.73
有机质/(g·kg^{-1})	41.50	19.53
碱解氮/(mg·kg^{-1})	242.00	96.00
有效磷/(mg·kg^{-1})	72.30	21.00

理化性质	温　州	佛　山
速效钾/(mg·kg⁻¹)	354.00	122.00
有效 Cd/(mg·kg⁻¹)	0.28	0.35
全 Cd/(mg·kg⁻¹)	2.47	3.43

2019 年 5 月进行土壤盆栽实验,研究交流电场条件下不同施肥处理对植物修复土壤重金属的作用。试验分为 4 个处理:①通电、不施肥,对照(CK);②通电、施用氮磷钾复合肥(无机肥);③通电、施用紫云英(有机肥);④通电、施用氮磷钾复合肥和紫云英(有机无机配施)。每个处理重复 3 次。将氮磷钾复合肥以 100ppm N、紫云英 0.3% 的比例施入 4kg 风干土中搅拌均匀后装入盆中(上直径 202mm×高 198mm×下直径 170mm),将土壤含水量调节到土壤田间持水量的 60%,再将竹柳和东南景天扦插入土壤,柳树间距为 3cm,东南景天间距为 5cm。通电处理,每盆插入 2 根石墨棒,用调压器(型号:TDGC2-0.5KVA)调节电压,通过并联的方式对盆栽两侧石墨棒进行通电。盆栽每 3 天浇一次水,电压每周重新调整,2019 年 12 月对其进行收取,采集土样和植物样品。土壤经风干,分别过 10 目和 100 目筛测定土壤性质。收取竹柳叶片、竹柳枝条、东南景天地上部后,待测定。

5.5.1.2　不同肥料配施对交流电场下土壤有效 Cd 的影响

由图 5.4 可知,不同施肥处理对土壤有效 Cd 的作用不同,有效 Cd 的含量表现为:Ⅲ＞Ⅰ(CK)＞Ⅳ＞Ⅱ。与对照Ⅰ相比,Ⅲ处理的土壤有效镉提升了 12.8%。处理Ⅱ、Ⅳ的有效 Cd 含量与对照相比虽有降低,但影响不大。氮磷钾复合肥的施用虽然降低了土壤的 pH,但土壤有效 Cd 含量却有所下降,可能是因为土壤吸附了复合肥中的磷酸盐,引起土壤表面负电荷增加,从而诱导土壤重金属吸附增加,降低 Cd 的有效性。紫云英等有机肥的施用能将大量可溶性有机质带入土壤中,而有机质能抑制土壤对重金属的吸附,从而提高重金属有效性(Li et al.,2010)。

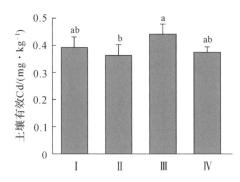

图 5.4　不同肥料配施对交流电场下土壤有效 Cd 的影响

注:不同字母表示结果具有显著性差异(P＜0.05)。

不同肥料配施对交流电场下土壤 Cd 形态的影响由图 5.5 可知,不同施肥处理对土壤不同 Cd 形态影响不同,施肥处理虽然改变了酸可提取态 Cd、可氧化态 Cd 所占比例,但影响不

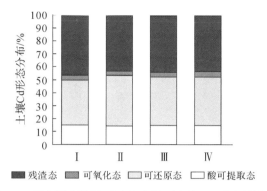

图 5.5　不同肥料配施对交流电场下土壤 Cd 形态的影响

大。与对照相比,处理Ⅱ、Ⅲ、Ⅳ的可还原 Cd 含量的比例分别提升了 4%、1.8% 和 3.9%,残渣态 Cd 含量分别降低了 3.11%、2.09% 和 2.65%。

不同肥料配施对交流电场下柳树、东南景天地上部 Cd 吸收积累的影响由表 5.12 可知,处理Ⅲ的柳叶、柳枝、东南景天地上部 Cd 含量比对照Ⅰ分别提高了 9.5%、1.8% 和 11.5%。处理Ⅱ、Ⅳ的柳叶、柳枝 Cd 含量与对照相比略微降低一点,但是促进了东南景天地上部 Cd 含量,都提高了 2.9%。

表 5.12　不同肥料配施对交流电场下柳树、东南景天地上部 Cd 的影响　　单位:mg/kg

处　理	柳　叶	柳　枝	东南景天地上部
Ⅰ	7.71±1.11a	9.8±0.92a	38.56±4.53a
Ⅱ	7.35±0.30a	9.36±1.87a	39.67±2.32a
Ⅲ	8.44±1.49a	9.98±0.81a	43.00±3.91a
Ⅳ	7.60±0.76a	9.02±2.48a	39.68±1.54a

注:表中每列同一字母表明结果间差异不显著。

不同施肥处理可以影响柳树、东南景天对土壤中 Cd 的积累。由表 5.13 可知,不同处理的柳树、东南景天对土壤中 Cd 的总积累量表现为:Ⅲ(有机肥)＞Ⅰ(对照)＞Ⅳ(有机无机配施)＞Ⅱ(无机肥)。施肥处理中处理Ⅲ的效果最好,其处理的地上部总积累量和柳叶、柳枝、东南景天地上部积累量分别高于对照 7.16%、20.9%、35.1%、25.6%。处理Ⅱ、Ⅳ的总积累量与对照相比分别降低了 5.6%、3.5%,对柳叶、柳枝影响不大,而东南景天地上部积累量分别提升了 6.5%、12.9%。

表 5.13　不同肥料配施对交流电场下柳树、东南景天地上部 Cd 积累量的影响　　单位:μg/株

处　理	地上部总积累量	柳　叶	柳　枝	东南景天地上部
Ⅰ	27.11±2.56b	9.29±0.71a	6.79±1.83ab	11.04±0.14a
Ⅱ	25.67±1.41b	9.00±0.94a	4.91±0.78b	11.76±1.76a
Ⅲ	34.27±3.32a	11.23±2.45a	9.17±3.24a	13.87±2.09a
Ⅳ	26.20±0.54b	9.13±0.27a	4.61±1.89b	12.46±1.19a

注:表中每列不同小写字母表明结果间存在显著性差异($P < 0.05$)。

不同无机肥、有机肥对植物 Cd 吸收积累的影响较为复杂，可能提升，也可能降低。本试验中施用紫云英后，地上部 Cd 总积累量显著提升，各个部位的 Cd 含量和积累量也显著提升。紫云英的施用促进了柳树和东南景天地上部的生长，同时其自身经微生物分解后不仅活化了土壤中重金属镉，还与之发生络合作用，易被植物吸收；而氮磷钾肥的施用则抑制了地上部 Cd 的总积累量和柳叶、柳枝中 Cd 的含量，对东南景天没有影响。

5.6 小 结

采用室内震荡活化试验和盆栽试验，探究柠檬酸和生物源提取液对土壤重金属的浸提，及其在重金属污染中的应用。总体来看，酢浆草和紫花苜蓿生物源提取液对 Zn 的提取效果较优，而柠檬酸对 Cd 的提取效果最好。添加柠檬酸显著降低土壤 pH 和有机质含量，而其余两种活化剂对土壤性质无显著影响。3 种活化剂均能有效提高土壤中有效态重金属的含量，对于植物修复具有一定的强化作用，其中，柠檬酸、酢浆草提取液的效果要优于紫花苜蓿提取液。添加柠檬酸、酢浆草提取液和紫花苜蓿提取液后，东南景天地上部对 Cd 的生物富集系数均增加，地下部的生物富集系数却减少。对于 Pb 来说，添加活化剂转运系数有所增加，而且活化剂处理能够大大提高东南景天对 Zn 的转运能力，分别为对照的 1.97、1.19、1.18 倍。添加 3 种活化剂后，东南景天对 3 种重金属的净化效果表现为：Zn＞Cd＞Pb。3 种活化剂处理均有利于东南景天对 Cd、Zn 的净化。

无机肥料联合交流电场对东南景天修复重金属土壤效率的影响的试验结果表明，相较于第一次，第二次收获污染土 Zn、Pb、Cd 有效态水平均有所下降；无机肥料的添加可活化土壤重金属，但受无机肥料施用量的影响。在东南景天两个生长周期内，高浓度无机肥硫酸铵（100mg/kg）的处理，土壤重金属活性提高效果较明显。在较低浓度下，施加无机氮肥，在东南景天第一个生长周期内可以提高 Zn、Cd 有效态含量，但随着时间的延长，东南景天第二个生长周期内，土壤各元素有效态含量均有所降低。在交流电场作用下，添加无机肥（硫酸铵）促进了东南景天植株内重金属的含量。在较高用量的硫酸铵处理 F2（100mg/kg）效果较好，Zn、Cd 分别提高了 79.73% 和 64.98%。第二个东南景天生长期结束，东南景天体内金属元素含量均下降。但在两次东南景天生长期间内，施加无机肥（硫酸铵）均能大幅促进东南景天地上部对 Zn、Cd 的累积量，在高浓度（100mg/kg）下效果较明显。

研究有机物料联合交流电场对东南景天修复重金属土壤效率的影响时发现，东南景天第一个生长周期，黄腐酸钾和紫云英两种有机物料的添加均提高了土壤有机质含量，降低了土壤 pH，提高了土壤重金属有效性，以 0.3% 黄腐酸钾和 0.5% 紫云英的用量对土壤重金属有效态提升效果最好。至第二个生长周期，施加有机物料的处理有机质物料有所下降，施加紫云英的处理，有机质水平较高，可能和紫云英本身有机碳含量高有关。施加黄腐酸钾有利于土壤酸可提取态 Cd 的的提升，而施加紫云英的处理作用相对较小，但 0.1%、0.3% 用量下，氧化态、残渣态 Cd 的均下降，而酸可提取态、还原态皆上升，从而施加两种有机物料都利于促进植物对土壤重金属的吸收。交流电场作用下，两种有机物料的添加均促进了东南景天的植物生长并提高植物修复效率，在 0.3% 黄腐酸钾用量下效果最佳。至第二次收获时,施加两种有机物料的处理,对东南景天积累重金属有抑制作用,添加紫云英的处理,在低用量 0.1% 紫云英下,抑制作用最明显,随用量提高,抑制作用降低。施肥能改变土壤中 Cd 的形态以及对柳树和东南景天 Cd 的吸收积累产生影响。施肥处理能提高土壤中的酸可提取态 Cd 的含量,降低残渣态 Cd 的含量。其中,紫云英的施用能够促进柳树和东南景天地上部对土壤 Cd 的吸收和积累,而氮磷钾肥处理对于柳树的 Cd 积累吸收则起到了反作用。

参考文献

陈叶享. 2011. 更绿色和持续性螯合剂 GLDA 及其应用之道. 中国洗涤用品工业,(003): 65-67.

邓红艳,陈刚才. 2012. 铬污染土壤的微生物修复技术研究进展. 地球与环境,40(003): 466-472.

何岱,周婷,袁世斌,等. 2010. 污染土壤淋洗修复技术研究进展. 四川环境,5:103-108.

胡鹏杰,李柱,钟道旭,等. 2014. 我国土壤重金属污染植物吸取修复研究进展. 植物生理学报,050(005):577-584.

胡造时,莫创荣,戴知友,等. 2016. 螯合剂 GLDA 对土壤 Cr 的淋洗修复研究. 西南农业学报,29(010):2422-2426.

黄川,李柳,黄珊,等. 2014. 重金属污染土壤的草酸和 EDTA 混合淋洗研究. 环境工程学报,8(8):3480-3486.

雷国建,陈志良,刘千钧,等. 2013. 生物表面活性剂及其在重金属污染土壤淋洗中的应用. 土壤通报,44(6):1508-1511.

李小方. 2020. 重金属污染农田安全利用:目标、可选技术与可推广技术. 中国生态农业学报,028(006),860-866.

刘玥,牛婷雨,李天国,等. 2020. 电动力学辅助植物修复重金属污染土壤的特征机制与机遇. 化工进展,351(12):502-515.

滕应,骆永明,李振高. 2007. 污染土壤的微生物修复原理与技术进展. 土壤,39(004): 497-502.

王凤花,罗小三,林爱军,等. 2010. 土壤铬(Ⅵ)污染及微生物修复研究进展. 生态毒理学报,05(2):153-161.

王建龙,陈灿. 2010. 生物吸附法去除重金属离子的研究进展. 环境科学学报,30(4): 673-701.

王卫红,罗学刚,武锋强,等. 2017. 重金属富集植物的富集能力评价指标. 环境科学与技术,040(008):189-196.

魏树和,周启星,张凯松,等. 2003. 根际圈在污染土壤修复中的作用与机理分析. 应用生态学报,14(1):143-147.

吴瑞娟,金卫根,邱峰芳. 2008. 土壤重金属污染的生物修复. 安徽农业科学,36(07): 2916-2918.

肖罗怡. 2016. 植物材料水浸提剂对污染土壤锌和镉淋洗效率研究. 雅安:四川农业大学硕士毕业论文.

徐良将，张明礼，杨浩. 2011. 土壤重金属镉污染的生物修复技术研究进展. 南京师大学报
（自然科学版），34(001)：102-106.

薛欢，刘志祥，严明理. 2019. 植物超积累重金属的生理机制研究进展. 生物资源，4：
289-297.

姚桂华. 2015. 交流电场—有机物料提高东南景天修复重金属污染土壤效率的研究. 杭州：
浙江农林大学硕士学位论文.

姚苹，郭欣，王亚婷，等. 2018. 柠檬酸强化低浓度 EDTA 对成都平原农田土壤铅和镉的淋
洗效率. 农业环境科学学报，37(003)：448-455.

张雪霞，贾永锋，陈亮，等. 2009. 砷还原菌群对砷的还原作用及菌群的多样性分析. 生态
学杂志，(01)：66-71.

Aboughalma H，Ran B I，Schlaak M. 2008. Electrokinetic enhancement on
phytoremediation in Zn，Pb，Cu and Cd contaminated soil using potato plants.
Environmental Letters，43(8)：926-933.

Ashraf M，Ozturk M，Ahmad M. 2010. Plant adaptation and phytoremediation. The
Netherlands：Springer.

Bahemmat M，Farahbakhsh M. 2015. Catholyte-conditioning enhanced electrokinetic
remediation of Co- and Pb-polluted soil. Environmental Engineering & Management
Journal，14(1)：89-96.

Beiyuan J，Tsang D C W，Valix M，et al. 2018. Combined application of EDDS and EDTA
for removal of potentially toxic elements under multiple soil washing schemes.
Chemosphere，205：178-187.

Brooks R R，Lee J，Reeves R D，et al. 1977. Detection of nickeliferous rocks by analysis
of herbarium specimens of indicator plants. Journal of Geochemical Exploration，7：
49-57.

Cameselle C，Reddy K R. 2012. Development and enhancement of electro-osmotic flow for
the removal of contaminants from soils. Electrochimica Acta，86：10-22.

Cao，Y R，Zhang，S R，Wang，et al. 2017. Enhancing the soil heavy metals removal
efficiency by adding hpma and pbtca along with plant washing agents. Journal of
Hazardous Materials，339：33-42.

Celik J，Aksoy A，Leblebici Z. 2018. Metal hyperaccumulating Brassicaceae from the
ultramafic area of Yahyal in Kayseri province，Turkey. Ecological Research，33(4)：
705-713.

Chang I S，Kim B H，et al. 2007. Effect of sulfate reduction activity on biological
treatment of hexavalent chromium［Cr(Ⅵ)］contaminated electroplating wastewater
under sulfate-rich condition. Chemosphere，68(2)：218-226.

Chen T，Wei C，Huang Z，et al. 2002. Arsenic hyperaccumulator *Pteris Vittata* L. and
its arsenic accumulation. Chinese Science Bulletin，47：902-905.

Chen W，Li H. 2018. Cost-effectiveness analysis for soil heavy metal contamination
treatments. Water Air and Soil Pollution，229(4)：126.

Chen X，Shen Z，Lei Y，et al. 2006. Effects of electrokinetics on bioavailability of soil nutrients. Soil Science，171(8)：638-647.

Hamidian A H，Zareh M，Poorbagher H，et al. 2016. Heavy metal bioaccumulation in sediment，common reed，algae and blood worm from the Shoor river，Iran. Toxicology & Industrial Health，32(3)：398-409.

He H，Li Y，He L F. 2019. Aluminum toxicity and tolerance in Solanaceae plants. South African Journal of Botany，123：23-29.

Hizal J，Apak R. 2006. Modeling of copper(Ⅱ) and lead(Ⅱ) adsorption on kaolinite-based clay minerals individually and in the presence of humic acid. Journal of Colloid & Interface Science，295(1)：1-13.

Li D，Tan X Y，Wu X D，et al. 2014. Effects of electrolyte characteristics on soil conductivity and current in electrokinetic remediation of lead-contaminated soil. Separation & Purification Technology，135：14-21.

Lim J M，Salido A L，Butcher D J. 2004. Phytoremediation of lead using Indian mustard (*Brassica juncea*) with EDTA and electrodics. Microchemical Journal，76(1/2)：3-9.

Li W C，Ye Z H，Wong M H. 2010. Metal mobilization and production of short-chain organic acids by rhizosphere bacteria associated with a Cd/Zn hyperaccumulating plant，*Sedum alfredii*. Plant and Soil，326(1)：453-467.

Long C，Wang Q，Zhou D，et al. 2011. Effects of electrokinetic-assisted phytoremediation of a multiple-metal contaminated soil on soil metal bioavailability and uptake by Indian mustard. Separation & Purification Technology，79(2)：246-253.

Ma L，Komar K，Tu C，et al. 2001. A fern that hyperaccumulates arsenic. Nature，411：438.

Migeon A，Blaudez D，Wilkins O，et al. 2010. Genome-wide analysis of plant metal transporters，with an emphasis on poplar. Cellular & Molecular Life Sciences Cmls，67(22)：3763-3784.

Milner M J，Jesse S，Eric C，et al. 2013. Transport properties of members of the ZIP family in plants and their role in Zn and Mn homeostasis. Journal of Experimental Botany，64(1)：369-381.

Neugebauer K，Broadley M R，HA El - Serehy，et al. 2018. Variation in the angiosperm ionome. Physiologia Plantarum，163(3)：163：306-322.

Ng Y S，Gupta B S，Hashim M A. 2015. Effects of operating parameters on the performance of washing-electrokinetic two stage process as soil remediation method for lead removal. Separation & Purification Technology，156：403-413.

Ng Y S，Gupta B S，Hashim M A. 2014. Performance evaluation of two-stage electrokinetic washing as soil remediation method for lead removal using different wash solutions. Electrochimica Acta，147：9-18.

Ng Y S，Gupta B S，Hashim M A. 2016. Remediation of Pb/Cr co-contaminated soil using electrokinetic process and approaching electrode technique. Environmental

Science & Pollution Research International，23(1)：546.

Oudeh M，Khan M，Scullion J. 2008. Plant accumulation of potentially toxic elements in sewage sludge as affected by soil organic matter level and mycorrhizal fungi. Environmental Pollution，116(2)：293-300.

Peng J S，Wang Y J，Ge D，et al. 2017. A Pivotal role of cell Wall in Cadmium Accumulation in the Crassulaceae hyperaccumulator *Sedum plumbizincicola*. Molecular Plant，10(005)：771-774.

Pociecha M，Lestan D. 2011. Recycling of EDTA solution after soil washing of Pb，Zn，Cd and As contaminated soil. Chemosphere，86(8)：843-846.

Rascio N，Navari-Izzo F. 2011. Heavy metal hyperaccumulating plants：How and why do they do it? And what makes them so interesting. Plant Science，180(2)：169-181.

Reddy K R，Cameselle C. 2009. Electrochemical Remediation Technologies for Polluted Soils，Sediments and Ground water. New York，NY：Wiley.

Siyar R，Ardejani F D，Farahbakhsh M，et al. 2020. Potential of Vetiver grass for the phytoremediation of a real multi-contaminated soil，assisted by electrokinetic. Chemosphere，246：125802.

Song Y，Ammami M T，Benamar A，et al. 2016. Effect of EDTA，EDDS，NTA and citric acid on electrokinetic remediation of As，Cd，Cr，Cu，Ni，Pb and Zn contaminated dredged marine sediment. Environmental Science & Pollution Research，23(11)：10577-10586.

Wei，S，Zhou，Q. 2004. Identification of weed species with hyperaccumulative characteristics of heavy metals. Progress in Natural Science，14(6)：495-503.

Wei S，Zhou Q，Wang X，et al. 2005. A newly-discovered Cd-hyperaccumulator *Solanum nigrum* L. Chinese ence Bulletin，50(001)：33-38.

Wuana R A，Okieimen F E，Imborvungu J A. 2010. Removal of heavy metals from a contaminated soil using organic chelating acids. International Journal of Environmental Science & Technology，7(3)：485-496

Yeung A T，Gu Y Y. 2011. A review on techniques to enhance electrochemical remediation of contaminated soils. Journal of Hazardous Materials，195：11-29.

Zhang P，Jin C，Sun Z，et al. 2016. Assessment of acid enhancement schemes for electrokinetic remediation of Cd/Pb contaminated soil. Water Air & Soil Pollution，227(6)：217.

Zhou M，Wang H，Zhu S，et al. 2015. Electrokinetic remediation of fluorine-contaminated soil and its impact on soil fertility. Environmental Science & Pollution Research，22：16907-16913.

Zhou T，Wu L，Christie P，et al. 2018. The efficiency of Cd phytoextraction by *S. plumbizincicola* increased with the addition of rice straw to polluted soils：the role of particulate organic matter. Plant and Soil，429(1-2)：321-333.

第6章　农用地土壤重金属污染防治研究结论与展望

随着城市化和现代农业的不断发展,农田土壤重金属污染问题日益严重,对农作物生产和人类健康产生了不利影响;环境污染对食品安全造成了严重威胁;如何改善农用地现状,提升土壤质量尤为重要。因此,控制土壤重金属污染是亟待解决的重大环境问题之一。本章在了解浙江省农用地土壤重金属污染状况的基础上总结了当前常用的土壤重金属污染防治手段,以期为农业用地中重金属污染的管理提供参考。

6.1　农用地土壤重金属污染防治研究结论

针对我国大面积中轻度重金属污染耕地的治理需求,通过选取我国东南部的浙江省典型地区开展大量的田间试验和示范研究,并应用当下比较通用的技术对不同程度重金属污染的农用地土壤进行源解析;通过大量的盆栽试验、田间试验和室内分析,系统阐明土壤稳定化技术、叶面生理阻控技术、农艺措施等对农用地土壤污染重金属(镉、铅等)的修复效果与机制,提出了改良剂修复与农艺措施修复农田土壤重金属污染的技术途径;同时对多个水稻低积累品种进行筛选与试验,选出适合轻度污染土壤的水稻品种。针对受重度重金属污染的农用地土壤,通过大量的盆栽试验和室内分析,系统地阐明了工程修复技术、电动修复技术、土壤淋洗技术、植物修复技术和微生物修复技术等对土壤污染重金属(镉、铅等)的修复效果与机理,提出了化学固定技术、电动力技术及施肥等技术联合超积累植物修复农田重金属重度污染的技术途径。主要获得以下结果和结论。

6.1.1　研究了基于单一投入品核算分析、PMF 与投入品核算结合分析的农田土壤重金属源解析

对重金属进行污染源解析,可以更有效地找到重金属污染的来源并制定修复策略。目前,源清单法是近几年较常使用的方法,它通过收集和计算不同源类的排放因子和活动水平,估算各类污染源的排放量,从而计算其贡献率。常用的方法有同位素分析方法和投入品核算模型。投入品核算(输入通量分析)方法是对研究区域的污染源进行初步详查,选取当地的投入品,包括有机或无机化肥、灌溉水源、大气降尘、秸秆还田、当地废弃物等进行污染源排放的长期监测,测得其污染物的重金属浓度,计算出投入品给当地带来的重金属的输入量,从而计算其带来的污染源贡献率。PMF 模型是美国环境保护署推荐的几种受体模型之一,目前在大气污染、水污染和土壤污染中广泛应用。该模型直接以受体含量计算,系统可

以自动去除不合理的数据且不需要知道污染源的个数、源成分谱等信息,直接从受体污染物含量出发通过污染物标识物及指纹元素来识别和计算污染源贡献率。通过数据间的相关性进行降维分析找到主要因子,均可以计算出贡献率。PMF 模型存在的优点主要是解析结果不会存在负值。

研究了浙江省金华市婺城区某农田修复试点耕层土壤重金属污染情况,根据当地地形布置污染源样品采集点,进行大气降尘和水源的长期监测,并采集田间土壤样品、大气降尘、水样、有机及无机化肥和秸秆等,带回实验室进行重金属含量测定,以分析该修复试点农田土壤重金属含量、分布特征及其来源。结果发现:依据农用地土壤风险筛选值,研究区重金属只有 Cd 元素含量数据超标。根据 BCR 重金属形态分级、土壤剖面分析得出重金属的主要源分为三类:Pb 是因为成土母质和大气降尘,Zn、Cu、Cr、Ni 主要源于成土母质,Cd 主要源于成土母质和人为污染。对当地的投入品 Pb 和 Cd 进行大气降尘、肥料、秸秆还田、灌溉水长期的监测,发现 Pb 的贡献率分别为 38.7%、4.2%、37.8%、19.3%;Cd 的贡献率分别为 40.3%、2%、48.1%、9.6%。因而,在下一步的修复工作中需要针对不同来源,进行土壤中相应重金属含量控制。首先防止作物还田重新回到农田,保证重金属不再返回农田中;其次,要控制大气降尘对农作物重金属积累的影响,避免农作物可食部分的重金属超标。另外我们还可以对投入品进行多样化收集,包括采集畜禽粪便,河水沉积物等投入品。

基于 PMF 与投入品核算结合分析对浙江省嘉兴市某水稻田土壤重金属进行源解析,结果发现:根据描述性统计分析,Cd 超标率为 2%;根据变异系数的大小,可以判断 Cr、Cu、Ni 受自然原因的影响比较多;利用插值的方法发现 Cr、Cu、Ni、Zn 4 种重金属浓度均表现出西南角的农田高于东北地区农田的浓度,其中元素 Pb 的分布情况又主要是东南向西北方向逐渐递减,呈条带状分布;Cd 在居住区域达到了重金属的富集,而 Mn 的浓度呈现出西北地区高于东南地区。基于 PMF 和投入品输入通量分析得出了 3 个污染因子,因子 1 为成土母质,主要包括 Cd、Cr、Cu、Ni 和 Pb,贡献率分别为 45%、59.2%、66.7%、57.6% 和 64.1%;因子 2 为农业污染源,肥料的重金属年输入通量由高到低依次为 Cd、Pb、Ni、Cu、Cr、Zn、Mn,其中 Zn 和 Cu 的可还原态在 0~20cm 的比例也较高,而地表水中 Cd 的输入通量最高;因子 3 主要为大气降尘,主要元素为 Cd、Pb 和 Zn,收集的道路灰尘的样品中 Pb 含量最大达到 1065mg/kg。

6.1.2 研究了基于 APCS-MLR 和 UNMIX 对矿区周边农田土壤重金属进行源解析并进行生态-健康风险评价

基于 APCS-MLR 和 UNMIX 模型对景宁县某矿区周边农田土壤重金属进行分析,从生态环境和人体健康两个方面来更加客观、全面地衡量重金属污染风险。结果发现:土壤中 Cu、Zn、Pb、Cd 的平均含量均高于浙江省的背景值,重金属含量的空间分布呈北高南低的特点,大米中 Cd 的含量高于食品安全限量标准。APCS-MLR 模型源解析结果表明,Cu、Zn、Pb、Cd 主要来源于采矿、尾矿排放等工业污染源,Cr、Ni、Fe 来源于土壤母质,Mn 和 As 来源于农业活动,贡献率由高到低依次为工业源(50.44%)、自然源(29.77%)、农业源(19.79%),UNMIX 模型验证了土壤重金属污染源解析的准确性。土壤中重金属潜在生态风险指数(RI)为 70.03~903.84,从低风险到高风险,主要污染重金属是 Cd。人体健康风险评估结果表明,食物消费是居民摄入重金属的主要来源,占总风险的 90% 以上;As、Cr、Ni、Cd 的积累对当地居民产生不利影响。为改善研究区的生态环境和人类健康,应采取有效的管理措施,恢复和治理研究区土壤,使用安全的化肥和农药。

6.1.3　研究了不同种钝化剂的稳定效果及其钝化重金属的机制

在取自浙江绍兴某铅锌矿附近的土上进行 5 种钝化剂(石灰、伊利石、磷矿粉、甲壳素和玉米秸秆炭)修复效果试验,研究了不同种类钝化剂在不同污染水平和条件下的钝化能力,并在理想的控制条件下进行了钝化吸附研究,探索了不同类型钝化剂的吸附效率和单位吸附量。研究发现,不同钝化剂对不同重金属(Zn、Pb 和 Cd)具有不同的吸附效果。供试钝化剂(石灰、伊利石、磷矿粉、甲壳素和玉米秸秆炭)对相同离子具有不同的吸收效率。石灰和甲壳素表现出更优的吸附性能。试验中,各钝化剂对重金属(Zn、Pb 和 Cd)的吸附随着初始浓度的增加而趋于增强。5 种钝化剂对重金属的吸附效率随吸附时间的延长而增强。但是,随钝化剂表面吸附点位的减少,吸附在 15 分钟内逐渐达到稳定状态。由于质子与金属离子之间的作用竞争降低了酸性条件下钝化剂的吸附性能,因此在较高的 pH 下吸附能力达到饱和。在土壤中,五种钝化剂对土壤重金属的吸附效率随钝化剂用量的增加而提高。在添加量为 1% 时,石灰的吸附效率最高。钝化剂是外源物质,如果能达到钝化效果,添加量越少越好,所以,综合考虑材料成本和经济效益,认为石灰和甲壳素对重金属有较大的吸附潜力和较高的吸附效率,可以作为减轻重金属污染的良好材料。

6.1.4　研究探明了不同品种水稻中重金属镉的转移系数和分布特征,选出镉积累量低且适合在该地种植的品种

在取自浙江省某村采矿区附近的两种土壤中进行五种水稻品种(中浙优 1 号、中浙优 8 号、甬优 1540、甬优 17 和华浙优 71)的盆栽试验,测定了不同品种水稻不同生育期不同器官的镉积累量,分析了不同类型水稻植物中重金属镉的积累分布和转运特征,以期得到重金属镉含量低且更加适合在当地种植的水稻品种。结果如下:以 $5\mu mol/L$、$10\mu mol/L$ 和 $15\mu mol/L$ 3 种不同重金属镉浓度处理 5 种水稻幼苗,其中重金属镉的转运速率最小的是中浙优 1 号,当处理重金属镉浓度越高时,抑制了水稻对镉的转运,水稻转移系数也最低,从而减少了重金属镉纵向向上迁移的数量。同一水稻品种不同器官中重金属镉的吸收和分布大致表现如下:根>茎>叶>糙米>稻壳。同一水稻不同生育时期在相同器官中重金属镉的积累存在差异。根的重金属镉的含量则高到低一般依次为:分蘖期、拔节期、育穗期、成熟期;育穗期茎中重金属镉含量较高;叶片重金属镉含量依次为:分蘖期、拔节期、育穗期、成熟期。

6.1.5　研究探明了不同叶面肥处理下水稻籽粒 Cd 的吸收积累效应

在浙江省水稻种植区修复试点进行不同叶面肥(对照、硒肥、硅肥、海藻肥和黄腐酸钾)对水稻产量及籽粒吸收富集重金属 Cd 的影响,研究表明,叶面肥的施加能够促进水稻的生

长,显著提高水稻产量,增产效果由大到小依次为硅肥、海藻酸、黄腐酸钾、硒肥。叶面喷施海藻酸和硅肥能够显著降低水稻稻米中 Cd 的含量,均降低 6.25%($P<0.05$)。而施加硒肥和黄腐酸钾后,水稻籽粒 Cd 的含量却显著增加,较对照分别增加 12.42% 和 11.80%($P<0.05$)。综上,叶面喷施海藻酸和硅肥有利于水稻的安全利用与生产,具有一定的实际推广的可能性。

6.1.6　阐明了硅肥、钙镁磷肥和水分管理对不同土壤-水稻中镉的影响机制,提出了降低稻米镉含量的肥料施用技术

硅肥和钙镁磷肥都有利于水稻生长,且可以减少 Cd 在水稻体内的积累,然而在不同污染程度土壤上结合水分管理进行的研究较少。

在取自浙江省嘉兴市(轻微 Cd 污染土)和丽水市(轻度 Cd 污染土)某农田的表层土壤(0~20cm)中进行盆栽试验,研究了水肥调控对不同污染土壤中 pH、Eh、有效态 Cd 含量、Cd 形态分级和水稻体内 Cd 含量的影响,以探究适用于不同污染土壤的水肥调控方式。结果表明:在两种土壤中,硅肥和钙镁磷肥都能提升土壤 pH,降低 Cd 的生物有效性,促进水稻生长,且在轻度污染土壤中对有效态 Cd 含量的降低效果较好;持续淹水降低了土壤 Eh,且在轻度污染土壤中降低效果较为明显。水稻根表铁膜对抑制 Cd 的吸收具有重要作用,在两种土壤中施用钙镁磷肥对根表铁膜 Cd 含量的增加均比硅肥多。全生育期淹水灌溉虽然减少了根表铁膜的 Cd 含量,但也抑制了水稻根部对 Cd 的吸收以及糙米对 Cd 的积累。不同污染土壤中,糙米 Cd 含量不同,在两种土壤中,施用硅肥、钙镁磷肥或进行全生育期淹水均可降低稻米 Cd 含量。对轻微 Cd 污染土壤,各处理中糙米 Cd 含量均在《食品安全国家标准》(GB 2762—2017)规定量 0.20mg/kg 以下;在轻度污染土壤中,需施用硅肥或钙镁磷肥并结合全生育期淹水才能使糙米 Cd 含量降到 0.20mg/kg 以下。

6.1.7　研究了生物源活化剂对重金属污染土壤的修复效果,提出了生物源活化剂联合超积累植物修复技术

植物源活化剂对土壤重金属和矿物重金属都具有良好的活化作用,对超积累植物施加植物源活化剂能有效提高 Cd、Pb 等的吸收率,是一种环境友好、低廉高效的新型活化剂。

在采自浙江省绍兴市某铅锌矿附近的土壤中进行盆栽试验,研究红花酢浆草和紫花苜蓿施加下东南景天对中轻度重金属污染土壤的修复效果。结果显示:震荡活化试验表明,添加合适的活化剂可以显著提高重金属 Zn 和 Cd 的浸出浓度,其规律主要表现为活化剂的浓度越高,对土壤重金属的浸出效果越好。添加柠檬酸、酢浆草提取液和紫花苜蓿提取液后,东南景天地上部对 Cd 的生物富集系数均增加,地下部的生物富集系数却减少。对于 Pb 来说,添加活化剂转运系数有所增加,而且活化剂处理能够大大提高东南景天对 Zn 的转运能力,分别为对照的 1.97、1.19、1.18 倍。总体来看,酢浆草和紫花苜蓿生物源提取液对 Zn 的提取效果较优,而柠檬酸对 Cd 的提取效果最好。添加 3 种活化剂后,东南景天对 3 种重金属的净化效果依次为 Zn>Cd>Pb,三种活化剂处理均有利于东南景天对 Cd、Zn 的净化。

6.1.8　养分措施管理对交流电场下植物修复重金属污染土壤效率的影响，提出了电场联合植物修复技术

在采自杭州富阳市某一小高炉周边重金属严重污染的土壤中进行交流电场（0.5V/cm）-无机肥（硫酸铵）辅助东南景天修复的盆栽试验，同时在采自温州市农科院实验基地的重金属污染的土壤中进行交流电场（0.5V/cm）-有机物料（黄腐酸钾、紫云英）辅助东南景天修复的盆栽试验。结果表明，在交流电场作用下，在东南景天两个生长周期内，高浓度硫酸铵（100mg/kg）的处理，土壤重金属活性提高效果较明显。而施加较低浓度硫酸铵，在东南景天第一个生长周期内可以提高 Zn、Cd 的有效态含量，但随着时间的延长，东南景天第二个生长周期内，土壤各元素的有效态含量均有所降低。在交流电场作用下，添加硫酸铵促进了东南景天植株内重金属的含量。较高用量的硫酸铵处理（100mg/kg）效果较好，Zn、Cd 分别提高了 79.73% 和 64.98%。

施加黄腐酸钾有利于土壤酸可提取态 Cd 的提升，而施加紫云英的处理作用相对较小，但在 0.1%、0.3% 用量下，氧化态、残渣态 Cd 含量均下降，而酸可提取态、还原态含量皆上升，从而施加两种有机物料都利于促进植物对土壤重金属的吸收。交流电场作用下，两种有机物料的添加均促进了东南景天的植物生长，并提高植物修复效率，在 0.3% 黄腐酸钾用量下效果最佳。至第二次收获时，施加两种有机物料的处理，对东南景天积累重金属有抑制作用，添加紫云英的处理，在低用量 0.1% 紫云英下，抑制作用最明显，随用量的提高，抑制作用降低。

6.1.9　研究了不同肥料配施对交流电场辅助柳树和东南景天混种模式下镉污染土壤植物修复效率的影响机制，提出了植物修复的配套联合修复技术

植物提取修复技术在修复土壤重金属污染具有巨大的潜力，但因为植物修复时间长，生物有效性不高，且一些重金属超积累植物生物量小等限制因素，导致单独使用植物修复土壤重金属污染治理工作难以快速达到预期效果。紫云英作为一种清洁的有机肥源，能有效提高土壤肥力，提高微生物生物量及土壤酶活性。同时，已有的研究表明，紫云英在被施入土壤后，前期主要分解的是一些易矿化的有机物，产生有机酸，可提高土壤重金属的生物有效性；氮磷钾复合肥是同时提供氮磷钾三要素的无机肥，能够加快植物根系和地上部生长。目前，关于不同肥料处理对交流电场下植物吸收重金属影响的研究鲜有报道。

因此，本研究围绕采自浙江省温州市农科院实验基地的重金属污染土壤（酸性土）和广东省佛山市农科所实验基地的重金属污染土壤（碱性土）开展，主要研究交流电场下不同肥料处理对柳树和东南景天吸收和积累土壤 Cd 的影响，探讨进一步提高柳树和东南景天植物修复土壤中重金属效率的方法和机制。结果表明：施肥还能改变土壤 pH，紫云英的施用能提高土壤 pH 和有效 Cd 含量，氮磷钾复合肥的施用则会降低土壤 pH 和有效 Cd。施肥能改变土壤中 Cd 的形态以及对柳树和东南景天 Cd 的吸收积累产生影响。施肥处理能提高土壤中的酸可提取态 Cd 的含量，降低残渣态 Cd 的含量。其中，紫云英的施用能够促进柳树和东南景天地上部对土壤 Cd 的吸收和积累，而氮磷钾肥处理对柳树的 Cd 积累和吸收起到了反作用。

6.1.10 研究开展农用地土壤典型污染综合防控技术集成与示范

结合浙江省农业"两区"(现代农业园区和粮食生产功能区)土壤污染防治3年行动计划,在浙江省桐庐县、长兴县、温岭市等典型区域,综合应用已有相关研发技术,把污染源解析-源头削减-过程阻断-末端修复以及风险评估预警等技术进行集成创新,建立重金属不同污染程度(重度、中度与轻度)土壤综合治理技术模式并进行示范研究,建立农田土壤重金属污染防治的 PCA 创新模式(phytoremediation coupled with chemical and agronomic optimization)。核心示范区总面积不少于 1 万亩,并通过边研究、边示范、边推广方式,不断完善和提高综合治理技术体系和模式,辐射推广区面积不少于 5 万亩。同时,在构建浙江省农田土壤污染防治信息决策管理与技术服务平台的基础上,充分利用互联网技术创新土壤污染评估-源头削减-过程阻断-末端修复全过程实时实地管控技术,为浙江省农田土壤重金属污染精准防治和政府管理决策提供技术支撑。

6.1.11 研究建立受污染耕地安全利用示范建设规范和制度

建立受污染耕地安全利用试验示范及推广应用规范,并提出技术路线(见图 6.1)。重点在酸性土水稻种植区、高集约化蔬菜基地、地质元素高背景区等土壤污染潜在高风险地区建设一批集中推进示范区。此外,为动态衡量示范推广效果需要进行赋分评估(见表 6.1)。

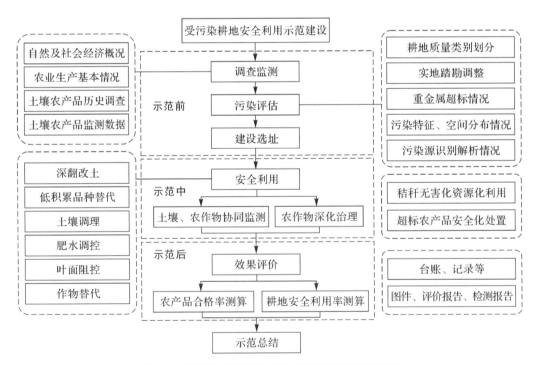

图 6.1 浙江省受污染耕地安全利用示范建设流程

表 6.1　安全利用示范建设技术效果评分表

评估指标	分值	指标内容	评分标准
技术针对性	10	①技术实施方案可行性； ②项目实施区域合理性； ③污染源解析及防控措施情况	①通过专家论证(3分)； ②选址符合要求,示范面积达标(3分)； ③有污染源解析及污染防控措施(4分)
技术有效性	40	①农产品可食部分的安全性； ②土壤重金属的生物有效性； ③污染治理适用的品种和产品筛选情况； ④污染治理的单项技术或技术模式研究情况	①连续 2 年及以上目标污染物达标(GB 2762)(10 分)；1 年达标(5 分)；连续 3 年不达标(0 分)； ②降低 50% 及以上(10 分)，按比例减少得分； ③筛选出一批品种和产品且获得专利(10分)；品种和产品稳定性、经济性较差(5分)；未筛选出(0分)； ④研究出具有经济合理的污染治理单项技术或技术模式 3 种及以上且得到有效推广和应用(10分)；研究出 1~2 种(5分)；未研究出(0分)
技术安全性	15	①土壤理化性状改善情况； ②治理措施对土壤二次污染情况； ③受污染农作物秸秆及农产品的安全处置情况	①土壤 pH、有机质含量、阳离子交换量等土壤理化性状有明显改善(5分)；无明显变化(3分)；明显下降(0分)； ②治理措施未造成土壤二次污染(5分)；造成土壤二次污染(不合格)； ③受污染农作物秸秆无害化安全处置(2分)；超标农产品安全处置(3分)
总分	65	评分 60 分及以上为优秀，46(含)~60 分为良好，39(含)~46 分为合格、39 分以下为不合格(即未通过评估)	

6.2　农用地土壤污染防治研究展望和任务

经过几十年的发展,我国土壤重金属污染修复总体取得了可观的成绩。

6.2.1　农用地土壤污染防治研究展望

综上所述,我国农用地土壤重金属污染综合防治技术研究已经取得了很大的进展,但是很多适用性技术尚处于边实践、边摸索的阶段,仍然缺乏大田试验和综合性技术集成,远未形成专业化和实用化的农田土壤污染治理技术体系。具体体现如下。

在"源头控制"方面,尽管已经有一些可靠、好用的源解析方法,然而缺乏专门针对农用地重金属污染的精确的源解析方法,从而导致农田重金属污染源不明确,很难制定合理的削减政策。缺少农田重金属污染源长期定位跟踪监测,为此,建议结合源端清单排放技术、长期定位监测、同位素示踪技术等,构建源解析模型与数据库,为"源头控制"提供科学咨询。

在"过程阻断"方面,当前试验中钝化剂种类繁多,价格高低不一,施用方法不成熟,施用后的生态环境风险缺乏科学评估。因此，建议对钝化剂研究需着眼于寻找"价格低廉、农户施用可操作性强、对土壤结构没有破坏性、不影响作物健康生长、不对环境造成二次污染"的材料。比如，结合"复合型肥料、缓控释肥料、微生物肥料等"一起研究，既能在很大限度内节约生产成本，又能提高市场与农户可接受度。

在"末端修复"方面，有关"重金属超积累/富集植物"的筛选，当前已经筛选出一批 Cd、As、Pb、Cu、Zn 等污染富集植物，建议未来进一步研究其配套的田间水肥栽培技术，并应用于各种作物和生态模式中。同时结合分子技术，培育替代品种。植物修复技术因成本低、不破坏生态环境等原因备受关注，但该技术受区域气候条件等影响明显，且大面积种植非粮食作物，不符合中国人多地少、粮食自给压力大的基本国情。因此，探明植物对重金属的吸收、转移、富集、忍耐以及解毒的分子机制，并通过现代分子技术手段，培育高积累或超积累植物提高富集效率，或选育低积累或零积累粮食作物品种，阻断土壤重金属向作物运输。与此同时，加强高积累或超积累植物的资源化利用，避免富集金属形成二次污染的研究，也亟待开展。

在"安全利用"方面，低积累作物品种的筛选为安全利用提供了条件，但是，由于作物对重金属的吸收受土壤环境、气候条件以及水肥管理的影响很大，而大田中土壤、气候等条件往往复杂多变，因此，大面积推广应谨慎。相较于低积累品种，种植模式的改变，比如调整成果园、种植能源作物等，更趋于安全。另外，修复植物收获后的无害化处理成本高，仍是当前一大难题，有待进一步改善。

现有研究显示，水肥管理、替代品种、耕作栽培方式、添加外源物质等均对土壤重金属含量有一定影响，但重金属污染土壤的修复是一个系统工程，单一修复技术很难达到预期效果。现有研究多在室内完成，室内环境变量小、因素可控，因而治理效果可观；而农田治理实践中，土壤环境状况复杂，受外界影响明显，同时室内研究多为单一修复技术的应用，在复杂的外界环境中多种修复措施同时运用会导致修复效果的不确定性，因此，在典型重金属污染区，根据污染程度，研究多种修复措施同时施用时的修复效果，提出修复效果最佳时的农艺管理措施，形成重金属污染农田土壤修复技术体系势在必行。总之，未来农田重金属污染防治需在充分集成现有农田土壤重金属污染防治相关技术成果基础上，对以上瓶颈问题做进一步深入研究，并针对不同气候类型、作物类型、土壤类型、污染类型，采取"源端控制-过程阻断-末端修复-安全利用"综合防治技术路线，建立因地制宜的农田土壤重金属污染"边生产边修复"技术模式，从而实现受污染农田土壤的安全利用和保障食用农产品质量安全。如表 6.2 所示，同时，对照国家最新要求将其划分为优先保护类、安全利用类和严格管控类，由此有针对性地提出在探明土壤污染成因的基础上进行推广性更强、适用性更广的符合国家战略和发展需求的分级分类分区治理模式。

表 6.2　耕地土壤污染分类管控

污染程度	类　别	主要管控措施
无污染	优先保护类	纳入永久基本农田实施严格保护，制止耕地"非农化"、防止"非粮化"，综合采取占补数量和质量平衡，推进持续高标准农田建设、优化提升粮食生产功能区、周边污染企业搬迁整治等综合性措施，确保其面积不减少、土壤环境质量不下降

续表

污染程度	类　别	主要管控措施
轻中度污染	安全利用类	在保证农产品质量安全的前提下,优化总结经验做法,以县或设市区为单位制定"一地一方案",采用"水肥优化调控、原位阻隔治理、低累积品种替代"为主要模式的农产品安全生产措施,建立农产品种植负面清单,开展安全利用率核算,削除或降低食用农产品污染物超标风险
重度污染	严格管控类	建立重点监管地块清单,进行种植结构调整,全面退出食用农产品种植,改种非食用农作物或者退耕还林还草。鼓励通过客土置换、生物修复等措施,逐步降低土壤中污染物浓度,确保严格管控类耕地面积不增加

6.2.2　农用地土壤污染防治重点任务

6.2.2.1　推进土壤污染源头综合防治

加强耕地土壤污染防治与大气、水、固体废物污染防治等工作的衔接,强化农村环境综合整治与乡村生态文明建设有机融合,统筹抓好耕地土壤污染源的断源工作,加快实施耕地土壤污染溯源排查,重点建立工矿业"三废"污染源全口径清单,制定控源(断源)工作计划,削减污染物排放总量,积极推进农业投入品减量化、生产清洁化、产业模式生态化,加强受污染耕地安全利用全链条管理,有效遏制污染源对受污染耕地的持续影响。

6.2.2.2　夯实耕地土壤精准治污基础

充分利用现有农用地土壤污染状况详查(调查)和土壤环境质量类别划定工作成果,对已发现的农用地土壤超标点位和重点区域,开展土壤-农产品协同加密监测和耕地土壤环境质量类别动态调整,进一步核实其污染范围和程度,圈定污染风险重点管控区,并在统筹现有各类规划的基础上,编制省、有关重点市、县(市、区)受污染耕地治理规划及年度工作方案,梳理土壤污染治理与修复项目清单,为进一步抓好耕地质量建设和污染治理提供科学依据。

6.2.2.3　深化耕地土壤污染分类管控

按照"土十条"要求,将现有耕地全面划分为优先保护类、安全利用类和严格管控类。以"因地制宜、政府引导、农民自愿、收益不减"为原则,按照"分类管理、预防为主、农用优先、治用结合、综合施策"的治理思路,在探明土壤污染成因的基础上进行科学分级分类分区治理。

1)加大优先保护类耕地的严格保护。对没有受到污染的优先保护类耕地,要纳入永久基本农田实施严格保护,并坚决制止耕地"非农化",防止"非粮化",综合采取占补数量和质量平衡,推进持续高标准农田建设,优化提升粮食生产功能区、周边污染企业搬迁整治等综合性措施,确保其面积不减少、土壤环境质量不下降。并在此基础上,大力推进农业种养结构调整和区域布局优化,使布局更合理,优势更突出,产品更优质。

2)不断深化受污染耕地的安全利用。对受中轻度污染的安全利用类耕地,要在保证农产品质量安全的前提下,按照受污染耕地安全利用相关技术要求,优化总结各地受污染耕安全利用经验做法,以县或设市区为单位编制受污染耕地安全利用实施方案,明确本行政区域受污染耕地安全利用目标任务,制定"一地一方案",采用"水肥优化调控、原位阻隔治理、低累积品种替代"为主要模式的水稻等农产品安全生产措施,建立农产品种植负面清单,开展受污染耕地安全利用核算,削除或降低食用农产品污染物超标风险。

3)严格落实重污染耕地的风险管控。对污染程度较重的严格管控类耕地,可建立《严格管控类耕地重点监管地块清单》,结合优化全省永久基本农田和农业"两区"空间布局,进行种植结构调整,全面退出水稻、小麦、蔬菜等食用农产品种植,改种桑麻、花卉、苗木等非食用农作物或者退耕还林还草。针对严格管控类耕地,在全面落实种植结构和用地功能调整基础上,鼓励有条件的地区通过客土置换、生物修复等措施,逐步降低土壤中污染物的浓度,确保严格管控类耕地面积不增加。

6.2.2.4　巩固提升污染防控能力

1)实施示范区和集中推进区建设。通过政策推动和技术引导,有针对性地深化和扩大受污染耕地安全利用试点示范,推进风险管控、治理与修复等共性关键技术的研发和推广,加大土壤污染源解析、农业投入品减施、农田水分管理、土壤调理、品种替代、污染超标农产品处置与安全利用等实用技术研发,重点在酸性土水稻种植区、高集约化蔬菜基地、地质元素高背景区等土壤污染潜在高风险地区建设一批集中推进区和组织实施一批重大工程。

2)提升污染综合防控现代化能力。通过创新治污染手段和监管方式,加大科技研发支撑力度,建立健全农用地土壤-农产品质量监测预警体系和统一的大数据监管"云平台",鼓励科研单位创建土壤污染防治重点实验室、科研基地、工程技术研究中心等,培育一批从事受污染耕地安全利用和治理修复的实施主体,打造一支具备农田土壤环境管理、监测评估和治理的专业技术队伍,全面提升耕地土壤污染治理水平。

法律条例类附录

附录一　中华人民共和国土壤污染防治法

第一章　总　则

第一条　为了保护和改善生态环境,防治土壤污染,保障公众健康,推动土壤资源永续利用,推进生态文明建设,促进经济社会可持续发展,制定本法。

第二条　在中华人民共和国领域及管辖的其他海域从事土壤污染防治及相关活动,适用本法。

本法所称土壤污染,是指因人为因素导致某种物质进入陆地表层土壤,引起土壤化学、物理、生物等方面特性的改变,影响土壤功能和有效利用,危害公众健康或者破坏生态环境的现象。

第三条　土壤污染防治应当坚持预防为主、保护优先、分类管理、风险管控、污染担责、公众参与的原则。

第四条　任何组织和个人都有保护土壤、防止土壤污染的义务。

土地使用权人从事土地开发利用活动,企业事业单位和其他生产经营者从事生产经营活动,应当采取有效措施,防止、减少土壤污染,对所造成的土壤污染依法承担责任。

第五条　地方各级人民政府应当对本行政区域土壤污染防治和安全利用负责。

国家实行土壤污染防治目标责任制和考核评价制度,将土壤污染防治目标完成情况作为考核评价地方各级人民政府及其负责人、县级以上人民政府负有土壤污染防治监督管理职责的部门及其负责人的内容。

第六条　各级人民政府应当加强对土壤污染防治工作的领导,组织、协调、督促有关部门依法履行土壤污染防治监督管理职责。

第七条　国务院生态环境主管部门对全国土壤污染防治工作实施统一监督管理;国务院农业农村、自然资源、住房城乡建设、林业草原等主管部门在各自职责范围内对土壤污染防治工作实施监督管理。

地方人民政府生态环境主管部门对本行政区域土壤污染防治工作实施统一监督管理;地方人民政府农业农村、自然资源、住房城乡建设、林业草原等主管部门在各自职责范围内对土壤污染防治工作实施监督管理。

第八条　国家建立土壤环境信息共享机制。

　　国务院生态环境主管部门应当会同国务院农业农村、自然资源、住房城乡建设、水利、卫生健康、林业草原等主管部门建立土壤环境基础数据库，构建全国土壤环境信息平台，实行数据动态更新和信息共享。

　　第九条　国家支持土壤污染风险管控和修复、监测等污染防治科学技术研究开发、成果转化和推广应用，鼓励土壤污染防治产业发展，加强土壤污染防治专业技术人才培养，促进土壤污染防治科学技术进步。

　　国家支持土壤污染防治国际交流与合作。

　　第十条　各级人民政府及其有关部门、基层群众性自治组织和新闻媒体应当加强土壤污染防治宣传教育和科学普及，增强公众土壤污染防治意识，引导公众依法参与土壤污染防治工作。

第二章　规划、标准、普查和监测

　　第十一条　县级以上人民政府应当将土壤污染防治工作纳入国民经济和社会发展规划、环境保护规划。

　　设区的市级以上地方人民政府生态环境主管部门应当会同发展改革、农业农村、自然资源、住房城乡建设、林业草原等主管部门，根据环境保护规划要求、土地用途、土壤污染状况普查和监测结果等，编制土壤污染防治规划，报本级人民政府批准后公布实施。

　　第十二条　国务院生态环境主管部门根据土壤污染状况、公众健康风险、生态风险和科学技术水平，并按照土地用途，制定国家土壤污染风险管控标准，加强土壤污染防治标准体系建设。

　　省级人民政府对国家土壤污染风险管控标准中未作规定的项目，可以制定地方土壤污染风险管控标准；对国家土壤污染风险管控标准中已作规定的项目，可以制定严于国家土壤污染风险管控标准的地方土壤污染风险管控标准。地方土壤污染风险管控标准应当报国务院生态环境主管部门备案。

　　土壤污染风险管控标准是强制性标准。

　　国家支持对土壤环境背景值和环境基准的研究。

　　第十三条　制定土壤污染风险管控标准，应当组织专家进行审查和论证，并征求有关部门、行业协会、企业事业单位和公众等方面的意见。

　　土壤污染风险管控标准的执行情况应当定期评估，并根据评估结果对标准适时修订。

　　省级以上人民政府生态环境主管部门应当在其网站上公布土壤污染风险管控标准，供公众免费查阅、下载。

　　第十四条　国务院统一领导全国土壤污染状况普查。国务院生态环境主管部门会同国务院农业农村、自然资源、住房城乡建设、林业草原等主管部门，每十年至少组织开展一次全国土壤污染状况普查。

　　国务院有关部门、设区的市级以上地方人民政府可以根据本行业、本行政区域实际情况组织开展土壤污染状况详查。

　　第十五条　国家实行土壤环境监测制度。

　　国务院生态环境主管部门制定土壤环境监测规范，会同国务院农业农村、自然资源、住房城乡建设、水利、卫生健康、林业草原等主管部门组织监测网络，统一规划国家土壤环境监测站(点)的设置。

第十六条 地方人民政府农业农村、林业草原主管部门应当会同生态环境、自然资源主管部门对下列农用地地块进行重点监测：

（一）产出的农产品污染物含量超标的；

（二）作为或者曾作为污水灌溉区的；

（三）用于或者曾用于规模化养殖，固体废物堆放、填埋的；

（四）曾作为工矿用地或者发生过重大、特大污染事故的；

（五）有毒有害物质生产、贮存、利用、处置设施周边的；

（六）国务院农业农村、林业草原、生态环境、自然资源主管部门规定的其他情形。

第十七条 地方人民政府生态环境主管部门应当会同自然资源主管部门对下列建设用地地块进行重点监测：

（一）曾用于生产、使用、贮存、回收、处置有毒有害物质的；

（二）曾用于固体废物堆放、填埋的；

（三）曾发生过重大、特大污染事故的；

（四）国务院生态环境、自然资源主管部门规定的其他情形。

第三章 预防和保护

第十八条 各类涉及土地利用的规划和可能造成土壤污染的建设项目，应当依法进行环境影响评价。环境影响评价文件应当包括对土壤可能造成的不良影响及应当采取的相应预防措施等内容。

第十九条 生产、使用、贮存、运输、回收、处置、排放有毒有害物质的单位和个人，应当采取有效措施，防止有毒有害物质渗漏、流失、扬散，避免土壤受到污染。

第二十条 国务院生态环境主管部门应当会同国务院卫生健康等主管部门，根据对公众健康、生态环境的危害和影响程度，对土壤中有毒有害物质进行筛查评估，公布重点控制的土壤有毒有害物质名录，并适时更新。

第二十一条 设区的市级以上地方人民政府生态环境主管部门应当按照国务院生态环境主管部门的规定，根据有毒有害物质排放等情况，制定本行政区域土壤污染重点监管单位名录，向社会公开并适时更新。

土壤污染重点监管单位应当履行下列义务：

（一）严格控制有毒有害物质排放，并按年度向生态环境主管部门报告排放情况；

（二）建立土壤污染隐患排查制度，保证持续有效防止有毒有害物质渗漏、流失、扬散；

（三）制定、实施自行监测方案，并将监测数据报生态环境主管部门。

前款规定的义务应当在排污许可证中载明。

土壤污染重点监管单位应当对监测数据的真实性和准确性负责。生态环境主管部门发现土壤污染重点监管单位监测数据异常，应当及时进行调查。

设区的市级以上地方人民政府生态环境主管部门应当定期对土壤污染重点监管单位周边土壤进行监测。

第二十二条 企业事业单位拆除设施、设备或者建筑物、构筑物的，应当采取相应的土壤污染防治措施。

土壤污染重点监管单位拆除设施、设备或者建筑物、构筑物的,应当制定包括应急措施在内的土壤污染防治工作方案,报地方人民政府生态环境、工业和信息化主管部门备案并实施。

第二十三条　各级人民政府生态环境、自然资源主管部门应当依法加强对矿产资源开发区域土壤污染防治的监督管理,按照相关标准和总量控制的要求,严格控制可能造成土壤污染的重点污染物排放。

尾矿库运营、管理单位应当按照规定,加强尾矿库的安全管理,采取措施防止土壤污染。危库、险库、病库以及其他需要重点监管的尾矿库的运营、管理单位应当按照规定,进行土壤污染状况监测和定期评估。

第二十四条　国家鼓励在建筑、通信、电力、交通、水利等领域的信息、网络、防雷、接地等建设工程中采用新技术、新材料,防止土壤污染。

禁止在土壤中使用重金属含量超标的降阻产品。

第二十五条　建设和运行污水集中处理设施、固体废物处置设施,应当依照法律法规和相关标准的要求,采取措施防止土壤污染。

地方人民政府生态环境主管部门应当定期对污水集中处理设施、固体废物处置设施周边土壤进行监测;对不符合法律法规和相关标准要求的,应当根据监测结果,要求污水集中处理设施、固体废物处置设施运营单位采取相应改进措施。

地方各级人民政府应当统筹规划、建设城乡生活污水和生活垃圾处理、处置设施,并保障其正常运行,防止土壤污染。

第二十六条　国务院农业农村、林业草原主管部门应当制定规划,完善相关标准和措施,加强农用地农药、化肥使用指导和使用总量控制,加强农用薄膜使用控制。

国务院农业农村主管部门应当加强农药、肥料登记,组织开展农药、肥料对土壤环境影响的安全性评价。

制定农药、兽药、肥料、饲料、农用薄膜等农业投入品及其包装物标准和农田灌溉用水水质标准,应当适应土壤污染防治的要求。

第二十七条　地方人民政府农业农村、林业草原主管部门应当开展农用地土壤污染防治宣传和技术培训活动,扶持农业生产专业化服务,指导农业生产者合理使用农药、兽药、肥料、饲料、农用薄膜等农业投入品,控制农药、兽药、化肥等的使用量。

地方人民政府农业农村主管部门应当鼓励农业生产者采取有利于防止土壤污染的种养结合、轮作休耕等农业耕作措施;支持采取土壤改良、土壤肥力提升等有利于土壤养护和培育的措施;支持畜禽粪便处理、利用设施的建设。

第二十八条　禁止向农用地排放重金属或者其他有毒有害物质含量超标的污水、污泥,以及可能造成土壤污染的清淤底泥、尾矿、矿渣等。

县级以上人民政府有关部门应当加强对畜禽粪便、沼渣、沼液等收集、贮存、利用、处置的监督管理,防止土壤污染。

农田灌溉用水应当符合相应的水质标准,防止土壤、地下水和农产品污染。地方人民政府生态环境主管部门应当会同农业农村、水利主管部门加强对农田灌溉用水水质的管理,对农田灌溉用水水质进行监测和监督检查。

第二十九条　国家鼓励和支持农业生产者采取下列措施:

（一）使用低毒、低残留农药以及先进喷施技术；

（二）使用符合标准的有机肥、高效肥；

（三）采用测土配方施肥技术、生物防治等病虫害绿色防控技术；

（四）使用生物可降解农用薄膜；

（五）综合利用秸秆、移出高富集污染物秸秆；

（六）按照规定对酸性土壤等进行改良。

第三十条　禁止生产、销售、使用国家明令禁止的农业投入品。

农业投入品生产者、销售者和使用者应当及时回收农药、肥料等农业投入品的包装废弃物和农用薄膜，并将农药包装废弃物交由专门的机构或者组织进行无害化处理。具体办法由国务院农业农村主管部门会同国务院生态环境等主管部门制定。

国家采取措施，鼓励、支持单位和个人回收农业投入品包装废弃物和农用薄膜。

第三十一条　国家加强对未污染土壤的保护。

地方各级人民政府应当重点保护未污染的耕地、林地、草地和饮用水水源地。

各级人民政府应当加强对国家公园等自然保护地的保护，维护其生态功能。

对未利用地应当予以保护，不得污染和破坏。

第三十二条　县级以上地方人民政府及其有关部门应当按照土地利用总体规划和城乡规划，严格执行相关行业企业布局选址要求，禁止在居民区和学校、医院、疗养院、养老院等单位周边新建、改建、扩建可能造成土壤污染的建设项目。

第三十三条　国家加强对土壤资源的保护和合理利用。对开发建设过程中剥离的表土，应当单独收集和存放，符合条件的应当优先用于土地复垦、土壤改良、造地和绿化等。

禁止将重金属或者其他有毒有害物质含量超标的工业固体废物、生活垃圾或者污染土壤用于土地复垦。

第三十四条　因科学研究等特殊原因，需要进口土壤的，应当遵守国家出入境检验检疫的有关规定。

第四章　风险管控和修复

第一节　一般规定

第三十五条　土壤污染风险管控和修复，包括土壤污染状况调查和土壤污染风险评估、风险管控、修复、风险管控效果评估、修复效果评估、后期管理等活动。

第三十六条　实施土壤污染状况调查活动，应当编制土壤污染状况调查报告。

土壤污染状况调查报告应当主要包括地块基本信息、污染物含量是否超过土壤污染风险管控标准等内容。污染物含量超过土壤污染风险管控标准的，土壤污染状况调查报告还应当包括污染类型、污染来源以及地下水是否受到污染等内容。

第三十七条　实施土壤污染风险评估活动，应当编制土壤污染风险评估报告。

土壤污染风险评估报告应当主要包括下列内容：

（一）主要污染物状况；

（二）土壤及地下水污染范围；

（三）农产品质量安全风险、公众健康风险或者生态风险；

（四）风险管控、修复的目标和基本要求等。

第三十八条　实施风险管控、修复活动,应当因地制宜、科学合理,提高针对性和有效性。

实施风险管控、修复活动,不得对土壤和周边环境造成新的污染。

第三十九条　实施风险管控、修复活动前,地方人民政府有关部门有权根据实际情况,要求土壤污染责任人、土地使用权人采取移除污染源、防止污染扩散等措施。

第四十条　实施风险管控、修复活动中产生的废水、废气和固体废物,应当按照规定进行处理、处置,并达到相关环境保护标准。

实施风险管控、修复活动中产生的固体废物以及拆除的设施、设备或者建筑物、构筑物属于危险废物的,应当依照法律法规和相关标准的要求进行处置。

修复施工期间,应当设立公告牌,公开相关情况和环境保护措施。

第四十一条　修复施工单位转运污染土壤的,应当制定转运计划,将运输时间、方式、线路和污染土壤数量、去向、最终处置措施等,提前报所在地和接收地生态环境主管部门。

转运的污染土壤属于危险废物的,修复施工单位应当依照法律法规和相关标准的要求进行处置。

第四十二条　实施风险管控效果评估、修复效果评估活动,应当编制效果评估报告。

效果评估报告应当主要包括是否达到土壤污染风险评估报告确定的风险管控、修复目标等内容。

风险管控、修复活动完成后,需要实施后期管理的,土壤污染责任人应当按照要求实施后期管理。

第四十三条　从事土壤污染状况调查和土壤污染风险评估、风险管控、修复、风险管控效果评估、修复效果评估、后期管理等活动的单位,应当具备相应的专业能力。

受委托从事前款活动的单位对其出具的调查报告、风险评估报告、风险管控效果评估报告、修复效果评估报告的真实性、准确性、完整性负责,并按照约定对风险管控、修复、后期管理等活动结果负责。

第四十四条　发生突发事件可能造成土壤污染的,地方人民政府及其有关部门和相关企业事业单位以及其他生产经营者应当立即采取应急措施,防止土壤污染,并依照本法规定做好土壤污染状况监测、调查和土壤污染风险评估、风险管控、修复等工作。

第四十五条　土壤污染责任人负有实施土壤污染风险管控和修复的义务。土壤污染责任人无法认定的,土地使用权人应当实施土壤污染风险管控和修复。

地方人民政府及其有关部门可以根据实际情况组织实施土壤污染风险管控和修复。

国家鼓励和支持有关当事人自愿实施土壤污染风险管控和修复。

第四十六条　因实施或者组织实施土壤污染状况调查和土壤污染风险评估、风险管控、修复、风险管控效果评估、修复效果评估、后期管理等活动所支出的费用,由土壤污染责任人承担。

第四十七条　土壤污染责任人变更的,由变更后承继其债权、债务的单位或者个人履行相关土壤污染风险管控和修复义务并承担相关费用。

第四十八条　土壤污染责任人不明确或者存在争议的,农用地由地方人民政府农业农村、林业草原主管部门会同生态环境、自然资源主管部门认定,建设用地由地方人民政府生态环境主管部门会同自然资源主管部门认定。认定办法由国务院生态环境主管部门会同有关部门制定。

第二节　农用地

第四十九条　国家建立农用地分类管理制度。按照土壤污染程度和相关标准,将农用地划分为优先保护类、安全利用类和严格管控类。

第五十条　县级以上地方人民政府应当依法将符合条件的优先保护类耕地划为永久基本农田,实行严格保护。

在永久基本农田集中区域,不得新建可能造成土壤污染的建设项目;已经建成的,应当限期关闭拆除。

第五十一条　未利用地、复垦土地等拟开垦为耕地的,地方人民政府农业农村主管部门应当会同生态环境、自然资源主管部门进行土壤污染状况调查,依法进行分类管理。

第五十二条　对土壤污染状况普查、详查和监测、现场检查表明有土壤污染风险的农用地地块,地方人民政府农业农村、林业草原主管部门应当会同生态环境、自然资源主管部门进行土壤污染状况调查。

对土壤污染状况调查表明污染物含量超过土壤污染风险管控标准的农用地地块,地方人民政府农业农村、林业草原主管部门应当会同生态环境、自然资源主管部门组织进行土壤污染风险评估,并按照农用地分类管理制度管理。

第五十三条　对安全利用类农用地地块,地方人民政府农业农村、林业草原主管部门,应当结合主要作物品种和种植习惯等情况,制定并实施安全利用方案。

安全利用方案应当包括下列内容:

(一)农艺调控、替代种植;

(二)定期开展土壤和农产品协同监测与评价;

(三)对农民、农民专业合作社及其他农业生产经营主体进行技术指导和培训;

(四)其他风险管控措施。

第五十四条　对严格管控类农用地地块,地方人民政府农业农村、林业草原主管部门应当采取下列风险管控措施:

(一)提出划定特定农产品禁止生产区域的建议,报本级人民政府批准后实施;

(二)按照规定开展土壤和农产品协同监测与评价;

(三)对农民、农民专业合作社及其他农业生产经营主体进行技术指导和培训;

(四)其他风险管控措施。

各级人民政府及其有关部门应当鼓励对严格管控类农用地采取调整种植结构、退耕还林还草、退耕还湿、轮作休耕、轮牧休牧等风险管控措施,并给予相应的政策支持。

第五十五条　安全利用类和严格管控类农用地地块的土壤污染影响或者可能影响地下水、饮用水水源安全的,地方人民政府生态环境主管部门应当会同农业农村、林业草原等主管部门制定防治污染的方案,并采取相应的措施。

第五十六条　对安全利用类和严格管控类农用地地块,土壤污染责任人应当按照国家有关规定以及土壤污染风险评估报告的要求,采取相应的风险管控措施,并定期向地方人民政府农业农村、林业草原主管部门报告。

第五十七条　对产出的农产品污染物含量超标,需要实施修复的农用地地块,土壤污染责任人应当编制修复方案,报地方人民政府农业农村、林业草原主管部门备案并实施。修复方案应当包括地下水污染防治的内容。

修复活动应当优先采取不影响农业生产、不降低土壤生产功能的生物修复措施,阻断或者减少污染物进入农作物食用部分,确保农产品质量安全。

风险管控、修复活动完成后,土壤污染责任人应当另行委托有关单位对风险管控效果、修复效果进行评估,并将效果评估报告报地方人民政府农业农村、林业草原主管部门备案。

农村集体经济组织及其成员、农民专业合作社及其他农业生产经营主体等负有协助实施土壤污染风险管控和修复的义务。

第三节　建设用地

第五十八条　国家实行建设用地土壤污染风险管控和修复名录制度。

建设用地土壤污染风险管控和修复名录由省级人民政府生态环境主管部门会同自然资源等主管部门制定,按照规定向社会公开,并根据风险管控、修复情况适时更新。

第五十九条　对土壤污染状况普查、详查和监测、现场检查表明有土壤污染风险的建设用地地块,地方人民政府生态环境主管部门应当要求土地使用权人按照规定进行土壤污染状况调查。

用途变更为住宅、公共管理与公共服务用地的,变更前应当按照规定进行土壤污染状况调查。

前两款规定的土壤污染状况调查报告应当报地方人民政府生态环境主管部门,由地方人民政府生态环境主管部门会同自然资源主管部门组织评审。

第六十条　对土壤污染状况调查报告评审表明污染物含量超过土壤污染风险管控标准的建设用地地块,土壤污染责任人、土地使用权人应当按照国务院生态环境主管部门的规定进行土壤污染风险评估,并将土壤污染风险评估报告报省级人民政府生态环境主管部门。

第六十一条　省级人民政府生态环境主管部门应当会同自然资源等主管部门按照国务院生态环境主管部门的规定,对土壤污染风险评估报告组织评审,及时将需要实施风险管控、修复的地块纳入建设用地土壤污染风险管控和修复名录,并定期向国务院生态环境主管部门报告。

列入建设用地土壤污染风险管控和修复名录的地块,不得作为住宅、公共管理与公共服务用地。

第六十二条　对建设用地土壤污染风险管控和修复名录中的地块,土壤污染责任人应当按照国家有关规定以及土壤污染风险评估报告的要求,采取相应的风险管控措施,并定期向地方人民政府生态环境主管部门报告。风险管控措施应当包括地下水污染防治的内容。

第六十三条　对建设用地土壤污染风险管控和修复名录中的地块,地方人民政府生态环境主管部门可以根据实际情况采取下列风险管控措施:

(一)提出划定隔离区域的建议,报本级人民政府批准后实施;

(二)进行土壤及地下水污染状况监测;

(三)其他风险管控措施。

第六十四条　对建设用地土壤污染风险管控和修复名录中需要实施修复的地块,土壤污染责任人应当结合土地利用总体规划和城乡规划编制修复方案,报地方人民政府生态环境主管部门备案并实施。修复方案应当包括地下水污染防治的内容。

第六十五条　风险管控、修复活动完成后,土壤污染责任人应当另行委托有关单位对风险管控效果、修复效果进行评估,并将效果评估报告报地方人民政府生态环境主管部门备案。

第六十六条　对达到土壤污染风险评估报告确定的风险管控、修复目标的建设用地地块,土壤污染责任人、土地使用权人可以申请省级人民政府生态环境主管部门移出建设用地土壤污染风险管控和修复名录。

省级人民政府生态环境主管部门应当会同自然资源等主管部门对风险管控效果评估报告、修复效果评估报告组织评审,及时将达到土壤污染风险评估报告确定的风险管控、修复目标且可以安全利用的地块移出建设用地土壤污染风险管控和修复名录,按照规定向社会公开,并定期向国务院生态环境主管部门报告。

未达到土壤污染风险评估报告确定的风险管控、修复目标的建设用地地块,禁止开工建设任何与风险管控、修复无关的项目。

第六十七条　土壤污染重点监管单位生产经营用地的用途变更或者在其土地使用权收回、转让前,应当由土地使用权人按照规定进行土壤污染状况调查。土壤污染状况调查报告应当作为不动产登记资料送交地方人民政府不动产登记机构,并报地方人民政府生态环境主管部门备案。

第六十八条　土地使用权已经被地方人民政府收回,土壤污染责任人为原土地使用权人的,由地方人民政府组织实施土壤污染风险管控和修复。

第五章　保障和监督

第六十九条　国家采取有利于土壤污染防治的财政、税收、价格、金融等经济政策和措施。

第七十条　各级人民政府应当加强对土壤污染的防治,安排必要的资金用于下列事项:

(一)土壤污染防治的科学技术研究开发、示范工程和项目;

(二)各级人民政府及其有关部门组织实施的土壤污染状况普查、监测、调查和土壤污染责任人认定、风险评估、风险管控、修复等活动;

(三)各级人民政府及其有关部门对涉及土壤污染的突发事件的应急处置;

(四)各级人民政府规定的涉及土壤污染防治的其他事项。

使用资金应当加强绩效管理和审计监督,确保资金使用效益。

第七十一条　国家加大土壤污染防治资金投入力度,建立土壤污染防治基金制度。设立中央土壤污染防治专项资金和省级土壤污染防治基金,主要用于农用地土壤污染防治和土壤污染责任人或者土地使用权人无法认定的土壤污染风险管控和修复以及政府规定的其他事项。

对本法实施之前产生的,并且土壤污染责任人无法认定的污染地块,土地使用权人实际承担土壤污染风险管控和修复的,可以申请土壤污染防治基金,集中用于土壤污染风险管控和修复。

土壤污染防治基金的具体管理办法,由国务院财政主管部门会同国务院生态环境、农业农村、自然资源、住房城乡建设、林业草原等主管部门制定。

第七十二条　国家鼓励金融机构加大对土壤污染风险管控和修复项目的信贷投放。

国家鼓励金融机构在办理土地权利抵押业务时开展土壤污染状况调查。

第七十三条　从事土壤污染风险管控和修复的单位依照法律、行政法规的规定,享受税收优惠。

第七十四条　国家鼓励并提倡社会各界为防治土壤污染捐赠财产,并依照法律、行政法规的规定,给予税收优惠。

第七十五条　县级以上人民政府应当将土壤污染防治情况纳入环境状况和环境保护目标完成情况年度报告,向本级人民代表大会或者人民代表大会常务委员会报告。

第七十六条　省级以上人民政府生态环境主管部门应当会同有关部门对土壤污染问题突出、防治工作不力、群众反映强烈的地区,约谈设区的市级以上地方人民政府及其有关部门主要负责人,要求其采取措施及时整改。约谈整改情况应当向社会公开。

第七十七条　生态环境主管部门及其环境执法机构和其他负有土壤污染防治监督管理职责的部门,有权对从事可能造成土壤污染活动的企业事业单位和其他生产经营者进行现场检查、取样,要求被检查者提供有关资料、就有关问题作出说明。

被检查者应当配合检查工作,如实反映情况,提供必要的资料。

实施现场检查的部门、机构及其工作人员应当为被检查者保守商业秘密。

第七十八条　企业事业单位和其他生产经营者违反法律法规规定排放有毒有害物质,造成或者可能造成严重土壤污染的,或者有关证据可能灭失或者被隐匿的,生态环境主管部门和其他负有土壤污染防治监督管理职责的部门,可以查封、扣押有关设施、设备、物品。

第七十九条　地方人民政府安全生产监督管理部门应当监督尾矿库运营、管理单位履行防治土壤污染的法定义务,防止其发生可能污染土壤的事故;地方人民政府生态环境主管部门应当加强对尾矿库土壤污染防治情况的监督检查和定期评估,发现风险隐患的,及时督促尾矿库运营、管理单位采取相应措施。

地方人民政府及其有关部门应当依法加强对向沙漠、滩涂、盐碱地、沼泽地等未利用地非法排放有毒有害物质等行为的监督检查。

第八十条　省级以上人民政府生态环境主管部门和其他负有土壤污染防治监督管理职责的部门应当将从事土壤污染状况调查和土壤污染风险评估、风险管控、修复、风险管控效果评估、修复效果评估、后期管理等活动的单位和个人的执业情况,纳入信用系统建立信用记录,将违法信息记入社会诚信档案,并纳入全国信用信息共享平台和国家企业信用信息公示系统向社会公布。

第八十一条　生态环境主管部门和其他负有土壤污染防治监督管理职责的部门应当依法公开土壤污染状况和防治信息。

国务院生态环境主管部门负责统一发布全国土壤环境信息;省级人民政府生态环境主管部门负责统一发布本行政区域土壤环境信息。生态环境主管部门应当将涉及主要食用农产品生产区域的重大土壤环境信息,及时通报同级农业农村、卫生健康和食品安全主管部门。

公民、法人和其他组织享有依法获取土壤污染状况和防治信息、参与和监督土壤污染防治的权利。

第八十二条　土壤污染状况普查报告、监测数据、调查报告和土壤污染风险评估报告、风险管控效果评估报告、修复效果评估报告等,应当及时上传全国土壤环境信息平台。

第八十三条　新闻媒体对违反土壤污染防治法律法规的行为享有舆论监督的权利,受监督的单位和个人不得打击报复。

第八十四条 任何组织和个人对污染土壤的行为，均有向生态环境主管部门和其他负有土壤污染防治监督管理职责的部门报告或者举报的权利。

生态环境主管部门和其他负有土壤污染防治监督管理职责的部门应当将土壤污染防治举报方式向社会公布，方便公众举报。

接到举报的部门应当及时处理并对举报人的相关信息予以保密；对实名举报并查证属实的，给予奖励。

举报人举报所在单位的，该单位不得以解除、变更劳动合同或者其他方式对举报人进行打击报复。

第六章 法律责任

第八十五条 地方各级人民政府、生态环境主管部门或者其他负有土壤污染防治监督管理职责的部门未依照本法规定履行职责的，对直接负责的主管人员和其他直接责任人员依法给予处分。

依照本法规定应当作出行政处罚决定而未作出的，上级主管部门可以直接作出行政处罚决定。

第八十六条 违反本法规定，有下列行为之一的，由地方人民政府生态环境主管部门或者其他负有土壤污染防治监督管理职责的部门责令改正，处以罚款；拒不改正的，责令停产整治：

（一）土壤污染重点监管单位未制定、实施自行监测方案，或者未将监测数据报生态环境主管部门的；

（二）土壤污染重点监管单位篡改、伪造监测数据的；

（三）土壤污染重点监管单位未按年度报告有毒有害物质排放情况，或者未建立土壤污染隐患排查制度的；

（四）拆除设施、设备或者建筑物、构筑物，企业事业单位未采取相应的土壤污染防治措施或者土壤污染重点监管单位未制定、实施土壤污染防治工作方案的；

（五）尾矿库运营、管理单位未按照规定采取措施防止土壤污染的；

（六）尾矿库运营、管理单位未按照规定进行土壤污染状况监测的；

（七）建设和运行污水集中处理设施、固体废物处置设施，未依照法律法规和相关标准的要求采取措施防止土壤污染的。

有前款规定行为之一的，处二万元以上二十万元以下的罚款；有前款第二项、第四项、第五项、第七项规定行为之一，造成严重后果的，处二十万元以上二百万元以下的罚款。

第八十七条 违反本法规定，向农用地排放重金属或者其他有毒有害物质含量超标的污水、污泥，以及可能造成土壤污染的清淤底泥、尾矿、矿渣等的，由地方人民政府生态环境主管部门责令改正，处十万元以上五十万元以下的罚款；情节严重的，处五十万元以上二百万元以下的罚款，并可以将案件移送公安机关，对直接负责的主管人员和其他直接责任人员处五日以上十五日以下的拘留；有违法所得的，没收违法所得。

第八十八条 违反本法规定，农业投入品生产者、销售者、使用者未按照规定及时回收肥料等农业投入品的包装废弃物或者农用薄膜，或者未按照规定及时回收农药包装废弃物交由专门的机构或者组织进行无害化处理的,由地方人民政府农业农村主管部门责令改正,处一万元以上十万元以下的罚款;农业投入品使用者为个人的,可以处二百元以上二千元以下的罚款。

第八十九条 违反本法规定,将重金属或者其他有毒有害物质含量超标的工业固体废物、生活垃圾或者污染土壤用于土地复垦的,由地方人民政府生态环境主管部门责令改正,处十万元以上一百万元以下的罚款;有违法所得的,没收违法所得。

第九十条 违反本法规定,受委托从事土壤污染状况调查和土壤污染风险评估、风险管控效果评估、修复效果评估活动的单位,出具虚假调查报告、风险评估报告、风险管控效果评估报告、修复效果评估报告的,由地方人民政府生态环境主管部门处十万元以上五十万元以下的罚款;情节严重的,禁止从事上述业务,并处五十万元以上一百万元以下的罚款;有违法所得的,没收违法所得。

前款规定的单位出具虚假报告的,由地方人民政府生态环境主管部门对直接负责的主管人员和其他直接责任人员处一万元以上五万元以下的罚款;情节严重的,十年内禁止从事前款规定的业务;构成犯罪的,终身禁止从事前款规定的业务。

本条第一款规定的单位和委托人恶意串通,出具虚假报告,造成他人人身或者财产损害的,还应当与委托人承担连带责任。

第九十一条 违反本法规定,有下列行为之一的,由地方人民政府生态环境主管部门责令改正,处十万元以上五十万元以下的罚款;情节严重的,处五十万元以上一百万元以下的罚款;有违法所得的,没收违法所得;对直接负责的主管人员和其他直接责任人员处五千元以上二万元以下的罚款:

(一)未单独收集、存放开发建设过程中剥离的表土的;

(二)实施风险管控、修复活动对土壤、周边环境造成新的污染的;

(三)转运污染土壤,未将运输时间、方式、线路和污染土壤数量、去向、最终处置措施等提前报所在地和接收地生态环境主管部门的;

(四)未达到土壤污染风险评估报告确定的风险管控、修复目标的建设用地地块,开工建设与风险管控、修复无关的项目的。

第九十二条 违反本法规定,土壤污染责任人或者土地使用权人未按照规定实施后期管理的,由地方人民政府生态环境主管部门或者其他负有土壤污染防治监督管理职责的部门责令改正,处一万元以上五万元以下的罚款;情节严重的,处五万元以上五十万元以下的罚款。

第九十三条 违反本法规定,被检查者拒不配合检查,或者在接受检查时弄虚作假的,由地方人民政府生态环境主管部门或者其他负有土壤污染防治监督管理职责的部门责令改正,处二万元以上二十万元以下的罚款;对直接负责的主管人员和其他直接责任人员处五千元以上二万元以下的罚款。

第九十四条 违反本法规定,土壤污染责任人或者土地使用权人有下列行为之一的,由地方人民政府生态环境主管部门或者其他负有土壤污染防治监督管理职责的部门责令改正,处二万元以上二十万元以下的罚款;拒不改正的,处二十万元以上一百万元以下的罚款,并委托他人代为履行,所需费用由土壤污染责任人或者土地使用权人承担;对直接负责的主管人员和其他直接责任人员处五千元以上二万元以下的罚款:

（一）未按照规定进行土壤污染状况调查的；

（二）未按照规定进行土壤污染风险评估的；

（三）未按照规定采取风险管控措施的；

（四）未按照规定实施修复的；

（五）风险管控、修复活动完成后，未另行委托有关单位对风险管控效果、修复效果进行评估的。

土壤污染责任人或者土地使用权人有前款第三项、第四项规定行为之一，情节严重的，地方人民政府生态环境主管部门或者其他负有土壤污染防治监督管理职责的部门可以将案件移送公安机关，对直接负责的主管人员和其他直接责任人员处五日以上十五日以下的拘留。

第九十五条　违反本法规定，有下列行为之一的，由地方人民政府有关部门责令改正；拒不改正的，处一万元以上五万元以下的罚款：

（一）土壤污染重点监管单位未按照规定将土壤污染防治工作方案报地方人民政府生态环境、工业和信息化主管部门备案的；

（二）土壤污染责任人或者土地使用权人未按照规定将修复方案、效果评估报告报地方人民政府生态环境、农业农村、林业草原主管部门备案的；

（三）土地使用权人未按照规定将土壤污染状况调查报告报地方人民政府生态环境主管部门备案的。

第九十六条　污染土壤造成他人人身或者财产损害的，应当依法承担侵权责任。

土壤污染责任人无法认定，土地使用权人未依照本法规定履行土壤污染风险管控和修复义务，造成他人人身或者财产损害的，应当依法承担侵权责任。

土壤污染引起的民事纠纷，当事人可以向地方人民政府生态环境等主管部门申请调解处理，也可以向人民法院提起诉讼。

第九十七条　污染土壤损害国家利益、社会公共利益的，有关机关和组织可以依照《中华人民共和国环境保护法》《中华人民共和国民事诉讼法》《中华人民共和国行政诉讼法》等法律的规定向人民法院提起诉讼。

第九十八条　违反本法规定，构成违反治安管理行为的，由公安机关依法给予治安管理处罚；构成犯罪的，依法追究刑事责任。

第七章　附　则

第九十九条　本法自 2019 年 1 月 1 日起施行。

附录二　中华人民共和国基本农田保护条例

第一章　总　则

第一条　为了对基本农田实行特殊保护，促进农业生产和社会经济的可持续发展，根据《中华人民共和国农业法》和《中华人民共和国土地管理法》，制定本条例。

第二条　国家实行基本农田保护制度。本条例所称基本农田,是指按照一定时期人口和社会经济发展对农产品的需求,依据土地利用总体规划确定的不得占用的耕地。本条例所称基本农田保护区,是指为对基本农田实行特殊保护而依据土地利用总体规划和依照法定程序确定的特定保护区域。

第三条　基本农田保护实行全面规划、合理利用、用养结合、严格保护的方针。

第四条　县级以上地方各级人民政府应当将基本农田保护工作纳入国民经济和社会发展计划,作为政府领导任期目标责任制的一项内容,并由上一级人民政府监督实施。

第五条　任何单位和个人都有保护基本农田的义务,并有权检举、控告侵占、破坏基本农田和其他违反本条例的行为。

第六条　国务院土地行政主管部门和农业行政主管部门按照国务院规定的职责分工,依照本条例负责全国的基本农田保护管理工作。县级以上地方各级人民政府土地行政主管部门和农业行政主管部门按照本级人民政府规定的职责分工,依照本条例负责本行政区域内的基本农田保护管理工作。乡(镇)人民政府负责本行政区域内的基本农田保护管理工作。

第七条　国家对在基本农田保护工作中取得显著成绩的单位和个人,给予奖励。

第二章　划　定

第八条　各级人民政府在编制土地利用总体规划时,应当将基本农田保护作为规划的一项内容,明确基本农田保护的布局安排、数量指标和质量要求。县级和乡(镇)土地利用总体规划应当确定基本农田保护区。

第九条　省、自治区、直辖市划定的基本农田应当占本行政区域内耕地总面积的百分之八十以上,具体数量指标根据全国土地利用总体规划逐级分解下达。

第十条　下列耕地应当划入基本农田保护区,严格管理:

(一)经国务院有关主管部门或者县级以上地方人民政府批准确定的粮、棉、油生产基地内的耕地;

(二)有良好的水利与水土保持设施的耕地,正在实施改造计划以及可以改造的中、低产田;

(三)蔬菜生产基地;

(四)农业科研、教学试验田。

根据土地利用总体规划,铁路、公路等交通沿线,城市和村庄、集镇建设用地区周边的耕地,应当优先划入基本农田保护区;需要退耕还林、还牧、还湖的耕地,不应当划入基本农田保护区。

第十一条　基本农田保护区以乡(镇)为单位划区定界,由县级人民政府土地行政主管部门会同同级农业行政主管部门组织实施。划定的基本农田保护区,由县级人民政府设立保护标志,予以公告,由县级人民政府土地行政主管部门建立档案,并抄送同级农业行政主管部门。任何单位和个人不得破坏或者擅自改变基本农田保护区的保护标志。基本农田划区定界后,由省、自治区、直辖市人民政府组织土地行政主管部门和农业行政主管部门验收确认,或者由省、自治区人民政府授权设区的市、自治州人民政府组织土地行政主管部门和农业行政主管部门验收确认。

第十二条　划定基本农田保护区时,不得改变土地承包者的承包经营权。

第十三条　划定基本农田保护区的技术规程,由国务院土地行政主管部门会同国务院农业行政主管部门制定。

第三章　保　护

第十四条　地方各级人民政府应当采取措施,确保土地利用总体规划确定的本行政区域内基本农田的数量不减少。

第十五条　基本农田保护区经依法划定后,任何单位和个人不得改变或者占用。国家能源、交通、水利、军事设施等重点建设项目选址确实无法避开基本农田保护区,需要占用基本农田,涉及农用地转用或者征用土地的,必须经国务院批准。

第十六条　经国务院批准占用基本农田的,当地人民政府应当按照国务院的批准文件修改土地利用总体规划,并补充划入数量和质量相当的基本农田。占用单位应当按照占多少、垦多少的原则,负责开垦与所占基本农田的数量与质量相当的耕地;没有条件开垦或者开垦的耕地不符合要求的,应当按照省、自治区、直辖市的规定缴纳耕地开垦费,专款用于开垦新的耕地。占用基本农田的单位应当按照县级以上地方人民政府的要求,将所占用基本农田耕作层的土壤用于新开垦耕地、劣质地或者其他耕地的土壤改良。

第十七条　禁止任何单位和个人在基本农田保护区内建窑、建房、建坟、挖砂、采石、采矿、取土、堆放固体废弃物或者进行其他破坏基本农田的活动。禁止任何单位和个人占用基本农田发展林果业和挖塘养鱼。

第十八条　禁止任何单位和个人闲置、荒芜基本农田。经国务院批准的重点建设项目占用基本农田的,满1年不使用而又可以耕种并收获的,应当由原耕种该幅基本农田的集体或者个人恢复耕种,也可以由用地单位组织耕种;1年以上未动工建设的,应当按照省、自治区、直辖市的规定缴纳闲置费;连续2年未使用的,经国务院批准,由县级以上人民政府无偿收回用地单位的土地使用权;该幅土地原为农民集体所有的,应当交由原农村集体经济组织恢复耕种,重新划入基本农田保护区。承包经营基本农田的单位或者个人连续2年弃耕抛荒的,原发包单位应当终止承包合同,收回发包的基本农田。

第十九条　国家提倡和鼓励农业生产者对其经营的基本农田施用有机肥料,合理施用化肥和农药。利用基本农田从事农业生产的单位和个人应当保持和培肥地力。

第二十条　县级人民政府应当根据当地实际情况制定基本农田地力分等定级办法,由农业行政主管部门会同土地行政主管部门组织实施,对基本农田地力分等定级,并建立档案。

第二十一条　农村集体经济组织或者村民委员会应当定期评定基本农田地力等级。

第二十二条　县级以上地方各级人民政府农业行政主管部门应当逐步建立基本农田地力与施肥效益长期定位监测网点,定期向本级人民政府提出基本农田地力变化状况报告以及相应的地力保护措施,并为农业生产者提供施肥指导服务。

第二十三条　县级以上人民政府农业行政主管部门应当会同同级环境保护行政主管部门对基本农田环境污染进行监测和评价,并定期向本级人民政府提出环境质量与发展趋势的报告。

第二十四条　经国务院批准占用基本农田兴建国家重点建设项目的,必须遵守国家有关建设项目环境保护管理的规定。在建设项目环境影响报告书中,应当有基本农田环境保护方案。

第二十五条　向基本农田保护区提供肥料和作为肥料的城市垃圾、污泥的,应当符合国家有关标准。

第二十六条　因发生事故或者其他突然性事件,造成或者可能造成基本农田环境污染事故的,当事人必须立即采取措施处理,并向当地环境保护行政主管部门和农业行政主管部门报告,接受调查处理。

第四章　监督管理

第二十七条　在建立基本农田保护区的地方,县级以上地方人民政府应当与下一级人民政府签订基本农田保护责任书;乡(镇)人民政府应当根据与县级人民政府签订的基本农田保护责任书的要求,与农村集体经济组织或者村民委员会签订基本农田保护责任书。基本农田保护责任书应当包括下列内容:

(一)基本农田的范围、面积、地块;

(二)基本农田的地力等级;

(三)保护措施;

(四)当事人的权利与义务;

(五)奖励与处罚。

第二十八条　县级以上地方人民政府应当建立基本农田保护监督检查制度,定期组织土地行政主管部门、农业行政主管部门以及其他有关部门对基本农田保护情况进行检查,将检查情况书面报告上一级人民政府。被检查的单位和个人应当如实提供有关情况和资料,不得拒绝。

第二十九条　县级以上地方人民政府土地行政主管部门、农业行政主管部门对本行政区域内发生的破坏基本农田的行为,有权责令纠正。

第五章　法律责任

第三十条　违反本条例规定,有下列行为之一的,依照《中华人民共和国土地管理法》和《中华人民共和国土地管理法实施条例》的有关规定,从重给予处罚:

(一)未经批准或者采取欺骗手段骗取批准,非法占用基本农田的;

(二)超过批准数量,非法占用基本农田的;

(三)非法批准占用基本农田的;

(四)买卖或者以其他形式非法转让基本农田的。

第三十一条　违反本条例规定,应当将耕地划入基本农田保护区而不划入的,由上一级人民政府责令限期改正;拒不改正的,对直接负责的主管人员和其他直接责任人员依法给予行政处分或者纪律处分。

第三十二条　违反本条例规定,破坏或者擅自改变基本农田保护区标志的,由县级以上地方人民政府土地行政主管部门或者农业行政主管部门责令恢复原状,可以处 1000 元以下罚款。

第三十三条　违反本条例规定,占用基本农田建窑、建房、建坟、挖砂、采石、采矿、取土、堆放固体废弃物或者从事其他活动破坏基本农田,毁坏种植条件的,由县级以上人民政府土地行政主管部门责令改正或者治理,恢复原种植条件,处占用基本农田的耕地开垦费1倍以上2倍以下的罚款;构成犯罪的,依法追究刑事责任。

第三十四条　侵占、挪用基本农田的耕地开垦费,构成犯罪的,依法追究刑事责任;尚不构成犯罪的,依法给予行政处分或者纪律处分。

第六章　附则

第三十五条　省、自治区、直辖市人民政府可以根据当地实际情况,将其他农业生产用地划为保护区。保护区内的其他农业生产用地的保护和管理,可以参照本条例执行。

第三十六条　本条例自1999年1月1日起施行。1994年8月18日国务院发布的《基本农田保护条例》同时废止。

附录三　农用地土壤环境管理办法

中华人民共和国环境保护部
中华人民共和国农业部令

部令 第46号
农用地土壤环境管理办法(试行)

根据《中华人民共和国环境保护法》等有关法律、行政法规和《土壤污染防治行动计划》,制定《农用地土壤环境管理办法(试行)》。现予公布,自2017年11月1日起施行。

环境保护部部长　李干杰
农业部部长　韩长赋
2017年9月25日

附　件
农用地土壤环境管理办法
（试　行）

第一章　总则

第一条　为了加强农用地土壤环境保护监督管理,保护农用地土壤环境,管控农用地土壤环境风险,保障农产品质量安全,根据《中华人民共和国环境保护法》《中华人民共和国农产品质量安全法》等法律法规和《土壤污染防治行动计划》,制定本办法。

第二条　农用地土壤污染防治相关活动及其监督管理适用本办法。

前款所指的农用地土壤污染防治相关活动,是指对农用地开展的土壤污染预防、土壤污染状况调查、环境监测、环境质量类别划分、分类管理等活动。

本办法所称的农用地土壤环境质量类别划分和分类管理,主要适用于耕地。园地、草地、林地可参照本办法。

第三条　环境保护部对全国农用地土壤环境保护工作实施统一监督管理;县级以上地方环境保护主管部门对本行政区域内农用地土壤污染防治相关活动实施统一监督管理。

农业部对全国农用地土壤安全利用、严格管控、治理与修复等工作实施监督管理;县级以上地方农业主管部门负责本行政区域内农用地土壤安全利用、严格管控、治理与修复等工作的组织实施。

农用地土壤污染预防、土壤污染状况调查、环境监测、环境质量类别划分、农用地土壤优先保护、监督管理等工作,由县级以上环境保护和农业主管部门按照本办法有关规定组织实施。

第四条　环境保护部会同农业部制定农用地土壤污染状况调查、环境监测、环境质量类别划分等技术规范。

农业部会同环境保护部制定农用地土壤安全利用、严格管控、治理与修复、治理与修复效果评估等技术规范。

第五条　县级以上地方环境保护和农业主管部门在编制本行政区域的环境保护规划和农业发展规划时,应当包含农用地土壤污染防治工作的内容。

第六条　环境保护部会同农业部等部门组织建立全国农用地土壤环境管理信息系统(以下简称农用地环境信息系统),实行信息共享。

县级以上地方环境保护主管部门、农业主管部门应当按照国家有关规定,在本行政区域内组织建设和应用农用地环境信息系统,并加强农用地土壤环境信息统计工作,健全农用地土壤环境信息档案,定期上传农用地环境信息系统,实行信息共享。

第七条　受委托从事农用地土壤污染防治相关活动的专业机构,以及受委托从事治理与修复效果评估的第三方机构,应当遵守有关环境保护标准和技术规范,并对其出具的技术文件的真实性、准确性、完整性负责。

受委托从事治理与修复的专业机构,应当遵守国家有关环境保护标准和技术规范,在合同约定范围内开展工作,对治理与修复活动及其效果负责。

受委托从事治理与修复的专业机构在治理与修复活动中弄虚作假,对造成的环境污染和生态破坏负有责任的,除依照有关法律法规接受处罚外,还应当依法与造成环境污染和生态破坏的其他责任者承担连带责任。

第二章　土壤污染预防

第八条　排放污染物的企业事业单位和其他生产经营者应当采取有效措施,确保废水、废气排放和固体废物处理、处置符合国家有关规定要求,防止对周边农用地土壤造成污染。

从事固体废物和化学品储存、运输、处置的企业,应当采取措施防止固体废物和化学品的泄露、渗漏、遗撒、扬散污染农用地。

第九条　县级以上地方环境保护主管部门应当加强对企业事业单位和其他生产经营者排污行为的监管,将土壤污染防治作为环境执法的重要内容。

设区的市级以上地方环境保护主管部门应当根据本行政区域内工矿企业分布和污染排放情况,确定土壤环境重点监管企业名单,上传农用地环境信息系统,实行动态更新,并向社会公布。

第十条　从事规模化畜禽养殖和农产品加工的单位和个人,应当按照相关规范要求,确定废物无害化处理方式和消纳场地。

县级以上地方环境保护主管部门、农业主管部门应当依据法定职责加强畜禽养殖污染防治工作，指导畜禽养殖废弃物综合利用，防止畜禽养殖活动对农用地土壤环境造成污染。

第十一条　县级以上地方农业主管部门应当加强农用地土壤污染防治知识宣传，提高农业生产者的农用地土壤环境保护意识，引导农业生产者合理使用肥料、农药、兽药、农用薄膜等农业投入品，根据科学的测土配方进行合理施肥，鼓励采取种养结合、轮作等良好农业生产措施。

第十二条　禁止在农用地排放、倾倒、使用污泥、清淤底泥、尾矿（渣）等可能对土壤造成污染的固体废物。

农田灌溉用水应当符合相应的水质标准，防止污染土壤、地下水和农产品。禁止向农田灌溉渠道排放工业废水或者医疗污水。向农田灌溉渠道排放城镇污水以及未综合利用的畜禽养殖废水、农产品加工废水的，应当保证其下游最近的灌溉取水点的水质符合农田灌溉水质标准。

第三章　调查与监测

第十三条　环境保护部会同农业部等部门建立农用地土壤污染状况定期调查制度，制定调查工作方案，每 10 年开展一次。

第十四条　环境保护部会同农业部等部门建立全国土壤环境质量监测网络，统一规划农用地土壤环境质量国控监测点位，规定监测要求，并组织实施全国农用地土壤环境监测工作。

农用地土壤环境质量国控监测点位应当重点布设在粮食生产功能区、重要农产品生产保护区、特色农产品优势区以及污染风险较大的区域等。

县级以上地方环境保护主管部门会同农业等有关部门，可以根据工作需要，布设地方农用地土壤环境质量监测点位，增加特征污染物监测项目，提高监测频次，有关监测结果应当及时上传农用地环境信息系统。

第十五条　县级以上农业主管部门应当根据不同区域的农产品质量安全情况，组织实施耕地土壤与农产品协同监测，开展风险评估，根据监测评估结果，优化调整安全利用措施，并将监测结果及时上传农用地环境信息系统。

第四章　分类管理

第十六条　省级农业主管部门会同环境保护主管部门，按照国家有关技术规范，根据土壤污染程度、农产品质量情况，组织开展耕地土壤环境质量类别划分工作，将耕地划分为优先保护类、安全利用类和严格管控类，划分结果报省级人民政府审定，并根据土地利用变更和土壤环境质量变化情况，定期对各类别农用地面积、分布等信息进行更新，数据上传至农用地环境信息系统。

第十七条　县级以上地方农业主管部门应当根据永久基本农田划定工作要求，积极配合相关部门将符合条件的优先保护类耕地划为永久基本农田，纳入粮食生产功能区和重要农产品生产保护区建设，实行严格保护，确保其面积不减少，耕地污染程度不上升。在优先保护类耕地集中的地区，优先开展高标准农田建设。

第十八条　严格控制在优先保护类耕地集中区域新建有色金属冶炼、石油加工、化工、焦化、电镀、制革等行业企业,有关环境保护主管部门依法不予审批可能造成耕地土壤污染的建设项目环境影响报告书或者报告表。优先保护类耕地集中区域现有可能造成土壤污染的相关行业企业应当按照有关规定采取措施,防止对耕地造成污染。

第十九条　对安全利用类耕地,应当优先采取农艺调控、替代种植、轮作、间作等措施,阻断或者减少污染物和其他有毒有害物质进入农作物可食部分,降低农产品超标风险。

对严格管控类耕地,主要采取种植结构调整或者按照国家计划经批准后进行退耕还林还草等风险管控措施。

对需要采取治理与修复工程措施的安全利用类或者严格管控类耕地,应当优先采取不影响农业生产、不降低土壤生产功能的生物修复措施,或辅助采取物理、化学治理与修复措施。

第二十条　县级以上地方农业主管部门应当根据农用地土壤安全利用相关技术规范要求,结合当地实际情况,组织制定农用地安全利用方案,报所在地人民政府批准后实施,并上传农用地环境信息系统。

农用地安全利用方案应当包括以下风险管控措施:

(一)针对主要农作物种类、品种和农作制度等具体情况,推广低积累品种替代、水肥调控、土壤调理等农艺调控措施,降低农产品有害物质超标风险;

(二)定期开展农产品质量安全监测和调查评估,实施跟踪监测,根据监测和评估结果及时优化调整农艺调控措施。

第二十一条　对需要采取治理与修复工程措施的受污染耕地,县级以上地方农业主管部门应当组织制定土壤污染治理与修复方案,报所在地人民政府批准后实施,并上传农用地环境信息系统。

第二十二条　从事农用地土壤污染治理与修复活动的单位和个人应当采取必要措施防止产生二次污染,并防止对被修复土壤和周边环境造成新的污染。治理与修复过程中产生的废水、废气和固体废物,应当按照国家有关规定进行处理或者处置,并达到国家或者地方规定的环境保护标准和要求。

第二十三条　县级以上地方环境保护主管部门应当对农用地土壤污染治理与修复的环境保护措施落实情况进行监督检查。

治理与修复活动结束后,县级以上地方农业主管部门应当委托第三方机构对治理与修复效果进行评估,评估结果上传农用地环境信息系统。

第二十四条　县级以上地方农业主管部门应当对严格管控类耕地采取以下风险管控措施:

(一)依法提出划定特定农产品禁止生产区域的建议;

(二)会同有关部门按照国家退耕还林还草计划,组织制定种植结构调整或者退耕还林还草计划,报所在地人民政府批准后组织实施,并上传农用地环境信息系统。

第二十五条　对威胁地下水、饮用水水源安全的严格管控类耕地,县级环境保护主管部门应当会同农业等主管部门制定环境风险管控方案,报同级人民政府批准后组织实施,并上传农用地环境信息系统。

第五章　监督管理

第二十六条　设区的市级以上地方环境保护主管部门应当定期对土壤环境重点监管企业周边农用地开展监测，监测结果作为环境执法和风险预警的重要依据，并上传农用地环境信息系统。

设区的市级以上地方环境保护主管部门应当督促土壤环境重点监管企业自行或者委托专业机构开展土壤环境监测，监测结果向社会公开，并上传农用地环境信息系统。

第二十七条　县级以上环境保护主管部门和县级以上农业主管部门，有权对本行政区域内的农用地土壤污染防治相关活动进行现场检查。被检查单位应当予以配合，如实反映情况，提供必要的资料。实施现场检查的部门、机构及其工作人员应当为被检查单位保守商业秘密。

第二十八条　突发环境事件可能造成农用地土壤污染的，县级以上地方环境保护主管部门应当及时会同农业主管部门对可能受到污染的农用地土壤进行监测，并根据监测结果及时向当地人民政府提出应急处置建议。

第二十九条　违反本办法规定，受委托的专业机构在从事农用地土壤污染防治相关活动中，不负责任或者弄虚作假的，由县级以上地方环境保护主管部门、农业主管部门将该机构失信情况记入其环境信用记录，并通过企业信用信息系统向社会公开。

第三十条　本办法自 2017 年 11 月 1 日起施行。

附录四　土壤污染防治行动计划

国务院关于印发土壤污染防治行动计划的通知
国发〔2016〕31 号

各省、自治区、直辖市人民政府，国务院各部委、各直属机构：

现将《土壤污染防治行动计划》印发给你们，请认真贯彻执行。

国务院

2016 年 5 月 28 日

附　件
土壤污染防治行动计划

土壤是经济社会可持续发展的物质基础，关系人民群众身体健康，关系美丽中国建设，保护好土壤环境是推进生态文明建设和维护国家生态安全的重要内容。当前，我国土壤环境总体状况堪忧，部分地区污染较为严重，已成为全面建成小康社会的突出短板之一。为切实加强土壤污染防治，逐步改善土壤环境质量，制定本行动计划。

总体要求：全面贯彻党的十八大和十八届三中、四中、五中全会精神，按照"五位一体"总体布局和"四个全面"战略布局，牢固树立创新、协调、绿色、开放、共享的新发展理念，认真落实党中央、国务院决策部署，立足我国国情和发展阶段，着眼经济社会发展全局，以改善土壤环境质量为核心,以保障农产品质量和人居环境安全为出发点,坚持预防为主、保护优先、风险管控,突出重点区域、行业和污染物,实施分类别、分用途、分阶段治理,严控新增污染、逐步减少存量,形成政府主导、企业担责、公众参与、社会监督的土壤污染防治体系,促进土壤资源永续利用,为建设"蓝天常在、青山常在、绿水常在"的美丽中国而奋斗。

工作目标:到 2020 年,全国土壤污染加重趋势得到初步遏制,土壤环境质量总体保持稳定,农用地和建设用地土壤环境安全得到基本保障,土壤环境风险得到基本管控。到 2030 年,全国土壤环境质量稳中向好,农用地和建设用地土壤环境安全得到有效保障,土壤环境风险得到全面管控。到本世纪中叶,土壤环境质量全面改善,生态系统实现良性循环。

主要指标:到 2020 年,受污染耕地安全利用率达到 90%左右,污染地块安全利用率达到 90%以上。到 2030 年,受污染耕地安全利用率达到 95%以上,污染地块安全利用率达到 95%以上。

一、开展土壤污染调查,掌握土壤环境质量状况

(一)深入开展土壤环境质量调查。在现有相关调查基础上,以农用地和重点行业企业用地为重点,开展土壤污染状况详查,2018 年底前查明农用地土壤污染的面积、分布及其对农产品质量的影响;2020 年底前掌握重点行业企业用地中的污染地块分布及其环境风险情况。制定详查总体方案和技术规定,开展技术指导、监督检查和成果审核。建立土壤环境质量状况定期调查制度,每 10 年开展 1 次。(环境保护部牵头,财政部、国土资源部、农业部、国家卫生计生委等参与,地方各级人民政府负责落实。以下均需地方各级人民政府落实,不再列出)

(二)建设土壤环境质量监测网络。统一规划、整合优化土壤环境质量监测点位,2017年底前,完成土壤环境质量国控监测点位设置,建成国家土壤环境质量监测网络,充分发挥行业监测网作用,基本形成土壤环境监测能力。各省(区、市)每年至少开展 1 次土壤环境监测技术人员培训。各地可根据工作需要,补充设置监测点位,增加特征污染物监测项目,提高监测频次。2020 年底前,实现土壤环境质量监测点位所有县(市、区)全覆盖。(环境保护部牵头,国家发展改革委、工业和信息化部、国土资源部、农业部等参与)

(三)提升土壤环境信息化管理水平。利用环境保护、国土资源、农业等部门相关数据,建立土壤环境基础数据库,构建全国土壤环境信息化管理平台,力争 2018 年底前完成。借助移动互联网、物联网等技术,拓宽数据获取渠道,实现数据动态更新。加强数据共享,编制资源共享目录,明确共享权限和方式,发挥土壤环境大数据在污染防治、城乡规划、土地利用、农业生产中的作用。(环境保护部牵头,国家发展改革委、教育部、科技部、工业和信息化部、国土资源部、住房城乡建设部、农业部、国家卫生计生委、国家林业局等参与)

二、推进土壤污染防治立法,建立健全法规标准体系

(一)加快推进立法进程。配合完成土壤污染防治法起草工作。适时修订污染防治、城乡规划、土地管理、农产品质量安全相关法律法规,增加土壤污染防治有关内容。2016 年底前,完成农药管理条例修订工作,发布污染地块土壤环境管理办法、农用地土壤环境管理办法。2017 年底前,出台农药包装废弃物回收处理、工矿用地土壤环境管理、废弃农膜回收利用等部门规章。到 2020 年,土壤污染防治法律法规体系基本建立。各地可结合实际,研究制定土壤污染防治地方性法规。(国务院法制办、环境保护部牵头,工业和信息化部、国土资源部、住房城乡建设部、农业部、国家林业局等参与)

（二）系统构建标准体系。健全土壤污染防治相关标准和技术规范。2017年底前，发布农用地、建设用地土壤环境质量标准；完成土壤环境监测、调查评估、风险管控、治理与修复等技术规范以及环境影响评价技术导则制修订工作；修订肥料、饲料、灌溉用水中有毒有害物质限量和农用污泥中污染物控制等标准，进一步严格污染物控制要求；修订农膜标准，提高厚度要求，研究制定可降解农膜标准；修订农药包装标准，增加防止农药包装废弃物污染土壤的要求。适时修订污染物排放标准，进一步明确污染物特别排放限值要求。完善土壤中污染物分析测试方法，研制土壤环境标准样品。各地可制定严于国家标准的地方土壤环境质量标准。（环境保护部牵头，工业和信息化部、国土资源部、住房城乡建设部、水利部、农业部、质检总局、国家林业局等参与）

（三）全面强化监管执法。明确监管重点。重点监测土壤中镉、汞、砷、铅、铬等重金属和多环芳烃、石油烃等有机污染物，重点监管有色金属矿采选、有色金属冶炼、石油开采、石油加工、化工、焦化、电镀、制革等行业，以及产粮（油）大县、地级以上城市建成区等区域。（环境保护部牵头，工业和信息化部、国土资源部、住房城乡建设部、农业部等参与）

加大执法力度。将土壤污染防治作为环境执法的重要内容，充分利用环境监管网格，加强土壤环境日常监管执法。严厉打击非法排放有毒有害污染物、违法违规存放危险化学品、非法处置危险废物、不正常使用污染治理设施、监测数据弄虚作假等环境违法行为。开展重点行业企业专项环境执法，对严重污染土壤环境、群众反映强烈的企业进行挂牌督办。改善基层环境执法条件，配备必要的土壤污染快速检测等执法装备。对全国环境执法人员每3年开展1轮土壤污染防治专业技术培训。提高突发环境事件应急能力，完善各级环境污染事件应急预案，加强环境应急管理、技术支撑、处置救援能力建设。（环境保护部牵头，工业和信息化部、公安部、国土资源部、住房城乡建设部、农业部、安全监管总局、国家林业局等参与）

三、实施农用地分类管理，保障农业生产环境安全

（一）划定农用地土壤环境质量类别。按污染程度将农用地划为三个类别，未污染和轻微污染的划为优先保护类，轻度和中度污染的划为安全利用类，重度污染的划为严格管控类，以耕地为重点，分别采取相应管理措施，保障农产品质量安全。2017年底前，发布农用地土壤环境质量类别划分技术指南。以土壤污染状况详查结果为依据，开展耕地土壤和农产品协同监测与评价，在试点基础上有序推进耕地土壤环境质量类别划定，逐步建立分类清单，2020年底前完成。划定结果由各省级人民政府审定，数据上传全国土壤环境信息化管理平台。根据土地利用变更和土壤环境质量变化情况，定期对各类别耕地面积、分布等信息进行更新。有条件的地区要逐步开展林地、草地、园地等其他农用地土壤环境质量类别划定等工作。（环境保护部、农业部牵头，国土资源部、国家林业局等参与）

（二）切实加大保护力度。各地要将符合条件的优先保护类耕地划为永久基本农田，实行严格保护，确保其面积不减少、土壤环境质量不下降，除法律规定的重点建设项目选址确实无法避让外，其他任何建设不得占用。产粮（油）大县要制定土壤环境保护方案。高标准农田建设项目向优先保护类耕地集中的地区倾斜。推行秸秆还田、增施有机肥、少耕免耕、粮豆轮作、农膜减量与回收利用等措施。继续开展黑土地保护利用试点。农村土地流转的受让方要履行土壤保护的责任，避免因过度施肥、滥用农药等掠夺式农业生产方式造成土壤环境质量下降。各省级人民政府要对本行政区域内优先保护类耕地面积减少或土壤环境质

量下降的县(市、区),进行预警提醒并依法采取环评限批等限制性措施。(国土资源部、农业部牵头,国家发展改革委、环境保护部、水利部等参与)

防控企业污染。严格控制在优先保护类耕地集中区域新建有色金属冶炼、石油加工、化工、焦化、电镀、制革等行业企业,现有相关行业企业要采用新技术、新工艺,加快提标升级改造步伐。(环境保护部、国家发展改革委牵头,工业和信息化部参与)

(三)着力推进安全利用。根据土壤污染状况和农产品超标情况,安全利用类耕地集中的县(市、区)要结合当地主要作物品种和种植习惯,制定实施受污染耕地安全利用方案,采取农艺调控、替代种植等措施,降低农产品超标风险。强化农产品质量检测。加强对农民、农民合作社的技术指导和培训。2017年底前,出台受污染耕地安全利用技术指南。到2020年,轻度和中度污染耕地实现安全利用的面积达到4000万亩。(农业部牵头,国土资源部等参与)

(四)全面落实严格管控。加强对严格管控类耕地的用途管理,依法划定特定农产品禁止生产区域,严禁种植食用农产品;对威胁地下水、饮用水水源安全的,有关县(市、区)要制定环境风险管控方案,并落实有关措施。研究将严格管控类耕地纳入国家新一轮退耕还林还草实施范围,制定实施重度污染耕地种植结构调整或退耕还林还草计划。继续在湖南长株潭地区开展重金属污染耕地修复及农作物种植结构调整试点。实行耕地轮作休耕制度试点。到2020年,重度污染耕地种植结构调整或退耕还林还草面积力争达到2000万亩。(农业部牵头,国家发展改革委、财政部、国土资源部、环境保护部、水利部、国家林业局参与)

(五)加强林地草地园地土壤环境管理。严格控制林地、草地、园地的农药使用量,禁止使用高毒、高残留农药。完善生物农药、引诱剂管理制度,加大使用推广力度。优先将重度污染的牧草地集中区域纳入禁牧休牧实施范围。加强对重度污染林地、园地产出食用农(林)产品质量检测,发现超标的,要采取种植结构调整等措施。(农业部、国家林业局负责)

四、实施建设用地准入管理,防范人居环境风险

(一)明确管理要求。建立调查评估制度。2016年底前,发布建设用地土壤环境调查评估技术规定。自2017年起,对拟收回土地使用权的有色金属冶炼、石油加工、化工、焦化、电镀、制革等行业企业用地,以及用途拟变更为居住和商业、学校、医疗、养老机构等公共设施的上述企业用地,由土地使用权人负责开展土壤环境状况调查评估;已经收回的,由所在地市、县级人民政府负责开展调查评估。自2018年起,重度污染农用地转为城镇建设用地的,由所在地市、县级人民政府负责组织开展调查评估。调查评估结果向所在地环境保护、城乡规划、国土资源部门备案。(环境保护部牵头,国土资源部、住房城乡建设部参与)

分用途明确管理措施。自2017年起,各地要结合土壤污染状况详查情况,根据建设用地土壤环境调查评估结果,逐步建立污染地块名录及其开发利用的负面清单,合理确定土地用途。符合相应规划用地土壤环境质量要求的地块,可进入用地程序。暂不开发利用或现阶段不具备治理修复条件的污染地块,由所在地县级人民政府组织划定管控区域,设立标识,发布公告,开展土壤、地表水、地下水、空气环境监测;发现污染扩散的,有关责任主体要及时采取污染物隔离、阻断等环境风险管控措施。(国土资源部牵头,环境保护部、住房城乡建设部、水利部等参与)

(二)落实监管责任。地方各级城乡规划部门要结合土壤环境质量状况,加强城乡规划论证和审批管理。地方各级国土资源部门要依据土地利用总体规划、城乡规划和地块土壤

环境质量状况,加强土地征收、收回、收购以及转让、改变用途等环节的监管。地方各级环境保护部门要加强对建设用地土壤环境状况调查、风险评估和污染地块治理与修复活动的监管。建立城乡规划、国土资源、环境保护等部门间的信息沟通机制,实行联动监管。(国土资源部、环境保护部、住房城乡建设部负责)

(三)严格用地准入。将建设用地土壤环境管理要求纳入城市规划和供地管理,土地开发利用必须符合土壤环境质量要求。地方各级国土资源、城乡规划等部门在编制土地利用总体规划、城市总体规划、控制性详细规划等相关规划时,应充分考虑污染地块的环境风险,合理确定土地用途。(国土资源部、住房城乡建设部牵头,环境保护部参与)

五、强化未污染土壤保护,严控新增土壤污染

(一)加强未利用地环境管理。按照科学有序原则开发利用未利用地,防止造成土壤污染。拟开发为农用地的,有关县(市、区)人民政府要组织开展土壤环境质量状况评估;不符合相应标准的,不得种植食用农产品。各地要加强纳入耕地后备资源的未利用地保护,定期开展巡查。依法严查向沙漠、滩涂、盐碱地、沼泽地等非法排污、倾倒有毒有害物质的环境违法行为。加强对矿山、油田等矿产资源开采活动影响区域内未利用地的环境监管,发现土壤污染问题的,要及时督促有关企业采取防治措施。推动盐碱地土壤改良,自2017年起,在新疆生产建设兵团等地开展利用燃煤电厂脱硫石膏改良盐碱地试点。(环境保护部、国土资源部牵头,国家发展改革委、公安部、水利部、农业部、国家林业局等参与)

(二)防范建设用地新增污染。排放重点污染物的建设项目,在开展环境影响评价时,要增加对土壤环境影响的评价内容,并提出防范土壤污染的具体措施;需要建设的土壤污染防治设施,要与主体工程同时设计、同时施工、同时投产使用;有关环境保护部门要做好有关措施落实情况的监督管理工作。自2017年起,有关地方人民政府要与重点行业企业签订土壤污染防治责任书,明确相关措施和责任,责任书向社会公开。(环境保护部负责)

(三)强化空间布局管控。加强规划区划和建设项目布局论证,根据土壤等环境承载能力,合理确定区域功能定位、空间布局。鼓励工业企业集聚发展,提高土地节约集约利用水平,减少土壤污染。严格执行相关行业企业布局选址要求,禁止在居民区、学校、医疗和养老机构等周边新建有色金属冶炼、焦化等行业企业;结合推进新型城镇化、产业结构调整和化解过剩产能等,有序搬迁或依法关闭对土壤造成严重污染的现有企业。结合区域功能定位和土壤污染防治需要,科学布局生活垃圾处理、危险废物处置、废旧资源再生利用等设施和场所,合理确定畜禽养殖布局和规模。(国家发展改革委牵头,工业和信息化部、国土资源部、环境保护部、住房城乡建设部、水利部、农业部、国家林业局等参与)

六、加强污染源监管,做好土壤污染预防工作

(一)严控工矿污染。加强日常环境监管。各地要根据工矿企业分布和污染排放情况,确定土壤环境重点监管企业名单,实行动态更新,并向社会公布。列入名单的企业每年要自行对其用地进行土壤环境监测,结果向社会公开。有关环境保护部门要定期对重点监管企业和工业园区周边开展监测,数据及时上传全国土壤环境信息化管理平台,结果作为环境执法和风险预警的重要依据。适时修订国家鼓励的有毒有害原料(产品)替代品目录。加强电器电子、汽车等工业产品中有害物质控制。有色金属冶炼、石油加工、化工、焦化、电镀、制革等行业企业拆除生产设施设备、构筑物和污染治理设施,要事先制定残留污染物清理和安全处置方案,并报所在地县级环境保护、工业和信息化部门备案;要严格按照有关规定实施安

全处理处置,防范拆除活动污染土壤。2017年底前,发布企业拆除活动污染防治技术规定。(环境保护部、工业和信息化部负责)

严防矿产资源开发污染土壤。自2017年起,内蒙古、江西、河南、湖北、湖南、广东、广西、四川、贵州、云南、陕西、甘肃、新疆等省(区)矿产资源开发活动集中的区域,执行重点污染物特别排放限值。全面整治历史遗留尾矿库,完善覆膜、压土、排洪、堤坝加固等隐患治理和闭库措施。有重点监管尾矿库的企业要开展环境风险评估,完善污染治理设施,储备应急物资。加强对矿产资源开发利用活动的辐射安全监管,有关企业每年要对本矿区土壤进行辐射环境监测。(环境保护部、安全监管总局牵头,工业和信息化部、国土资源部参与)

加强涉重金属行业污染防控。严格执行重金属污染物排放标准并落实相关总量控制指标,加大监督检查力度,对整改后仍不达标的企业,依法责令其停业、关闭,并将企业名单向社会公开。继续淘汰涉重金属重点行业落后产能,完善重金属相关行业准入条件,禁止新建落后产能或产能严重过剩行业的建设项目。按计划逐步淘汰普通照明白炽灯。提高铅酸蓄电池等行业落后产能淘汰标准,逐步退出落后产能。制定涉重金属重点工业行业清洁生产技术推行方案,鼓励企业采用先进适用生产工艺和技术。2020年重点行业的重点重金属排放量要比2013年下降10%。(环境保护部、工业和信息化部牵头,国家发展改革委参与)

加强工业废物处理处置。全面整治尾矿、煤矸石、工业副产石膏、粉煤灰、赤泥、冶炼渣、电石渣、铬渣、砷渣以及脱硫、脱硝、除尘产生固体废物的堆存场所,完善防扬散、防流失、防渗漏等设施,制定整治方案并有序实施。加强工业固体废物综合利用。对电子废物、废轮胎、废塑料等再生利用活动进行清理整顿,引导有关企业采用先进适用加工工艺、集聚发展,集中建设和运营污染治理设施,防止污染土壤和地下水。自2017年起,在京津冀、长三角、珠三角等地区的部分城市开展污水与污泥、废气与废渣协同治理试点。(环境保护部、国家发展改革委牵头,工业和信息化部、国土资源部参与)

(二)控制农业污染。合理使用化肥农药。鼓励农民增施有机肥,减少化肥使用量。科学施用农药,推行农作物病虫害专业化统防统治和绿色防控,推广高效低毒低残留农药和现代植保机械。加强农药包装废弃物回收处理,自2017年起,在江苏、山东、河南、海南等省份选择部分产粮(油)大县和蔬菜产业重点县开展试点;到2020年,推广到全国30%的产粮(油)大县和所有蔬菜产业重点县。推行农业清洁生产,开展农业废弃物资源化利用试点,形成一批可复制、可推广的农业面源污染防治技术模式。严禁将城镇生活垃圾、污泥、工业废物直接用作肥料。到2020年,全国主要农作物化肥、农药使用量实现零增长,利用率提高到40%以上,测土配方施肥技术推广覆盖率提高到90%以上。(农业部牵头,国家发展改革委、环境保护部、住房城乡建设部、供销合作总社等参与)

加强废弃农膜回收利用。严厉打击违法生产和销售不合格农膜的行为。建立健全废弃农膜回收贮运和综合利用网络,开展废弃农膜回收利用试点;到2020年,河北、辽宁、山东、河南、甘肃、新疆等农膜使用量较高省份力争实现废弃农膜全面回收利用。(农业部牵头,国家发展改革委、工业和信息化部、公安部、工商总局、供销合作总社等参与)

强化畜禽养殖污染防治。严格规范兽药、饲料添加剂的生产和使用,防止过量使用,促进源头减量。加强畜禽粪便综合利用,在部分生猪大县开展种养业有机结合、循环发展试点。鼓励支持畜禽粪便处理利用设施建设,到2020年,规模化养殖场、养殖小区配套建设废弃物处理设施比例达到75%以上。(农业部牵头,国家发展改革委、环境保护部参与)

加强灌溉水水质管理。开展灌溉水水质监测。灌溉用水应符合农田灌溉水水质标准。对因长期使用污水灌溉导致土壤污染严重、威胁农产品质量安全的,要及时调整种植结构。(水利部牵头,农业部参与)

(三)减少生活污染。建立政府、社区、企业和居民协调机制,通过分类投放收集、综合循环利用,促进垃圾减量化、资源化、无害化。建立村庄保洁制度,推进农村生活垃圾治理,实施农村生活污水治理工程。整治非正规垃圾填埋场。深入实施"以奖促治"政策,扩大农村环境连片整治范围。推进水泥窑协同处置生活垃圾试点。鼓励将处理达标后的污泥用于园林绿化。开展利用建筑垃圾生产建材产品等资源化利用示范。强化废氧化汞电池、镍镉电池、铅酸蓄电池和含汞荧光灯管、温度计等含重金属废物的安全处置。减少过度包装,鼓励使用环境标志产品。(住房城乡建设部牵头,国家发展改革委、工业和信息化部、财政部、环境保护部参与)

七、开展污染治理与修复,改善区域土壤环境质量

(一)明确治理与修复主体。按照"谁污染,谁治理"原则,造成土壤污染的单位或个人要承担治理与修复的主体责任。责任主体发生变更的,由变更后继承其债权、债务的单位或个人承担相关责任;土地使用权依法转让的,由土地使用权受让人或双方约定的责任人承担相关责任。责任主体灭失或责任主体不明确的,由所在地县级人民政府依法承担相关责任。(环境保护部牵头,国土资源部、住房城乡建设部参与)

(二)制定治理与修复规划。各省(区、市)要以影响农产品质量和人居环境安全的突出土壤污染问题为重点,制定土壤污染治理与修复规划,明确重点任务、责任单位和分年度实施计划,建立项目库,2017年底前完成。规划报环境保护部备案。京津冀、长三角、珠三角地区要率先完成。(环境保护部牵头,国土资源部、住房城乡建设部、农业部等参与)

(三)有序开展治理与修复。确定治理与修复重点。各地要结合城市环境质量提升和发展布局调整,以拟开发建设居住、商业、学校、医疗和养老机构等项目的污染地块为重点,开展治理与修复。在江西、湖北、湖南、广东、广西、四川、贵州、云南等省份污染耕地集中区域优先组织开展治理与修复;其他省份要根据耕地土壤污染程度、环境风险及其影响范围,确定治理与修复的重点区域。到2020年,受污染耕地治理与修复面积达到1000万亩。(国土资源部、农业部、环境保护部牵头,住房城乡建设部参与)

强化治理与修复工程监管。治理与修复工程原则上在原址进行,并采取必要措施防止污染土壤挖掘、堆存等造成二次污染;需要转运污染土壤的,有关责任单位要将运输时间、方式、线路和污染土壤数量、去向、最终处置措施等,提前向所在地和接收地环境保护部门报告。工程施工期间,责任单位要设立公告牌,公开工程基本情况、环境影响及其防范措施;所在地环境保护部门要对各项环境保护措施落实情况进行检查。工程完工后,责任单位要委托第三方机构对治理与修复效果进行评估,结果向社会公开。实行土壤污染治理与修复终身责任制,2017年底前,出台有关责任追究办法。(环境保护部牵头,国土资源部、住房城乡建设部、农业部参与)

(四)监督目标任务落实。各省级环境保护部门要定期向环境保护部报告土壤污染治理与修复工作进展;环境保护部要会同有关部门进行督导检查。各省(区、市)要委托第三方机构对本行政区域各县(市、区)土壤污染治理与修复成效进行综合评估,结果向社会公开。2017年底前,出台土壤污染治理与修复成效评估办法。(环境保护部牵头,国土资源部、住

房城乡建设部、农业部参与)

八、加大科技研发力度,推动环境保护产业发展

(一)加强土壤污染防治研究。整合高等学校、研究机构、企业等科研资源,开展土壤环境基准、土壤环境容量与承载能力、污染物迁移转化规律、污染生态效应、重金属低积累作物和修复植物筛选,以及土壤污染与农产品质量、人体健康关系等方面基础研究。推进土壤污染诊断、风险管控、治理与修复等共性关键技术研究,研发先进适用装备和高效低成本功能材料(药剂),强化卫星遥感技术应用,建设一批土壤污染防治实验室、科研基地。优化整合科技计划(专项、基金等),支持土壤污染防治研究。(科技部牵头,国家发展改革委、教育部、工业和信息化部、国土资源部、环境保护部、住房城乡建设部、农业部、国家卫生计生委、国家林业局、中科院等参与)

(二)加大适用技术推广力度。建立健全技术体系。综合土壤污染类型、程度和区域代表性,针对典型受污染农用地、污染地块,分批实施200个土壤污染治理与修复技术应用试点项目,2020年底前完成。根据试点情况,比选形成一批易推广、成本低、效果好的适用技术。(环境保护部、财政部牵头,科技部、国土资源部、住房城乡建设部、农业部等参与)

加快成果转化应用。完善土壤污染防治科技成果转化机制,建成以环保为主导产业的高新技术产业开发区等一批成果转化平台。2017年底前,发布鼓励发展的土壤污染防治重大技术装备目录。开展国际合作研究与技术交流,引进消化土壤污染风险识别、土壤污染物快速检测、土壤及地下水污染阻隔等风险管控先进技术和管理经验。(科技部牵头,国家发展改革委、教育部、工业和信息化部、国土资源部、环境保护部、住房城乡建设部、农业部、中科院等参与)

(三)推动治理与修复产业发展。放开服务性监测市场,鼓励社会机构参与土壤环境监测评估等活动。通过政策推动,加快完善覆盖土壤环境调查、分析测试、风险评估、治理与修复工程设计和施工等环节的成熟产业链,形成若干综合实力雄厚的龙头企业,培育一批充满活力的中小企业。推动有条件的地区建设产业化示范基地。规范土壤污染治理与修复从业单位和人员管理,建立健全监督机制,将技术服务能力弱、运营管理水平低、综合信用差的从业单位名单通过企业信用信息公示系统向社会公开。发挥"互联网+"在土壤污染治理与修复全产业链中的作用,推进大众创业、万众创新。(国家发展改革委牵头,科技部、工业和信息化部、国土资源部、环境保护部、住房城乡建设部、农业部、商务部、工商总局等参与)

九、发挥政府主导作用,构建土壤环境治理体系

(一)强化政府主导。完善管理体制。按照"国家统筹、省负总责、市县落实"原则,完善土壤环境管理体制,全面落实土壤污染防治属地责任。探索建立跨行政区域土壤污染防治联动协作机制。(环境保护部牵头,国家发展改革委、科技部、工业和信息化部、财政部、国土资源部、住房城乡建设部、农业部等参与)

加大财政投入。中央和地方各级财政加大对土壤污染防治工作的支持力度。中央财政整合重金属污染防治专项资金等,设立土壤污染防治专项资金,用于土壤环境调查与监测评估、监督管理、治理与修复等工作。各地应统筹相关财政资金,通过现有政策和资金渠道加大支持,将农业综合开发、高标准农田建设、农田水利建设、耕地保护与质量提升、测土配方施肥等涉农资金,更多用于优先保护类耕地集中的县(市、区)。有条件的省(区、市)可对优先保护类耕地面积增加的县(市、区)予以适当奖励。统筹安排专项建设基金,支持企业对涉

重金属落后生产工艺和设备进行技术改造。(财政部牵头,国家发展改革委、工业和信息化部、国土资源部、环境保护部、水利部、农业部等参与)

完善激励政策。各地要采取有效措施,激励相关企业参与土壤污染治理与修复。研究制定扶持有机肥生产、废弃农膜综合利用、农药包装废弃物回收处理等企业的激励政策。在农药、化肥等行业,开展环保领跑者制度试点。(财政部牵头,国家发展改革委、工业和信息化部、国土资源部、环境保护部、住房城乡建设部、农业部、税务总局、供销合作总社等参与)

建设综合防治先行区。2016年底前,在浙江省台州市、湖北省黄石市、湖南省常德市、广东省韶关市、广西壮族自治区河池市和贵州省铜仁市启动土壤污染综合防治先行区建设,重点在土壤污染源头预防、风险管控、治理与修复、监管能力建设等方面进行探索,力争到2020年先行区土壤环境质量得到明显改善。有关地方人民政府要编制先行区建设方案,按程序报环境保护部、财政部备案。京津冀、长三角、珠三角等地区可因地制宜开展先行区建设。(环境保护部、财政部牵头,国家发展改革委、国土资源部、住房城乡建设部、农业部、国家林业局等参与)

(二)发挥市场作用。通过政府和社会资本合作(PPP)模式,发挥财政资金撬动功能,带动更多社会资本参与土壤污染防治。加大政府购买服务力度,推动受污染耕地和以政府为责任主体的污染地块治理与修复。积极发展绿色金融,发挥政策性和开发性金融机构引导作用,为重大土壤污染防治项目提供支持。鼓励符合条件的土壤污染治理与修复企业发行股票。探索通过发行债券推进土壤污染治理与修复,在土壤污染综合防治先行区开展试点。有序开展重点行业企业环境污染强制责任保险试点。(国家发展改革委、环境保护部牵头,财政部、人民银行、银监会、证监会、保监会等参与)

(三)加强社会监督。推进信息公开。根据土壤环境质量监测和调查结果,适时发布全国土壤环境状况。各省(区、市)人民政府定期公布本行政区域各地级市(州、盟)土壤环境状况。重点行业企业要依据有关规定,向社会公开其产生的污染物名称、排放方式、排放浓度、排放总量,以及污染防治设施建设和运行情况。(环境保护部牵头,国土资源部、住房城乡建设部、农业部等参与)

引导公众参与。实行有奖举报,鼓励公众通过"12369"环保举报热线、信函、电子邮件、政府网站、微信平台等途径,对乱排废水、废气,乱倒废渣、污泥等污染土壤的环境违法行为进行监督。有条件的地方可根据需要聘请环境保护义务监督员,参与现场环境执法、土壤污染事件调查处理等。鼓励种粮大户、家庭农场、农民合作社以及民间环境保护机构参与土壤污染防治工作。(环境保护部牵头,国土资源部、住房城乡建设部、农业部等参与)

推动公益诉讼。鼓励依法对污染土壤等环境违法行为提起公益诉讼。开展检察机关提起公益诉讼改革试点的地区,检察机关可以以公益诉讼人的身份,对污染土壤等损害社会公共利益的行为提起民事公益诉讼;也可以对负有土壤污染防治职责的行政机关,因违法行使职权或者不作为造成国家和社会公共利益受到侵害的行为提起行政公益诉讼。地方各级人民政府和有关部门应当积极配合司法机关的相关案件办理工作和检察机关的监督工作。(最高人民检察院、最高人民法院牵头,国土资源部、环境保护部、住房城乡建设部、水利部、农业部、国家林业局等参与)

(四)开展宣传教育。制定土壤环境保护宣传教育工作方案。制作挂图、视频,出版科普读物,利用互联网、数字化放映平台等手段,结合世界地球日、世界环境日、世界土壤日、世界粮食日、全国土地日等主题宣传活动,普及土壤污染防治相关知识,加强法律法规政策宣传解读,营造保护土壤环境的良好社会氛围,推动形成绿色发展方式和生活方式。把土壤环境保护宣传教育融入党政机关、学校、工厂、社区、农村等的环境宣传和培训工作。鼓励支持有条件的高等学校开设土壤环境专门课程。(环境保护部牵头,中央宣传部、教育部、国土资源部、住房城乡建设部、农业部、新闻出版广电总局、国家网信办、国家粮食局、中国科协等参与)

十、加强目标考核,严格责任追究

(一)明确地方政府主体责任。地方各级人民政府是实施本行动计划的主体,要于2016年底前分别制定并公布土壤污染防治工作方案,确定重点任务和工作目标。要加强组织领导,完善政策措施,加大资金投入,创新投融资模式,强化监督管理,抓好工作落实。各省(区、市)工作方案报国务院备案。(环境保护部牵头,国家发展改革委、财政部、国土资源部、住房城乡建设部、农业部等参与)

(二)加强部门协调联动。建立全国土壤污染防治工作协调机制,定期研究解决重大问题。各有关部门要按照职责分工,协同做好土壤污染防治工作。环境保护部要抓好统筹协调,加强督促检查,每年2月底前将上年度工作进展情况向国务院报告。(环境保护部牵头,国家发展改革委、科技部、工业和信息化部、财政部、国土资源部、住房城乡建设部、水利部、农业部、国家林业局等参与)

(三)落实企业责任。有关企业要加强内部管理,将土壤污染防治纳入环境风险防控体系,严格依法依规建设和运营污染治理设施,确保重点污染物稳定达标排放。造成土壤污染的,应承担损害评估、治理与修复的法律责任。逐步建立土壤污染治理与修复企业行业自律机制。国有企业特别是中央企业要带头落实。(环境保护部牵头,工业和信息化部、国务院国资委等参与)

(四)严格评估考核。实行目标责任制。2016年底前,国务院与各省(区、市)人民政府签订土壤污染防治目标责任书,分解落实目标任务。分年度对各省(区、市)重点工作进展情况进行评估,2020年对本行动计划实施情况进行考核,评估和考核结果作为对领导班子和领导干部综合考核评价、自然资源资产离任审计的重要依据。(环境保护部牵头,中央组织部、审计署参与)

评估和考核结果作为土壤污染防治专项资金分配的重要参考依据。(财政部牵头,环境保护部参与)

对年度评估结果较差或未通过考核的省(区、市),要提出限期整改意见,整改完成前,对有关地区实施建设项目环评限批;整改不到位的,要约谈有关省级人民政府及其相关部门负责人。对土壤环境问题突出、区域土壤环境质量明显下降、防治工作不力、群众反映强烈的地区,要约谈有关地市级人民政府和省级人民政府相关部门主要负责人。对失职渎职、弄虚作假的,区分情节轻重,予以诫勉、责令公开道歉、组织处理或党纪政纪处分;对构成犯罪的,要依法追究刑事责任,已经调离、提拔或者退休的,也要终身追究责任。(环境保护部牵头,中央组织部、监察部参与)

我国正处于全面建成小康社会决胜阶段,提高环境质量是人民群众的热切期盼,土壤污染防治任务艰巨。各地区、各有关部门要认清形势,坚定信心,狠抓落实,切实加强污染治理和生态保护,如期实现全国土壤污染防治目标,确保生态环境质量得到改善、各类自然生态系统安全稳定,为建设美丽中国、实现"两个一百年"奋斗目标和中华民族伟大复兴的中国梦作出贡献。

附录五　土壤污染防治行动计划实施情况评估考核规定

关于印发土壤污染防治行动计划实施情况评估考核规定(试行)的通知
(环土壤〔2018〕41 号)

各省、自治区、直辖市人民政府:

　　按照《国务院关于印发土壤污染防治行动计划的通知》(国发〔2016〕31 号)要求,生态环境部会同国务院有关部门制定了《土壤污染防治行动计划实施情况评估考核规定(试行)》(见附件)。现印发给你们,请认真组织落实。

生态环境部　发展改革委　科技部

工业和信息化部　财政部　自然资源部

住房城乡建设部　水利部　农业农村部　卫生健康委

应急管理部　市场监管总局　林业草原局

2018 年 5 月 24 日

附　件

土壤污染防治行动计划实施情况评估考核规定(试行)

　　第一条　为落实土壤污染防治工作责任,强化监督考核,管控土壤环境风险,根据《国务院关于印发土壤污染防治行动计划的通知》(国发〔2016〕31 号)要求,制定本规定。

　　第二条　本规定适用于对各省(区、市)人民政府《土壤污染防治行动计划》(以下简称《土十条》)2018 年至 2020 年实施情况的年度评估和终期考核。

　　第三条　评估考核工作坚持统一组织协调、部门分工负责,强化风险管控、突出重点工作,定量与定性相结合、行政考核与社会监督相结合的原则。

　　第四条　评估考核内容包括土壤污染防治目标完成情况和土壤污染防治重点工作完成情况两个方面。年度评估内容是土壤污染防治重点工作完成情况;终期考核内容是土壤污染防治目标完成情况,兼顾土壤污染防治重点工作完成情况。

　　土壤污染防治重点工作包括:土壤污染状况详查、源头预防、农用地分类管理、建设用地准入管理、试点示范、落实各方责任及公众参与等六个方面。

　　土壤污染防治目标包括:受污染耕地安全利用率、污染地块安全利用率两个方面。

　　评估考核指标见附 1,指标解释及评分细则见附 2。

　　第五条　评估考核采用评分法,土壤污染防治目标完成情况和土壤污染防治重点工作完成情况满分均为 100 分,评估或考核结果分为优秀、良好、合格、不合格四个等级。评分 90 分(含)以上为优秀、80 分(含)至 90 分(不含)为良好、60 分(含)至 80 分(不含)为合格、60 分以下为不合格(即未通过评估或考核)。

　　2019 年至 2021 年,每年年初对各地上年度《土十条》实施情况进行年度评估,评估土壤污染防治重点工作完成情况。

2021年进行终期考核,考核土壤污染防治目标完成情况。以土壤污染防治目标完成情况划分等级,以2020年度土壤污染防治重点工作完成情况评估结果进行校核,评分高于60分(含)的,土壤污染防治目标完成情况评分等级即为考核结果;评分低于60分的,评分等级降1档作为考核结果。

2018年至2020年,出现1次年度评估结果为不合格的,终期考核结果不得评为优秀;出现2次年度评估结果为不合格的,终期考核结果不得评为良好;出现3次年度评估结果为不合格的,终期考核结果为不合格。

遇重大自然灾害(如洪涝、地震等),对土壤环境质量产生重大影响以及其他重大特殊情形的,可结合重点工作完成情况和土壤污染防治目标完成情况,综合考虑后确定年度评估和终期考核结果。

第六条 地方人民政府是《土十条》实施的责任主体。各省(区、市)人民政府要依据国家确定的土壤污染防治目标,制定本地区土壤污染防治工作方案,将目标、任务逐级分解到市(地)、县级人民政府,把重点任务落实到相关部门和企业,合理安排重点任务和项目实施进度,明确资金来源、配套政策、责任部门、组织实施和保障措施等。

第七条 评估考核工作由生态环境部牵头,会同国务院相关部门组成评估考核工作组,负责组织实施评估考核工作。

《土十条》年度评估,实行任务牵头部门负责制,由相关任务牵头部门负责组织对有关土壤污染防治重点工作完成情况进行评估,形成书面意见,报送生态环境部。

第八条 评估考核采取以下步骤。

(一)自查评分。各省(区、市)人民政府应按照评估考核要求,建立包括电子信息在内的工作台账,对《土十条》实施情况进行全面自查和自评打分,于每年1月底前将上年度自查报告报送生态环境部,抄送国务院办公厅和《土十条》各任务牵头部门。2018年至2020年度评估自查报告应包括土壤污染防治重点工作完成情况;终期考核自查报告应包括土壤污染防治目标完成情况。

(二)部门审查。《土十条》各任务牵头部门会同参与部门负责相应重点任务的评估考核,结合日常监督检查情况,对各省(区、市)人民政府自查报告进行审查,形成书面意见,于每年2月底前报送生态环境部。

生态环境部各督察局应将地方人民政府及其有关部门贯彻落实《土十条》的情况纳入环境保护督察、专项督察等环境保护督政工作范畴,有关情况及时报送生态环境部。生态环境部统一汇总后,印送《土十条》各任务牵头部门及相关省级人民政府。

(三)组织抽查。生态环境部会同有关部门采取"双随机(随机选派人员、随机抽查部分地区)"方式,根据各省(区、市)人民政府的自查报告、各牵头部门的书面意见和环境督察情况,对被抽查的省(区、市)进行实地评估考核,形成抽查评估考核报告。

(四)综合评价。生态环境部对相关部门审查和抽查情况进行汇总,作出综合评价,于每年6月底前形成年度评估结果并向国务院报告。终期考核结果于2021年6月底前向国务院报告。

第九条 评估考核结果经国务院审定后,由生态环境部向各省(区、市)人民政府通报,并交由中央组织部和审计署分别作为对各省(区、市)领导班子和领导干部综合考核评价、自然资源资产离任审计的重要依据。

对未通过年度评估或终期考核的省(区、市),要提出限期整改意见,整改完成前,暂停审批有关地区土壤环境重点监管行业企业建设项目(民生项目与节能减排项目除外)环境影响评价文件;整改不到位的,要约谈有关省级人民政府及其相关部门负责人。对土壤环境问题突出、区域土壤环境质量明显下降、防治工作不力、群众反映强烈的地区,要约谈有关地市级人民政府和省级人民政府相关部门重要负责人。

对未通过终期考核的省(区、市),必要时由国务院领导同志约谈有关省(区、市)人民政府有关负责人。

对评估考核结果为优秀和进步较大的地区进行通报表扬。

中央财政将评估考核结果作为土壤污染防治相关资金分配的重要参考依据。

第十条　在评估考核中对干预、伪造数据的,要依法依纪追究有关单位和人员责任。在评估考核过程中发现违纪问题需要追究问责的,按相关程序移送纪检监察机关办理。对失职渎职、弄虚作假的,根据有关规定和情节轻重,予以通报、诫勉、责令公开道歉、组织调整或组织处理、纪律处分;对构成犯罪的,要依法追究刑事责任,已经调离、提拔或者退休的,也要终身追究责任。

第十一条　各省(区、市)人民政府可根据本规定,结合各自实际情况,对本地区《土十条》实施情况开展评估考核。

第十二条　本规定由生态环境部负责解释。

附录六　浙江省人民政府关于印发《浙江省土壤污染防治工作方案》的通知

浙江省人民政府关于印发《浙江省土壤污染防治工作方案》的通知

浙政发〔2016〕47号

各市、县(市、区)人民政府,省政府直属各单位:

现将《浙江省土壤污染防治工作方案》印发给你们,请认真贯彻执行。

浙江省人民政府

2016年12月26日

附　件

浙江省土壤污染防治工作方案

为切实加大土壤污染防治力度,逐步改善土壤环境质量,根据《国务院关于印发土壤污染防治行动计划的通知》(国发〔2016〕31号)精神,结合本省实际,制订本工作方案。

一、总体要求与工作目标

深入践行绿色发展和生态文明理念,以改善土壤环境质量为核心,以保障农产品和人居环境安全为出发点,坚持预防为主、保护优先、风险管控、分类治理,落实各方责任,形成政府主导、企业施治、市场驱动、公众参与的土壤污染防治机制,为建设美丽浙江、创造美好生活提供良好的土壤环境保障。到 2020 年,全省土壤污染加重趋势得到初步遏制,农用地和建设用地土壤环境安全得到基本保障,土壤环境风险得到基本管控,受污染耕地安全利用率达到 91％左右,污染地块安全利用率达到 90％以上。到 2030 年,土壤环境质量稳中向好,受污染耕地安全利用率、污染地块安全利用率均达到 95％以上。

二、掌握土壤环境质量状况

(一)开展土壤环境质量调查。根据国家部署要求,制订全省土壤环境质量调查工作方案。充分利用国土资源、农业、环保等部门的土壤污染调查资料、数据和样品,整合各方技术机构资源,以农用地、重点行业在产企业用地和关停企业原址为重点,开展土壤污染状况调查。到 2018 年底,查明农用地(以耕地为主)土壤污染面积、分布及其对农产品质量的影响;到 2020 年底,掌握化工(含制药、焦化、石油加工等)、印染、制革、电镀、造纸、铅蓄电池制造、有色金属矿采选、有色金属冶炼等 8 个重点行业(以下统称 8 个重点行业)在产企业用地和关停企业原址中的污染地块分布及其环境风险情况。建立 10 年为 1 个周期的土壤环境状况调查制度,更加注重调查数据资料的分类整合、综合分析,形成一次调查、各方共享、长期使用的良性机制,为准确研判土壤环境质量变化趋势提供依据。(省环保厅牵头,省财政厅、省国土资源厅、省农业厅、省卫生计生委等参与,各市、县〔市、区〕政府负责落实。以下工作均需各市、县〔市、区〕政府落实,不再列出)

(二)完善土壤环境监测网络。加强统一规划与整合优化,建立覆盖全省的土壤环境监测网络。在农用地方面,整合国土资源部门永久基本农田土地质量监测网、农业部门农田土壤污染监测预警体系和环保部门土壤环境质量国控监测点位,2018 年底前建成全省永久基本农田示范区环境监测网络;2020 年底前基本建成覆盖全省耕地的环境监测网络。在重点企业用地方面,结合土壤污染状况调查和国控监测点位布设,2018 年底前完成省级以上重金属重点防控区和重点工业园区(产业集聚区)土壤环境风险监测点位布设;2020 年底前风险监测点位基本覆盖所有县(市、区)的重点工业园区(产业集聚区)。

根据农业生产、土地管理和污染防治的需求,统筹农用地土壤监测指标、采样和分析方法,制订涵盖有益元素、有害物质、地力、理化特性的监测标准规范。按照国家要求,结合重点工业园区和重点企业的产业特点,制订"常规＋特征"的重点企业用地土壤污染物监测指标体系。(省环保厅牵头,省发展改革委、省经信委、省国土资源厅、省农业厅等参与)

(三)促进土壤环境管理信息化。推进全省国土资源部门土地质量地质调查数据库、农业部门农田土壤重金属污染信息决策管理与支持服务系统、环保部门污染地块数据库等的信息共享,编制数据资源共享目录,实现经常性的数据和信息交换,逐步形成土壤环境管理信息化平台。研究建立符合省情的土壤环境质量综合评价体系,深度开发数据资源,逐步实现评价结果反映客观现状、体现演变趋势、指导追根溯源,为农业生产、土壤污染防治、土地利用和国土资源空间布局提供更有力的技术支撑。(省环保厅牵头,省国土资源厅、省农业厅、省粮食局等参与)

三、实施农业用地分类管控

(一)划定土壤质量类别。落实国家有关农用地土壤环境质量类别划定要求,结合全省耕地质量等级评定,划分优先保护、安全利用和严格管控等3类耕地范围。2018年底前确定全省相应类别永久基本农田示范区的分布和面积,2020年底前划定全省耕地土壤质量类别,并分别报省政府审定。完善全省耕地土壤质量档案并上图入库,2020年底前建立1000万亩永久基本农田示范区土地质量(地球化学)档案;2025年底前建立全省耕地土地质量(地球化学)档案,并纳入全省土地质量数据库管理。鼓励有条件的地区逐步开展林地等其他农用地土壤质量划定工作。(省国土资源厅牵头,省环保厅、省农业厅、省林业厅等参与)

(二)采取分类管控措施。根据环境质量类别制订实施全省受污染耕地利用和管制方案。优先保护类耕地要纳入永久基本农田示范区,实行严格保护。安全利用类耕地要综合采取农艺调控、替代种植措施,降低农产品超标风险,并积极开展治理修复。严格管控类耕地要依法划定特定农产品禁止生产区域,对污染严重且难以修复的,要及时退耕还林或调整用地功能。加强重度污染土地产出的食用农(林)产品质量检测,发现超标的,要及时采取调整种植结构等措施。到2020年,完成国家下达的轻度和中度污染耕地安全利用和治理修复、重度污染耕地用途管控任务。产粮(油)大县要根据国家要求,于2017年底前出台土壤环境保护方案,并逐年抓好落实。(省农业厅牵头,省国土资源厅、省环保厅、省林业厅等参与)

四、加强污染地块风险管控

(一)确定环境风险等级。根据国家有关建设用地土壤环境调查评估的要求,结合全省土地利用总体规划和年度利用计划,对8个重点行业中拟收回土地使用权的,以及变更为住宅、商服、公共管理与公共服务等用途的关停企业原址用地,督促相关责任主体开展土壤环境调查评估。重度污染农用地转为城镇建设用地的,由当地政府组织国土资源、建设、规划和环保行政主管部门开展调查评估。根据评估结果,确定污染地块环境风险等级,并明确相应的开发利用项目负面清单,形成全省污染地块名录,纳入省级污染地块数据库,实行统一管理、动态更新。(省环保厅牵头,省国土资源厅、省建设厅等参与)

(二)加强开发利用监管。各级国土资源、建设、规划等部门在编制土地利用总体规划、城市总体规划、控制性详细规划等过程中,应充分考虑污染地块的环境风险,合理确定土地用途。各市、县(市、区)国土资源、建设、规划等部门要加强土地收储和流转、规划选址等环节的审查把关,防止未按要求进行调查评估、环境风险管控不到位、治理修复不符合要求的污染地块被开发利用,切实保障住宅、商服、公共管理与公共服务等用地的环境安全。对暂不具备开发利用或治理修复条件的,相关市、县(市、区)政府要组织划定管控区域、督促落实禁止或限制开发要求。(省国土资源厅、省建设厅牵头,省环保厅等参与)

五、加大未利用地保护力度

(一)严格未利用地土壤环境保护。落实《浙江省环境功能区划》要求,对属于自然生态红线区内的未利用地,要严格按照法律法规和相关规划,实行强制性保护,严守生态安全底线;对属于生态功能保障区内的未利用地,要以生态保护为主,严格限制各类开发活动,维持生态保障服务功能。(省环保厅牵头,省国土资源厅、省农业厅等参与)

(二)加强未利用地开发管理。对生态功能保障区内确需开发的未利用地,按照以质量定用途的原则,合理确定开发用途和开发强度。对拟开发为农用地的,有关县(市、区)应按规定履行环境功能区调整管理程序,开展土壤质量评估,根据评估结果确定农产品种植结构。(省国土资源厅牵头,省环保厅、省农业厅、省海洋与渔业局等参与)

六、深化污染源头综合防治

(一)狠抓工矿污染防治

1.深化重金属污染综合防治。进一步优化涉重金属行业的空间布局,基本实现"圈区生产"。切实强化污染整治和排放量削减的倒逼约束作用,推动涉重金属行业产业结构进一步优化,重点防控区长效监管措施全面落实。到 2020 年,全省重点行业的重点重金属污染物排放量较 2013 年下降 10% 以上。(省环保厅牵头,省经信委、省国土资源厅等参与)

2.严格危险废物处置监管措施。实施浙江省危险废物处置监管三年行动计划,进一步加强危险废物和污泥处置监管工作。到 2020 年底,全省新增危险废物年处置能力 50 万吨以上;11 个设区市全部形成满足实际需要的危险废物处置能力,全部建成危险废物信息化监控平台,实现省控以上危险废物产生单位和持证处置单位联网监控全覆盖。各级卫生计生、环保部门要加强医疗废物联动监管,到 2020 年底,实现全省医疗卫生机构医疗废物规范收集和处置全覆盖。持续推进危险废物的源头管理精细化、贮存转运规范化、过程监控信息化、设施布局科学化、利用处置无害化,把我省打造成危险废物处置监管最严格的省份。(省环保厅牵头,省发展改革委、省财政厅、省卫生计生委等参与)

3.强化企业关停过程污染防治监管。结合全省淘汰和化解落后、过剩产能,将防治土壤污染的要求纳入企业关停、转产和拆除生产、治污设施的整体工作中。生产、储存危险化学品单位关停、转产和拆除生产、治污设施的,要严格执行《危险化学品安全管理条例》相关规定。其他企业关停、转产和拆除生产、治污设施的,要落实残留污染物处理措施,防止对原址土地造成进一步的污染。(省经信委牵头,省公安厅、省环保厅、省安监局等参与)

4.提高大宗固体废物和再生资源利用水平。实施浙江省循环经济发展"十三五"规划,重点针对粉煤灰、工业副产石膏、煤矸石、冶炼废渣、脱硫脱硝副产物等大宗固体废弃物,全面排查贮存污染风险,制定并落实污染整治方案。以废旧金属、废旧塑料、废旧纺织品等再生资源为重点,建设"城市矿产""城市油田""城市棉田",同步推动电子废物、废旧轮胎的回收和综合利用,创新"互联网+"再生资源回收利用模式,引导再生资源企业集聚化、规模化发展,逐步构建覆盖全省的再生资源交易系统。根据国家要求,适时启动污水和污泥、废气与废渣协同治理试点。(省发展改革委牵头,省经信委、省环保厅等参与)

5.严防矿产资源开发污染土壤。全面整治历史遗留尾矿库,因地制宜完善压土、排洪、堤坝加固等隐患治理和闭库措施。督促责任企业开展重点监管尾矿库的环境风险评估、完善污染治理设施、加强应急物资储备。加强矿产资源开发利用活动的辐射安全监管,督促相关企业按年度开展矿区土壤辐射环境自行监测。(省环保厅、省安监局牵头,省国土资源厅等参与)

(二)加强农业面源污染防治

1.深化化肥农药减量控害增效工作。实施农田化肥减量增效行动,普及测土配方施肥。加强商品有机肥生产环节监控,严禁工业集中式污水处理厂和造纸、制革、印染等行业的污泥,以及生活垃圾、工业废物和未检测或经检测不合格的河湖库塘淤泥用于商品有机肥生产。推进农药控害增效行动,加快农作物病虫害绿色防控与统防统治融合发展。到 2020 年全省主要农作物化肥、农药使用量实现零增长,利用率提高到40％以上;测土配方施肥技术推广覆盖率提高到90％以上。(省农业厅负责)

2.加大畜禽养殖污染防治力度。大力发展生态循环型畜牧业,优化畜牧业产业布局,因地制宜确定生猪养殖规模。统筹规划、加快建设畜禽粪便收集处理中心及配套户用沼气工程,推进畜禽养殖排泄物的减量化、无害化和资源化处理和利用。开展饲料添加剂和兽药生产使用专项整治,进一步降低饲料和兽药中重金属物质残留。到2020年,规模化畜禽养殖场(小区)配套完善的粪污贮存设施比例达到80％以上,废弃物综合利用及处置比例达到95％以上,规模化畜禽养殖场整治达标率达到100％。(省农业厅牵头,省环保厅等参与)

3.加强灌溉水水质管理。开展灌溉水水质监测,到2020年,对5万亩以上灌区实现灌溉水水质监测。加强农田灌溉工程的维修养护,到2020年,5万亩以上灌区实现标准化管理。灌溉用水应符合农田灌溉水水质标准,对因长期使用污水灌溉导致严重污染土壤、影响农产品质量的,要及时调整种植结构。(省水利厅牵头,省农业厅等参与)

4.完善农药废弃包装物和废弃农膜的回收体系。落实《浙江省农药废弃包装物回收和集中处置试行办法》,建立以经营单位负责回收、专业机构集中处置、公共财政提供支持为主要模式的农药废弃包装物回收体系。严厉打击违法生产和销售不合格农膜的行为,适时启动废弃农膜回收利用试点。到2020年,全省农药废弃包装物基本实现统一回收,初步建成重点地区废弃农膜回收体系。(省农业厅牵头,省发展改革委、省经信委、省公安厅、省财政厅、省环保厅、省工商局、省质监局、省供销社等参与)

(三)降低生活污染对土壤环境的影响

扎实推进城市生活垃圾分类处理,到2020年底,设区市市区全面实行生活垃圾的分类投放、分类收运、分类处置,50％以上的县级以上城市和县城具备生活垃圾末端分类处置能力。对从生活垃圾中分类收集的废弃氧化汞电池、镍镉电池、铅酸蓄电池和含汞荧光灯管、温度计等,加强处置监管。推进水泥窑协同处置生活垃圾试点。鼓励开展利用建筑垃圾生产建材产品等工程示范。加强非正规垃圾填埋(堆放)场整治,到2020年底,全面完成乡镇、村庄的非正规垃圾填埋(堆放)场的整治和生态修复。推进农村生活垃圾、生活污水治理。(省建设厅、省农办牵头,省发展改革委、省经信委、省环保厅等参与)

七、开展土壤污染治理修复

(一)制订治理修复规划

整合国土资源、农业、环保部门现有土壤污染调查成果资料,查找耕地和污染地块领域突出的污染问题。组织有关市、县(市、区)编制受污染耕地、污染地块治理修复规划,安排一批解决土壤污染问题的重大治理修复项目,明确治理责任和实施计划,形成受污染耕地、污染地块治理修复项目库。上述规划和项目于2017年11月底前报环境保护部备案。(省环保厅牵头,省国土资源厅、省建设厅、省农业厅等参与)

(二)实施治理修复工程

根据耕地土壤污染状况,重点在安全利用类耕地相对集中的县(市、区),开展农田土壤污染治理,探索建立分类治理措施。继续推进农业"两区"土壤污染治理试点,加强治理效果评价,加快推广一批适用治理模式。2020年底前,完成国家下达的轻度和中度污染耕地治理与修复任务。支持台州市土壤污染综合防治先行区建设。落实国家污染地块修复的管理要求,以拟开发为住宅、商服、公共管理与公共服务等用途的污染地块为重点,组织实施一批重点污染地块修复工程,完善修复工程的环境影响评价、环境监理、工程验收制度,加强污染地块修复工程环境监管,有效防止二次污染。(省国土资源厅、省农业厅、省环保厅牵头,省财政厅、省建设厅等参与)

八、严格污染防治执法监管

(一)推进制度建设

落实国家相关法律法规和标准体系要求,推动修订《浙江省固体废物污染环境防治条例》。鼓励各设区市结合实际,研究制订有利于防治土壤污染的地方性法规、规章和行政规范性政策措施。台州市要结合土壤污染综合防治先行区建设,在制度体系构建上先行取得突破,为其他地区提供经验。2017年底前,出台污染地块开发利用监督管理有关政策,制定污染地块修复工程验收技术规范。(省环保厅牵头,省国土资源厅、省农业厅、省质监局、省法制办等参与)

(二)实行土壤环境的空间管制

贯彻落实《浙江省环境功能区划》,突出农产品安全保障区和人居环境保障区的土壤环境保护,全面落实分区环境管控措施,严格执行建设项目负面清单管理制度。按照各环境功能分区的功能要求,优化保障区及周边产业结构和布局。(省环保厅牵头,省发展改革委、省经信委、省国土资源厅、省农业厅等参与)

(三)加大执法力度

依法查处向农田直排废水、偷倒固体废物等污染土壤的环境违法案件,并将相关环境违法者、拒不履行土壤污染治理与修复主体责任的单位和其他生产经营者纳入环境违法黑名单,依法采取公开曝光、行为限制和失信惩戒等措施。对于严重污染土壤已构成犯罪的环境违法行为,要加强行政执法和刑事司法联动,依法予以打击,相关行政部门配合做好刑事证据的收集、固定工作。对污染土壤的环境违法行为,以及负有监督管理职责的行政机关违法行使职权或者不作为,造成国家和社会公共利益受到侵害的,支持依法提起公益诉讼。(省环保厅牵头,省公安厅、省法院、省检察院等参与)

(四)提高监管水平

根据土壤中污染物的种类和分布等特点,重点针对镉、汞、砷、铅、铬等5种无机污染物和多环芳烃、石油烃等2类有机污染物(以下统称重点污染物),排查梳理出8个重点行业中排放重点污染物的企业以及相关的生活垃圾或危险废物填埋场,形成省市县三级土壤环境重点监控名单,按年度动态更新并向社会公布。2018年起,对列入名单的工业园区和企业,开展企业用地土壤环境自行监测试点,加强重点监控企业废水、废气中重点污染物的监督性监测,监测数据按要求上报国家相关信息平台。加强全省环境监测机构标准化建设,提高全省土壤环境和污染源监测能力,每年至少开展1次土壤环境监测技术人员培训,形成满足各级环保部门监管需求的现代化监测体系。将土壤污染防治纳入环境监察执法体系,根据土壤环境执法需要配备相应的执法设备,开展每3年1轮的环境监察执法人员土壤污染防治专业培训。进一步完善突发环境事件应急处置中的土壤污染防治措施,及时消除突发环境事件引发的土壤环境风险隐患。(省环保厅牵头,省财政厅、省建设厅等参与)

九、健全污染防治政策保障

（一）推动科研和产业发展

围绕污染土壤治理修复、土壤环境监测、土壤质量研判和污染防治监管等重点领域的重大科技需求，加快关键技术的研发和推广。加强土壤中重金属、有机污染物含量与农产品质量相关性研究，开展土壤污染源解析。推进土壤及地下水污染隔断、土壤原位修复、快速高效工程修复等普适性技术研发。在农用地土壤污染治理方面，重点推广生物治理、种植品种调整、栽培措施优化、土壤环境改良等技术。在污染地块修复方面，通过实施国家级污染地块修复试点项目，加快针对有机污染物、重金属污染物和复合型污染治理等适用技术集成与转化，推广修复工程规范管理模式。（省科技厅牵头，省国土资源厅、省环保厅、省农业厅等参与）

发展治理修复产业。放开服务性监测市场，鼓励社会机构参与土壤环境监测评估。加快完善土壤环境调查、分析测试、风险评估、环境监理、工程治理产业链，扶持土壤污染治理修复龙头企业通过兼并重组、组建技术联盟做强做大，增强综合服务能力；鼓励环境工程勘察设计单位、环保技术咨询机构、修复材料生产和治理装备制造企业在专业领域做精做细，形成错位发展、优势互补的良性格局。开展污染地块调查评估和治理修复从业单位水平评价试点，促进土壤污染治理修复行业的健康发展。（省发展改革委牵头，省经信委、省国土资源厅、省建设厅、省环保厅、省农业厅、省科协等参与）

（二）完善资金筹措机制

督促污染土壤的责任主体切实承担土壤污染治理修复的经济责任；责任主体灭失或责任主体不明确的，由所在地县级政府依法承担相关责任。积极争取中央财政土壤污染防治专项资金。统筹基本农田建设、新增建设用地土地有偿使用费、采矿权出让所得、环境保护等专项资金，强化全省土壤污染防治重点工作的资金保障。进一步优化财政资金投向，对受污染耕地治理项目和列入省级污染地块数据库的重点修复项目予以重点支持。对永久基本农田污染状况调查建档、土壤环境监测网络建设等土壤污染防治监管能力建设及运行费用，各级财政应予以必要保障。积极发展绿色金融，在土壤污染治理修复领域，积极推广政府和社会资本合作（PPP）模式。逐步将土壤污染防治纳入环境污染责任保险试点。（省财政厅牵头，省发展改革委、省国土资源厅、省农业厅、省环保厅、省金融办、人行杭州中心支行、浙江保监局等参与）

（三）引导公众参与和社会监督

积极开展宣传教育，将土壤污染防治纳入环境保护宣传教育体系。结合世界环境日、世界粮食日、全国土地日等主题宣传活动，普及土壤污染防治相关知识，加强法律、法规、政策宣传解读。加强对机关、学校、企业、社区、农村等的土壤污染防治宣传工作。鼓励支持有条件的高校开设土壤环境专门课程。根据土壤污染详查的总体安排，各市、县（市、区）政府应当适时公布本行政区域土壤环境状况，引导社会加强有效监督。结合各类环境执法专项行动，公开曝光一批严重污染土壤的典型案件。健全举报制度，充分发挥环保、农业和国土资源部门举报热线和网络平台作用，鼓励公众对污染土壤、破坏农用地、擅自开发未利用地等违法行为进行监督。（省环保厅牵头，省委宣传部、省教育厅、省国土资源厅、省农业厅、省粮食局、省科协等参与）

十、落实土壤污染防治责任

（一）强化地方政府责任

各市、县（市、区）政府是实施本工作方案的责任主体。各设区市要在2017年底前制定并公布本地区的土壤污染防治工作方案，并报省政府备案；要逐年制定并实施土壤污染防治年度计划，不断完善政策措施，加大资金投入，并向省政府报告土壤污染防治工作情况。（省环保厅牵头，省财政厅、省国土资源厅、省农业厅等参与）

严格目标考核。制定《浙江省土壤污染防治目标考核办法》，省政府与各设区市政府签订目标责任书，分解落实目标任务。省政府每年对工作方案的实施情况进行考核，考核结果作为对领导班子和领导干部综合考核评价、自然资源资产离任审计的重要依据，并与土壤污染防治相关专项资金分配挂钩。对未完成土壤防治工作目标任务或工作责任落实不到位的，将采取通报预警、环评限批、挂牌督办、约谈有关政府领导和部门主要负责人等措施，督促整改落实。对因工作不力、履职缺位等导致土壤污染问题突出、优先保护类耕地面积减少、土壤环境质量明显下降的，要依法依纪追究有关单位和人员责任。（省环保厅牵头，省委组织部、省监察厅、省财政厅、省国土资源厅、省农业厅、省审计厅等参与）

（二）加强部门协调联动

将土壤污染防治工作纳入有关省级部门生态环保工作协调推进机制，定期研究解决重大问题。省级有关部门要按照职责分工，协同做好土壤污染防治工作。省环保厅要加强统筹协调和督促检查，及时向省政府报告工作进展情况。台州市可根据土壤污染综合防治先行区建设需求，合理确定市级有关部门的职责分工。（省环保厅牵头，省级相关部门参与）

（三）落实企业污染防治责任

有关企业要加强内部管理，将土壤污染防治纳入环境风险防控体系，严格依法依规建设和运营污染治理设施，确保重点污染物稳定达标排放。土壤污染防治重点监控企业，要按国家要求定期公开用地土壤环境质量、重点污染物排放和治理等情况。造成土壤污染的，应承担损害评估、治理与修复的法律责任。从2017年起，当地政府要与重点监控工业企业签订土壤污染防治责任书，明确相关措施和责任，并向社会公开。（省环保厅牵头，省经信委等参与）

附录七　浙江省农业厅关于印发
《浙江省受污染耕地安全利用和管制方案（试行）》的通知

浙江省农业厅关于印发
《浙江省受污染耕地安全利用和管制方案（试行）》的通知

各市、县（市、区）农业局：

现将《浙江省受污染耕地安全利用和管制方案（试行）》印发给你们，请结合当地实际，认真组织实施。

浙江省农业厅

2018年9月7日

附　件
浙江省受污染耕地安全利用和管制方案(试行)

根据国务院《土壤污染防治行动计划》(国发〔2016〕31 号)和省政府《浙江省土壤污染防治工作方案》(浙政发〔2016〕47 号)等要求,为做好轻度、中度受污染耕地的安全利用,有效管控农田土壤环境风险,最大限度地利用耕地资源,从源头保障农产品质量安全,特制定本方案。

一、充分认识受污染耕地安全利用的重要性和紧迫性

保障农产品质量安全是实施土壤污染防治行动计划的根本出发点。历年来,党中央、国务院高度重视土壤污染防治工作,2016 年,国务院印发《土壤污染防治行动计划》,明确了当前和今后一个时期全国土壤污染防治工作的行动纲领;2018 年,习近平总书记在全国生态环境保护大会指出"要把解决突出生态环境问题作为民生优先领域,坚决打好污染防治攻坚战,推动生态文明建设迈上新台阶"。省委、省政府将土壤环境保护作为生态文明建设的重要内容之一,相继出台一系列相关政策制度,为改善提升我省耕地质量奠定了良好基础。但必须看到,我省农田土壤污染问题仍较突出,土壤环境质量总体状况不容乐观,特别是局部地区土壤中重金属等污染对农产品质量安全存在一定的潜在风险。全面开展受污染耕地的安全利用工作,既是保障农产品质量安全和人民群众身体健康的重要举措,也是加强耕地质量建设,改善生态环境,实施藏粮于地战略,全面建设高水平绿色农业强省、实施乡村振兴战略的必然要求。要从全局和战略的高度,充分认识开展受污染耕地的安全利用工作的重要性和紧迫性,切实履行职责,加大受污染耕地安全利用技术研究和管制工作,统筹规划,创新体制机制,确保按时保质完成轻中度污染耕地安全利用工作任务。

二、总体要求

(一)指导思想

以"八八战略"为总纲,深入践行绿色发展和生态文明理念,以保障农产品质量和人民群众身体健康为出发点,坚持污染耕地合理利用与风险管控,重点针对轻中度污染耕地安全隐患,依靠科技进步,强化政策引导,落实有效措施,优化并建立可推广的受污染耕地安全利用技术模式,实施一批受污染耕地安全利用试点、示范和重点项目,努力构建受污染耕地安全利用的长效机制,不断改善耕地生态环境质量,切实保障农产品质量安全,促进乡村振兴和农业绿色发展。

(二)目标任务

到 2020 年,根据耕地土壤污染状况和对农产品质量安全风险评估结果,重点在水稻种植等区域,积极推广低积累品种替代、水肥调控、土壤调理等安全利用措施,建立受污染耕地安全利用项目示范区,形成较完善的受污染耕地安全利用技术体系,完成国家下达的轻度和中度污染耕地安全利用任务,受污染耕地安全利用率达到 91% 左右,有效降低农产品污染风险,实现耕地土壤环境质量总体改善。

三、主要任务

（一）加强外来污染源头防控

针对工矿企业区和城市郊区周边农田,在农田周边设立污染缓冲区,建设污染隔离带;针对产地周边大气污染排放和主要交通线,建立适宜的树木隔离带;针对受污染的地表水体周边农田,改造田间灌渠系统,实行灌排分离,建设生态沟渠,加强农田污染监测预警,防治工矿业"三废"及河道淤泥、生活垃圾等对农田污染。加强农业面源污染防治,推进化肥、农药减量增效行动,建立农药废弃包装物回收处置制度。

（二）筛选和应用低积累品种

结合当地主要作物品种、种植习惯,开展对重金属低积累品种筛选和应用,重点针对不同作物品种对重金属的吸收特征,选择抗性强、重金属低积累的作物品种,发布一批低积累作物品种,在水稻、蔬菜等种植区域进行示范和推广应用。

（三）实施水肥综合调控措施

根据作物不同生育期水肥需求特征,建立适宜田间水肥综合调控措施,并实行农业投入品清洁化替代,采用低重金属含量的化肥、碱性肥料及低重金属含量的有机肥料,以及生物和物理防虫、防菌和防病措施等,降低作物可食部位对污染物的吸收累积。

（四）应用土壤环境改良技术

以调节农田土壤酸碱度为核心,通过施用有机肥、钝化剂、土壤调理剂等,提高土壤 pH,增加土壤有机质,降低重金属等污染物在土壤中的活性和危害程度,阻控作物对土壤中污染物的吸收。通过深耕翻土、客土利用、超积累作物间作、套种、轮作等物理、化学、生物治理措施,提升土壤环境容量和抗风险能力。

（五）采用粮食替代种植技术

针对受污染耕地和当地种植作物的实际情况,在各种安全利用技术不能保证粮食(主要是水稻)作物可食部位污染物达标的前提下,以市场为导向,以资源为基础,以科技为依托,因地制宜采用替代种植品种和技术,确保耕地基本生产功能,实现受污染耕地的安全利用。

（六）预防农业废弃物二次污染

针对受污染耕地种植产生的秸秆,根据受污染程度,进行分类处置,采用秸秆能源燃料化、原料化等综合利用技术,采取秸秆移除和无害化安全处置,慎将污染耕地的秸秆还田。加强畜禽粪污、沼液无害化处理和资源化利用,加强有机肥原料分类管理和有机肥质量检测,严禁重金属超标的有机肥和沼液施入农田,防范重金属污染风险。

（七）加强农产品质量安全风险管控

加强对农业生产经营主体的农产品质量安全监管,开展中轻度污染耕地农产品质量安全监测和风险评估;对难以治理的重度污染区域的耕地,依法将其划定为特定农产品禁止生产区域,制定实施种植结构调整或退耕还林还草计划,实行严格的风险管控;加强农药、肥料、饲料、兽药等农业投入品质量监管和安全使用,实施特色农产品风险管控"一品一策"行动,推行农产品合格上市和追溯制度。加强农产品质量安全舆情监测和应急处置,防范不良舆情扩散。

四、进度安排

（一）到 2018 年底

启动受污染耕地安全利用工作，组织编制市、县（市、区）两级《受污染耕地安全利用和管制实施方案》，11 月底将方案报省厅。开展污染耕地安全利用技术的培训，在受污染耕地安全利用试点县建立受污染耕地安全利用示范样板。

（二）到 2019 年底

初步建立可复制、可推广、可持续受污染耕地安全利用技术模式，构建受污染耕地安全利用技术体系，培育一批从事受污染耕地安全利用实施主体，形成全面开展受污染耕地安全利用社会化、专业化推进格局。

（三）到 2020 年底

全面开展受污染耕地安全利用技术推广和应用，完成国家下达的轻度和中度污染耕地安全利用任务，开展安全利用效果评估工作，建立受污染耕地安全利用技术规范及推进机制。

五、保障措施

（一）加强组织领导

各地要建立政府主导、部门联动、公众参与、协同推进的工作机制，抓紧制定本地区受污染耕地安全利用工作实施方案，明确工作目标、工作措施、部门分工、时间节点等要求，认真组织实施，确保取得实效。各级农业部门要成立领导小组，明确责任主体，层层落实责任，加强指导和考核，将受污染耕地安全利用纳入土壤污染防治工作的考核内容。

（二）强化扶持力度

各地要统筹安排财政专项资金，切实加大受污染耕地安全利用资金投入，完善多元化投融资机制。充分发挥省内外科研院校技术优势，开展产学研用协同攻关，研究集成一批可复制、可推广、易操作的受污染耕地安全利用技术模式，编制安全利用推荐技术目录，提高受污染耕地安全利用技术水平。

（三）加强监督宣传

各地对开展安全利用的区域，要先期进行耕地及农产品污染情况综合评估，制定安全利用目标。建立目标考核机制，开展阶段性绩效考核和终期评估。要广泛动员和组织社会各界力量积极参与受污染耕地安全利用工作，加大技术培训力度，提高队伍技术水平和业务素质。

技术规范类附录

附录一　GB 15618—2018　土壤环境质量
农用地土壤污染风险管控标准（试行）

土壤环境质量
农用地土壤污染风险管控标准

前　言

为贯彻落实《中华人民共和国环境保护法》，保护农用地土壤环境，管控农用地土壤污染风险，保障农产品质量安全、农作物正常生长和土壤生态环境，制定本标准。

本标准规定了农用地土壤污染风险筛选值和管制值，以及监测、实施与监督要求。

本标准于 1995 年首次发布，本次为第一次修订。

本次修订的主要内容：

——标准名称由《土壤环境质量标准》调整为《土壤环境质量农用地土壤污染风险管控标准（试行）》；

——更新了规范性引用文件，增加了标准的术语和定义；

——规定了农用地土壤中镉、汞、砷、铅、铬、铜、镍、锌等基本项目，以及六六六、滴滴涕、苯并[a]芘等其他项目的风险筛选值；

——规定了农用地土壤中镉、汞、砷、铅、铬的风险管制值；

——更新了监测、实施与监督要求。

自本标准实施之日起，《土壤环境质量标准》（GB 15618—1995）废止。

本标准由生态环境部土壤环境管理司、科技标准司组织制定。

本标准主要起草单位：生态环境部南京环境科学研究所、中国科学院南京土壤研究所、中国农业科学院农业资源与农业区划研究所、中国环境科学研究院。

本标准生态环境部 2018 年 5 月 17 日批准。

本标准自 2018 年 8 月 1 日起实施。

本标准由生态环境部解释。

1 适用范围

本标准规定了农用地土壤污染风险筛选值和管制值，以及监测、实施和监督要求。

本标准适用于耕地土壤污染风险筛查和分类。园地和牧草地可参照执行。

2 规范性引用文件

本标准内容引用了下列文件或其中的条款。凡是不注明日期的引用文件，其最新版本适用于本标准。

GB/T 14550　土壤质量六六六和滴滴涕的测定气相色谱法

GB/T 17136　土壤质量总汞的测定冷原子吸收分光光度法

GB/T 17138　土壤质量铜、锌的测定火焰原子吸收分光光度法

GB/T 17139　土壤质量镍的测定火焰原子吸收分光光度法

GB/T 17141　土壤质量铅、镉的测定石墨炉原子吸收分光光度法

GB/T 21010　土地利用现状分类

GB/T 22105　土壤质量总汞、总砷、总铅的测定原子荧光法

HJ/T 166　土壤环境监测技术规范

HJ 491　土壤总铬的测定火焰原子吸收分光光度法

HJ 680　土壤和沉积物汞、砷、硒、铋、锑的测定微波消解/原子荧光法

HJ 780　土壤和沉积物无机元素的测定波长色散 X 射线荧光光谱法

HJ 784　土壤和沉积物多环芳烃的测定高效液相色谱法

HJ 803　土壤和沉积物 12 种金属元素的测定王水提取-电感耦合等离子体质谱法

HJ 805　土壤和沉积物多环芳烃的测定气相色谱-质谱法

HJ 834　土壤和沉积物半挥发性有机物的测定气相色谱-质谱法

HJ 835　土壤和沉积物有机氯农药的测定气相色谱-质谱法

HJ 921　土壤和沉积物有机氯农药的测定气相色谱法

HJ 923　土壤和沉积物总汞的测定催化热解-冷原子吸收分光光度法

3 术语和定义

下列术语和定义适用于本标准。

3.1　土壤 Soil

指位于陆地表层能够生长植物的疏松多孔物质层及其相关自然地理要素的综合体。

3.2　农用地 Agricultural Land

指 GB/T 21010 中的 01 耕地（0101 水田、0102 水浇地、0103 旱地）、02 园地（0201 果园、0202 茶园）和 04 草地（0401 天然牧草地、0403 人工牧草地）。

3.3　农用地土壤污染风险 Soil Contamination Risk of Agricultural Land

指因土壤污染导致食用农产品质量安全、农作物生长或土壤生态环境受到不利影响。

3.4　农用地土壤污染风险筛选值 Risk Screening Values for Soil Contamination of Agricultural Land

指农用地土壤中污染物含量等于或者低于该值的，对农产品质量安全、农作物生长或土

壤生态环境的风险低,一般情况下可以忽略;超过该值的,对农产品质量安全、农作物生长或土壤生态环境可能存在风险,应当加强土壤环境监测和农产品协同监测,原则上应当采取安全利用措施。

3.5　农用地土壤污染风险管制值 Risk Intervention Values for Soil Contamination of Agricultural Land

指农用地土壤中污染物含量超过该值,食用农产品不符合质量安全标准等农用地土壤污染风险高,原则上应当采取严格管控措施。

4　农用地土壤污染风险筛选值

4.1　基本项目

农用地土壤污染风险筛选值的基本项目为必测项目,包括镉、汞、砷、铅、铬、铜、镍、锌,风险筛选值见表1。

表 1　农用地土壤污染风险筛选值(基本项目)

序　号	污染物项目[a,b]		风险筛选值			
			pH≤5.5	5.5<pH≤6.5	6.5<pH≤7.5	pH>7.5
1	镉	水　田	0.3	0.4	0.6	0.8
		其　他	0.3	0.3	0.3	0.6
2	汞	水　田	0.5	0.5	0.6	1
		其　他	1.3	1.8	2.4	3.4
3	砷	水　田	30	30	25	20
		其　他	40	40	30	25
4	铅	水　田	80	100	140	240
		其　他	70	90	120	170
5	铬	水　田	250	250	300	350
		其　他	150	150	200	250
6	铜	果　园	150	150	200	200
		其　他	50	50	100	100
7	镍		60	70	100	190
8	锌		200	200	250	300

注:a 重金属和类金属砷均按元素总量计;
　　b 对于水旱轮作地,采用其中较严格的风险筛选值。

4.2　其他项目

4.2.1　农用地土壤污染风险筛选值的其他项目为选测项目,包括六六六、滴滴涕和苯并[a]芘,风险筛选值见表2。

4.2.2　其他项目由地方环境保护主管部门根据本地区土壤污染特点和环境管理需求进行选择。

表 2　农用地土壤污染风险筛选值(其他项目)　　　　　单位:mg/kg

序　号	污染物项目	风险筛选值
1	六六六总量①	0.10
2	滴滴涕总量②	0.10
3	苯并[a]芘	0.55

注:①六六六总量为 α-六六六、β-六六六、γ-六六六、δ-六六六四种异构体的含量总和。
　　②滴滴涕总量为 P,P′-滴滴伊、P,P′-滴滴滴、o,p′-滴滴涕、P,P′-滴滴涕四种衍生物的含量总和。

5　农用地土壤污染风险管制值

5.1　农用地土壤污染风险管制值项目包括镉、汞、砷、铅、铬,风险管制值见表3。

表 3　农用地土壤污染风险管制值　　　　　　　　　单位:mg/kg

序　号	污染物项目	风险管制值			
		pH≤5.5	5.5<pH≤6.5	6.5<pH≤7.5	pH>7.5
1	镉	1.5	2	3.0	40
2	汞	2.0	2.5	4.0	60
3	砷	200	150	120	100
4	铅	400	500	700	1000
5	铬	800	850	1000	1300

6　农用地土壤污染风险筛选值和管制值的使用

6.1　当土壤中污染物含量等于或者低于表1和表2规定的风险筛选值时,农用地土壤污染风险低,一般情况下可以忽略;高于表1和表2规定的风险筛选值时,可能存在农用地土壤污染风险,应加强土壤环境监测和农产品协同监测。

6.2　当土壤中镉、汞、砷、铅、铬的含量高于表1规定的风险筛选值、等于或者低于表3规定的风险管制值时,可能存在食用农产品不符合质量安全标准等土壤污染风险,原则上应当采取农艺调控、替代种植等安全利用措施。

6.3　当土壤中镉、汞、砷、铅、铬的含量高于表3规定的风险管制值时,食用农产品不符合质量安全标准等农用地土壤污染风险高,且难以通过安全利用措施降低食用农产品不符合质量安全标准等农用地土壤污染风险,原则上应当采取禁止种植食用农产品、退耕还林等严格管控措施。

6.4　土壤环境质量类别划分应以本标准为基础,结合食用农产品协同监测结果,依据相关技术规定进行划定。

7　监测要求

7.1　监测点位和样品采集

7.1.1　农用地土壤污染调查监测点位布设和样品采集执行 HJ/T 166 等相关技术规定要求。

7.2 土壤污染物分析

7.2.1 土壤污染物分析方法按表 4 执行。

表 4　土壤污染物分析方法

序　号	污染物项目	分析方法	标准编号
1	镉	土壤质量铅、镉的测定 石墨炉原子吸收分光光度法	GB/T 17141
2	汞	土壤和沉积物 汞、砷、硒、铋、锑的测定 微波消解/原子荧光法	HJ 680
		土壤质量 总汞、总砷、总铅的测定 原子荧光法第 1 部分:土壤中总汞的测定	GB/T 22105.1
		土壤质量总汞的测定 冷原子吸收分光光度法	GB/T 17136
		土壤和沉积物 总汞的测定 催化热解-冷原子吸收分光光度法	HJ 923
3	砷	土壤和沉积物 12 种金属元素的测定 王水提取-电感耦合等离子体质谱法	HJ 803
		土壤和沉积物 汞、砷、硒、铋、锑的测定 微波消解/原子荧光法	HJ 680
		土壤质量总汞、总砷、总铅的测定 原子荧光法第 2 部分:土壤中总砷的测定	GB/T 22105.2
4	铅	土壤质量铅、镉的测定 石墨炉原子吸收分光光度法	GB/T 17141
		土壤和沉积物 无机元素的测定 波长色散 X 射线荧光光谱法	HJ 780
5	铬	土壤总铬的测定 火焰原子吸收分光光度法	HJ 491
		土壤和沉积物 无机元素的测定 波长色散 X 射线荧光光谱法	HJ 780
6	铜	土壤质量铜、锌的测定 火焰原子吸收分光光度法	GB/T 17138
		土壤和沉积物无机元素的测定 波长色散 X 射线荧光光谱法	HJ 780
7	镍	土壤质量镍的测定 火焰原子吸收分光光度法	GB/T 17139
		土壤和沉积物无机元素的测定 波长色散 X 射线荧光光谱法	HJ 780
8	锌	土壤质量铜、锌的测定 火焰原子吸收分光光度法	GB/T 17138
		土壤和沉积物 无机元素的测定 波长色散 X 射线荧光光谱法	HJ 780
9	六六六总量	土壤和沉积物 有机氯农药的测定 气相色谱-质谱法	HJ 835
		土壤和沉积物 有机氯农药的测定 气相色谱法	HJ 921
		土壤质量 六六六和滴滴涕的测定 气相色谱法	GB/T 14550
10	滴滴涕总量	土壤和沉积物 有机氯农药的测定 气相色谱—质谱法	HJ 835
		土壤和沉积物 有机氯农药的测定 气相色谱法	HJ 921
		土壤质量 六六六和滴滴涕的测定 气相色谱法	GB/T 14550
11	苯并[a]芘	土壤和沉积物 多环芳烃的测定 气相色谱-质谱法	HJ 805
		土壤和沉积物 多环芳经的测定 高效液相色谱法	HJ 784
		土壤和沉积物 半挥发性有机物的测定 气相色谱-质谱法	HJ 834
12	pH	土壤 pH 的测定 电位法	

8 实施与监督

8.1 本标准由各级生态环境主管部门会同农业农村等相关主管部门监督实施。

附录二 GB 2762—2017 食品安全国家标准 食品中污染物限量

食品安全国家标准
食品中污染物限量

前 言

本标准代替 GB 2762—2012《食品安全国家标准食品中污染物限量》。

本标准与 GB 2762—2012 相比,主要变化如下:

—删除了稀土限量要求;

—修改了应用原则;

—增加了螺旋藻及其制品中铅限量要求;

—调整了黄花菜中镉限量要求;

—增加了特殊医学用途配方食品、辅食营养补充品、运动营养食品、妊娠期妇女及乳母营养补充食品中污染物限量要求;

—更新了检验方法标准号;

—增加了无机砷限量检验要求的说明;

—修改了附录 A。

1 范 围

本标准规定了食品中铅、镉、汞、砷、锡、镍、铬、亚硝酸盐、硝酸盐、苯并[a]芘、N-二甲基亚硝胺、多氯联苯、3-氯-1,2-丙二醇的限量指标。

2 术语和定义

2.1 污染物

食品在从生产(包括农作物种植、动物饲养和兽医用药)、加工、包装、贮存、运输、销售,直至食用等过程中产生的或由环境污染带入的、非有意加入的化学性危害物质。

本标准所规定的污染物是指除农药残留、兽药残留、生物毒素和放射性物质以外的污染物。

2.2 可食用部分

食品原料经过机械手段(如谷物碾磨、水果剥皮、坚果去壳、肉去骨、鱼去刺、贝去壳等)去除非食用部分后,所得到的用于食用的部分。

注 1:非食用部分的去除不可采用任何非机械手段(如粗制植物油精炼过程)。

注 2:用相同的食品原料生产不同产品时,可食用部分的量依生产工艺不同而异。如用麦类加工麦片和全麦粉时,可食用部分按 100％计算;加工小麦粉时,可食用部分按出粉率折算。

2.3 限量

污染物在食品原料和(或)食品成品可食用部分中允许的最大含量水平。

3 应用原则

3.1 无论是否制定污染物限量,食品生产和加工者均应采取控制措施,使食品中污染物的含量达到最低水平。

3.2 本标准列出了可能对公众健康构成较大风险的污染物,制定限量值的食品是对消费者膳食暴露量产生较大影响的食品。

3.3 食品类别(名称)说明(附录 A)用于界定污染物限量的适用范围,仅适用于本标准。当某种污染物限量应用于某一食品类别(名称)时,则该食品类别(名称)内的所有类别食品均适用,有特别规定的除外。

3.4 食品中污染物限量以食品通常的可食用部分计算,有特别规定的除外。

3.5 限量指标对制品有要求的情况下,其中干制品中污染物限量以相应新鲜食品中污染物限量结合其脱水率或浓缩率折算。脱水率或浓缩率可通过对食品的分析、生产者提供的信息以及其他可获得的数据信息等确定。有特别规定的除外。

4 指标要求

4.1 铅

4.1.1 食品中铅限量指标见表1。

表 1 食品中铅限量指标

食品类别(名称)	限量(以 Pb 计)/(mg・kg⁻¹)
谷物及其制品ª[麦片、面筋、八宝粥罐头、带馅(料)面米制品除外]	0.2
麦片、面筋、八宝粥罐头、带馅(料)面米制品	0.5
蔬菜及其制品	
新鲜蔬菜(芸薹类蔬菜、叶菜蔬菜、豆类蔬菜、薯类除外)	0.1
芸薹类蔬菜、叶菜蔬菜	0.3
豆类蔬菜、薯类	0.2
蔬菜制品	1.0
水果及其制品	
新鲜水果(浆果和其他小粒水果除外)	0.1
浆果和其他小粒水果	0.2
水果制品	1.0
食用菌及其制品	1.0
豆类及其制品	
豆类	0.2
豆类制品(豆浆除外)	0.5
豆浆	0.05

续表

食品类别（名称）	限量（以 Pb 计）/(mg·kg⁻¹)
藻类及其制品（螺旋藻及其制品除外）	1.0（干重计）
螺旋藻及其制品	2.0（干重计）
坚果及籽类（咖啡豆除外）	0.2
咖啡豆	0.5
肉及肉制品	
肉类（畜禽内脏除外）	0.2
畜禽内脏	0.5
肉制品	0.5
水产动物及其制品	
鲜、冻水产动物（鱼类、甲壳类、双壳类除外）	1.0（去除内脏）
鱼类、甲壳类	0.5
双壳类	1.5
水产制品（海蜇制品除外）	1.0
海蜇制品	2.0
乳及乳制品（生乳、巴氏杀菌乳、灭菌乳、发酵乳、调制乳、乳粉、非脱盐乳清粉除外）	0.3
生乳、巴氏杀菌乳、灭菌乳、发酵乳、调制乳	0.05
乳粉、非脱盐乳清粉	0.5
蛋及蛋制品（皮蛋、皮蛋肠除外）	0.2
皮蛋、皮蛋肠	0.5
油脂及其制品	0.1
调味品（食用盐、香辛料类除外）	1.0
食用盐	2.0
香辛料类	3.0
食糖及淀粉糖	0.5
淀粉及淀粉制品	
食用淀粉	0.2
淀粉制品	0.5
焙烤食品	0.5
饮料类（包装饮用水、果蔬汁类及其饮料、含乳饮料、固体饮料除外）	0.3 mg/L
包装饮用水	0.01 mg/L
果蔬汁类及其饮料[浓缩果蔬汁（浆）除外]、含乳饮料	0.05 mg/L
浓缩果蔬汁（浆）	0.5 mg/L
固体饮料	1.0
酒类（蒸馏酒、黄酒除外）	0.2
蒸馏酒、黄酒	0.5
可可制品、巧克力和巧克力制品以及糖果	0.5
冷冻饮品	0.3

食品类别（名称）	限量（以 Pb 计）/(mg·kg⁻¹)
特殊膳食用食品	
婴幼儿配方食品（液态产品除外）	0.15（以粉状产品计）
液态产品	0.02（以即食状态计）
婴幼儿辅助食品	
婴幼儿谷类辅助食品（添加鱼类、肝类、蔬菜类的产品除外）	0.2
添加鱼类、肝类、蔬菜类的产品	0.3
婴幼儿罐装辅助食品（以水产及动物肝脏为原料的产品除外）	0.25
以水产及动物肝脏为原料的产品	0.3
特殊医学用途配方食品（特殊医学用途婴儿配方食品涉及的品种除外）	
10 岁以上人群的产品	0.5（以固态产品计）
1 岁～10 岁人群的产品	0.15（以固态产品计）
辅食营养补充品	0.5
运动营养食品	
固态、半固态或粉状	0.5
液态	0.05
妊娠期妇女及乳母营养补充食品	0.5
其他类	
果冻	0.5
膨化食品	0.5
茶叶	5.0
干菊花	5.0
苦丁茶	2.0
蜂产品：	
蜂蜜	1.0
花粉	0.5

稻谷以糙米计。

4.1.2　检验方法：按 GB 5009.12 规定的方法测定。

4.2　镉

4.2.1　食品中镉限量指标见表 2。

表 2　食品中镉限量指标

食品类别（名称）	限量（以 Cd 计）/(mg·kg⁻¹)
谷物及其制品	
谷物（稻谷ᵃ 除外）	0.1
谷物碾磨加工品（糙米、大米除外）	0.1
稻谷ᵃ、糙米、大米	0.2
蔬菜及其制品	
新鲜蔬菜（叶菜蔬菜、豆类蔬菜、块根和块茎蔬菜、茎类蔬菜、黄花菜除外）	0.05
叶菜蔬菜	0.2
豆类蔬菜、块根和块茎蔬菜、茎类蔬菜（芹菜除外）	0.1
芹菜、黄花菜	0.2

续表

食品类别(名称)	限量(以 Cd 计)/(mg·kg⁻¹)
水果及其制品	
新鲜水果	0.05
食用菌及其制品	
新鲜食用菌(香菇和姬松茸除外)	0.2
香菇	0.5
食用菌制品(姬松茸制品除外)	0.5
豆类及其制品	
豆类	0.2
坚果及籽类	
花生	0.5
肉及肉制品	
肉类(畜禽内脏除外)	0.1
畜禽肝脏	0.5
畜禽肾脏	1.0
肉制品(肝脏制品、肾脏制品除外)	0.1
肝脏制品	0.5
肾脏制品	1.0
水产动物及其制品	
鲜、冻水产动物	
鱼类	0.1
甲壳类	0.5
双壳类、腹足类、头足类、棘皮类	2.0(去除内脏)
水产制品	
鱼类罐头(凤尾鱼、旗鱼罐头除外)	0.2
凤尾鱼、旗鱼罐头	0.3
其他鱼类制品(凤尾鱼、旗鱼制品除外)	0.1
凤尾鱼、旗鱼制品	0.3
蛋及蛋制品	0.05
调味品	
食用盐	0.5
鱼类调味品	0.1
饮料类	
包装饮用水(矿泉水除外)	0.005 mg/L
矿泉水	0.003 mg/L

ᵃ 稻谷以糙米计。

4.2.2　检验方法:按 GB 5009.15 规定的方法测定。

4.3　汞

4.3.1　食品中汞限量指标见表 3。

表 3　食品中汞限量指标

食品类别（名称）	限量（以 Hg 计）/(mg·kg⁻¹)	
	总汞	甲基汞[a]
水产动物及其制品（肉食性鱼类及其制品除外）	—	0.5
肉食性鱼类及其制品	—	1.0
谷物及其制品		
稻谷[b]、糙米、大米、玉米、玉米面（渣、片）、小麦、小麦粉	0.02	—
蔬菜及其制品		
新鲜蔬菜	0.01	—
食用菌及其制品	0.1	—
肉及肉制品		
肉类	0.05	—
乳及乳制品		
生乳、巴氏杀菌乳、灭菌乳、调制乳、发酵乳	0.01	—
蛋及蛋制品		
鲜蛋	0.05	—
调味品		
食用盐	0.1	—
饮料类		
矿泉水	0.001mg/L	—
特殊膳食用食品		
婴幼儿罐装辅助食品	0.02	—

　　[a] 水产动物及其制品可先测定总汞，当总汞水平不超过甲基汞限量值时，不必测定甲基汞；否则，需再测定甲基汞。

　　[b] 稻谷以糙米计。

　　4.3.2　检验方法：按 GB 5009.17 规定的方法测定。

　　4.4　砷

　　4.4.1　食品中砷限量指标见表 4。

表 4　食品中砷限量指标

食品类别（名称）	限量（以 As 计）/(mg·kg⁻¹)	
	总砷	无机砷[b]
谷物及其制品		
谷物（稻谷[a] 除外）	0.5	—
谷物碾磨加工品（糙米、大米除外）	0.5	—
稻谷[a]、糙米、大米	—	0.2
水产动物及其制品（鱼类及其制品除外）	—	0.5
鱼类及其制品	—	0.1
蔬菜及其制品：		
新鲜蔬菜	0.5	—
食用菌及其制品	0.5	—
肉及肉制品	0.5	—

续表

食品类别(名称)	限量(以 As 计)/(mg・kg^{-1})	
	总砷	无机砷^b
乳及乳制品		
生乳、巴氏杀菌乳、灭菌乳、调制乳、发酵乳	0.1	—
乳粉	0.5	—
油脂及其制品	0.1	—
调味品(水产调味品、藻类调味品和香辛料类除外)	0.5	—
水产调味品(鱼类调味品除外)	—	0.5
鱼类调味品	—	0.1
食糖及淀粉糖	0.5	—
饮料类		
包装饮用水	0.01 mg/L	—
可可制品、巧克力和巧克力制品以及糖果:		
可可制品、巧克力和巧克力制品	0.5	—
特殊膳食用食品		
婴幼儿辅助食品		
婴幼儿谷类辅助食品(添加藻类的产品除外)	—	0.2
添加藻类的产品	—	0.3
婴幼儿罐装辅助食品(以水产及动物肝脏为原料的产品除外)	—	0.1
以水产及动物肝脏为原料的产品	—	0.3
辅食营养补充品	0.5	—
运动营养食品		
固态、半固态或粉状	0.5	—
液态	0.2	—
妊娠期妇女及乳母营养补充食品	0.5	—

^{a} 稻谷以糙米计。
^{b} 对于制定无机砷限量的食品可先测定其总砷,当总砷水平不超过无机砷限量值时,不必测定无机砷;否则,需再测定无机砷。

4.4.2　检验方法:按 GB 5009.11 规定的方法测定。

4.5　锡

4.5.1　食品中锡限量指标见表5。

表5　食品中锡限量指标

食品类别(名称)	限量(以 Sn 计)/(mg・kg^{-1})
食品(饮料类、婴幼儿配方食品、婴幼儿辅助食品除外)^a	250
饮料类	150
婴幼儿配方食品、婴幼儿辅助食品除外	50

^{a} 仅限于采用镀锡薄板容器包装的食品。

4.5.2　检验方法:按 GB 5009.16 规定的方法测定。

4.6　镍

4.6.1　食品中镍限量指标见表6。

表 6　食品中镍限量指标

食品类别（名称）	限量（以 Ni 计）/(mg·kg⁻¹)
油脂及其制品 　氢化植物油及氢化植物油为主的产品	1.0

4.6.2　检验方法：按 GB 5009.138 规定的方法测定。

4.7　铬

4.7.1　食品中铬限量指标见表 7。

表 7　食品中铬限量指标

食品类别（名称）	限量（以 Cr 计）/(mg·kg⁻¹)
谷物及其制品 　谷物ᵃ 　谷物碾磨加工品	1.0 1.0
蔬菜及其制品 　新鲜蔬菜	0.5
豆类及其制品 　豆类	1.0
肉及肉制品	1.0
水产动物及其制品	2.0
乳及乳制品 　生乳、巴氏杀菌乳、灭菌乳、调制乳、发酵乳 　乳粉	0.3 2.0

ᵃ 稻谷以糙米计。

4.7.2　检验方法：按 GB 5009.123 规定的方法测定。

4.8　亚硝酸盐、硝酸盐

4.8.1　食品中亚硝酸盐、硝酸盐限量指标见表 8。

表 8　食品中亚硝酸盐、硝酸盐限量指标

食品类别（名称）	限量/(mg·kg⁻¹)	
	亚硝酸盐 （以 $NaNO_2$ 计）	硝酸盐 （以 $NaNO_3$ 计）
蔬菜及其制品 　腌渍蔬菜	20	—
乳及乳制品 　生乳 　乳粉	0.4 2.0	—
饮料类 　包装应用水（矿泉水除外） 　矿泉水	0.005mg/L（以 NO_2^- 计） 0.1mg/L（以 NO_2^- 计）	— 45mg/L（以 NO_3^- 计）

续表

食品类别（名称）	限量/(mg・kg^{-1})	
	亚硝酸盐 （以 NaNO$_2$ 计）	硝酸盐 （以 NaNO$_3$ 计）
特殊膳食用食品		
婴幼儿配方食品		
婴儿配方食品	2.0[a]（以粉状产品计）	100（以粉状产品计）
较大婴儿和幼儿配方食品	2.0[a]（以粉状产品计）	100[b]（以粉状产品计）
特殊医学用途婴儿配方食品	2.0（以粉状产品计）	100（以粉状产品计）
婴幼儿辅助食品		
婴幼儿谷类辅助食品	2.0[c]	100[b]
婴幼儿罐装辅助食品	4.0[c]	200[b]
特殊医学用途配方食品（特殊医学用途婴儿配方食品涉及的品种除外）	2[d]（以固态产品计）	100[b]（以固态产品计）
辅食营养补充品	2[a]	100[b]
妊娠期妇女及乳母营养补充食品	2[c]	100[b]

[a] 仅适用于乳基产品。

[b] 不适合于添加蔬菜和水果的产品。

[c] 不适合于添加豆类的产品。

[d] 仅适合于乳基产品（不含豆类成分）。

4.8.2　检验方法：饮料类按 GB 8538 规定的方法测定，其他食品按 GB 5009.33 规定的方法测定。

4.9　苯并[a]芘

4.9.1　食品中苯并[a]芘限量指标见表 9。

表 9　食品中苯并[a]芘限量指标

食品类别（名称）	限量/(μg・kg^{-1})
谷物及其制品	
稻谷[a]、糙米、大米、小麦、小麦粉、玉米、玉米面（渣、片）	5.0
肉及肉制品	
熏、烧、烤肉类	5.0
水产动物及其制品	
熏、烤水产品	5.0
油脂及其制品	10

[a] 稻谷以糙米计

4.9.2　检验方法：按 GB 5009.27 规定的方法测定。

4.10　N-二甲基亚硝胺

4.10.1　食品中 N-二甲基亚硝胺限量指标见表 10。

表 10　食品中 N-二甲基亚硝胺限量指标

食品类别（名称）	限量/（μg·kg⁻¹）
肉及肉制品	
肉制品（肉类罐头除外）	3.0
熟肉干制品	3.0
水产动物及其制品	
水产制品（水产品罐头除外）	4.0
干制水产品	4.0

4.10.2　检验方法：按 GB 5009.26 规定的方法测定。

4.11　多氯联苯

4.11.1　食品中多氯联苯限量指标见表 11。

表 11　食品中多氯联苯限量指标

食品类别（名称）	限量ᵃ/（mg·kg⁻¹）
水产动物及其制品	0.5

ᵃ 多氯联苯以 PCB28、PCB52、PCB101、PCB138、PCB153 和 PCB180 总和计。

4.11.2　检验方法：按 GB 5009.190 规定的方法测定。

4.12　3-氯-1,2-丙二醇

4.12.1　食品中 3-氯-1,2-丙二醇限量指标见表 12。

表 12　食品中 3-氯-1,2-丙二醇限量指标

食品类别（名称）	限量/（mg·kg⁻¹）
调味品ᵃ	
液态调味品	0.4
固态调味品	1.0

ᵃ 仅限于添加酸水解植物蛋白的产品。

4.12.2　检验方法：按 GB 5009.191 规定的方法测定。

附录 A

食品类别(名称)说明

A.1　食品类别(名称)说明见表 A.1。

表 A.1　食品类别(名称)说明

水果及其制品	新鲜水果(未经加工的,经表面处理的、去皮或预切的、冷冻的水果) 　　浆果和其他小粒水果 　　其他新鲜水果(包括甘蔗) 水果制品 　　水果罐头 　　醋、油或盐渍水果 　　果酱(泥) 　　蜜饯凉果(包括果丹皮) 　　发酵的水果制品 　　煮熟的或油炸的水果 　　水果甜品 　　其他水果制品
蔬菜及其制品 (包括薯类, 不包括食用菌)	新鲜蔬菜(未经加工的、经表面处理的、去皮或预切的、冷冻的蔬菜) 　　芸薹类蔬菜 　　叶菜蔬菜(包括芸薹类叶菜) 　　豆类蔬菜 　　块根和块茎蔬菜(例如薯类、胡萝卜、萝卜、生姜等) 　　茎类蔬菜(包括豆芽菜) 　　其他新鲜蔬菜(包括瓜果类、鳞茎类和水生类、芽菜类及竹笋、黄花菜等年生 　　　蔬菜) 蔬菜制品 　　蔬菜罐头 　　腌渍蔬菜(例如酱渍、盐渍、糖醋渍蔬菜等) 　　蔬菜泥(酱) 　　发酵蔬菜制品 　　经水煮或油炸的蔬菜 　　其他蔬菜制品
食用菌及其制品	新鲜食用菌(未经加工的、经表面处理的、预切的、冷冻的食用菌) 　　香菇 　　姬松茸 　　其他新鲜食用菌 食用菌制品 　　食用菌罐头 　　腌渍食用菌(例如酱渍、盐渍、糖醋渍食用菌等) 　　经水煮或油炸食用菌 　　其他食用菌制品

谷物及其制品 （不包括烘烤制品）	谷物 　稻谷 　玉米 　小麦 　大麦 　其他谷物［例如粟（谷子）、高粱、黑麦、燕麦、荞麦等］ 谷物碾磨加工品 　糙米 　大米 　小麦粉 　玉米面（渣、片） 　麦片 　其他去壳谷物（例如小米、高粱米、大麦米等） 　谷物制品 　大米制品（例如米粉、汤圆粉及其他制品等） 　小麦粉制品 　　生湿面制品（例如面条、饺子皮、馄饨皮、烧卖皮等） 　　生干面制品 　　发酵面制品 　　面糊（例如用于鱼和禽肉的拖面糊）、裹粉、煎炸粉 　　面筋 　　其他小麦粉制品 　玉米制品 　其他谷物制品［例如带馅（料）面米制品、八宝粥罐头等］
豆类及其制品	豆类（干豆、以干豆磨成的粉） 豆类制品 　非发酵豆制品（例如豆浆、豆腐类、豆干类、腐竹类、熟制豆类、大豆蛋白膨化 　食品、大豆素肉等） 　发酵豆制品（例如腐乳类、纳豆、豆豉、豆豉制品等） 豆类罐头
藻类及其制品	新鲜藻类（未经加工的、经表面处理的、预切的、冷冻的藻类） 　螺旋藻 　其他新鲜藻类 藻类制品 　藻类罐头 　经水煮或油炸的藻类 　其他藻类制品

续表

肉及肉制品	肉类(生鲜、冷却、冷冻肉等)
	    畜禽肉
	    畜禽内脏(例如肝、肾、肺、肠等)
	肉制品(包括内脏制品)
	    预制肉制品
	    调理肉制品(生肉添加调理料)
	    腌脂肉制品类(例如咸肉、腊肉、板鸭、中式火腿、腊肠等)
	    熟肉制品
	    肉类罐头
	    酱卤肉制品类
	    熏、烧、烤肉类
	    油炸肉类
	    西式火腿(熏烤、烟熏、蒸煮火腿)类
	    肉灌肠类
	    发酵肉制品类
	    其他熟肉制品

水产动物及其制品	鲜、冻水产动物
	    鱼类
	        非肉食性鱼类
	        肉食性鱼类(例如鲨鱼、金枪鱼等)
	    甲壳类
	    软体动物
	        头足类
	        双壳类
	        棘皮类
	        腹足类
	        其他软体动物
	    其他鲜、冻水产动物
	水产制品
	    水产品罐头
	    鱼糜制品(例如鱼丸等)
	    腌制水产品
	    鱼子制品
	    熏、烤水产品
	    发酵水产品
	    其他水产制品

乳及乳制品	生乳 巴氏杀菌乳 灭菌乳 调制乳 发酵乳 炼乳 乳粉 乳清粉和乳清蛋白粉(包括非脱盐乳清粉) 干酪 再制干酪 其他乳制品(包括酪蛋白)

续表

蛋及蛋制品	鲜蛋 蛋制品 　　卤蛋 　　糟蛋 　　皮蛋 　　咸蛋 　　其他蛋制品
油脂及其制品	植物油脂 动物油脂(例如猪油、牛油、鱼油、稀奶油、奶油、无水奶油等) 油脂制品 　　氢化植物油及以氢化植物油为主的产品(例如人造奶油、起酥油等) 　　调和油 　　其他油脂制品
调味品	食用盐 味精 食醋 酱油 酿造酱 调味料酒 香辛料类 　　香辛料及粉 　　香辛料油 　　香辛料酱(例如芥末酱、青芥酱等) 　　其他香辛料加工品 水产调味品 　　鱼类调味品(例如鱼露等) 　　其他水产调味品(例如蚝油、虾油等) 　　复合调味料(例如固体汤料、鸡精、鸡粉、蛋黄酱、沙拉酱、调味清汁等) 其他调味品
饮料类	包装饮用水 　　矿泉水 　　纯净水 　　其他包装饮用水 果蔬汁类及其饮料(例如草果汁、苹果醋、山楂汁、山楂醋等) 　　果蔬汁(浆) 　　浓缩果蔬汁(浆) 　　其他果蔬汁(肉)饮料(包括发酵型产品) 蛋白饮料 　　含乳饮料(例如发酵型含乳饮料、配制型含乳饮料、乳酸菌饮料等) 　　植物蛋白饮料 　　复合蛋白饮料 　　其他蛋白饮料 碳酸饮料 茶饮料 咖啡类饮料 植物饮料 风味饮料 固体饮料[包括速溶咖啡、研磨咖啡(烘焙咖啡)] 其他饮料

续表

酒　类	蒸馏酒(例如白酒、白兰地、威士忌、伏特加、朗姆酒等) 配制酒 发酵酒(例如葡萄酒、黄酒、啤酒等)
食糖及淀粉糖	食糖 　　白糖及白糖制品(例如白砂糖、绵白糖、冰糖、方糖等) 　　其他糖和糖浆(例如红糖、赤砂糖、冰片糖、原糖、糖蜜、部分转化糖、槭树糖浆 　　　　等) 乳糖 淀粉糖(例如果糖、葡萄糖、饴糖、部分转化糖等)
淀粉及淀粉 制品(包括谷物、 豆类和块根植物 提取的淀粉)	食用淀粉 淀粉制品 　　粉丝、粉条 　　藕粉 　　其他淀粉制品(例如虾片等)
烘烤食品	面包 糕点(包括月饼) 饼干(例如夹心饼干、威化饼干、蛋卷等) 其他培烤食品
可可制品、巧克力和 巧克力制品以及糖果	可可制品、巧克力和巧克力制品(包括代可可脂巧克力及制品) 糖果(包括胶基糖果)
冷饮制品	冰淇淋、雪糕类 风味冰、冰棍类 食用冰 其他冷冻饮品
特殊膳食用食品	婴幼儿配方食品 　　婴儿配方食品 　　较大婴儿和幼儿配方食品 　　特殊医学用途婴儿配方食品 婴幼儿辅助食品 　　婴幼儿谷类辅助食品 　　婴幼儿罐装辅助食品 特殊医学用途配方食品(特殊医学用途婴儿配方食品沙及的品种除外) 其他特殊膳食用食品(例如辅食营养补充品、运动营养食品、妊娠期妇女及乳母营 养补充食品等)
其他类 (除上述食品 以外的食品)	果冻 膨化食品 蜂产品(例如蜂蜜、花粉等) 茶叶 干菊花 苦丁茶

附录三　GB/T 36869—2018 水稻生产的土壤镉等阈值

水稻生产的土壤镉、铅、铬、汞、砷安全阈值

前　言

本标准按照 GB/T 1.1—2009 给出的规则起草。本标准由中华人民共和国农业农村部提出。

本标准由全国土壤质量标准化技术委员会(SAC/TC 404)归口。

本标准起草单位:中国科学院南京土壤研究所、中国农业科学院农业资源与农业区划研究所、农业部环境保护科研监测所、全国农业技术推广服务中心、中国科学院烟台海岸带研究所、浙江大学、南京大学、华南农业大学、江苏省质量和标准化研究院。

本标准主要起草人:孙波、马义兵、辛景树、李玉浸、周东美、骆永明、徐建明、李永涛、高超、孟祥天、叶新新、宋歌、顾长青。

1　范　围

本标准规定了水稻生产的土壤镉、铅、铬、汞、砷安全阈值的术语和定义、安全阈值及监测与分析。

本标准适用于水稻生产的土壤环境质量评价与管理。

2　规范性引用文件

下列文件对于本文件的应用是必不可少的。凡是注日期的引用文件,仅注日期的版本适用于本文件。凡是不注日期的引用文件,其最新版本(包括所有的修改单)适用于本文件。

GB/T 17141—1997　土壤质量铅、镉的测定了石墨炉原子吸收分光光度法

GB/T 18834 土壤质量　词汇

GB/T 22105.1—2008　土壤质量　总汞、总砷、总铅的测定　原子荧光法　第 1 部分:土壤中总汞的测定

GB/T 22105.2—2008　土壤质量　总汞、总砷、总铅的测定　原子荧光法　第 2 部分:土壤中总砷的测定

HJ 491—2009　土壤　总铬的测定　火焰原子吸收分光光度法

NY/T 395　农田土壤环境质量监测技术规范

NY/T 1121.6—2006　土壤检测　第 6 部分:土壤有机质的测定

NY/T 1377—2007　土壤 pH 的测定

3　术语和定义

GB/T 18834 界定的以及下列术语和定义适用于本文件。

安全阈值 Safety Threshold

保证农产品食用安全的土壤中镉、铅、铬、汞、砷的最大允许含量。

4　安全阈值

水稻生产的土壤镉、铅、铬、汞、砷安全阈值见表1。

表1　水稻生产的土壤镉、铅、铬、汞、砷安全阈值

项　目	安全阈值ª/(mg·kg⁻¹)							
	pH<5		5≤pH<6		6≤pH<7		pH≥7	
	OMᵇ<20 g/kg	OM≥20 g/kg	OM<20 g/kg	OM≥20 g/kg	OM<20 g/kg	OM≥20 g/kg	OM<20 g/kg	OM≥20 g/kg
镉	0.20	0.25	0.25	0.25	0.30	0.35	0.45	0.50
铅	55	60	70	75	120	135	225	250
铬	110	135	125	150	160	195	210	270
汞	0.45	0.55	0.50	0.65	0.60	0.80	0.80	1.05
砷	25	30	20	25	20	20	15	20

ª 安全阈值按土壤 pH 和有机质含量进行分组。
ᵇ OM 为有机质含量。

5　监测与分析

5.1　土壤样品采集和贮存

采集耕作层土壤,风干后进行土壤镉、铅、铬、汞、砷和理化性质(pH 和有机质)分析。土壤样点布设,以及样品采集、流转、制备和贮存方法,按 NY/T 395 的规定执行。

5.2　分析方法

土壤镉、铅、铬、汞、砷和理化性质的分析方法见表2。当采用其他等效方法进行分析时,其检出限、准确度、精密度均不应低于表2的方法中给出的规定要求。

表2　土壤镉、铅、铬、汞、砷和理化性质分析方法

测定项目	分析方法
pH	电位法(水土比=2.5∶1),按照 NY/T 1377—2007 执行
有机质	重铬酸钾氧化-外加热法,按照 NY/T 1121.6—2007 执行
镉	石墨炉原子吸收分光光度法,按照 GB/T 17141—1997 执行
铅	石墨炉原子吸收分光光度法,按照 GB/T 17141—1997 执行
铬	火焰原子吸收分光光度法,按照 HJ 491—2009 执行
汞	氢化物发生原子荧光光谱法,按照 GB/T 22105.1—2008 执行
砷	氢化物发生原子荧光光谱法,按照 GB/T 22105.2—2008 执行

5.3　结果分析

当土壤镉、铅、铬、汞、砷的含量低于第4章规定的阈值时,可进行水稻的安全生产;当土

壤镉、铅、铬、汞、砷的含量高于第 4 章规定的阈值时,应结合稻米的镉、铅、铬、汞、砷的含量分析进行验证,并展开下一步抽检评估。

附录四 NY/T 3176—2017 稻米镉控制 田间生产技术规范

稻米镉控制 田间生产技术规范

1 范 围

本标准规定了稻米镉控制的田间生产基本要求与技术方法。

本标准适用于不同污染风险区通过源头控制、土壤调理、品种选用、水肥管理和土壤改良等田间生产技术控制稻米中的镉含量。

2 规范性引用文件

下列文件对于本文件的应用是必不可少的。凡是注日期的引用文件,仅注日期的版本适用于本文件。凡是不注日期的引用文件,其最新版本(包括所有的修改单)适用于本文件。

GB 5084 农田灌溉水质标准

GB/T 23349 肥料中砷、镉、铅、铬、汞生态指标

NY/T 395 农田土壤环境质量监测技术规范

NY/T 396 农用水源环境质量监测技术规范

NY/T 496 肥料合理使用准则 通则

NY/T 1300 农作物品种区域试验技术规范 水稻

3 稻米镉控制基本要求

3.1 动态监控、分区施策

对稻米产品 和土壤重金属开展动态监测,确定区域镉污染风险程度,采取相应的防控技术措施,并持续评价技术措施对稻米镉的控制效果和产区土壤的影响。具体区域分类参见附录 A。

3.2 因地制宜 综合防控

根据不同区域的分类,采取以"污染源头控制、稻田土壤调理、选用适宜品种、优化水肥管理"为主,"土壤修复改良、作物种植调整"为辅的综合防控技术措施。

3.3 经济有效、生态环保

本着"成本低廉、操作简便、资源节约、环境友好"的要求,按照"田间试验验证、示范应用推广、持续跟踪评价"的技术路线,合理采用农艺的、物理的和生物的控制技术措施,谨慎采用化学防控技术措施。采用新技术前应进行风险评估,避免产生二次污染。

4 稻米镉控制技术方法

4.1 源头控制

4.1.1 Ⅱ类、Ⅲ类控制区应开展稻米产品和土壤、灌溉水、大气沉降、酸雨以及肥料等农用投入品的镉含量动态监测、控制输入性镉污染风险。

4.1.2 土壤环境监测应按 NY/T 395 的规定执行。Ⅱ类、Ⅲ类控制区宜同时监测土壤与稻米产品。

4.1.3 灌溉水监测应按 NY/T 396 的规定执行。灌溉用水水质应符合 GB 5084 的规定,不应使用工业污水灌溉。

4.1.4 肥料使用应符合 NY/T 496 的要求。避免施用酸性或生理酸性的肥料;防止施用含镉量不符合 GB/T 23349 要求的矿物肥、有机肥;禁止使用工业废料、城镇生活垃圾和河塘底泥、污泥等来源的肥料。

4.1.5 因地制宜采取秸秆还田方式。Ⅰ类控制区宜秸秆还田;Ⅱ类控制区可适量秸秆还田;Ⅲ类控制区不宜秸秆还田。

4.2 土壤调理

4.2.1 石灰调酸

4.2.1.1 适用条件

适用于Ⅱ类、Ⅲ类控制区土壤 pH 小于 6.5 的酸性稻田。沙质土壤的酸性稻田不宜采用石灰调酸。

4.2.1.2 石灰种类

根据当地的资源条件和生产习惯选择石灰种类,其镉含量应符合 GB/T 23349 的规定,氧化钙含量应不低于 85%。

4.2.1.3 施用方法

应根据稻田土壤 pH 及其调节幅度、土壤质地、稻米镉含量、石灰种类及其特性等因素,因地制宜确定石灰的施用量、施用次数、施用时期及方法,避免因长期施用石灰导致稻田土壤碱性化和结构受到破坏。具体方法可参见附录 B。

4.2.2 土壤调理剂

4.2.2.1 根据不同控制区风险分类和产地环境条件,选择施用适宜的碱性肥料、天然矿物质、生物有机物料、微生物菌剂、农业废弃物、加工副产物及新型环保物料等来源的土壤调理剂。

4.2.2.2 施用土壤调理剂应能降低稻米镉含量,经评估不存在对水稻产品和环境造成二次污染的风险。

4.2.2.3 土壤调理剂的适用条件、施用时期和施用盘等技术指标,应在田间应用验证基础上确定。

4.3 品种选用

4.3.1 选择通过审定的水稻品种、Ⅱ类、Ⅲ类控制区优先选用经鉴定筛选表现稳定的低镉积累水稻品种。

4.3.2 低镉积累水稻品种与当地水稻主栽品种相比,产量、品质和抗性相当,或略有下降。

4.3.3 鉴定筛选低镉积累水稻品种应根据当地稻米产品镉含量、土壤镉污染程度及生产条件、种植习惯等因素，通过"田间初步筛选、区域试验复选、示范应用验证"的程序来确定。具体方法可参见附录C。

4.4 水肥管理

4.4.1 灌溉

4.4.1.1 在Ⅰ类控制区，根据水稻生产需水规律和优质高产目标进行合理灌溉。可采用如下方案（不限于此）：

a) 插秧时基本无水层或浅水插秧，返青期保持浅水层；

b) 分蘖期采取干湿交替，促进分蘖发生和生长，够苗晒田，控制无效分蘖；

c) 幼穗分化期结合复水施穗肥，拔节后至开花期保持浅水层；

d) 灌浆期田间保持干湿交替，至成熟收割前7～10d排干水，防止断水过早。

4.4.1.2 在Ⅱ类、Ⅲ类控制区，结合当地灌溉条件和淹水控镉目标优化水分管理：

a) 在水源充足、排灌方便的水稻种植区，实行有水层灌溉，分蘖盛期露田但不晒田，乳熟期浅水灌浆不脱水，田间基本保持有水层，至收割前7～10d排干水。

b) 在水源不足、排灌不便的水稻种植区，实行淹水灌溉，直到收割前7～10d排干水层或自然落干，中间不露田、不晒田，全生育期淹水控制。

4.4.2 施肥

4.4.2.1 施用肥料应符合4.1.4的规定。

4.4.2.2 减量施用酸性或生理酸性肥料，增施钙镁磷肥、硅钙肥、钾肥等碱性肥料。

4.5 土壤改良

4.5.1 加深耕层

根据当地种植习惯、土壤类型和耕作层的深浅，可在秋/春整地时采取机械翻耕、深耕，将表层土壤翻埋到底层，增加耕层厚度至20cm以上。稻田耕作层较浅时，应采取逐年加深耕层，减少对犁底层的破坏。深翻耕可采取一年一翻或两年一翻。沙质土壤和冷浸田不宜深翻耕。

4.5.2 污染修复

根据不同控制区风险分类和产地环境条件，按3.3的规定，因地制宜采取农艺的、物理的、生物的、化学的和工程的单项或综合性污染修复措施，降低土壤镉的含量和有效性，消减或修复土壤的镉污染。

4.6 种植调整

对于Ⅲ类控制区的高风险区域或采用4.1～4.5的综合技术措施后稻米镉含量仍不能满足控镉要求的水稻种植区，可根据土壤状况、生产条件和栽培习惯，采取合理轮作或休耕，优先种植适宜的低镉积累水稻品种，其次替代种植玉米、高粱、低镉积累蔬果类作物，最后可考虑种植棉花、麻类、花卉、种苗等非食用性作物。

附录 A

（资料性附录）

稻米镉控制生产技术应用区域分类

A.1 分类依据

以水稻种植区的稻米产量镉含量和土壤重金属安全等级相结合，按照"就高不就低"的风险控制原则。将稻米镉控制生产技术应用区域分为Ⅰ类、Ⅱ类和Ⅲ类。土壤重金属安全等级依据水稻种植区土壤和产品同时监测确定。

A.2 区域指标及控制技术应用

稻米镉控制生产区域的具体指标及其控制技术应用要求见表1。

表1 稻米镉控制生产技术应用区域分类

区域分类	稻米产品镉含量（以 Cd 计）/(mg・kg⁻¹)	土壤重金属安全等级	控制技术应用
Ⅰ类控制区	≤0.20	无风险	以绿色生产为目的,侧重于生态安全技术应用,严格控制通过灌溉水、大气以及肥料等农用投入品所带来的镉污染潜在风险
Ⅱ类控制区	≤0.20	低风险、中度风险	以达标生产为目的,侧重于稻米产品镉含量达标,选用地镉积累水稻品种,采取土壤调理、水肥优化、土壤改良等农艺技术措施,控制因灌溉水、大气、肥料、秸秆等输入性镉污染对稻米产品造成的超标风险
	0.20～0.40	无风险、低风险、中度风险	
Ⅲ类控制区	＜0.40	高风险	以管控生产为目的,侧重于土壤修复改良和作物种植调整买菜去合理轮作、休耕和适宜的土壤改良措施,替代种植低镉积累或非食用性的作物,管控产地环境污染对稻米产品造成的食用安全风险
	≥0.40	任意等级	

附录 B

（资料性附录）

稻田土壤施石灰调酸方法

B.1 适用条件

施石灰调酸方法适用于4.2.1.1规定的酸性稻田土壤。

B.2 石灰种类

根据当地的资源条件和生产习惯选择符合4.2.1.2要求的生石灰、熟石灰、石灰石等石灰质类物料。

B.3 施用量和施用次数

B.3.1 根据稻田土壤 pH 及其调节幅度、土壤质地、稻米镉含量、石灰种类及其特性等因素综合考虑,因地制宜确定石灰施用量和施用次数。

B.3.2 建议石灰用量（按生石灰计）：土壤 pH 为 6.0～6.5 时,每 667m² 施用量为 50～75kg;pH 为 5.0～6.0 时,每 667m² 施用量为 75～100kg;pH＜5.0 时,每 667m² 施用量为 100～150kg。壤质和黏质的酸性土壤分别选择低和高的施用量。

B.3.3 依据当年土壤 pH 确定下一季水稻种植是否需要施石灰及其施用量。

B.4 施用时期与方法

根据当地水稻种植习惯,优先选择施基肥前 7～10d 一次性均匀撒施在土表,再及时翻耕、整田,使其与土壤充分混匀。选择在分蘖、孕穗等生长期施用石灰时,可将石灰混入细泥或造粒成形后,均匀撒入行间,防止灼伤叶面。

B.5 注意事项

B.5.1 生长期撒施,宜在田间有少量水或成泥浆状时施用,使石灰快速溶解,防止流失。

B.5.2 施用石灰时,操作人员应采取安全防护措施,以防灼伤眼睛、皮肤或呼吸道。

B.5.3 避免因长期施用石灰导致稻田土壤碱性化,破坏土壤结构和影响土壤微生物。

附录 C
（资料性附录）
低镉积累水稻品种鉴定筛选方法

C.1 田间初步筛选

C.1.1 在Ⅱ类、Ⅲ类控制区安排 3 个初步筛选试验点,田块要求肥力均匀、形状规整、面积合适。

C.1.2 供试种应包括近年来当地的主栽品种、主推品种或从相近生态区引进的适宜品种,数量可根据试验田块面积和每个品种的栽插规格而定,同批参试品种应安排在同一田块。

C.1.3 田间种植管理应按当地水稻生产方式。收获后取稻谷样品,测定糙米中镉含量。

C.1.4 以糙米镉含量为鉴定评价指标,选出镉含量不超过 0.2mg/kg 的水稻品种,进入区域试验复选。

C.2 区域试验复选

C.2.1 试验点安排

在Ⅱ类、Ⅲ类控制区选择有生产代表性、试验条件和技术力量适宜的试验点。根据生产季别(早稻、晚稻、单季稻)和品种类型分组,每个试验组安排 5～8 个试验点。试验点选定后,应保持相对稳定。

C.2.2 田块要求

选择代表当地水稻土壤条件、肥力水平中等偏上、排灌方便、形状规正、面积合适、前茬一致、肥力均匀的田块。

C.2.3 参试品种

根据田间初步筛选结果,入选品种按照季别、类型、熟期进行分组,每组试验 6～12 个品种(含 1 个对照品种,为初筛入选的当地同类型同熟期主栽品种)。

C.2.4 试验设计与栽培管理

试验设计与栽培管理参照 NY/T 1300 的规定执行。

C.2.5 鉴定评价

区域试验观察记载、检测和数据分析参照 NY/T 1300 的规定执行。以糙米镉含量作为主要鉴评指标,产量、品质和抗性作为辅助鉴评指标,按 4.3.2 的规定综合评价参试品种,确定低镉积累水稻品种及其适宜的推广地区,进一步开展示范应用验证。

C.3 示范应用验证

在不同控制区选择代表当地水稻土壤条件、田块相对集中的地区建立示范片(3.33～6.67hm²),以区域试验复选的低镉积累水稻品种开展应用示范,对于综合表现好的低镉积累水稻品种可更大面积生产示范应用,明确适于不同种植区的低镉积累水稻品种。

图书在版编目(CIP)数据

农用地土壤重金属污染防治技术研究与实践 / 朱有
为，柳丹著. —杭州：浙江大学出版社，2021.9
ISBN 978-7-308-21749-1

Ⅰ.①农… Ⅱ.①朱…②柳… Ⅲ.①耕作土壤－土
壤污染－重金属污染－污染防治－研究 Ⅳ.①X53

中国版本图书馆 CIP 数据核字(2021)第 186580 号

农用地土壤重金属污染防治技术研究与实践
朱有为　柳　丹　著

责任编辑	张凌静	
责任校对	殷晓彤	
封面设计	周　灵	
出版发行	浙江大学出版社	
	（杭州市天目山路 148 号　邮政编码 310007）	
	（网址：http://www.zjupress.com）	
排　　版	浙江时代出版服务有限公司	
印　　刷	浙江省邮电印刷股份有限公司	
开　　本	787mm×1092mm　1/16	
印　　张	17.5	
字　　数	437 千	
版 印 次	2021 年 9 月第 1 版　2021 年 9 月第 1 次印刷	
书　　号	ISBN 978-7-308-21749-1	
定　　价	128.00 元